Spieltheorie für Einsteiger

W0388585

SCHÄFFER
POESCHEL

Avinash K. Dixit ■ Barry J. Nalebuff

Spieltheorie für Einsteiger

Strategisches Know-how für Gewinner

Aus dem amerikanischen Englisch
übertragen von Christian Schütte

1997
Schäffer-Poeschel Verlag Stuttgart

Avinash Dixit, geboren 1944, ist Professor of Economics an der Universität Princeton. Er veröffentlichte zur Spieltheorie und zu zahlreichen anderen Gebieten, unter anderem zu strategischem Verhalten in der Handelspolitik. Sein Buch »Theory of International Trade« (1980) wurde auch ins Deutsche übersetzt. 1994 wurde Dixit vom Center for Economic Studies an der Universität München als Distinguished Fellow ausgezeichnet.

Barry Nalebuff, geboren 1958, ist Professor of Economics and Management an der Yale School of Organization and Management. Er veröffentlichte unter anderem zur Gestaltung von Anreizsystemen.

Amerikanischer Originaltitel: »Thinking Strategically. The Competitive Edge in Business, Politics, and Everyday Life«
Deutsche Ausgabe mit freundlicher Genehmigung von W. W. Norton & Company, Inc., New York, N. Y.

Die Deutsche Bibliothek - CIP-Einheitsaufnahme

Dixit, Avinash:
Spieltheorie für Einsteiger : strategisches Know-how für Gewinner / Avinash K. Dixit ; Barry J. Nalebuff. Aus dem amerikan. Engl. übertr. von Christian Schütte. - Stuttgart : Schäffer-Poeschel, 1997
Einheitssacht.: Thinking strategically <dt.>
ISBN 3-7910-1239-8

ISBN 3-7910-1239-8

Satz: Cornelius Wittke, Tübingen
Druck und Bindung: Franz Spiegel Buch GmbH, Ulm
Printed in Germany

Schäffer-Poeschel Verlag Stuttgart

Ein Tochterunternehmen der Verlagsgruppe Handelsblatt

Für Kusum und Marcia

Anmerkung zur deutschen Übersetzung

Die Spieltheorie geht wesentlich auf die beiden deutschsprachigen Mathematiker John von Neumann und Oskar Morgenstern zurück. Eine der ersten bahnbrechenden Arbeiten war beispielsweise John von Neumanns Aufsatz, »Zur Theorie der Gesellschaftsspiele«, in dem er 1928 die Grundlage für das Min-Max-Theorem legte. (siehe Kapitel 7). Die wichtigen Veröffentlichungen und damit auch die Begriffsbildung nach dem Zweiten Weltkrieg erfolgten jedoch vor allem auf Englisch. Für einige Konzepte haben sich griffige deutsche Entsprechungen bislang nicht durchgesetzt, so etwa für Tit-for-Tat, Brinkmanship, Bandwagon-Effekte oder Focal Point. Diese praktisch unübersetzbaren Begriffe werden deshalb auch ins Deutsche übernommen.

Dixit und Nalebuff schöpfen ihre Geschichten und Fallstudien aus einem breiten Spektrum amerikanischer (Alltags-)Kultur. In einigen Fällen wurden deshalb bei der Übersetzung naheliegende deutsche Parallelbeispiele verwendet. An anderen Stellen wurden kurze Erläuterungen zu amerikanischen Institutionen eingefügt, die sich von den deutschen Verhältnissen unterscheiden. Zu beachten sind derartige Unterschiede etwa beim präsidialen Regierungssystem, dem Rechtssystem der angelsächsischen Tradition, dem dezentralen System der Lohnverhandlungen oder bei den Regeln für Unternehmensaufkäufe. Die Beispiele aus den amerikanischen Nationalsportarten Baseball und Football wurden ebenfalls so abgeändert, daß ihr spieltheoretischer Gehalt auch vom regelunkundigen Kontinentaleuropäer nachvollzogen werden kann.

Christian Schütte

Inhaltsverzeichnis

Vorwort

Strategisches Denken ist die Kunst, einen Gegner zu überlisten, der das gleiche mit Ihnen versucht. Wir alle müssen strategisch denken, ob im Beruf oder im Privatleben: Geschäftsleute und Unternehmen brauchen gute Wettbewerbsstrategien, um zu überleben; Politiker müssen Wahlkampfstrategien entwickeln, um gewählt zu werden; Trainer planen Strategien, die ihre Mannschaften auf dem Spielfeld umsetzen müssen; Eltern, die wollen, daß ihre Kinder auf sie hören, müssen zu Amateurstrategen werden (die Kinder sind Profis); vierzig Jahre lang haben die Nuklear-Strategien der Supermächte über die Existenz der Menschheit entschieden.

Gutes strategisches Denken unter so vielfältigen Umständen bleibt eine Kunst. Aber seine Grundlagen bestehen aus einigen einfachen Prinzipien - einer neu entstehenden, exakten Wissenschaft von der Strategie. Dieses Buch haben wir aus der Überzeugung heraus geschrieben, daß Leser mit ganz unterschiedlichem Hintergrund und aus sehr verschiedenen Berufsfeldern bessere Strategen werden können, wenn sie diese Prinzipien kennen.

Die Wissenschaft vom strategischen Denken heißt Spieltheorie. Es ist eine relativ junge Wissenschaft - gerade einmal fünfzig Jahre alt. [Doch sie hat die Sozialwissenschaften längst revolutioniert. Drei Pioniere der Spieltheorie - John Nash, John Harsanyi und Reinhard Selten - sind deshalb für ihre Arbeit 1994 mit dem Nobelpreis für Ökonomie ausgezeichnet worden.]

Obwohl sie relativ neu ist, hat die Spieltheorie bereits zahlreiche nützliche Einsichten für strategisches Handeln in der Praxis hervorgebracht. Wie alle Wissenschaften kleidet sie ihre Diskussionen jedoch vorzugsweise in Fachjargon und Mathematik. Beide Werkzeuge sind in der Forschung zwar unverzichtbar, aber sie führen dazu, daß die grundlegenden Ideen nur noch von Spezialisten verstanden werden. Mit unserem Buch haben wir deshalb versucht, viele dieser wichtigen Einsichten so zu übersetzen, daß sie auch für einen intelligenten Laien verständlich werden. Anstelle der theoretischen Argumentation verwenden wir illustrierende Beispiele und Fallstudien; auf die Mathematik haben wir ganz, auf den Fachjargon weitgehend verzichtet. Das Buch sollte damit für jeden verständlich sein, der bereit ist, ein paar Schaubildern, Tabellen und etwas Arithmetik zu folgen.

Es gibt bereits eine Reihe von Büchern, in denen die Ideen des strategischen Denkens für spezielle Anwendungsfelder weiterentwickelt worden sind. Tom Schellings Arbeiten zur Strategie der nuklearen Abschreckung, *»The Strategy of Conflict«* und *»Arms and Influence«*, sind zu Recht berühmt geworden. Schellings Analysen des nuklearen Konflikts sind heute selber wichtige Beiträge zur Spieltheorie. Michael Porters Buch *»Competitive Strategy«*, das die Lehren der Spieltheorie auf Probleme der Unternehmensstrategie anwendet, ist ebenso berühmt. Der Politikwissenschaftler Steven Brams hat mehrere Bücher geschrieben, am bekanntesten ist *»Game Theory and Politics«*.

In diesem Buch beschränken wir uns jedoch nicht auf ein bestimmtes Anwendungsfeld. Stattdessen bieten wir Ihnen eine sehr breite Palette von Beispielen, um jedes der grundlegenden Prinzipien zu erläutern. Leser mit dem unterschiedlichsten Hintergrund werden dabei auf vertraute Probleme stoßen. Sie werden außerdem feststellen, daß die gleichen Prinzipien auch für Strategien in weniger vertrauten Zusammenhängen relevant sind. Wir hoffen, daß Sie auf diese Weise einen neuen Blick für viele Ereignisse des Tagesgeschehens oder der Geschichte bekommen werden. Wir greifen schließlich auch auf unsere (Alltags-)Kultur zurück, indem wir Beispiele aus der Literatur, aus Filmen oder aus dem Sport heranziehen. Ernsthafte Wissenschaftler werden vielleicht einwenden, daß die Spieltheorie damit trivialisiert werde; wir glauben aber, daß gerade die vertrauten Beispiele aus Literatur, Film und Sport ein sehr effektives Vehikel sein können, um die zentralen Grundgedanken herüberzubringen.

Wie Tolkiens *»Herr der Ringe«* ist auch dieses Buch in einem Prozeß des Erzählens gewachsen. Seine Ursprünge liegen in einem Kurs über »Strategische Spiele«, den Avinash Dixit an Princetons Woodrow Wilson School of Public Affairs entwickelte und lehrte. Barry Nalebuff hat diesen und einen ähnlichen Kurs später am Political Science Department und an der School of Organization and Management (SOM) in Yale gelehrt. Wir danken vielen Studenten aus diesen Kursen für ihren Enthusiasmus und ihre Ideen; Anne Case, Jonathan Fleming, Heather Hazard, Dani Rodrik und Jonathan Shimshoni verdienen besondere Erwähnung; Takashi Kanno und Yuichi Shimazu übernahmen die Aufgabe, unsere Ideen und Worte ins Japanische zu übersetzen; dabei haben sie auch die englische Version verbessert.

Die Idee, ein Buch zu schreiben, das allgemeinverständlicher ist als ein wissenschaftliches Lehrbuch, verdanken wir Hal Varian von der Universität von Michigan. Ihm verdanken wir auch zahlreiche nützliche Ideen und Anmerkungen zu früheren Fassungen. Drake McFeely bei W.W.Norton war ein exzellenter, wenngleich anspruchsvoller Lektor: Er unternahm außerordentliche Anstrengungen, damit aus unserer akademischen Schrift ein lebendiger Text wurde. Wenn das Buch noch immer einige Spuren aus seinen Anfängen in der wissenschaftlichen Lehre aufweist, dann liegt das daran, daß wir nicht alle seine Ratschläge befolgt haben.

Viele Kollegen und Freunde haben frühere Fassungen des Manuskripts mit Sorgfalt gelesen und uns zahlreiche detaillierte und exzellente Vorschläge zu seiner Verbesserung gegeben. Auch auf die Gefahr hin, einige von ihnen zu übersehen, wollen wir besonders David Austen-Smith (Rochester), Alan Blinder (Princeton), Seth Masters (S. Bernstein), Carl Shapiro (Princeton), Louis Taylor (MITRE Corporation), Thomas Trendell (ATT-Paradyne), Terry Vaughn (MIT Press) und Robert Willig (Princeton) erwähnen. Bei der Bearbeitung des Manuskripts haben Stacey Mandelbaum und Laura Kang Ward unsere Mängel nachsichtig ertragen - jedesmal, wenn Sie keinen Fehler finden, sollten Sie ihnen danken.

Avinash Dixit
Barry Nalebuff

Oktober 1990

Einführung
Was ist strategisches Verhalten?

Wie sollten sich Menschen in einer Gesellschaft verhalten?

Unsere Antwort hat nichts mit Ethik oder Etikette zu tun. Wir wollen auch nicht mit Philosophen, Predigern oder dem Knigge konkurrieren. Unser Thema ist weniger ausschweifend, und doch betrifft es uns alle mindestens ebenso wie die Fragen von Benimm und Moral. Dieses Buch beschäftigt sich mit strategischem Verhalten: Wir alle sind Strategen, ob es uns paßt oder nicht. Es ist besser, ein guter als ein schlechter Stratege zu sein, und dieses Buch möchte Ihnen helfen, wirksame Strategien erfolgreicher aufzuspüren und anzuwenden.

Unser Berufsleben, ja unser gesamtes soziales Leben, besteht aus einem ständigen Strom von Entscheidungen: Welchen Karriereweg soll ich einschlagen? Wie manage ich mein Unternehmen? Wen soll ich heiraten, wie soll ich meine Kinder erziehen? Soll ich versuchen, Bundeskanzler zu werden? – um nur einige Beispiele zu nennen. Alle diese Situationen verbindet, daß wir nicht im luftleeren Raum agieren. Wir sind vielmehr umgeben von aktiven Entscheidungsträgern, deren Handeln mit unserem in Wechselbeziehung steht, und das hat wichtige Konsequenzen für unser Denken und Tun.

Der Unterschied zwischen einem Holzfäller und einem General macht diesen Punkt leicht deutlich: Wenn der Holzfäller entscheidet, wie er die Schläge ansetzen wird, dann rechnet er nicht damit, daß sich das Holz wehrt; seine Umwelt verhält sich neutral. Wenn ein General dagegen zum Schlag gegen die feindliche Armee ausholt, dann muß er Widerstand gegen seinen Plan gedanklich vorwegnehmen und überwinden. Auch Sie müssen sich wie der General darüber im Klaren sein, daß Ihre geschäftlichen Konkurrenten, Ihr künftiger Ehepartner, ja sogar Ihre Kinder intelligente Menschen sind, die bestimmte Absichten verfolgen. Die Ziele dieser Menschen stehen oft in Konflikt mit Ihren eigenen, aber es gibt auch Chancen für Bündnisse. In Ihrem Handeln müssen Sie also gleichzeitig die Konflikte berücksichtigen und die Kooperationsmöglichkeiten nutzen. Man nennt interaktive Entscheidungen dieser Art strategisch. Der Plan mit den passenden Handlungsschritten heißt Strategie. Dieses Buch möchte Ihnen helfen, strategisch zu denken, und diese Überlegungen anschließend in Ihrem Handeln umzusetzen.

Der Zweig der Sozialwissenschaften, der sich mit strategischem Entscheiden befaßt, nennt sich Spieltheorie. Die Spiele in dieser Theorie reichen dabei vom Poker bis zur Pädagogik, vom Tennis bis zu Takeovers, von der Werbung bis hin zum Wettrüsten. Oder, wie der ungarische Humorist George Mikes einmal sagte: »Viele Kontinentaleuropäer denken, das Leben sei ein Spiel. Der Engländer glaubt, Cricket sei ein Spiel.« Wir glauben, daß beide recht haben.

Um diese Spiele spielen zu können, braucht man unterschiedliche Fähigkeiten. Elementare Fähigkeiten, wie Wurfgenauigkeit beim Basketball, Kenntnis von Präzedenzfallen in der Juristerei, oder ein ausdrucksloses Gesicht beim Poker sind dabei das eine. Strategisches Denken ist das andere. Strategisches Denken beginnt mit den eigenen elementaren Fähigkeiten und stellt dann die Frage, wie man sie am besten einsetzt. Der Rechtsanwalt beispielsweise kennt das Gesetz, und er muß sich entscheiden, mit welcher Strategie ein Mandant verteidigt werden soll. Ein Fußballtrainer weiß, *wie* gut die eigene Mannschaft durch die Mitte und über die Flügel spielen kann, und er kann abschätzen wie gut die gegenerische Verteidigung damit jeweils zurechtkommt. Nun muß er entscheiden, auf welchem Weg seine Mannschaft angreifen soll. Manchmal heißt strategisches Denken allerdings auch zu wissen, wann man nicht spielen sollte - zum Beispiel im Fall einer Supermacht, die über ein politisches Abenteuer nachdenkt, das den Atomkrieg auslösen könnte.

Unser Ziel ist es, Ihren Strategie-IQ zu erhöhen. Wir haben aber nicht versucht, ein Buch mit Strategie-Rezepten anzubieten. Wir entwickeln die Ideen und Prinzipien des strategischen Denkens, Sie selber werden anschließend noch ein Stück Arbeit leisten müssen, um sie auf Ihre speziellen Umstände anzuwenden und die jeweils richtige Wahl zu treffen. Denn jede Situation hat ihre Besonderheiten: wenn wir hier allgemeine Handlungsanweisungen gäben, könnte das leicht in die Irre führen. Sie selber werden die Prinzipien guter Strategie, die wir hier diskutieren, in jeder Situation neu zusammenführen müssen, aufgrund zusätzlicher Überlegungen werden noch ganz andere Prinzipien hinzukommen. Es bleibt dann Ihre Aufgabe, diese Prinzipien zu kombinieren, und dort, wo es Widersprüche gibt, das Gewicht der einzelnen Argumente abzuwägen. Wir versprechen nicht, daß wir jedes Problem lösen können, das Sie vielleicht haben. Denn die Wissenschaft der Spieltheorie ist noch lange nicht vollständig ausgebaut, und in mancher Hinsicht bleibt strategisches Denken eine Kunst.

Wir werden Ihnen allerdings schon zeigen, wie sich die Ideen in konkretes Handeln umsetzen lassen. So zeigen wir in Kapitel 1 zunächst anhand mehrerer Beispiele, wie bei einer Reihe sehr unterschiedlicher Entscheidungsprobleme strategische Fragen auftreten. Wir zeigen dabei einige Strategien auf, die effektiv sind, ein paar, die weniger gut funktionieren, und sogar einige, die ganz einfach schlecht sind. In den folgenden Kapiteln werden wir diese Beispiele dann zu einem System oder gedanklichen Gerüst ausbauen. In den hinteren Kapiteln greifen wir schließlich mehrere grobe Klassen von strategischen Situationen auf: das Spiel mit dem Abgrund - sogenannte Brinkmanship -, Abstimmungen, Anreizsysteme und Verhandlungssituationen. Hier können Sie die strategischen Prinzipien dann konkret in Aktion sehen.

Unsere Beispiele reichen vom Bekannten, Trivialen oder Unterhaltsamen - meist aus der Literatur, dem Sport oder aus Kinofilmen - bis hin zum Bedrohlichen: der nuklearen Konfrontation der Supermächte. Die Fälle der ersten Gruppe dienen dabei lediglich als hübsche und eingängige Illustrationen für unsere spieltheoretischen Ideen. Am letzten Beispiel könnte sich allerdings mancher Leser stoßen. Denn ist der Atomkrieg nicht so furchtbar, daß er rationaler Analyse einfach nicht mehr zugänglich ist? Heute ist der Kalte Krieg zu Ende, die Welt gilt allgemein wieder als etwas sicherer. Wir hoffen deshalb, daß sich mit der größeren emotionalen Distanz auch die spieltheoretischen Aspekte des Wettrüstens oder der Kuba-Krise von 1963 nach Gesichtspunkten strategischer Logik analysieren lassen.

Die Kapitel sind gespickt mit Beispielen, die in erster Linie dazu dienen, das jeweils diskutierte Prinzip zu entwickeln und zu illustrieren. Zahlreiche Details, die in der Wirklichkeit relevant sind, werden deshalb weggelassen. Am Ende eines jeden Kapitels stellen wir eine Fallstudie vor, wie sie zum Beispiel in einem Kurs an einer Business School Verwendung finden könnte. Es wird jeweils ein spezieller Sachverhalt dargelegt, Sie sind eingeladen, die Prinzipien des vorhergegangenen Kapitels anzuwenden, um die richtige Strategie zu finden. Einige Fälle lassen wir offen, aber so ist eben auch das Leben. Andere Male gibt es keine eindeutig richtige Lösung, sondern nur unvollkommene Wege, das Problem anzugehen. Ehe Sie allerdings unsere Diskussion lesen, sollten Sie jeden Fall erst einmal selber ernsthaft durchdenken. Sie werden dann mehr von diesem Buch profitieren, als wenn Sie noch so viel

Text verschlingen. Um Ihnen noch mehr Übung zu ermöglichen, enthält das Schlußkapitel 23 weitere Fälle, grob geordnet nach zunehmendem Schwierigkeitsgrad.

Wir hoffen, daß Sie nach der Lektüre dieses Buches erfolgreicher sein werden, sei es als Manager, Verhandlungsführer, Sportler, Politiker oder Elternteil. Wir warnen Sie allerdings auch: Manche der Strategien, die Ihnen bei der Verfolgung Ihrer Ziele helfen, werden Ihnen nicht gerade die Zuneigung der geschlagenen Rivalen eintragen. Wenn Sie also fair sein wollen: Erzählen Sie Ihnen von diesem Buch.

TEIL I

Kapitel 1
Zehn Geschichten über Strategie

Wir beginnen mit zehn Geschichten über Strategie aus verschiedenen Lebensbereichen und bieten Ihnen dabei vorab schon einmal ein paar Gedanken dazu an, wie man am besten spielt. Viele von Ihnen werden ähnliche Probleme im Alltag schon erlebt haben, und Sie werden die korrekte Lösung durch Überlegen oder durch Probieren bereits gefunden haben. Für andere mögen einige der Antworten überraschend sein. Doch es geht uns nicht in erster Linie um den Überraschungseffekt der Beispiele. Wir möchten Ihnen vielmehr zeigen, daß ähnliche Situationen immer wieder vorkommen, daß sie auf eine Reihe zusammenhängender Fragen hinauslaufen, und daß es wahrscheinlich sehr fruchtbar ist, systematisch über diese Fragen nachzudenken. Wir werden dieses gedankliche System in späteren Kapiteln weiterentwickeln, und dort Handlungsanweisungen für wirkungsvolle Strategien ableiten. Nehmen Sie die folgenden Geschichten also als kleinen Vorgeschmack vom Dessert, ehe der Hauptgang beginnt. Sie sollen den Appetit wecken, nicht sättigen.

1. Erfolgsserien

Gibt es bei Sportlern so etwas wie eine »goldene Hand«? Manchmal sieht es so aus, als könnte ein Basketballstar wie Larry Bird den Korb einfach nicht verfehlen, ein Fußballer wie Diego Maradona nicht danebenschießen. Amerikanische Sportreporter, die solche Erfolgsserien beobachten, verkünden dann gerne, der Sportler habe die »Hot Hand«, also eine Art goldenes Händchen. Die Psychologieprofessoren Thomas Gilovich, Robert Vallone und Amos Tversky sehen darin allerdings nur einen Fall verzerrter Wahrnehmung (1). Die drei weisen darauf hin, daß man zum Beispiel eine Münze nur lange genug werfen muß, um eine sehr lange Serie von »Zahl« zu erhalten. Der Verdacht der Psychologen lautet daher: Sportreporter, denen sonst nichts Gehaltvolles einfällt, finden einfach Muster in einer langen Saison, die letztlich nicht viel anders sind als eine Serie von Münzwürfen. Die drei Wissenschaftler schlagen einen strengeren Test vor: Sie betrachten zum Beispiel beim Basketball alle Situationen, in denen der Spieler einen Korb erzielt. Dann beobachten sie, in wieviel Prozent der Fälle der nächste Wurf des Spielers ebenfalls ein Treffer ist. Eine ähnliche Rechnung wird für die Fehlwürfe angestellt. Wenn es wahrscheinlicher ist, daß ein Treffer auf einen Treffer folgt, anstatt auf einen Fehlwurf, dann ist wirklich etwas dran an der Theorie von der »Hot Hand«.

Für ein amerikanisches Basketball-Team, die Philadelphia 76ers, haben die Psychologen diesen Test einmal durchgeführt. Das Ergebnis stand im Widerspruch zur »Hot Hand«-These: Wenn ein Spieler mit seinem letzten Wurf getroffen hatte, dann war es unwahrscheinlicher, daß sein nächster Wurf ebenfalls in den Korb ging. Hatte er zuvor daneben geworfen, dann war die Treffwahrscheinlichkeit höher. Dies galt sogar für einen Spieler, Andrew Toney, der einen besonderen Ruf als Serienschütze hatte. Müssen wir also eher von der »stroboskopischen Hand« sprechen – in Anlehnung an jene flackernden Scheinwerfer, die ständig zwischen An und Aus wechseln?

Die Spieltheorie legt eine andere Interpretation nahe. Zwar widerlegt die Statistik die Existenz von individuellen Erfolgsserien. Sie widerlegt aber nicht die Möglichkeit, daß ein Spieler mit einer »Hot Hand« das Spiel in anderer Weise beeinflussen kann. Beide Interpretationen unterscheiden sich insofern, als offensive und defensive Strategien in Wechselwirkung miteinander stehen. Nehmen wir zum Beispiel an, der Serienschütze Andrew Toney habe wirklich ein goldenes Händchen. Die Gegner würden ihn dann sicherlich besonders zahlreich abschirmen. Seine Erfolgsquote könnte so ohne weiteres reduziert werden.

Das ist aber noch nicht alles. Wenn sich die gegnerische Abwehr auf Toney konzentriert, dann wird einer seiner Mannschaftskameraden unbewacht bleiben, und deshalb mit höherer Wahrscheinlichkeit einen Treffer erzielen. Anders gesagt, die »Hot Hand« Toneys verbessert die Leistung der Mannschaft, obwohl sie seine eigene Leistung verschlechtern kann. Die These von der »Hot Hand« könnten wir dann dadurch testen, daß wir nach Erfolgsserien von Mannschaften suchen.

Ähnliche Phänomene lassen sich in vielen anderen Mannschaftssportarten beobachten. Ein großer Mittelfeldregisseur hilft den Sturmspitzen, und erfolgreiche Sturmspitzen schaffen Raum für den Mann im Mittelfeld. Im Endspiel der Fußball-WM 1986 beispielsweise schoß Diego Maradona kein Tor. Aber mit Pässen aus Situationen, in denen er von deutschen Verteidigern umringt war, bereitete er zwei argentinische

Treffer vor. Der Wert eines Stars kann also nicht allein an seinen Torerfolgen gemessen werden. Sein Beitrag zur Leistung seiner Mannschaftskameraden ist entscheidend, und Hilfsstatistiken können auch solche Beiträge messen. Beim Eishockey etwa werden Tore und ihre Vorbereitung (assists) jeweils gleich gewichtet, wenn die Ranglisten der Spieler erstellt werden.

Ein Spieler kann sich sogar selber helfen, wenn eine »Hot Hand« die andere Seite aufwertet: Larry Bird, der ehemalige Basketball-Star der Boston Celtics, wirft am liebsten mit rechts (obwohl seine linke Wurfhand immer noch besser ist, als die der meisten Leute). Die Verteidiger wissen, daß Bird Rechtshänder ist und konzentrieren sich deshalb darauf, Würfe von rechts abzublocken. Aber sie tun das nicht ausschließlich, denn auch Birds Würfe mit links sind einfach zu erfolgreich, als daß man sie völlig unbeachtet lassen könnte.

Was geschieht nun, wenn Bird in der Saisonpause seine Würfe mit links trainiert? Die Verteidiger reagieren, indem sie mehr Zeit auf die Abdeckung der linken Seite verwenden. Ergebnis: Birds Rechte ist öfter frei. Ein verbesserter Wurf mit links führt zu wirkungsvolleren Würfen mit rechts. In diesem Falle weiß die Linke nicht nur was die Rechte tut, sie hilft ihr sogar dabei.

In Kapitel 7 gehen wir einen Schritt weiter und zeigen, daß es sogar sinnvoll sein kann, eine linke Hand weniger zu benutzen, wenn sie die stärkere ist. Viele von Ihnen werden dieses scheinbar verrückte Phänomen schon selbst erlebt haben, wenn Sie Tennis spielen: Ist Ihre Rückhand viel schwächer als Ihre Vorhand, dann wird Ihr Gegner lernen, stets auf die Rückhand zu spielen. Als Folge der ständigen Übung wird sich aber Ihre Rückhand verbessern. In dem Maße, wie Ihre beiden Schläge ausgeglichener werden, können Ihre Gegner die schwache Rückhand nicht mehr ausnutzen. Sie werden gleichmäßiger zwischen Schlägen auf Vor- und Rückhand abwechseln; und gerade das könnte der eigentliche Vorteil daran sein, daß Sie Ihre Rückhand verbessern.

2. Führen oder nicht führen

Nach den ersten vier Rennen im 1983er America's Cup Finale lag der Skipper Dennis Connor mit seinem Boot »Liberty« 3 zu 1 vorne. Um das Finale des Cups zu gewinnen, galt es, Bester aus insgesamt sieben Rennen zu werden, und so wurden denn am Morgen des fünften Rennens »Champagner-Kisten an den Anlegeplatz der Liberty geliefert. Auf der Zuschaueryacht hatten die Ehefrauen der Mannschaft Oberteile und Shorts in den amerikanischen Nationalfarben rot, weiß und blau angelegt. Offensichtlich rechneten sie bereits damit, daß sie alle fotografiert würden, sobald ihre Männer die 132jährige Erfolgsserie der USA in diesem Wettbewerb wieder einmal verlängert hatten«(2). Doch es sollte anders kommen.

Am Start kam die Liberty mit 37 Sekunden Vorsprung weg, nachdem Australia II zu früh losgeprescht war und zunächst die Startlinie noch einmal kreuzen mußte. Der australische Skipper, John Bertrand, versuchte aufzuholen, indem er weit auf die linke Seite der Regattastrecke steuerte, in der Hoffnung, einen sich vielleicht drehenden Wind zu nutzen. Dennis Connor entschied sich, die »Liberty« auf der rechten Seite zu halten. Doch Bertrands riskantes Spiel ging auf: Der Wind drehte um fünf Grad zugunsten der Australia II, und sie gewann das Rennen mit einer Minute und 47 Sekunden Vorsprung. Connor wurde kritisiert, weil er den strategischen Fehler gemacht habe, dem Kurs der Australia II nicht zu folgen. Zwei Rennen später gewann die Australia II die Serie.

Segelregatten bieten die Gelegenheit, eine interessante Umkehrung der klassischen Strategie »follow the leader«, (»Immer dem Führenden hinterher«), zu beobachten. Das führende Boot kopiert in der Regel die Strategie des Verfolgers. Wer vorne liegt, imitiert seinen Verfolger selbst dann, wenn dieser eine offenkundig schlechte Strategie einschlägt. Warum? Weil es bei einer Regatta (anders als zum Beispiel bei Tanzwettbewerben) nicht darauf ankommt, wie weit man vorne liegt. Allein der Sieg zählt. Wenn Sie vorne liegen, ist der sicherste Weg, vorne zu bleiben, einfach Äffchen zu spielen*.

Aktienmarktanalysten und volkswirtschaftliche Prognostiker sind vor dieser Imitations-Strategie nicht gefeit. Für die führenden Prognostiker ist es lohnend, sich dem Feld anzuschließen und ähnliche Vorhersagen zu treffen, wie alle anderen. Auf diese Weise ist es sehr unwahrscheinlich, daß die Öffentlichkeit ihr Urteil über die Prognostiker revidiert. Newcomer dagegen wählen die riskanten Strategien: Sie neigen dazu, Boom oder Crash vorherzusagen. In der Regel liegen sie daneben, und

*Diese Strategie ist natürlich nicht mehr anwendbar, wenn es mehr als zwei Konkurrenten gibt. Schon bei drei Booten muß der Führende sich entscheiden, ob und wem er folgen will, sobald der eine Verfolger von links, der andere von rechts kommt.

man hört nie wieder von ihnen. Aber ab und zu treffen sie ins Schwarze und rücken dann in die Ränge der Prominenz auf.

Unternehmerische oder technologische Wettläufe liefern weiteres Anschauungsmaterial. Im PC-Markt etwa ist IBM weniger dafür bekannt, innovativ zu scin, als vielmehr dafür, standardisierte Technik auf den breiten Markt zu bringen. Neugegründete Unternehmen wie Apple, Sun und andere haben dagegen mehr neue Ideen entwickelt. Riskante Innovationen sind ihre beste und vielleicht einzige Chance, Marktanteile zu erobern. Das gilt übrigens nicht nur für High-Tech Produkte. Procter & Gamble, die IBMs im Windelgeschäft, folgten zum Beispiel der Firma Kimberley Clark, nachdem diese den wiederverschließbaren Klebestreifen an Windeln erfunden hatte. Sie konnten so ihre beherrschende Marktposition zurückerobern.

Es gibt zwei Möglichkeiten, erst als Zweiter die Strategie festzulegen. Man kann warten, bis der andere seine Wahl zu erkennen gegeben hat (wie bei der Segelregatta) oder so lange warten, bis Erfolg oder Mißerfolg dieser Wahl feststehen (wie im Fall der Computer). Die längere Wartezeit ist im Geschäftsleben vorteilhafter, weil im Marktwettbewerb - anders als im Sport - nicht allein der Sieg zählt. Marktführer werden daher Neugründern so lange nicht folgen, wie sie nicht selber von den Vorteilen des anderen Kurses überzeugt sind.

3. Gehe direkt ins Gefängnis

Während der sowjetischen Stalin-Ära war ein Dirigent mit dem Zug zu seinem nächsten Auftritt unterwegs und schaute sich einige Partituren an, die er am Abend dirigieren sollte. Zwei KGB-Beamte beobachteten ihn dabei, und weil sie meinten, daß es sich bei den Musiknoten um einen Geheimcode handeln müsse, verhafteten sie den Mann als Spion. Der protestierte, erklärte, daß es sich bei den Aufzeichnungen nur um ein Violinkonzert von Tschaikowski handele, aber es half alles nichts. Am zweiten Tag der Inhaftierung kam der verhörende Beamte siegessicher herein und sagte: »Sie erzählen uns besser alles. Wir haben Ihren Freund Tschaikowski ebenfalls erwischt, und er hat bereits ausgepackt«

So beginnt eine Erzählung zum »Gefangenendilemma«, dem vielleicht bekanntesten strategischen Spiel. Entwickeln wir die Geschichte einmal bis zu ihrem logischen Schluß weiter. Nehmen wir an, der KGB habe tatsächlich jemanden verhaftet, dessen einziges Verbrechen darin besteht, daß er Tschaikowski heißt. Dieser Mann würde getrennt derselben Art von Verhör unterzogen. Wenn die beiden Unschuldigen der KGB-Behandlung widerstehen und alles abstreiten, werden sie zu je drei Jahren Haft verurteilt.*

Legt der Dirigent ein falsches Geständnis ab, das den unbekannten »Komplizen« belastet, während dieser Tschaikowski selber standhaft bleibt, dann kommt der Dirigent mit einem Jahr Haft davon (und darf sich der Dankbarkeit des KGB sicher sein). Tschaikowski erhält für seine Aufsässigkeit die harte Strafe von 25 Jahren Haft. Genau umgekehrt läuft es natürlich, wenn der Dirigent standhält, während Tschaikowski aufgibt und ihn belastet. Sind schließlich beide geständig, dann erhalten sie die übliche Strafe von 10 Jahren Gefängnis.**

Versetzen Sie sich nun einmal in die Gedanken des Dirigenten. Er weiß, daß Tschaikowski entweder gesteht oder durchhält. Falls Tschaikowski gesteht, dann wird der Dirigent zu 25 Jahren verurteilt, wenn er selber stur bleibt; er erhält nur 10 Jahre, wenn er ebenfalls gesteht. Es ist also in diesem Fall besser für ihn zu gestehen. Falls Tschaikowski dagegen schweigt, dann erhält der Dirigent drei Jahre, wenn er ebenfalls schweigt. Er bekommt nur ein Jahr, wenn er gesteht. Es wäre also erneut besser für den Dirigenten zu gestehen. Ein Geständnis ist aus seiner Sicht das Beste.

In einer anderen Zelle am Dzerzinski-Platz stellt derweil Tschaikowski ähnliche Berechnungen an und gelangt zum selben Schluß. Das Ergebnis ist natürlich, daß beide gestehen. Später, wenn sie sich im Arbeitslager begegnen, werden sie ihre Geschichten vergleichen und feststellen, daß man sie ausgetrickst hat. Hätten beide standgehalten, wären sie mit weitaus kürzeren Strafen davongekommen.

Hätten sie doch nur die Chance gehabt, sich vorher einmal zu treffen und die Dinge durchzusprechen. Dann hätten sie sich schnell darauf einigen können, daß keiner von beiden gestehen sollte. Sie werden aber

* Es gibt die Geschichte eines Neuankömmlings im Lager, der von seinen Mithäftlingen gefragt wird: »Wieviel Jahre hast du gekriegt?«, worauf er antwortet: »Zehn«. »Was hast du verbrochen?« Er: »Nichts.« »Das muß ein Irrtum sein. Darauf stehen nur drei Jahre.«

** Dies bedeutete exakt 3653 Tage. »Die drei zusätzlichen Tage waren als Ausgleich für Schaltjahre gedacht« (A. Solschenizyn, Ein Tag im Leben des Iwan Denissowitsch, 1962) schnell erkennen, daß ihnen eine solche Vereinbarung auch nicht viel gebracht hätte. Denn nachdem sie einmal getrennt waren und die Verhöre begonnen hatten, wären die Anreize für jeden Einzelnen sehr stark gewesen, den anderen zu hintergehen und damit für sich selbst eine mildere Strafe zu erreichen. Wieder wären sie sich im Lager begegnet und würden nun vielleicht versuchen, den jeweils begangenen Verrat zu rächen. Können sich die beiden wechselseitig genügend Glaubwürdigkeit verschaffen, um zu der Lösung zu gelangen, die sie eigentlich beide bevorzugen?

Viele Menschen, Unternehmen, ja sogar ganze Staaten sind von diesem Gefangenendilemma auf die Hörner genommen worden. Denken Sie nur an die über Leben und Tod entscheidende Frage der nuklearen Abrüstung. Jeder Supermacht wäre es natürlich am liebsten, wenn die andere Seite entwaffnet wäre, sie selbst dagegen ihr Arsenal behielte, »nur für alle Fälle«. Selbst abzurüsten, während die andere Seite ihre Waffen behält, wäre die schlimmste Aussicht. Jede Seite wird daher am liebsten ihre Waffen behalten wollen, ganz gleich was der andere tut. Sie könnten sich gleichwohl einig werden, daß eine Situation, in der beide abrüsten, besser ist als eine, in der beide ihre Waffen behalten. Das Problem ist die wechselseitige Abhängigkeit der Entscheidungen: die *gemeinsam* bevorzugte Variante kommt nur dann zustande, wenn jede Seite *für sich genommen* ihre schlechtere Strategie wählt. Kann das gemeinsam bevorzugte Ergebnis überhaupt zustande kommen, wenn doch jede Seite den klaren Anreiz hat, ein Abkommen zu brechen und sich heimlich zu bewaffnen? In diesem Fall war eine fundamentale Änderung des sowjetischen Denkens erforderlich, um die Welt auf den Weg der nuklearen Abrüstung zu bringen.

Für das eigene Wohlbefinden, die eigene Sicherheit oder sogar für das eigene Überleben ist es wichtig, die Wege zu kennen, wie man aus dem Gefangenendilemma herausgelangt. In Kapitel 4 betrachten wir einige dieser Wege und untersuchen, wann und wie gut sie funktionieren.

Die Geschichte vom Gefangenendilemma verdeutlicht auch einen nützlichen allgemeinen Punkt: die meisten ökonomischen, politischen oder sozialen Spiele unterscheiden sich von Spielen wie Fußball oder Poker. Fußball und Poker sind *Nullsummenspiele*: Der Gewinn des einen bedeutet Verlust für den anderen. Das Gefangenendilemma beinhaltet aber sowohl Möglichkeiten zum beiderseitigen Vorteil wie auch Interessenkonflikte. Beide Häftlinge bevorzugen das Ergebnis, bei dem keiner gesteht, gegenüber seinem Gegenteil. Bei Tarifverhandlungen zwischen Arbeitgebern und Gewerkschaften besteht ein vergleichbarer

Interessenkonflikt insofern, als die eine Seite lieber niedrige Löhne hätte, die andere lieber hohe. Es gibt aber Übereinstimmung darin, daß ein Abbruch der Verhandlungen, der zum Streik führt, für beide Seiten noch nachteiliger wäre. Derartige Situationen sind sogar eher die Regel als die Ausnahme. Jede nutzbringende Analyse von Spielen sollte in der Lage sein, eine solche Mischung von Interessenkonflikt und Interessenharmonie zu berücksichtigen. Wir bezeichnen die Spielbeteiligten oft als »Gegner«, aber Sie sollten stets im Hinterkopf behalten, daß strategisches Denken auch zu den merkwürdigsten Allianzen führen kann.

4. Hier stehe ich

Als die katholische Kirche verlangte, daß Martin Luther seinen Angriff auf die Autorität der Päpste und Kurien verwerfen solle, weigerte er sich zu widerrufen: »Ich kann und will nichts widerrufen, weil gegen das Gewissen etwas zu tun weder sicher noch heilsam ist«, erklärte er auf dem Reichstag zu Worms am 18. April 1521. Auch auf Kompromisse wollte er sich nicht einlassen: »Hier stehe ich und kann nicht anders.« Luther war unnachgiebig, weil es um Glaubensfragen ging. Bei der Definition dessen, was richtig ist, war kein Platz für Kompromisse. Seine Festigkeit hatte tiefgreifende langfristige Folgen: seine Angriffe führten zur protestantischen Reformation und veränderten die mittelalterliche katholische Kirche erheblich.

Charles de Gaulle nutzte die Macht der Unnachgiebigkeit in ähnlicher Weise, um auf dem internationalen Parkett zum mächtigen Akteur zu werden. Wie sein Biograph Don Cook einmal schrieb: »[De Gaulle] war in der Lage, sich allein mit Hilfe seiner Geradlinigkeit, seiner Intelligenz, mit seiner Persönlichkeit und mit seinem Glauben an die Vorsehung eine persönliche Machtposition aufzubauen.« (3) Doch noch vor allem anderen war de Gaulle ein Meister der »Macht der Unnachgiebigkeit«. Während des Zweiten Weltkriegs, den er als selbsternannter Führer einer geschlagenen und besetzten Nation im Exil verbrachte, führte er eigene Verhandlungen mit Churchill und Roosevelt. In den sechziger Jahren gab sein präsidentielles »Non!« bei mehreren Entscheidungen in der Europäischen Wirtschaftsgemeinschaft (EWG) den Ausschlag zugunsten der französischen Position.

In welcher Weise verschaffte ihm seine Unnachgiebigkeit solche Verhandlungsmacht? Wenn de Gaulle erst einmal eine völlig unverrückbare

Position eingenommen hatte, blieben seinen Verhandlungspartnern nur zwei Optionen - entweder sie akzeptierten, oder sie ließen es sein. 1963 und ein zweites Mal 1968 verwehrte er beispielsweise im Alleingang England den Beitritt zur EWG; die anderen Länder waren gezwungen, entweder das Veto de Gaulles zu akzeptieren oder die EWG platzen zu lassen. De Gaulle wog seine Position sorgfältig ab um sicherzugehen, daß sie letztlich akzeptiert werden würde. Frankreich erhielt auf diese Weise oft ein größeres (und unfaires) Stück vom Kuchen. De Gaulles Unnachgiebigkeit verwehrte der anderen Partei jede Möglichkeit, mit einem akzeptablen Gegenangebot zu kommen.

In der Praxis ist das allerdings leichter gesagt als getan, und zwar aus zwei Gründen. Der erste Grund hängt damit zusammen, daß es bei Verhandlungen in der Regel um mehr geht als den Kuchen, der heute auf dem Tisch steht. Entsteht der Eindruck, daß Sie übermäßig gierig sind, dann werden die anderen in der Zukunft wenig geneigt sein, mit Ihnen zusammenzuarbeiten. Oder aber, sie werden beim nächsten Mal als härtere Verhandlungspartner auftreten und versuchen, einen Teil der empfundenen Einbußen wieder wettzumachen. Auf der zwischenmenschlichen Ebene kann ein unfairer Sieg die Geschäftsbeziehungen oder sogar ein persönliches Verhältnis verderben. Tatsächlich kritisiert denn auch der Biograph David Schoenbrun de Gaulles Chauvinismus: »Im menschlichen Miteinander werden die, die nicht lieben, selten geliebt: Wer sich nicht als Freund erweisen will, endet selber ohne Freunde. De Gaulles Zurückweisung jeder Freundschaft schadete Frankreich so letztlich.«(4) Ein momentaner Kompromiß kann sich auf lange Sicht als die bessere Strategie erweisen.

Der zweite Typ von Problemen besteht darin, den notwendigen Grad der Unnachgiebigkeit zu erreichen. Luther und de Gaulle schafften das durch ihre Persönlichkeiten, aber damit sind Kosten verbunden. Eine unflexible Persönlichkeit kann man nicht einfach ein- und wieder ausschalten. Obwohl Inflexibilität einen Gegner manchmal in die Knie zwingen und ihm Zugeständnisse abringen kann, kann sie genausogut auch dazu führen, daß aus kleinen Verlusten große Desaster werden.

Ferdinand de Lesseps beispielsweise war ein mäßig fähiger Ingenieur mit einer außerordentlichen Vision und Willenskraft. Er wurde berühmt, weil er den Suez Kanal unter Schwierigkeiten baute, die allgemein als unüberwindbar galten. Er erkannte die Unmöglichkeit des Vorhabens nicht und hatte gerade dadurch Erfolg. Später versuchte er sich mit derselben Technik am Bau des Panama-Kanals. Das Projekt endete im Desaster*.

Während der Nilsand seinem Willen nachgab, war die tropische Malaria stärker. Das Problem für de Lesseps war seine unflexible Persönlichkeit, die es ihm auch dann nicht erlaubte, die Niederlage einzugestehen, als die Schlacht bereits verloren war.

Wie kann man wahlweise Inflexibilität erreichen? Eine ideale Lösung gibt es nicht. Doch es gibt verschiedene Mittel, mit deren Hilfe eine Selbstbindung erreicht und durchgehalten werden kann. Dies ist das Thema in Kapitel 6.

5. Wie man der Katze das Glöckchen anbindet

Es gibt eine Kindergeschichte, in der die Mäuse zu dem Schluß kommen, daß ihr Leben viel sicherer wäre, wenn die Katze ein Glöckchen um den Hals tragen würde. Die Frage ist nur: wer riskiert sein Leben, um der Katze die Glocke anzubinden?

Wir Menschen haben oft ein ähnliches Problem. Wie können ein Tyrann oder eine relativ kleine Besatzungsarmee eine sehr große Bevölkerung über lange Zeit hinweg unter Kontrolle halten? Warum ist ein Flugzeug voll besetzt mit Passagieren einem einzelnen bewaffneten Entführer wehrlos ausgeliefert? In beiden Fällen hätte eine gemeinsame Aktion der Vielen eine gute Erfolgschance. Aber die Kommunikation und die Koordination sind schwierig. Die Unterdrücker, die die Macht der Masse kennen, stellen sich darauf ein und ergreifen besondere Schritte, damit eine Solidarisierung der Unterdrückten gar nicht erst zustande kommt oder zumindest erschwert ist.

Wenn die Menschen einzeln handeln müssen und nur darauf hoffen können, daß die Masse mitgerissen wird, stellt sich sofort die Frage: Wer ist der Erste? Ein solcher Anführer läuft Gefahr, einen sehr hohen Preis zahlen zu müssen - womöglich wird es ihn sogar sein Leben ko-

* Der Suez-Kanal war eine Passage auf Meereshöhe. Die Grabungen waren relativ einfach, weil das Land bereits tief lag und weitgehend aus Wüste bestand. In Panama dagegen gab es größere Höhenunterschiede, Seen entlang der Strecke sowie dichten Dschungel. Erst viel später war das Ingenieurkorps der US Army mit einer gänzlich anderen Methode erfolgreich – einer Folge von Schleusen, die die Seen entlang des Weges nutzten.

sten. Sein Lohn mag dann lediglich in posthumem Ruhm oder Dankbarkeit bestehen. Zwar gibt es Menschen, die von Motiven wie Pflicht und Ehre angetrieben werden - aber meist steht das Risiko im krassen Gegensatz zum persönlichen Nutzen.

Chruschtschow attackierte die Säuberungen Stalins erstmals auf dem 20. Parteitag der Kommunistischen Partei. Nach seiner dramatischen Rede fragte jemand aus dem Publikum lauthals, wie er selbst sich denn damals verhalten habe. Chruschtschow konterte und forderte den Fragesteller auf, er möge bitte aufstehen und sich zu erkennen geben. Nichts geschah. Nicht nur der lautstarke Kritiker, das gesamte Plenum verharrte in Schweigen. Chruschtschow antwortete daraufhin: »Sehen Sie, genau das habe ich damals auch getan.«

In gewisser Weise haben wir diese Beispiele zuvor bereits gesehen. Es handelt sich einfach um ein Gefangenendilemma mit mehr als zwei Beteiligten; man könnte hier vielleicht besser vom Geiseldilemma sprechen. An dieser Stelle wollen wir das Dilemma jedoch verwenden, um einen anderen Punkt zu verdeutlichen: Strafe ist oft eine bessere Strategie als Belohnung. Der Diktator könnte natürlich auch versuchen, die Bevölkerung dadurch ruhig zu halten, daß er ihr materielles oder gar seelisches Wohlbefinden garantiert. Aber das kann für den Staat sehr teuer werden. Unterdrückung und Terror, die auf dem Geiseldilemma beruhen, können eine viel billigere Alternative sein.

Es gibt viele Beispiele für dieses Prinzip. So werden in großen Taxiunternehmen die Wagen den Fahrern von einem Dispatcher zugeteilt. Der Fuhrpark besteht aus guten Fahrzeugen und aus Rostlauben. Der Dispatcher kann nun seine Zuteilungsmacht dazu nutzen, von jedem Fahrer eine kleine Bestechung einzutreiben. Jeder Fahrer, der sich weigert, kann dann sicher sein, daß er eine Rostlaube erhält. Diejenigen, die kooperieren, sind in der besseren Lage, einen zufällig aus dem verbleibenden Fuhrpark ausgewählten Wagen zu erhalten.* Der Dispatcher verdient sich so eine goldene Nase und die Fahrer als Gruppe finden sich mit denselben Wagen wieder, die sie auch ohne Bestechung bekommen hätten. Wenn die Fahrer sich zusammenschließen würden, könnten sie

* Selbst wenn alle zahlen, werden einige Fahrer am Ende eine Rostlaube erhalten. Aber wenn die Rostlauben zufällig zugewiesen werden, dann hat keiner der Fahrer ganz besonders schlechte Karten. Der Fahrer, der nicht zahlt, kann dagegen damit rechnen, regelmäßig eine Rostlaube zu fahren.

diese Praktiken vermutlich beenden. Doch das Problem besteht darin, die Bewegung erst einmal zu organisieren. Der Punkt ist hier nicht so sehr, daß der Dispatcher diejenigen belohnen kann, die ihn bestechen. Entscheidend ist vielmehr die Angst derjenigen, die es nicht tun.

Eine ähnliche Geschichte läßt sich über Mieter erzählen, die zur Räumung ihrer Wohnung gezwungen werden. Wenn jemand zum Beispiel ein Mietshaus in New York erwirbt, dann hat er das Recht, einen Mieter mit dem Hinweis auf Eigenbedarf zur Räumung zu zwingen. Daraus erwächst natürlich leicht die Versuchung, das ganze Gebäude zu räumen. Ein neuer Hausbesitzer kann nämlich gegenüber dem Mieter in Apartment 1A wie folgt argumentieren: »Ich habe das Recht in meinem eigenen Haus zu wohnen. Deswegen habe ich vor, Sie zur Räumung zu zwingen und in ihre Wohnung zu ziehen. Wenn Sie aber kooperativ sind und freiwillig gehen, dann erhalten Sie 5.000 Dollar Belohnung. Im Vergleich zum Marktwert einer Wohung in New York wäre das ein eher symbolischer Betrag. Vor die Wahl gestellt, die Wohnung mit 5.000 Dollar in der Tasche freiwillig zu räumen oder ohne 5.000 Dollar herausgedrängt zu werden, entscheidet sich der Mieter für das Geld und verschwindet. Der Hausbesitzer kann jetzt dem Mieter in 1B denselben Handel vorschlagen, danach 1C und so weiter.

Auch Gewerkschaften können sich ähnliche Vorteile verschaffen, wenn sie nicht über flächendeckende Tarifverträge für eine Branche verhandeln, sondern mit einzelnen Unternehmen. Der Trick besteht darin, die einzelnen Verhandlungen nacheinander zu führen. Nehmen wir zum Beispiel die amerikanische Automobilindustrie mit den drei Produzenten General Motors (GM), Ford und Chrysler. Wenn die Gewerkschaft der Automobilarbeiter beschließt, ausschließlich Ford zu bestreiken, dann entstehen Ford besondere Nachteile, während GM und Chrysler weiterproduzieren. Ford wird deshalb eher geneigt sein, der Gewerkschaft entgegenzukommen und sich schnell mit ihr zu einigen. Ein begrenzter Streik ist außerdem billiger für die Gewerkschaft, da nur ein Drittel ihrer Mitglieder in den Ausstand tritt. Nachdem die Gewerkschaft den Sieg über Ford davongetragen hat, kann sie sich Chrysler und GM vornehmen. Jeder errungene Erfolg wird dabei zum Präzedenzfall, der den Argumenten der Gewerkschaft weiteren Nachdruck verleiht.

In Japan funktionieren die Anreize für die Gewerkschaften genau anders herum. Dort gibt es Betriebsgewerkschaften und stärkere Gewinnbeteiligung. Wenn also die Gewerkschaft von Toyota streikt, dann werden die Einkommen ihrer Mitglieder ebenso in Mitleidenschaft gezogen wie die Gewinne von Toyota. Es gibt auch keinerlei Vorteile durch Präzedenzfälle.

Wir sagen nicht, daß die beschriebenen Ergebnisse ausnahmslos vorteilhaft sind oder daß es sich jeweils um wünschenswertes Vorgehen handelt. In einigen Fällen kann es sogar überzeugende Argumente dafür geben, das Ergebnis nach Möglichkeit zu vermeiden. Aber um das zu können, muß man zuerst einmal verstehen, durch welchen Mechanismus das Problem ursprünglich entstanden ist - nämlich durch einen »Akkordeon-Effekt«, bei dem jede Falte die nächste drückt oder zieht. Das Phänomen taucht wieder und wieder auf, aber man kann etwas dagegen unternehmen. Wie, das zeigen wir Ihnen in Kapitel 9.

6. Das schmale Ende des Keils

Die meisten Länder setzen Zölle, Quoten oder andere Instrumente ein, um die Importkonkurrenz zu begrenzen und heimische Branchen zu schützen. Eine solche Politik erhöht die Preise und schadet allen heimischen Verbrauchern der betroffenen Produkte. So haben Ökonomen zum Beispiel ausgerechnet, daß die amerikanischen Verbraucher über höhere Preise rund 100.000 Dollar für jeden Arbeitsplatz zahlen, der in der Stahl-, Textil- oder Zuckerindustrie mit Hilfe von Importquoten geschützt wird. (5) Wie kommt es, daß die Gewinne für eine kleine Minderheit stets Vorrang erhalten vor den wesentlich größeren aggregierten Verlusten der Mehrheit?

Der Trick besteht darin, die Fälle einen nach dem anderen auf die Tagesordnung zu bringen: Zunächst sind 10.000 Arbeitsplätze in der Schuhindustrie bedroht. Sie zu retten, würde alle anderen US-Bürger 1 Milliarde Dollar oder etwas mehr als 4 Dollar pro Kopf kosten. Wer wäre nicht bereit, 4 Dollar zu zahlen, um die Arbeitsplätze von 10.000 Landsleuten zu retten, vor allem dann, wenn gemeine Ausländer für das drohende Leid verantwortlich sind? Als nächstes kommt die Bekleidungsindustrie, die Stahlindustrie, die Automobilindustrie und so weiter. Noch ehe sie es bemerken, haben die amerikanischen Wähler bei diesem Verfahren zugestimmt, mehr als 50 Milliarden Dollar zu zahlen - was etwa 200 Dollar pro Bürger und knapp 1.000 Dollar pro Familie entspricht. Hätten sie den ganzen Prozeß vorher durchschaut, dann hätten sie die Kosten vielleicht doch zu hoch gefunden und darauf bestanden, daß die Beschäftigten dieser Branchen das Risiko aus dem Außenhandel genauso tragen wie andere ökonomische Risiken auch. Wenn Einzelfälle der Reihe nach entschieden werden, kann das zu insgesamt unerwünschten Ergebnissen führen. Ja, eine Abfolge von Mehrheitsentscheidungen kann sogar zu einem Ergebnis führen, das schlechter ist als der Status Quo.

Die amerikanische Einkommensteuer-Reform 1985/86 wäre beinahe gescheitert, weil der US-Senat zunächst ein Vorgehen von Fall zu Fall gewählt hatte: Auf den Entwurf des Finanzministeriums wurden in der ersten Sitzungsrunde des zuständigen Ausschusses so viele Sonderregelungen für einzelne Interessengruppen aufgesattelt, daß der Entwurf am Ende darunter zusammenbrach und den Gnadentod starb. Die Senatoren merkten daraufhin, daß ihnen die Kraft »fehlte«, auch nur irgendeiner der Lobbies die Sonderbehandlung zu verweigern. In seiner Summe hätte der Lobby-Einfluß aber das ganze Gesetz platzen lassen können, und das wäre noch schlimmer gewesen, als wenn man den Reformversuch erst gar nicht in Gang gesetzt hätte. So baute sich Senator Packwood, der Ausschußvorsitzende, schließlich seine eigene Lobby zusammen: Er überredete eine Mehrheit der Mitglieder, jede Veränderung des Entwurfs abzulehnen, also auch solche Vorschläge, die ihre eigenen Wähler besonders begünstigten. Die Reform kam durch. Inzwischen feiern Sonderregelungen allerdings wieder fröhliche Urständ, immer ein oder zwei auf einmal.

Die beschriebenen Probleme entstehen, weil kurzsichtige Entscheidungsträger nicht in die Zukunft sehen und das Gesamtbild betrachten. Im Fall der Steuerreform hat der Senat die Einsicht gerade noch rechtzeitig gefunden; beim Thema Protektionismus sieht es dagegen noch immer schlecht aus. Unser Kapitel 2 entwickelt ein System, das langfristigen strategischen Visionen bessere Chancen gibt.

7. Erst schauen, dann springen

Nur allzu oft bringen sich Menschen in Situationen, aus denen sie schwer wieder herauskommen. Haben Sie erst einmal einen Arbeitsplatz in einer bestimmten Stadt, dann ist es teuer, wieder umzuziehen. Haben Sie einen Computer gekauft und sich in sein Betriebssystem eingearbeitet, dann wird es teuer, ein anderes zu kaufen und alle Programme neu zu schreiben. Für Reisende, die sich beim »Frequent Flyer«-Programm einer Fluggesellschaft einschreiben, wird es teurer, eine andere

Airline zu benutzen. Und natürlich kommt man auch aus einer Ehe nur unter großen Kosten heraus.

Das Problem ist, daß Ihre Verhandlungsposition schwächer wird, sobald sie eine solche Bindung eingegangen sind. Unternehmen nutzen die absehbaren Umzugskosten ihrer Mitarbeiter aus und erhöhen deren Gehalt seltener oder in geringerem Umfang. Computerfirmen können für neue, kompatible Peripheriegeräte höhere Preise verlangen, weil sie wissen, daß die Kunden nicht so leicht zu einer neuen, inkompatiblen Technik wechseln können. Airlines, die einen großen Bestand an »Frequent Flyer«-Kunden aufgebaut haben, werden weniger geneigt sein, sich an Preiskriegen zu beteiligen. Die Verabredung eines Paares, daß die Hausarbeit halbe-halbe aufgeteilt werden soll, wird womöglich neu verhandelt, wenn ein Kind geboren wird.

Strategen, die solche Folgen vorhersehen, werden ihre Verhandlungsmacht nutzen, solange sie sie noch haben, das heißt bevor sie eine Bindung eingehen. Typischerweise wird das so geschehen, daß eine Vorauszahlung festgelegt wird. Wettbewerb zwischen den Möchtegern-Ausbeutern kann zum selben Ergebnis führen: Unternehmen werden attraktivere Anfangsgehälter anbieten müssen, Computerfirmen müssen die Preise für ihre Zentralrechner ausreichend niedrig halten, und Vielflieger-Programme müssen einen größeren Einstiegsbonus gewähren. In einer Ehe können beide Seiten das Ausbeutungsspiel natürlich gleichermaßen spielen.

Dieselbe Voraussicht hindert auch viele neugierige aber rationale Menschen daran, Suchtdrogen wie Heroin auszuprobieren. Ein Lied des amerikanischen Satirikers Tom Lehrer beschreibt den Trick des Drogendealers:

»He gives the kids free samples,
Because he knows full well,
That today's young innocent faces
Will be tomorrow's clientele«*

Schlaue Kids wissen das, und lehnen die kostenlosen Proben einfach ab.

* zu deutsch etwa:
Er gibt es den Kindern kostenlos,
denn ihm ist gar nicht bange,
Gesichter, die heute noch unschuldig sind,
stehn morgen bei ihm Schlange.

8. Mal so, mal so

Kommen wir noch einmal für einen Moment zum Sport zurück. Wer beim Tennis aufschlägt, kann die Vorhand oder die Rückhand des Gegners anvisieren. Der Gegner wiederum kann den Return lang an der Linie oder quer über das Feld schlagen. Jeder hat dabei eine Vorstellung von den Stärken und Schwächen des Anderen und wird die Schläge vorzugsweise so wählen, daß die Schwächen des Gegners ausgenutzt werden - aber *nicht ausschließlich*. Jeder Spieler und Sportfan weiß schließlich sehr gut, daß man sein Spiel abwechslungsreich gestalten sollte, indem man gelegentlich unerwartete Spielzüge einstreut. Der Punkt ist: Machen Sie immer das Gleiche, dann kann die Gegenseite effektiver zurückschlagen. Sie konzentriert dann alle Ressourcen auf die beste Antwort, die es auf Ihre Strategie gibt.

Gemischtes Spiel heißt nun nicht, daß Sie Ihre Strategien in vorhersagbarer Weise rotieren lassen. Ihr Gegenspieler kann systematische Muster fast genauso einfach beobachten und ausnutzen wie die unveränderte Wiederholung einer einzigen Strategie. Was beim Mischen zählt, ist die *Unberechenbarkeit*.

Stellen Sie sich vor, was passieren würde, wenn es eine bekannte Formel gäbe, die festlegt, bei wem das Finanzamt Steuerprüfungen durchführt. Bevor Sie Ihre Steuererklärung einreichen, werden Sie dann die Formel anwenden um festzustellen, ob Sie gerade dran sind. Steht eine Prüfung an, dann werden Sie wahrscheinlich jede Möglichkeit nutzen, Ihre Erklärung durch »Ergänzungen« so lange zu verzögern, bis die Gefahr vorüber ist. Ist die Prüfung unvermeidbar, dann werden Sie wahrscheinlich wahrheitsgetreue Angaben machen. Ein vollständig berechenbares Finanzamt wird deshalb vermutlich stets genau die Falschen prüfen: Alle, die unter die Lupe genommen werden, kennen ihr Los schon vorher und handeln ehrlich; diejenigen, denen die Prüfung erspart bleibt, werden nur noch von ihrem Gewissen kontrolliert. Wenn die Formel des Finanzamts aber etwas unscharf ist, dann ist jeder dem Risiko einer Prüfung ausgesetzt. Das schafft einen zusätzlichen Anreiz für Steuerehrlichkeit.

Es gibt ähnliche Phänomene auch im Geschäftsleben. Denken Sie etwa an einen Wettbewerb im Markt für Rasierklingen. Stellen Sie sich vor, daß Gillette regelmäßige Sonderaktionen veranstaltet, zum Beispiel jeden zweiten Monat am langen Samstag Probesets verschenkt. Bic kann Gillette natürlich zuvorkommen, indem sie jeweils in der Woche vorher eine ähnliche Aktion veranstalten. Auch Bics Schachzug ist jedoch vorhersagbar, und so kann Gillette wiederum Bic um eine Woche zuvorkommen. Der Prozeß führt in einen ruinösen Wettbewerb, beide machen weniger Gewinn. Aber wenn jeder eine gemischte Strategie wählt, können beide zusammen die Härte des Wettbewerbs ein wenig mildern.

Die Bedeutung zufällig gemischter Strategien war eine der frühen Einsichten der Spieltheorie. Die Idee ist einfach und intuitiv einleuchtend, aber sie muß verfeinert werden, damit sie in der Praxis brauchbar ist. Es reicht nicht, daß der Tennisspieler weiß, daß er Schläge auf die Vor- und Rückhand seines Gegners mischen sollte. Er braucht auch eine Vorstellung davon, ob er 30 oder 64 Prozent seiner Schläge auf die Vorhand geben sollte und inwiefern die Antwort auf diese Frage von der relativen Stärke der beiden Seiten abhängt, Im Kapitel 7 entwickeln wir Methoden, mit denen sich solche Fragen beantworten lassen.

9. Wie man mit einem Dummen wettet

In dem Musical »Guys and Dolls« erzählt der Spieler Sky Masterson von folgendem guten Ratschlag seines Vaters:

> »Mein Sohn, auf deinen Reisen wird eines Tages ein Typ auf dich zukommen, der wird dir einen hübschen, brandneuen Satz Karten zeigen. Nicht einmal das Packungssiegel ist aufgebrochen. Und dieser Typ wird dir eine Wette anbieten: er werde den Pik-Buben aus dem Paket hervorspringen und dir Apfelsaft ins Ohr spritzen lassen. Mein Sohn: Geh mit diesem Kerl keine Wette ein. Denn so wahr du dort stehst: du kannst sicher sein, daß du am Ende Apfelsaft im Ohr hast.«

Der Hintergrund dieser Geschichte ist, daß sein Kumpel Nathan Detroit Sky Masterson gerade eine Wette darüber angeboten hatte, ob die Bäckerei Mindy's mehr Apfelstrudel oder mehr Käsekuchen verkaufe. Nathan hatte die Antwort (Strudel) eben selbst herausgefunden und war nun bereit, eine Wette einzugehen, falls Sky auf Käsekuchen setzen würde.

Das Beispiel mag etwas extrem klingen. Aber schauen Sie auf Märkte für Futures-Kontrakte wie das Chicago Board of Exchange. Wenn Ihnen ein anderer Spekulant einen Futures-Kontrakt zum Kauf anbietet, dann wird er nur etwas verdienen, wenn Sie Geld verlieren. Der Deal ist ein *Nullsummen*spiel, wie ein Sportwettbewerb, bei dem der Sieg der einen die Niederlage der anderen Mannschaft ist. Wenn Ihnen also jemand einen Futures-Kontrakt verkaufen will, sollten Sie das Angebot ablehnen. Und umgekehrt.

Die strategische Einsicht ist, daß das Verhalten der anderen uns etwas über ihr Wissen verrät, und wir sollten diese Informationen nutzen, um unser eigenes Verhalten daran zu orientieren. Wir sollten die Information natürlich in Verbindung mit dem nutzen, was wir selber bereits über die Sache wissen, und wir sollten alle strategischen Mittel ausschöpfen, um mehr Information von anderen zu erhalten.

Im Beispiel aus »Guys and Dolls« gibt es eine einfache Möglichkeit dafür. Sky sollte Nathan fragen, unter welchen Bedingungen er denn selber bei dieser Wette auf Käsekuchen setzen würde. Wenn die Antwort lautet, »Unter keinen Umständen«, dann kann Sky schließen, daß die Antwort Strudel lauten muß. Wenn Nathan dagegen die gleichen Wettbedingungen sowohl für »Strudel« als auch für »Käsekuchen« akzeptieren würde, dann verbirgt er seine Information um den Preis, daß Sky die Chance erhält, eine für ihn vorteilhafte Wette einzugehen.

Auf Aktienmärkten, Devisenmärkten und anderen Finanzmärkten steht es den Leuten in genau dieser Weise frei, jede der beiden Seiten einer Wette anzunehmen. Ja, auf einigen Börsen einschließlich der Londoner Aktienbörse wird vom Kursmakler sogar verlangt, daß er sowohl Kauf- als auch Verkaufspreis angibt, *bevor* er weiß, welche Seite der Transaktion Sie gerade durchführen wollen. Ohne eine solche Sicherung könnten die Kursmakler womöglich von privaten Informationen profitieren. Die Sorge der Investoren, daß sie hereingelegt werden, könnte dann den ganzen Markt zusammenbrechen lassen. Die Kauf- und Verkaufspreise sind nicht genau gleich: Die Differenz wird als Geld-Brief-Spanne (bid-ask-spread) bezeichnet. In liquiden Märkten ist diese Spanne sehr klein, was darauf hindeutet, daß in einer beliebigen Kauf- oder Verkaufsorder nicht viel Information enthalten ist. Auf der anderen Seite ist Nathan Detroit bereit, um jeden Preis auf Strudel und um keinen Preis auf Käsekuchen zu setzen; seine Spanne ist unendlich. Vorsicht bei solchen Kursmaklern.

Wir sollten noch ergänzen, daß Sky die Lektion seines Vaters nicht besonders gut gelernt hatte. Eine Minute später bot er Nathan nämlich folgende Wette an: Nathan kenne die Farbe seiner eigenen Krawatte nicht. Sky kann nicht gewinnen: Wenn Nathan die Farbe kennt, nimmt er die Wette an und gewinnt; wenn er sie nicht kennt, lehnt er ab und verliert auch nicht.

10. Spieltheorie gefährdet ihre Gesundheit

Eines späten Abends, nach einer Konferenz in Jerusalem, fanden zwei amerikanische Ökonomen ein lizensiertes Taxi und erklärten dem Fahrer den Weg zum Hotel. Der Fahrer hatte sie allerdings sofort als amerikanische Touristen erkannt und weigerte sich, das Taxameter anzustellen; stattdessen verkündete er seine Liebe zu Amerikanern und versprach, er werde sie zu einem Vorzugspreis chauffieren. Natürlich waren die beiden Ökonomen etwas skeptisch. Warum sollte dieser wildfremde Mensch ihnen einen Vorzugstarif anbieten, wenn sie durchaus bereit waren, den offiziellen Preis zu zahlen? Woher würden sie überhaupt wissen, ob er zuviel verlangte oder nicht? *

Andererseits hatten sie dem Fahrer ja nicht versprochen, mehr als den regulären Preis zu zahlen. Wenn sie angefangen hätten zu handeln, dann wären die Verhandlungen womöglich zusammengebrochen und sie hätten sich ein anderes Taxi suchen müssen. Waren sie erst einmal am Hotel, so ihre Theorie, dann war ihre Verhandlungsposition ohnehin wesentlich stärker. Im übrigen waren Taxis schwer zu finden.

Sie kamen an. Der Fahrer verlangte 2.500 israelische Schekel, etwa 2 Dollar 75. Wer konnte sagen, ob das ein fairer Preis war? Da die Leute in Israel grundsätzlich handeln, protestierten die beiden und boten 2.200 Schekel. Der Fahrer war erbost. Er behauptete, es sei völlig unmöglich, für diesen Betrag eine reguläre Taxifahrt zu bekommen. Noch bevor die Verhandlungen weitergeführt werden konnten, betätigte er die zentrale Türverriegelung und fuhr die Strecke in halsbrecherischem Tempo zurück, ohne Rücksicht auf Ampeln oder Fußgänger. Entführte man sie nach Beirut? Nein. Er brachte die beiden Ökonomen zur Ausgangsstelle zurück, warf sie unsanft aus dem Taxi und schimpfte ihnen hinterher: »Jetzt könnt ihr ja sehen, wie weit ihr mit 2.200 Schekel kommt.«

Sie fanden ein anderes Taxi. Der Fahrer stellte den Zähler an und nach 2200 Schekeln waren sie zuhause.

* Hätte der Fahrer beweisen wollen, daß er wirklich beabsichtigte, weniger zu fordern als der Zähler, dann hätte er, wie verlangt, das Taxameter anstellen und später 80 Prozent des Preises berechnen können. Die Tatsache, daß er das nicht getan hat, hätte etwas über seine Absichten verraten sollen; man denke an die oben erzählte Geschichte von Sky Masterson.

Die gesparten 300 Schekel entschädigten die Ökonomen sicherlich nicht für die verlorene Zeit. Andererseits war die Anekdote die Sache aber durchaus wert. Denn sie illustriert die Gefahren, die drohen, wenn man mit Leuten verhandelt, die unser Buch noch nicht gelesen haben. Allgemeiner gesagt, Stolz und Irrationalität können nicht ignoriert werden. Wenn es nur einen Groschen kostet, dann ist es manchmal besser, an der Nase herum gefahren zu werden.*

Es gibt eine zweite Lehre aus dieser Geschichte. Überlegen Sie einmal, um wieviel stärker die Verhandlungsposition der Ökonomen gewesen wäre, hätten sie die Diskussion um den Preis erst angefangen, nachdem sie ausgestiegen waren. (Um ein Taxi zu bekommen, muß diese Logik natürlich umgedreht werden. Wenn Sie dem Fahrer sagen, wohin sie wollen, bevor sie eingestiegen sind, kann es Ihnen passieren, daß er lieber einem anderen Kunden hinterherjagt. Steigen Sie erst ein, und sagen Sie dann, wohin Sie fahren wollen.)

11. Was auf Sie zukommt

Die Beispiele haben uns erste Einblicke in Prinzipien gegeben, an denen sich strategische Entscheidungen orientieren. Sozusagen als »Moral von der Geschicht« können wir diese Prinzipien noch einmal zusammenfassen.

Die Geschichte von der »Hot Hand« zeigte uns, daß in der Strategie genau wie in der Physik gilt: »Jede unserer Aktionen löst eine Gegenreaktion aus«. Wir leben und handeln nicht im Vakuum. Wenn wir unser Verhalten ändern, können wir nicht annehmen, daß alles andere unverändert bleibt.

De Gaulle's Erfolg bei Verhandlungen legt den Schluß nahe, daß derjenige am meisten bekommt, der am lautesten schreit.** Aber Dickschädeligkeit ist nicht immer einfach, vor allem wenn man dickschädeliger sein muß, als ein störrischer Gegner.

*Die zwei, die diese spieltheoretische Lektion erhielten und als Überlebende nun darüber berichten können, waren John Geanakoplos von der Yale Universität und einer unserer Autoren, Barry Nalebuff.

** Im Englischen sagt man auch, »Das quietschende Rad bekommt das meiste Fett«. Das ist schon richtig, aber manchmal wird es eben auch ausgewechselt.

Die Geschichten vom Gulag und von der Katze, der das Glöckchen umgehängt werden soll, demonstrieren die Schwierigkeit, zu Ergebnissen zu kommen, die Koordination und individuelle Opfer verlangen. Das Beispiel aus der Handelspolitik wirft ein Schlaglicht auf die Gefahr, die darin liegt, Probleme in Einzelschritten zu lösen. In Technologie-Wettläufen ebenso wie bei Segelregatten wählen die Verfolger tendenziell innovativere Strategien; wer in Führung liegt, neigt dazu, die Verfolger zu imitieren.

Tennis und Steuerprüfungen verdeutlichen den strategischen Vorteil, der darin liegt, unberechenbar zu sein. Solches Verhalten mag zudem den Vorteil haben, daß es das Leben ein bißchen interessanter macht.

Wir könnten weitere Beispiele vorführen und daraus Lehren ableiten, aber so ein Vorgehen ist schlecht dazu geeignet, systematisch über strategische Spiele nachzudenken. Zu diesem Zweck ist es besser, das Thema von einer anderen Seite her anzugehen. Wir greifen die Prinzipien - zum Beispiel Selbstbindung, Kooperation, das Mischen von verschiedenen Vorgehensweisen - eines nach dem anderen auf und wählen dazu Beispiele, die jeweils entscheidend auf dem analysierten Punkt beruhen. Das Prinzip wird dadurch klar werden. Dann erhalten Sie Gelegenheit, das Prinzip in den Fallstudien anzuwenden, die jedes Kapitels beschließen.

12. Fallstudie Nr. 1: Rot - ich gewinne; Schwarz - Du verlierst

Die meisten von uns werden kaum je Gelegenheit haben, als Skipper im America-Cup mitzusegeln. Einer von uns beiden fand sich allerdings schon einmal in einer sehr ähnlichen Situation wieder. Barry feierte das Ende seines Studiums auf einem der traditionellen Mai-Bälle an der Universität im britischen Cambridge. Zu den Festlichkeiten gehörte dabei auch ein Kasino: Jeder erhielt Jetons im Wert von etwa 20 Dollar und wer am Ende des Abends das größte Vermögen erspielt hatte, gewann eine Freikarte für den Ball im nächsten Jahr. Als die letzte Roulette-Runde heranrückte, lag Barry dank glücklicher Umstände mit 700 Dollar in Führung, gefolgt von einer jungen Engländerin mit 300 Dollar. Der Rest der Gruppe war längst abgeschlagen. Bevor zum letzten Mal gesetzt wurde, schlug die Frau vor, die Freikarte fürs nächste Jahr einfach zu teilen, aber Barry lehnte ab. Angesichts seines erheblichen Vorsprungs sah er keinen Grund, sich mit der Hälfte zufrieden zu geben.

Damit der nächste strategische Schritt besser verständlich wird, machen wir hier einen kleinen Exkurs in die Regeln des Roulette: Die Wette beim Roulette basiert darauf, wo die Kugel liegen bleibt, wenn das Rad zum Stillstand kommt. Auf diesem Rad sind die Zahlen von 0 bis 36 aufgetragen. Wenn die Kugel auf der Null landet, gewinnt die Spielbank. Die sicherste Wette im Roulette besteht darin, auf »Gerade« oder »Ungerade« (gekennzeichnet durch Schwarz beziehungsweise Rot) zu setzen. Bei dieser Wette wird eins zu eins ausgezahlt - das heißt der Einsatz wird im Erfolgsfall verdoppelt -, die Chance zu gewinnen, ist allerdings nur 18/37. Selbst wenn die Frau ihr gesamtes Vermögen auf Rot oder Schwarz gesetzt hätte, hätte sie also nicht gewinnen können. Sie war gezwungen, ein riskanteres Spiel zu wagen. So setzte sie ihr gesamtes Kapital darauf, daß die Kugel auf einem der Vielfachen von drei landen würde. Bei diesem Spiel wird zwei zu eins ausgezahlt (für 300 Dollar gibt es also im Erfolgsfall 900 Dollar), die Erfolgschance ist allerdings nur 12/37. Die junge Frau setzte ihre Jetons, das Spiel konnte jetzt nicht mehr rückgängig gemacht werden. Was hätte Barry tun sollen?

Diskussion

Barry hätte das Spiel der Frau kopieren und ebenfalls 300 Dollar darauf setzen sollen, daß die Kugel auf einem Vielfachen von drei landet. Damit ist sichergestellt, daß er 400 Dollar Vorsprung behält und die Freikarte gewinnt: Entweder verlieren beide und Barry gewinnt mit 400 zu Null Dollar. Oder sie gewinnen beide, und Barry siegt mit 1.300 zu 900 Dollar. Die Frau hatte keine andere Wahl. Hätte sie nicht gewettet, dann hätte sie gleich verloren; andererseits: was immer sie auch tat, Barry konnte ihr folgen und so vorne bleiben.*

* Um ehrlich zu sein: Barry wünschte sich hinterher, er hätte das auch wirklich getan. Aber es war drei Uhr morgens und er hatte schon viel zuviel Sekt getrunken, um noch so klar denken zu können. Tatsächlich setzte er 200 Dollar auf »Gerade«, weil er sich dachte, daß er nur dann auf den zweiten Platz zurückfallen konnte, wenn er verlor und sie gewann. Die Chancen dafür standen etwa 5 zu 1 zu seinen Gunsten. Doch auch das Unwahrscheinliche passiert natürlich gelegentlich, und dies war ein solcher Fall: Sie gewann.

Ihre einzige Hoffnung bestand darin, daß Barry zuerst setzen würde. Wenn Barry zum Beispiel als Erster 200 Dollar auf Schwarz gesetzt hätte, was hätte sie dann tun sollen? Sie hätte ihre 300 Dollar auf Rot setzen müssen. Ebenfalls auf Schwarz zu setzen, wäre sinnlos gewesen, denn sie hätte dann nur gewonnen, wenn auch Barry gewinnt (und wäre mit 600 Dollar gegenüber Barrys 900 Dollar Zweite geblieben). Ihre einzige Chance bestand darin zu gewinnen, während Barry verliert, was zwingend ein Spiel auf Rot erfordert hätte.

Die strategische Lehre hieraus ist genau das Gegenteil der Lektion aus der Geschichte von Martin Luther und Charles de Gaulle. In der Geschichte vom Roulette ist derjenige im Nachteil, der den ersten Zug macht. Indem sie zuerst setzte, gab seine Gegnerin Barry die Möglichkeit, eine Strategie zu wählen, die den Sieg garantierte. Hätte dagegen Barry zuerst gesetzt, dann hätte die Frau eine Antwort wählen können, die ihr zumindest eine Chance auf den Sieg gelassen hätte. Der allgemeinere Punkt ist der, daß es in Spielen nicht immer ein Vorteil ist, die Initiative zu ergreifen und den ersten Zug zu machen. Damit decken Sie Ihre Karten auf, und die anderen Spieler können das zum eigenen Vorteil und auf Ihre Kosten ausnutzen. Wer den zweiten Zug macht, kann in der strategisch stärkeren Position sein.

Kapitel 2
Die Antwort Ihres Gegners vorwegnehmen

1. Du bist dran, Charlie Brown

In der Cartoon-Serie »Peanuts« gibt es ein wiederkehrendes Motiv: Lucy hält den Football am Boden fest und fordert Charlie Brown zum Kicken auf. Im letzten Moment zieht Lucy den Ball weg. Charlie Brown tritt ins Leere, fällt auf seinen Hosenboden und Lucy hat einen großen, perversen Spaß.

Jeder hätte Charlie sagen können, daß er sich weigern sollte, Lucys Spiel mitzumachen. Selbst wenn Lucy ihm diesen speziellen Streich nicht schon im letzten Jahr (und im vorletzten Jahr und im vorvorletzten Jahr) gespielt hätte, so hat er doch genügend Erfahrung mit ihrem Charakter gesammelt und sollte deshalb in der Lage sein, ihr Verhalten vorherzusagen.

In dem Moment, in dem Charlie sich entscheidet, ob er Lucys Einladung annehmen soll oder nicht, liegt ihr Verhalten noch in der Zukunft. Das bedeutet allerdings nicht, daß Charlie es als ungewiß ansehen sollte. Er sollte wissen, daß Lucy von den möglichen Ergebnissen - er darf schießen oder er fällt hin - das zweite vorzieht. Also sollte er prognostizieren, daß sie im entscheidenden Moment den Ball wegziehen wird. Die logische Möglichkeit, daß Lucy ihn kicken lassen wird, ist realistisch betrachtet irrelevant. Darauf zu vertrauen, wäre - um das Urteil des britischen Schriftstellers Dr. Samuel Johnson über eine zweite Ehe zu zitieren - der Triumph der Hoffnung über die Erfahrung. Charlie sollte diese Möglichkeit ignorieren und prognostizieren, daß er unausweichlich auf dem Hintern landen wird. Er sollte Lucys Einladung ausschlagen.

2. Zwei Formen der strategischen Interaktion

Der Kern eines jeden strategischen Spiels ist die Interdependenz der Entscheidungen der Spieler. Die Interaktionen entstehen dabei in zweifacher Weise: Im einen Fall sind sie *sequentiell*, wie in der Charlie-Brown-Geschichte. Die Spieler müssen ihre Züge abwechselnd machen. Wenn ein Spieler dran ist, dann muß er vorausblicken und danach fra-

Die PEANUTS® mit CharlieBrown by SCHULZ
CHARLIE BROWNNN...
ICH WERDE DEN BALL HALTEN, CHARLIE BROWN, UND DU RENNST HER UND KICKST IHN WEG..
NÖ, ICH WEIGERE MICH! DU WIRST DEN BALL WEGZIEHEN UND ICH WERDE HINFLIEGEN UND MICH UMBRINGEN!
ABER DU KANNST JETZT KEINEN RÜCKZIEHER MACHEN... DAS PROGRAMM IST SCHON GEDRUCKT...
PROGRAMM?
"UM EIN UHR WIRD LUCILLE VAN PELT DEN FOOTBALL HALTEN UND CHARLES BROWN WIRD HERANRENNEN UND IHN WEGKICKEN..."
SIE HAT RECHT.. WENN DIE PROGRAMME SCHON GEDRUCKT SIND, IST ES ZU SPÄT FÜR EINEN RÜCKZIEHER...
DIESES JAHR WERDE ICH DIESEN BALL DIREKT AUF DEN MOND SCHIESSEN!
AAAAH!
WHAM!
IN JEDEM PROGRAMM, CHARLIE BROWN, GIBT ES EIN PAAR ÄNDERUNGEN IN LETZTER MINUTE!
SCHULZ

gen, wie sein jetziges Handeln das künftige Handeln der anderen und dann auch wieder sein eigenes Handeln beeinflussen wird.

Die zweite Form der Interaktion ist simultan, wie in der Geschichte vom Gefangenendilemma in Kapitel 1. Die Spieler handeln gleichzeitig und kennen die jeweiligen Aktionen der anderen nicht. Trotzdem muß sich jeder bewußt sein, daß es andere aktive Spieler gibt, die sich dessen ihrerseits bewußt sind, und so weiter. Ein jeder muß sich daher im übertragenen Sinne in die Haut der anderen versetzen und versuchen, das Ergebnis vorherzuberechnen. Seine eigene beste Handlungsalternative ist ein Bestandteil dieser Gesamtkalkulation.

Wenn Sie sich in einem strategischen Spiel wiederfinden, dann müssen Sie entscheiden, ob die Interaktion simultan oder sequentiell erfolgt. Manche Spiele, wie zum Beispiel Fußball, haben Elemente von beidem. Anschließend müssen Sie ihre Strategie den Umständen anpassen. In diesem Kapitel entwickeln wir zur Vorbereitung einige Ideen und Regeln, die Ihnen helfen werden, sequentielle Spiele zu spielen. Spiele mit simultanen Zügen sind das Thema in Kapitel 3. Wir fangen mit sehr einfachen, manchmal etwas gezwungenen Beispielen an, wie etwa der Geschichte von Charlie Brown. Aber wir tun das mit Absicht: Die Geschichten sind für sich genommen nicht sehr wichtig, und die richtigen Strategien lassen sich in der Regel mit einfacher Intuition leicht erkennen. Die zugrundeliegenden Ideen treten dadurch um so deutlicher hervor. In den Fallstudien und in den hinteren Kapiteln werden die Beispiele immer realistischer und komplexer.

3. Die erste Regel der Strategie

Das allgemeine Prinzip für Spiele mit sequentiellen Zügen besteht darin, daß jeder Spieler versuchen sollte, die künftigen Antworten des anderen herauszufinden. Auf dieser Grundlage sollte er dann den Spielzug ermitteln, der in der aktuellen Situation für ihn am besten ist. Diese Idee ist so wichtig, daß es sich lohnt, sie als eine Grundregel des strategischen Verhaltens festzuhalten:

Regel 1: Schauen Sie voraus und schließen Sie von dort zurück

Machen Sie sich klar, wohin Ihre anfänglichen Entscheidungen Sie letzten Endes führen werden, und verwenden Sie diese Information, um ihren besten Zug zu ermitteln.

In der Geschichte von Charlie Brown war das für jedermann äußerst simpel (außer für Charlie Brown). Er hatte nur zwei Alternativen, und eine davon führte dazu, daß Lucy zwischen zwei möglichen Aktionen auswählen mußte. Die meisten strategischen Situationen bestehen aus einer längeren Sequenz von Entscheidungen mit mehreren Alternativen auf jeder Stufe. Rein verbale Argumentation kann sie nicht mehr alle im Blick behalten. Die erfolgreiche Anwendung der Regel vom Vorausschauen und Zurückschließen erfordert deshalb ein besseres visuelles Hilfsmittel. Ein »Baum-Diagramm« der Wahlmöglichkeiten in einem Spiel ist ein solches Hilfsmittel. Lassen Sie uns vorführen, wie man diese Bäume benutzt.

4. Entscheidungsbäume und Spielbäume

Auch ein einsamer Entscheider, der nicht in ein strategisches Spiel mit anderen verwickelt ist, kann vor einer Sequenz von Entscheidungen stehen, die es erfordert, nach vorne zu schauen und von dort zurückzuschließen. In einem seiner bekanntesten Gedichte schreibt der amerikanische Dichter Robert Frost:(1)

»Two Roads diverged in a wood, and I
I took the one less travelled by,
And that has made all the difference.« *

Wir können das schematisch aufzeichnen:

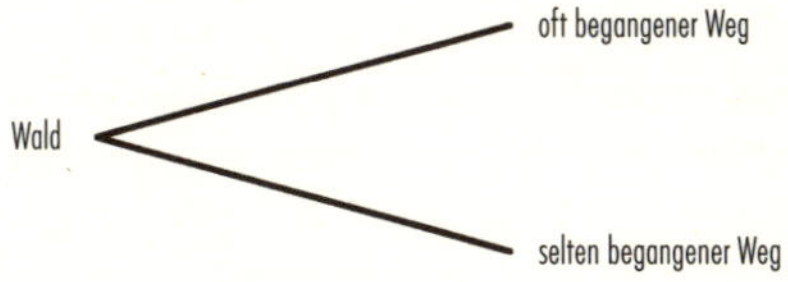

* Die beiden Wege gabelten sich in einem Wald, und ich
Ich wählte den seltener begangenen Weg,
Und das hat den ganzen Unterschied ausgemacht.

Das muß noch nicht das Ende der Auswahl sein. Jeder Weg könnte wiederum weitere Verzweigungen haben. Die Karte wird entsprechend komplex. Hier ist ein Beispiel aus unserem eigenen Alltag.

Reisende, die von Princeton, New Jersey nach New York wollen, haben mehrere Wege zur Wahl. Der erste Entscheidungspunkt betrifft die Wahl des Verkehrsmittels: Bus, Zug oder Auto. Wer mit dem Auto fährt, muß sich zwischen der Verrazano Narrows Bridge, dem Holland Tunnel, dem Lincoln Tunnel und der George Washington Bridge entscheiden. Zugreisende müssen sich entscheiden, ob sie in Newark in den sogenannten PATH-Train umsteigen, oder ob sie bis zur Penn Station in Manhattan durchfahren wollen. In New York angekommen, müssen sich die Bus- und Zugreisenden entscheiden, ob sie zu Fuß gehen, mit der U-Bahn fahren (im Local oder Express System), den Bus oder ein Taxi nehmen wollen, um zu ihrem Zielpunkt zu gelangen. Die beste Wahl hängt von zahlreichen Faktoren ab, so etwa vom Preis, der Geschwindigkeit, erwarteten Staus, dem Zielpunkt in New York und der individuellen Abneigung dagegen, die Luft auf der Autobahn, dem berüchtigten New Jersey Turnpike, einzuatmen.

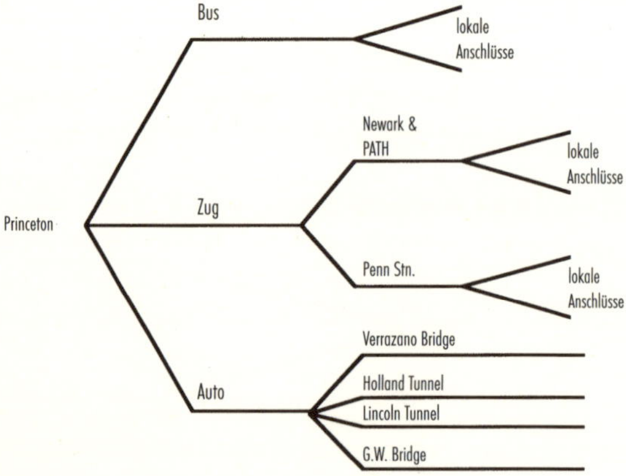

Diese Wegekarte, die die Optionen beschreibt, die sich an jedem Verbindungspunkt ergeben, sieht aus wie ein Baum, aus dem nacheinander Äste herauswachsen – daher die Bezeichnung »Entscheidungsbaum«. Die richtige Methode, diese Karte oder diesen Baum zu benutzen, besteht nicht darin, daß Sie die Route wählen, deren erster Ast am besten aussieht und anschließend »über die Verrazano Bridge fahren, wenn Sie drauf stoßen«. Stattdessen nehmen Sie künftige Entscheidungen vorweg und nutzen sie, um schon früher eine Auswahl zu treffen. Wenn Sie zum Beispiel zum World Trade Center wollen, dann wäre es günstiger mit dem Zug als mit dem Auto zu fahren, weil der PATH-Train eine Direktverbindung aus Newark ermöglicht.

Wir können solch einen Baum auch verwenden, um die Entscheidungen in einem strategischen Spiel zu beschreiben. Aber ein neues Element kommt noch dazu: Ein Spiel hat zwei oder mehr Spieler. An verschiedenen Verzweigungen entlang des Baumes kann es an unterschiedlichen Spielern sein, eine Entscheidung zu treffen. Eine Person, die zu einem früheren Zeitpunkt ihre Wahl trifft, muß also nicht nur die eigenen künftigen Entscheidungen einbeziehen, sondern auch die der anderen. Sie muß vorhersagen, was die anderen tun werden, indem sie sich bildlich gesprochen in deren Haut versetzt und so denkt, wie sie denken würden. Um Sie an diesen Unterschied zu erinnern, nennen wir den Baum, der eine Entscheidungssequenz in einem strategischen Spiel beschreibt, einen *Spielbaum*, und reservieren den Begriff des *Entscheidungsbaums* für Situationen, in denen nur eine Person handeln muß.

Die Geschichte von Charlie Brown ist absurd einfach, aber Sie können sich mit Spielbäumen vertraut machen, indem Sie diese Geschichte in Form eines solchen Bildes aufschreiben. Fangen Sie das Spiel damit an, daß Lucy ihre Einladung ausgesprochen hat und Charlie sich entscheiden muß, ob er annehmen soll. Wenn Charlie ablehnt, ist dies das Ende des Spiels. Wenn er annimmt, hat Lucy die Wahl, Charlie kicken zu lassen oder den Ball wegzuziehen. Wir können das zeigen, indem wir noch eine Gabelung an diesen Weg anfügen.

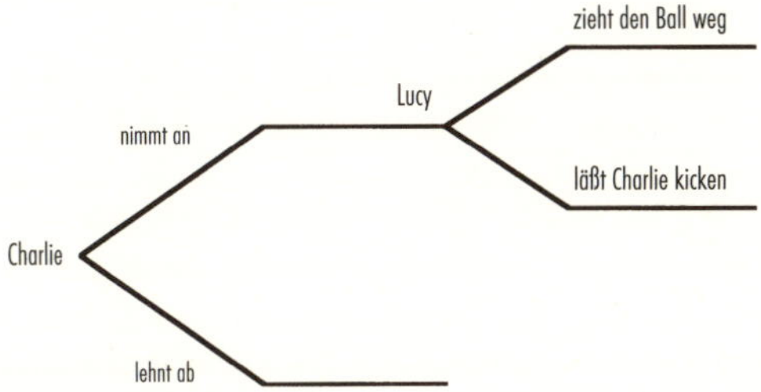

Wie wir bereits sagten, sollte Charlie damit rechnen, daß Lucy den oberen Ast wählen wird. Bildlich gesprochen sollte er deshalb den unteren Ast ihrer Wahl vom Baum abschneiden. Wenn er nun seinen oberen Ast wählt, dann führt der ihn direkt zu einem häßlichen Fall. Es ist also die bessere Wahl für ihn, seinem unteren Ast zu folgen.

Um die Idee noch etwas deutlicher zu machen, stellen Sie sich ein Beispiel aus dem Geschäftsleben vor, das den gleichen Spielbaum hat. Um keine wirklichen Firmen zu beleidigen und mit einer Entschuldigung bei Graham Greene nehmen wir einmal an, der kubanische Markt für Staubsauger sei vor Fidel Castros Zeiten von einer Marke namens Fastcleaners beherrscht worden. Ein neues Unternehmen, Newcleaners, steht vor der Entscheidung, ob es in diesen Markt eintreten soll. Wenn Newcleaners eintritt, hat Fastcleaners zwei Möglichkeiten: Newcleaners nachzugeben und einen geringeren Marktanteil hinzunehmen, oder einen Preiskrieg zu führen.* Nehmen Sie an, daß Newcleaners einen Gewinn von 100.000 Dollar macht, wenn Fastcleaners nachgibt, aber 200.000 Dollar verliert, wenn es zum Preiskrieg kommt. Wenn Newcleaners draußen bleibt, ist der Gewinn natürlich null. Wir zeigen den Spielbaum und die Gewinnbeträge für jedes Ergebnis:

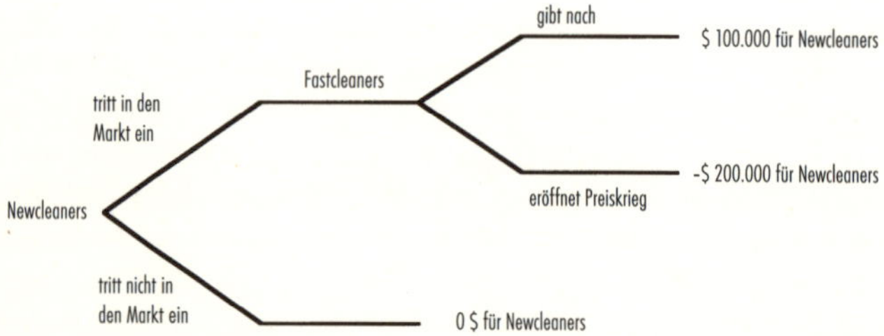

Was sollte Newcleaners tun? Dies ist ein Problem von der Art, wie es Entscheidungstheoretiker lösen und Business Schools lehren. Sie zeichnen ein sehr ähnliches Bild, nennen es allerdings einen Entscheidungsbaum. Der Grund ist, daß sie oft meinen, die Ergebnisse »Nachgeben«

* In Greene's Roman »Unser Mann in Havanna« entschloß sich der Verkäufer einer der beiden Firmen zu kämpfen – allerdings mit Gift statt mit den Preisen.

oder »Preiskrieg« seien Alternativen, die zufällig aufträten. Daher weisen sie beiden jeweils Wahrscheinlichkeiten zu. Wenn beide zum Beispiel gleich wahrscheinlich sind, erhalten sie eine Wahrscheinlichkeit von je 0,5. Der Entscheider kann dann den durchschnittlichen Gewinn berechnen, den Newcleaners bei Markteintritt erwarten kann: Er multipliziert jeden Gewinn- oder Verlustbetrag mit der entsprechenden Wahrscheinlichkeit und addiert auf. Er erhält

0,5 × 100.000 + 0,5 ×(-200.000) = - 50.000. Da dies einem Verlust entspricht, würde der Analyst empfehlen, daß Newcleaners aus Kuba wegbleiben sollte.

Wo kommen die Schätzungen der Wahrscheinlichkeiten her? Die Spieltheorie liefert die Antwort: Die Wahrscheinlichkeiten entstammen den Annahmen von Newcleaners über die Profite, die Fastcleaners in jedem der beiden Fälle machen würde. Um abzuschätzen, was Fastcleaners machen wird, sollte Newcleaners zunächst die Gewinne des Rivalen unter beiden Szenarien schätzen. Dann können die Spieler vorausschauen und zurückschließen, um vorherzusagen, was die andere Seite tun wird. Um das Beispiel fortzuführen, nehmen wir an, daß Fastcleaners als Monopolist 300.000 Dollar Gewinn macht. Wenn der Markt mit Newcleaners geteilt werden muß, dann sinkt der Gewinn auf 100.000 Dollar. Ein Preiskrieg kostet Fastcleaners 100.000 Dollar. Wir können damit den Baum ergänzen und diese Auszahlungen hinzufügen:

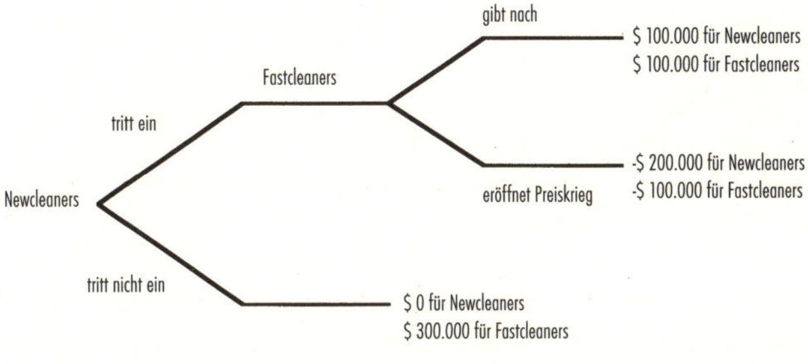

Wir nutzen nun die Information im Baum, um alle künftigen Züge vorherzusagen. Weil die Aktionen aus der Struktur des Spiels abgeleitet werden können, ist der Baum richtigerweise als Spielbaum und nicht als Entscheidungsbaum zu betrachten. Um etwa die Antwort Fastcleaners auf den Markteintritt vorherzusagen, stellen wir fest, daß sie 100.000

Dollar Gewinn machen, wenn sie nachgeben, aber 100.000 Dollar verlieren, wenn sie einen Preiskrieg beginnen; Newcleaners sollte also erwarten, daß Fastcleaners sich dafür entscheidet nachzugeben. Indem sie auf diese Weise vorausschauen und zurückschließen, können die Manager von Newcleaners gedanklich den Preiskrieg-Ast abschneiden. Sie sollten einsteigen und damit rechnen, 100.000 Dollar Gewinn zu machen.

Die Entscheidung könnte unter anderen Umständen auch anders ausfallen. Wenn zum Beispiel die Gefahr besteht, daß Newcleaners auch auf anderen Inseln antritt, auf denen Fastcleaners sich Märkte aufgebaut hat, dann könnte Fastcleaners einen Anreiz haben, sich einen kämpferischen Ruf zu verschaffen. Sie könnten bereit sein, zu diesem Zweck in Kuba auch Verluste hinzunehmen. Newcleaners müßte dann mit einem sicheren Verlust von 200.000 Dollar rechnen und sollte draußenbleiben.

Newcleaners kann erkennen, wie aus jeder Konstellation von Payoffs bestimmte Aktionen folgen. Vielleicht wissen sie aber nicht so recht, welche Gewinne für Fastcleaners tatsächlich am Ende des Baumes stehen. Aus der Ungewißheit über die Gewinnsituation der anderen Seite folgt dann die Ungewißheit über ihre Aktionen. Newcleaners könnte etwa annehmen, daß Fastcleaners in einem Preiskrieg mit einer Wahrscheinlichkeit von einem Drittel 100.000 Dollar verliert, mit einer Wahrscheinlichkeit von einem Drittel ein ausgeglichenes Ergebnis erreicht (Gewinn Null) und schließlich mit einer Wahrscheinlichkeit von einem Drittel sogar immer noch 120.000 Dollar Gewinn macht. In diesem Fall sagt die Regel »Schaue voraus und schließe von dort zurück«, daß Fastcleaners in zwei von drei Fällen nachgeben wird: 100.000 Dollar Gewinn sind besser als 100.000 Dollar Verlust oder kein Gewinn, aber nicht so gut wie ein Gewinn von 120.000 Dollar. Die Wahrscheinlichkeit eines Preiskriegs ist 33,3 Prozent. Was wirklich passieren wird, läßt sich nur herausfinden, wenn Newcleaners in den Markt eintritt. Angesichts der Wahrscheinlichkeitsverhältnisse kann Newcleaners damit rechnen, in zwei von drei Fällen 100.000 Dollar zu gewinnen, und im dritten Fall 200.000 Dollar zu verlieren. Der erwartete Gewinn ist gerade Null, es gibt also keinen Grund, in den Markt zu gehen.

In diesem Beispiel war es kein Problem, die Unsicherheit über die Payoffs bei Fastcleaners in Wahrscheinlichkeitsaussagen über ihre voraussichtliche Reaktion zu übersetzen. Aber man muß vorsichtig sein, wo man die Unsicherheit ansiedelt. Die richtige Stelle ist das Ende des

Baumes. Sehen Sie sich an, was schief läuft, wenn wir mit unserer Schätzung vorausspringen wollen: Im Durchschnitt kann Fastcleaners in einem Preiskrieg Gewinn machen [$1/3 \times 120.000 + 1/3 \times 0 + 1/3 \times (-100.000) = 6.667$]. Aber das bedeutet nicht, daß sie immer bereit sein werden zu kämpfen. Die Wahrscheinlichkeit dafür ist nicht 100 Prozent. Nur weil Unsicherheit besteht, sollte man auch nicht einfach eine Wahrscheinlichkeit von 50 Prozent aus der Luft greifen. Der richtige Weg, das Problem zu analysieren, besteht für Newcleaners darin, am Ende des Spiels anzufangen und herauszufinden, was Fastcleaners in jedem einzelnen Fall tun wird.

5. Komplexere Bäume

In der Realität sind Ihre Spiele komplexer als die, die wir oben zu Illustrationszwecken verwendet haben. Aber wenn diese Samenkörner sich zu Bäumen entwickeln, gelten immer noch dieselben Regeln. Das vielleicht beste Beispiel ist Schach. Die Regeln dieses Spiels sind relativ einfach, aber sie erzeugen ein Spiel, daß sich für strategische Überlegungen anbietet. Weiß eröffnet mit einem Zug, Schwarz antwortet, und so weiter, immer abwechselnd. Zu der »reinsten« Form des strategischen Nachdenkens beim Schach gehört es deshalb, vorauszuschauen und die Konsequenzen Ihres Zuges zu betrachten, gerade so, wie wir es oben gesehen haben. Ein Beispiel für solches Nachdenken könnte sein: »Wenn ich diesen Bauern jetzt bewege, dann wird mein Gegner seinen Springer ins Spiel bringen und meinen Turm bedrohen. Ich sollte das Feld, auf das der Springer ziehen will mit meinem Läufer schützen, ehe ich den Bauern bewege.«

Da Schach ein Spiel mit abwechselnden Zügen ist, können wir das Spiel in einem Baumdiagramm abbilden. Weiß kann mit irgendeinem von 20 Zügen beginnen (2). In der untenstehenden Abbildung zeigen wir die erste Zugmöglichkeit für Weiß durch den ersten Entscheidungspunkt (oder Knoten) des Baumes an, den wir mit W1 bezeichnen. Die 20 möglichen Züge werden zu 20 Ästen, die aus diesem Knoten herauswachsen. Jeder Ast ist mit einem Zug bezeichnet: Bauer von e2 auf e4, Bauer von d2 auf d4 und so weiter. Wir wollen nur den Grundgedanken verdeutlichen; um das Bild nicht zu überladen, haben wir nicht alle Äste eingezeichnet oder beschriftet. Jeder Ast führt zu einem weiteren Knoten, der den ersten Zug von Schwarz repräsentiert, und der mit S1 bezeichnet ist. Schwarz kann ebenfalls 20 verschiedene Züge machen, so daß von jedem S1-Knoten 20 Äste abzweigen. Nach einem Zug jeder Seite betrachten wir bereits insgesamt 400 Möglichkeiten. Von diesem Punkt an hängt die Zahl der Äste vom vorherigen Zug ab. Wenn Weiß etwa mit e2-e4 eröffnet, hat er zahlreiche Möglichkeiten, weil seine Dame und sein rechter Läufer nun beweglich geworden sind. Sie merken, wie einfach der Baum im Prinzip aufgebaut ist, und wie kompliziert es in der Praxis schnell wird.

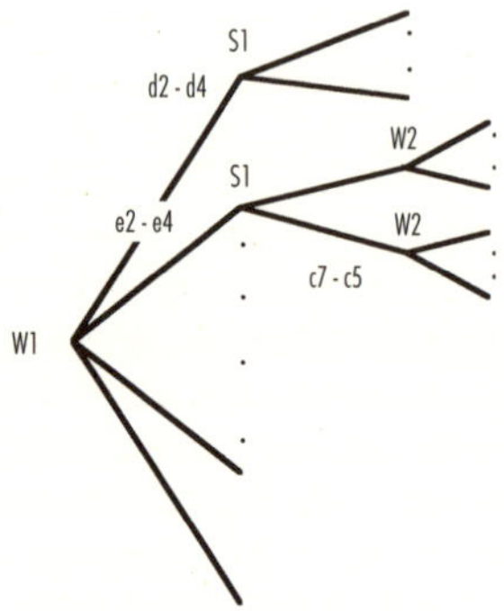

Wir können an jedem Entscheidungspunkt (Knoten) einen Ast des Spielbaums auswählen und in dieser Richtung einem Pfad folgen. Das wäre eine Möglichkeit, wie sich das Spiel entwickelt. Schachexperten haben viele solcher Eröffnungen, also Pfade in der frühen Spielphase, untersucht und darüber spekuliert, wohin sie führen könnten. Der von uns bezeichnete Pfad, bei dem zuerst Weiß e2-e4 und dann Schwarz c7-c5 zieht, wird beispielsweise unter der ominös klingenden Bezeichnung »Sizilianische Verteidigung« geführt.*

In vielen Spielen endet jeder Pfad nach einer finiten Anzahl von Schritten. Bei einem Sportwettbewerb oder einem Gesellschaftsspiel könnte das etwa der Fall sein, wenn einer der Spieler gewinnt oder das Spiel in einem Patt endet. Allgemeiner gesagt kann das Endergebnis die Form monetärer oder nicht-monetärer Belohnungen oder Strafen für die Spieler annehmen.

* Die nächsten Züge lauten üblicherweise: 2. Sg1-f3 d7-d6, 3. d2-d4 c5xd4, 4.Sf3xd4 Sg8-f6, 5. Sb1-c3 a7-a6; je nach Temperament der Spieler ergeben sich dann unterschiedliche weitere Varianten.

Ein Wettbewerb zwischen Unternehmen könnte beispielsweise mit einem großen Profit für den einen und dem Bankrott für den anderen Spieler enden. Das »Spiel« des Wettrüstens könnte mit einem erfolgreichen Abkommen oder durch wechselseitige Vernichtung beendet werden.

Wenn das Spiel nach einer finiten Anzahl von Zügen endet, ganz gleich welchem Pfad gefolgt wird, dann können wir das Spiel im Prinzip vollständig lösen. Ein Spiel zu lösen bedeutet herauszufinden, wer es gewinnt und wie. Dazu schließt man rückwärts, entlang des Baums. Haben wir einmal den gesamten Baum durchgearbeitet, dann stellen wir fest, ob wir gewinnen können oder nicht, und falls ja, welche Strategie wir einsetzen müssen. *Für jedes Spiel mit einer finiten Anzahl sequentieller Züge gibt es eine beste Strategie.* Das eine beste Strategie existiert, heißt natürlich nicht, daß es einfach ist, sie zu finden. Schach ist das beste Beispiel dafür.

Schachexperten haben sich mit großem Erfolg bemüht, optimale Strategien gegen Ende des Spiels zu charakterisieren. Wenn auf dem Schachbrett nur noch drei oder vier Figuren stehen, dann sind Schachexperten in der Lage, zum Ende vorauszuschauen und (durch Zurückschließen) zu entscheiden, ob eine Seite eine Strategie zum sicheren Sieg hat, oder ob die andere Seite ein Patt erzwingen kann. Anhand der Vorteilhaftigkeit verschiedener Endspielpositionen können sie dann die Strategien in der Mitte des Spieles bewerten. Das Problem ist, daß es noch niemandem gelungen ist, den ganzen Baum bis zum Eröffnungszug durchzuarbeiten.

Einige einfache Spiele können jedoch komplett gelöst werden. Im Kinderspiel Tic-Tac-Toe beispielsweise füllen die beiden Spieler die neun Zellen des quadratischen Spielfeldes abwechselnd mit Kreuzen beziehungsweise Kreisen; Ziel ist jeweils, eine Spalte, Zeile oder Diagonale aus drei Kreuzen beziehungsweise Kreisen zu bilden. Wer ddas Spiel ausprobiert, der wird schon nach wenigen Runden feststellen, daß sich hier immer ein Patt erreichen läßt.* Kein Wunder daher, daß das Spiel eher von Kindern als von Erwachsenen gespielt wird. Sogar das Dame-Spiel ist in Gefahhr. Es ist zwar nochh nict bewiesen, aber man glaubt, daß der zweite Spieler immer ein Patt erreichen kann. Um das Interesse wach zu halten, wird bei Dame-Turnieren in einer mittleren Position be-

* Auch wenn Sie meinen, dies sei ein einfaches Spiel - versuchen Sie nicht, den Spielbaum zu zeichnen. Bedenken Sie, daß kein Spiel vor dem fünften Zug beendet werden kann, weil frühestens dann einer der Spieler die notwendigen drei Punkte erreichen kann. Zu diesem Zeitpunkt beträgt die Zahl der Äste bereits 9×8×7×6×5 = 15.120. Das Spiel kann dennoch leicht gelöst werden, denn die

gonnen, für die eine Strategie zum Sieg oder zum Patt nicht bekannt ist. An dem Tage, an dem es möglich wird, Schach auf diese Weise vollständig zu lösen, wird man wohl die Regeln ändern müssen.

Was haben die Schachspieler in der Zwischenzeit gemacht? Sie tun das, was wir alle machen sollten, wenn wir sequentielle Strategien in die Praxis umsetzen: Sie kombinieren vorausschauende Analyse mit Werturteilen. Sie fragen: »Wird dieser Pfad nach vier oder fünf Zügen zu einer im allgemeinen guten oder eher zu einer schlechten Position führen?« Sie schreiben jedem möglichen Ergebnis einen Wert zu und tun dabei so, als sei es bereits das Ende des Spiels. Dann schauen sie voraus und schließen rückwärts auf eine Strategie, die zu dem höchsten Wert nach fünf Zügen führt. Das Zurückschließen ist der einfache Teil. Das schwierige Problem besteht darin, die Zwischenposition zu bewerten. Der Wert jeder Figur muß quantifiziert werden, und es muß zwischen Material- und Positionsvorteilen abgewogen werden.

In seinem Buch »Archimedes' Revenge« beschreibt Paul Hoffman den Erfolg des Computer-Schachprogramms von Hans Berliner. Der Fernschach-Weltmeister Berliner hat einen Computer gebaut, der in den drei Minuten, die für jeden Zug erlaubt sind, 30 Millionen Optionen untersuchen kann, und der eine gute Regel zur Bewertung der Zwischenpositionen besitzt. Weniger als 300 leibhaftige Schachspieler können dieses Computerprogramm schlagen. Für Backgammon hat Berliner ein Programm entwickelt, das sogar den Weltmeister geschlagen hat.

Wenn man Spiele angehen will, die ähnlich kompliziert sind wie Schach, dann erscheint diese Kombination von Instrumenten recht brauchbar: Einerseits explizite Logik beim Zurückschließen, andererseits gute Faustregeln, mit denen Zwischenpositionen aufgrund von Erfahrung bewertet werden.

6. Verhandlungen

Im Geschäftsleben oder in der internationalen Politik verhandeln die Parteien oft über die Aufteilung eines gemeinsamen Gewinns - des Kuchens. Wir werden dies in Kapitel 11 noch näher betrachten. Hier ver-

meisten Äste sind strategisch identisch. Obwohl es beispielsweise insgesamt neun mögliche Eröffnungszüge gibt, können wir uns wegen der Symmetrie des Spiels auf nur drei Züge beschränken: Ecke, Seite oder Mitte. Mit solchen Tricks läßt sich der Spielbaum im Griff behalten.

wenden wir es als eine Illustration dafür, wie das Zurückschließen uns in die Lage versetzt, das Ergebnis von Spielen mit alternierenden Zügen vorherzusagen.

Die meisten Leute folgen der sozialen Konvention und erwarten, daß das Ergebnis einer Verhandlung darin bestehen wird, die Differenz zu halbieren. Das hat den Vorteil, »fair« zu sein. Wir können allerdings zeigen, daß eine 50-50-Aufteilung für viele verbreitete Verhandlungstypen auch die Lösung ist, die sich aus dem Zurückschließen ergibt.

Es gibt zwei allgemeine Eigenschaften des Verhandelns, die wir zunächst berücksichtigen müssen. Wir müssen wissen, wer wem ein Angebot macht, müssen also die Spielregeln kennen. Außerdem müssen wir wissen, was geschieht, wenn die Parteien nicht zu einer Einigung gelangen.

Unterschiedliche Verhandlungen folgen unterschiedlichen Regeln. In den meisten Läden legen die Verkäufer Preise fest und die Käufer haben nur die Wahl, diese zu akzeptieren oder anderswo einzukaufen.* Dies ist eine einfache Alles-oder-Nichts-Regel: »Schlag ein oder laß es bleiben«. Bei Lohnverhandlungen stellt die Gewerkschaft Forderungen auf, und die Unternehmer entscheiden dann, ob sie nachgeben. Falls nicht, dann können sie entweder ein Gegenangebot machen oder aber darauf warten, daß die Gewerkschaft ihre Forderungen anpasst. Je nach Gesetzeslage und Gepflogenheiten eines Landes kann die Abfolge der Schritte vorgeschrieben sein. In anderen Fällen kann sie selber eine eigene strategische Rolle erhalten. Weiter unten werden wir ein Verhandlungsproblem untersuchen, bei dem beide Parteien abwechselnd Angebote machen.

Es ist eine entscheidende Eigenschaft von Verhandlungen, daß Zeit Geld bedeutet. Wenn sich Verhandlungen hinziehen, schrumpft der Kuchen. Trotzdem kann es passieren, daß die Parteien sich nicht einigen, weil jeder glaubt, die Kosten des Verhandelns würden durch ein vorteilhafteres Ergebnis aufgewogen. Charles Dickens' *»Bleak House«* illustriert den Extremfall: der Disput über den Jarndyce-Nachlaß zog sich so lange hin, daß das gesamte Vermögen durch Anwaltskosten aufgefressen wurde. Ganz analog erleiden die Unternehmen Gewinn- und die Arbeiter Lohneinbußen, wenn es im Tarifstreit nicht zur Einigung kommt. Staaten, die langwierige Verhandlungen über Handelsliberali-

* Zugegeben, einige Käufer scheinen in der Lage zu sein, überall zu handeln.

sierung führen, verlieren die Vorteile des Freihandels, solange sie über die Aufteilung der Gewinne streiten. An jedem der Beispiele zeigt sich, daß alle Verhandlungsparteien ein gegebenes Ergebnis lieber früher als später erreichen würden.

In der Realität schrumpft der Kuchen auf unterschiedliche Weise, in verschiedenen Situationen in unterschiedlichem Tempo. Aber wir können die Grundidee in angemessener Weise ganz einfach illustrieren: Nehmen Sie an, daß der Kuchen in jeder Runde von Angebot und Gegengebot in gleichgroßen Schritten gegen Null schrumpft. Stellen Sie sich eine Eistorte vor, die dahinschmilzt, während zwei Herren um ihre Aufteilung streiten.

Nehmen Sie zunächst an, es gebe nur einen Schritt. Die Eistorte steht auf dem Tisch. Der eine Herr, nennen wir ihn Dr. Kloebner (Dr. K.), schlägt dem andern Herrn, Mueller-Lüdenscheid (M.-L.), vor, wie die Torte zu teilen sei. Stimmt Mueller-Lüdenscheid zu, wird entsprechend geteilt. Wenn nicht, dann schmilzt die Torte, und keiner bekommt etwas.

Dr. K. ist jetzt in einer starken Position: Er kann M.-L. vor die krasse Wahl zwischen wenig und gar nichts stellen. Selbst wenn er vorschlägt, 100 Prozent der Torte für sich zu behalten und M.-L. nur am Messer lecken zu lassen, dann muß M.-L. sich mit dem Schlecken zufrieden geben - sonst bekommt er gar nichts.

Natürlich könnte M.-L. das Angebot aus purer Verärgerung über die Ungerechtigkeit ablehnen. Er könnte auch darauf aus sein, eine Reputation als harter Feilscher aufzubauen oder zu erhalten, die ihm in künftigen Verhandlungen helfen würde, sei es mit Dr. K. oder mit anderen. In der Praxis wird Dr. K. an solche Dinge denken und M.-L. gerade soviel anbieten müssen (vielleicht ein kleines Stückchen?), daß er annimmt. Um die Darstellung einfach zu halten, lassen wir hier jedoch solche Verwicklungen beseite. Wir nehmen einfach an, daß Dr. K. mit seiner Forderung nach 100 Prozent durchkommt. Wir werden sogar den Schlecker für M.-L. ignorieren und sagen, daß Dr. K. mit seinem Alles-oder-Nichts Angebot die gesamte Torte erhalten kann.*

Sobald es eine zweite Verhandlungsrunde gibt, entwickeln sich die Dinge für M.-L. viel günstiger. Wieder steht eine Eistorte auf dem Tisch,

* Dieselbe Vereinfachung gilt, wenn wir weitere Verhandlungsrunden betrachten. Die Verwicklungen, die wir hier außer Acht lassen, kann man leicht in eine realistischere, aber unübersichtlichere Berechnung einbauen.

aber ehe sie schmilzt, gibt es jetzt zwei Runden. Wenn M.-L. Dr. K.s Angebot ablehnt, kann er mit einem Gegenangebot kommen, aber in diesem Moment ist die Torte nur noch halb so groß. Wenn Dr. K. das Gegenangebot ablehnt, schmilzt auch die zweite Tortenhälfte und beide Seiten gehen leer aus.

Dr. K. muß nun die Konsequenzen seines Anfangsangebots vorausbedenken. Er weiß, daß M.-L. ablehnen kann und dann in die machtvolle Position gerät, ein Alles-oder-Nichts-Angebot für die zweite Hälfte der Eistorte zu machen. M.-L. bekäme dann praktisch diese gesamte Hälfte. Er wird daher in der ersten Runde kein Angebot akzeptieren, das schlechter ist. Wenn Dr. K. es zur zweiten Runde kommen ließe, dann erhielte er gar nichts. Weil er das weiß, wird er M.-L. genau die Hälfte anbieten, also gerade genug, um Zustimmung zu erhalten, während für Dr. K. selbst die Hälfte bleibt. Sie einigen sich sofort, die Torte 50-50 zu teilen.

Das Prinzip ist nun klar, und wir können leicht einen weiteren Schritt anfügen. Wir lassen die Torte noch etwas langsamer schmelzen, beziehungsweise beschleunigen die Verhandlungen ein wenig: Mit jeder Runde von Angebot und Gegenangebot schrumpft die Torte zunächst auf zwei Drittel, dann ein Drittel, dann auf Null. Wenn Dr. K. das letzte Angebot macht, wenn die Torte auf ein Drittel geschmolzen ist, dann erhält er alles. Weil er das weiß, wird M.-L. ihm ein Drittel anbieten, wenn er dran ist und noch zwei Drittel der Torte verbleiben. Das beste, was M.-L. erwarten kann, ist ein Drittel, also die Hälfte der verbleibenden zwei Drittel. Weil Dr. K. das wiederum weiß, wird er die Verhandlung damit eröffnen, daß er M.-L. gerade dieses Drittel anbietet (das gerade reicht, um ihn zur Zustimmung zu bringen). Dr. K. selber erhält zwei Drittel.

Was ist mit der 50-50-Aufteilung passiert? Sie taucht jedes Mal wieder auf, wenn die Zahl der Runden gerade ist. Wichtiger noch: selbst wenn die Zahl der Runden ungerade ist, kommen beide Parteien umso näher an die 50-50 heran, je mehr Runden es gibt.

Bei vier Runden wird M.-L. das letzte Angebot machen und das Viertel erhalten, das in dem Moment noch auf dem Tisch ist. Dr. K. muß ihm daher in der vorletzten Runde ein Viertel anbieten, wenn noch die Hälfte da ist. In der Runde davor kann M.-L. Dr. K. dazu bringen, sich mit einem der verbliebenen drei Viertel zufriedenzugeben. Weil er all das vorausschauend erkennt, eröffnet Dr. K. die Verhandlung indem er für jeden die Hälfte anbietet.

Bei fünf Runden wird Dr. K. so eröffnen, daß er für M.-L. zwei Fünftel und für sich drei Fünftel vorsieht. Bei sechs Runden ist die Aufteilung wieder 50-50. Bei sieben Runden erhält Dr. K. 4/7 und M.-L. 3/7. Allgemeiner gesagt, erhält jede Seite bei gerader Rundenzahl die Hälfte. Ist die Rundenzahl *n* ungerade, dann erhält Dr. K. (n+1)/2n und M.-L. erhält (n-1)/2n. Hat also die Zahl der Runden erst einmal 101 erreicht, dann erhält Dr. K. 51/101 und M.-L. 50/101.

Im typischen Verhandlungsprozeß schrumpft die Torte langsam, so daß Zeit genug für viele Angebote und Gegenangebote ist. Daraus folgt, daß es normalerweise gleichgültig ist, wer das erste Angebot macht, wenn anschließend viel Zeit für die Verhandlungen ist. An der Lösung »wir teilen die Differenz und treffen uns in der Mitte« führt kaum ein Weg vorbei, es sei denn, die Verhandlungen stecken schon lange fest und es gibt kaum noch etwas zu gewinnen. Es stimmt, daß derjenige, der das letzte Angebot macht, alles gewinnen kann, was bleibt. Aber am Ende des Verhandlungsprozesses gibt es kaum noch etwas zu gewinnen. Alles von Nichts zu bekommen, ist ein Pyrrhus-Sieg: Man gewinnt die Schlacht und verliert den Krieg.

Es ist wichtig darauf hinzuweisen, daß wir zwar viele mögliche Angebote und Gegenangebote betrachtet haben, daß wir aber trotzdem vorhersagen, daß Dr. K.s allererstes Angebot angenommen wird. Zu den späteren Stufen des Prozesses kommt es gar nicht erst. Dennoch ist die Tatsache, daß diese Schritte folgen würden, wenn nicht sofort Übereinkunft erreicht wird, entscheidend dafür, wie Dr. K. sein erstes, gerade noch akzeptables Angebot kalkuliert.

Dies wiederum legt eine weitere Dimension der Strategie in Verhandlungen nahe: Das Prinzip des Vorausschauens und Zurückschließens kann das Ergebnis eines Prozesses bestimmen, noch ehe er begonnen hat. Der Moment für strategische Manöver kann in der Vorbereitungsphase sein, wenn die Regeln der Verhandlung festgelegt werden.

Dieselbe Beobachtung wirft allerdings auch ein Rätsel auf. Wenn Verhandlungsprozesse tatsächlich so abliefen, wie hier beschrieben, dann dürfte es keine Streiks geben. Die Möglichkeit eines Streiks beeinflußt natürlich das Ergebnis, aber die Unternehmer - beziehungsweise die Gewerkschaften - müßten eigentlich bei erster Gelegenheit ein Angebot vorlegen, das für die andere Seite gerade noch akzeptabel ist. Wenn es dennoch zu Streiks, oder allgemeiner: zum Zusammenbruch von Verhandlungen kommt, dann muß dies an subtileren oder komplexeren Aspekten der Realität liegen, die wir in unserer einfachen Geschichte ausgeschlossen haben. Wir werden auf einige dieser Aspekte in Kapitel 11 zurückkommen.

7. Krieg und Frieden

Unsere zweite Illustration für die Technik des Zurückschließens vom Ende her enstammt der Überlegung, daß der Frieden durch eine Reihe bilateraler Feindschaften stabilisiert werden kann.

Nehmen wir ein Beispiel, das nur teilweise hypothetisch ist. Sudan ist ein relativ schwaches Land, das befürchten muß, von seinem Nachbarn Libyen angegriffen zu werden. Lebten diese beiden Länder nur für sich, dann gäbe es kaum etwas, das Libyen daran hindern würde, Sudan anzugreifen und zu besiegen.

Zwei verfeindete Nachbarn halten vielleicht keinen Frieden, aber die Anwesenheit eines Dritten kann die notwendige Abschreckung erzeugen. Im Falle von Libyen und Sudan könnte man von dem Prinzip sprechen, »Der Feind meines Feindes ist mein Freund«. Wenn Libyen den Kampf mit dem Sudan aufnimmt, dann muß es Truppen von seiner Ostgrenze mit Ägypten abziehen. Ägypten hat zwar kein Interesse daran, Libyen anzugreifen, solange dieses im Vollbesitz seiner Kräfte ist. Wäre Libyen aber durch einen Krieg mit dem Sudan geschwächt, wäre das vielleicht ein willkommene Gelegenheit für die Ägypter, einen Nachbarn loszuwerden, der viel Ärger bereitet. Libyen kann (oder sollte zumindest) rückwärts schließen und einen Angriff Ägyptens erwarten, sobald es selber den Sudan angreift. Es scheint, als sei der Sudan geschützt. Doch es führt zu einem falschen Gefühl der Sicherheit, wenn man die Argumentationskette bei nur drei Ländern abbricht.

Wenn drei Feinde Stabilität schaffen, was ist mit vieren? Auftritt Israel. Würde Ägypten Libyen attackieren, wäre es selber gegenüber Israel verwundbar. Bevor Sadat und Begin die Beziehungen normalisierten, war das eine echte Bedrohung für Ägypten. In jenen Jahren vor 1978 hatte Libyen weniger Grund Ägypten zu fürchten, weil sich Ägypten wiederum selber gegenüber Israel unsicher fühlte. Die Folge: Sudan konnte nicht darauf zählen, daß Ägypten die Expansionsinteressen Libyens kontrollierte.* Angesichts verbesserter Beziehungen zwischen Israel und Ägypten endet die Kette des Zurückschließens vom Ende her bei Ägypten, und Sudan ist im Moment geschützt.

* Wir haben also »Der Feind des Feindes meines Feindes ist nicht mein Freund«.

Dieses Beispiel der Abschreckung ist sicherlich stilisiert. Wörtlich genommen legt es einen sehr simplen Schluß nahe: ob ein Land angegriffen wird oder nicht, hängt einfach davon ab, ob es eine gerade oder eine ungerade Zahl von Gliedern in der Kette potentieller Aggressoren gibt. Ein realistischeres Szenario würde die komplizierten Beziehungen zwischen den Ländern berücksichtigen und mehr Details über die Angriffsbereitschaft der Beteiligten liefern. Dennoch gibt es eine wichtige Beobachtung, die sich weiterführen läßt: Das Ergebnis von Spielen hängt entscheidend davon ab, wieviele Parteien mitspielen. Mehr Spieler können besser oder schlechter sein, selbst in ein und demselben Spiel. Zwar ist der Friede zwischen zwei verfeindeten Nachbarn wacklig, und eine dritte Partei kann die Stabilität wiederherstellen. Das bedeutet jedoch nicht, daß vier Parteien sogar noch besser sind. In diesem Fall sind vier genausogut wie zwei. *

Um diese Idee der Abschreckung weiter zu entwickeln, laden wir Sie ein, sich das »Dreier-Duell« in der Sammlung von Fallstudien am Ende des Buches anzusehen. Drei unterschiedlich starke Rivalen müssen dort entscheiden, wen sie jeweils angreifen sollen. Die Antwort wird Sie möglicherweise überraschen.

8. Die Spiele der Briten

In diesem Kapitel haben wir von Spielen gesprochen, in denen Aktionen oder Züge in geordneter Sequenz aufeinander folgten. Tatsache ist allerdings, daß nur wenige Spiele im Leben genau spezifizierte Regeln haben, die die Spieler beachten müssen. Die Spieler machen ihre eigenen Regeln. Wie können sie da noch vorausschauen und rückwärts schließen, ja, wie können sie wissen, ob es überhaupt eine Sequenz in dem Spiel gibt?

Um diesen Punkt zu illustrieren, begeben wir uns in den britischen Wahlkampf des Jahres 1987. Die regierende Konservative Partei unter Margaret Thatcher wird von der Labour Party unter Führung von Neil Kinnock herausgefordert. Im Wahlkampf müssen sich beide entschei-

* A ist immer sicher, wenn eine ungerade Zahl von Ländern in der Kette ist. Wenn die Kette eine gerade Länge hat, dann wird B einen Angriff gegen A unternehmen. Nach dem Angriff wird die Kette auf eine gerade Zahl reduziert und B ist geschützt.

den zwischen dem »noblen Weg« - einer themenorientierten Kampagne - und dem »groben Weg« - einer Schlacht der Persönlichkeiten. Eine ausreichend große Zahl von Wählern ist dabei so zufrieden mit Mrs.Thatcher, daß diese gewinnt, wenn beide Parteien die gleiche Strategie fahren, und die Kampagnen einander neutralisieren.

Mr. Kinnocks einzige Hoffnung besteht also darin, bei Wahlkämpfen unterschiedlichen Stils den besseren Eindruck zu machen; nehmen wir an, seine Chancen sind gleich gut, egal ob Mrs. Thatcher den »noblen« und er selber den »groben Weg« nimmt oder umgekehrt. Nehmen wir weiter an, beide ziehen den noblen Weg vor, aber sie ordnen diese Überlegung dem Sieg unter.

Welches ist der »seltener begangene Weg«? Die Antwort hängt entscheidend von der Reihenfolge ab, in der die beiden Parteien ihre Entscheidung treffen. Betrachten wir einige alternative Möglichkeiten.

Nehmen wir an, Mrs.Thatcher wählt ihren Wahlkampfstil zuerst - etwa, weil es traditionell so üblich ist, daß die regierende Partei ihr Programm noch vor der Opposition vorstellt. Sie kann dann folgenden Spielbaum aufzeichnen.

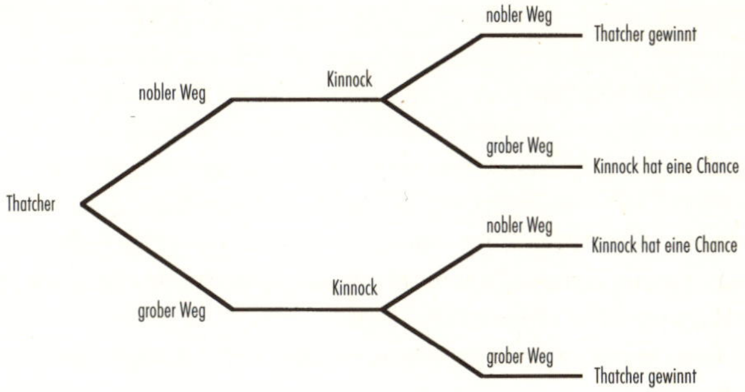

Indem sie vorausschaut und zurückschließt kann Mrs. Thatcher vorhersagen, daß Mr. Kinnock einen groben Wahlkampf führt, wenn sie den noblen Weg wählt, und umgekehrt. Obwohl die beiden Alternativen ihr die gleichen Siegchancen geben, wählt sie den noblen Weg.

Die Tatsache, daß Mrs.Thatcher den ersten Zug macht, ist zu ihrem Nachteil, denn dadurch kann Mr.Kinnock den entgegengesetzten Ansatz wählen. Aber die Tatsache, daß sie den ersten Zug macht, ist für sich genommen nicht die Ursache des Problems. Verändern wir das Szenario ein klein wenig. Nehmen wir an, Mrs.Thatcher hat sich mit ihren Werbemanagern und politischen Beratern getroffen und sich für eine Strategie entschieden. Aber ihre Entscheidung wird nicht öffentlich bekanntgegeben. Mr.Kinnock hält ein ähnliches Meeting ab. Wie sollte er sich entscheiden? Sollte er annehmen, daß Mrs. Thatcher, wenn sie den ersten Zug macht, genau die Überlegungen anstellt, die wir gerade beschrieben haben? Das würde bedeuten, daß sie den noblen Weg wählt und Mr.Kinnock deshalb einen groben Wahlkampf führen sollte. Aber wenn Mrs. Thatcher sich gedacht hat, daß Mr.Kinnock so denkt, könnte sie selber die grobe Strategie wählen. Mr.Kinnock kennt ihre Entscheidung nicht, und es wäre dumm von ihm, diese Möglichkeit des »einmal um die Ecke«-Denkens auszuschließen. Sollte er also den noblen Weg wählen? Nicht unbedingt, denn Mrs. Thatcher kann noch ein weiteres Mal »um die Ecke denken« und so weiter. *Der allgemeine Punkt ist, daß das Prinzip des Vorausschauens und von dort Zurückschließens nur dann angewendet werden kann, wenn vorherige Züge für den beobachtbar sind, der später zieht.*

Selbst wenn Mrs. Thatcher zuerst zieht und ihre Entscheidung beobachtbar ist - was wäre, wenn sie ihre Strategie während des Wahlkampfes ändern könnte? Nehmen wir an, es ist der letzte Eindruck beim Wähler, der zählt, und es ist irrelevant, was Mrs. Thatcher in ihrer ersten Ankündigung gesagt hat. Mr.Kinnock kann diese nicht als gegeben ansehen, wenn er seine Strategie festlegt. Umgekehrt kann sich auch Mrs.Thatcher nicht auf eine feste Antwort Mr.Kinnocks verlassen, wenn sie ihren ersten Zug plant. Wir haben also eine weitere Bedingung für die Gültigkeit des Prinzips vom Vorausschauen und Zurückschließen: *Strategien müssen unumkehrbar sein.*

Was geschieht, wenn eine dieser beiden Bedingungen nicht erfüllt ist? Selbst wenn die Entscheidungen der beiden Parteien zu unterschiedlichen Zeitpunkten getroffen werden, so könnten sie doch, was das strategische Denken betrifft, genauso gut gleichzeitig erfolgen. Diese Verschiebung vom Sequentiellen zum Simultanen kann zum Vorteil für eine oder auch für beide Seiten werden. Tatsächlich gab es im britischen Wahlkampf 1987 auf jeder Seite mindestens eine Strategieänderung. Kapitel 3 liefert die Regeln für das Verhalten in simultanen Spielen.

Sportwettbewerbe ermöglichen einen weiteren Blick auf den Unterschied zwischen Spielen mit sequentiellen und simultanen Zügen. Ein Hundertmeterlauf ist simultan, denn er läßt keine Zeit für eine Abfolge von Zügen. In einem Delphin-Schwimmwettbewerb mag es Zeit für eine Antwort geben, aber es ist schwer für die Teilnehmer, ihre Konkurrenten zu sehen; er sollte deshalb ebenfalls als simultanes Spiel betrachtet werden. Ein Marathonlauf hat die Zutaten eines sequentiellen Spiels: Die Läufer können einander beobachten (bis zu einem gewissen Grad), und die Strategien sind irreversibel; es gibt kein Zurück, kein Teil des Rennens kann neu gelaufen werden.

Am Ende dieses Kapitels kommen wir auf Charlie Browns Problem zurück, ob er den Ball kicken sollte oder nicht. Für den Football-Trainer Tom Osborne wurde diese Frage in den letzten Minuten eines Meisterschafts-Spiels einmal zum ernsten Problem. Wir glauben, er hat sich falsch entschieden. Sein Fehler wird deutlich, wenn man vom Ende her zurückschließt.

9. Fallstudie Nr. 2: Die Geschichte von Tom Osborne und der Orange Bowl 1984

Im Kampf um die Orange Bowl 1984 trafen die Football-Mannschaften der Nebraska Cornhuskers und der Miami Hurricanes aufeinander. Nebraska war bis dahin ungeschlagen, Miami hatte erst eine Niederlage einstecken müssen. Dank der besseren Vorleistung wären die Cornhuskers schon bei einem Unentschieden Saisonbester geworden. Nebraska fiel zunächst bis auf 17-31 zurück, holte dann aber mit einem sogenannten Touchdown* zum 23-31 auf. Tom Osborne, Trainer von Nebraska, mußte nun eine wichtige Entscheidung treffen.

Eine Mannschaft, die im College-Football einen Touchdown erreicht, bekommt noch eine weitere Chance; sie darf einen Angriff kurz vor der gegnerischen Endlinie starten und muß dabei zwischen zwei Optionen wählen: Entweder versucht sie, den Ball mit einem Spielzug über die gegnerische Linie zu bringen und so 2 Zusatzpunkte zu machen (soge-

* Beim American Football versucht die Mannschaft, die im Ballbesitz ist, den Ball im Laufen oder durch Werfen und Fangen so weit wie möglich in das Feld des Gegners zu tragen. Die Angreifer erzielen einen Touchdown und damit die größtmögliche Wertung von 6 Punkten, wenn es ihnen gelingt, den Ball bis hinter die gegnerische Endlinie zu tragen oder dort zu fangen.

nannte Conversion). Oder sie zieht eine weniger riskante Strategie vor und versucht, den Ball wie bei einem Strafstoß direkt zwischen den Torpfosten des Gegners hindurchzukicken - was 1 Punkt bringt (sogenannter Extra-Point).

Trainer Osborne entschied sich, auf Nummer Sicher zu gehen, und Nebraska erkickte sich einen Extra-Point zum 24-31. Die Cornhuskers setzten ihre Aufholjagd fort und erzielten in den allerletzten Minuten des Spiels noch einmal einen Touchdown zum 30-31. Ein einziger Punkt hätte sie zum Unentschieden und damit zur Meisterschaft geführt. Aber das wäre ein unbefriedigender Sieg gewesen. Um die Meisterschaft stilvoll zu gewinnen, so erkannte Osborne, mußte er aufs Ganze gehen.

Die Cornhuskers gingen aufs Ganze und versuchten die Conversion, den doppelten Punktgewinn, doch ihr Spielzug mißlang. Miami und Nebraska beendeten die Saison punktgleich, da Miami aber im direkten Vergleich gewonnen hatte, belegte das Team den ersten Platz.

Versetzen Sie sich in die Rolle des Trainers. Hätten Sie es besser machen können? Die Regeln des American Football brauchen Sie dazu nicht unbedingt im Detail zu kennen.

Diskussion

Viele Stammtischstrategen kritisierten Osborne, weil er auf Sieg statt auf Unentschieden gesetzt hat. Aber das ist nicht der Punkt, um den wir hier streiten wollen. Selbst wenn Osborne das Zusatzrisiko für den stilvollen Sieg bewußt eingehen wollte, dann ist er doch falsch vorgegangen. Er hätte nämlich den riskanteren Versuch, zwei Punkte zu gewinnen, schon beim ersten Mal unternehmen sollen. Hätte das geklappt, dann hätte er beim zweiten Mal den einfacheren Weg mit einem Extrapunkt wählen können. Hätte der erste Versuch nicht geklappt, dann hätte er beim zweiten Mal wieder das höhere Risiko eingehen können.

Schauen wir uns die Sache genau an. Als er 14 Punkte zurücklag, wußte Osborne, daß er mindestens zwei Touchdowns à 6 Punkte sowie insgesamt 3 weitere Punkte aus den zwei Zusatzversuchen brauchte, um noch zu siegen (12+3 = 15). Bei den Zusatzversuchen setzte Osborne darauf, einmal 1 Punkt (Extra-Point) und einmal 2 Punkte (Conversion) anzustreben. Die Reihenfolge, in der diese beiden Züge gemacht werden, ist gleichgültig, wenn beide Zusatzversuche erfolgreich sind. Sie spielt auch dann keine Rolle, wenn der 1 Punkt nicht erreicht wird, aber die 2 Punkte gewonnen werden: Das Spiel endet dann unentschieden und Nebraska wird Meister. Einen Unterschied gibt es nur, wenn der Conversion-Versuch scheitert und die 2 Punkte fehlen. Bei der Strategie von Trainer Osborne ergab sich daraus die Niederlage und der Verlust der Meisterschaft. Hätte die Mannschaft aber schon beim ersten Zusatzversuch auf den doppelten Punktgewinn gesetzt, dann wäre auch bei einem Flop noch nicht alles verloren gewesen. Sie hätte weiter 23-31 zurückgelegen und wäre nach dem nächsten Touchdown auf 29-31 herangekommen. Ein erfolgreicher zweiter Versuch hätte dann immer noch zum 31-31 und damit zur Meisterschaft geführt!*

Wir haben darauf das Gegenargument gehört, die Mannschaft hätte doch nach einem frühen Flop auf Unentschieden gespielt. Das hätte sie weniger motiviert und der zweite Touchdown wäre dann womöglich gar nicht erst erreicht worden. Dadurch, daß die Mannschaft bis zum Schluß wartete und die zwei Zusatzpunkte dann über alles oder nichts entschieden, sei sie außerdem zusätzlich angestachelt gewesen. Dieses Argument ist allerdings aus mehreren Gründen falsch. Machen Sie sich noch einmal klar, daß Nebraska verliert, wenn die Mannschaft bis zum zweiten Touchdown wartet und dann mit dem Versuch scheitert, doppelt zu punkten. Wenn dieser Versuch schon beim ersten Mal scheitert, gibt es immer noch eine Chance für ein Unentschieden. Auch wenn die Aussichten also schlechter werden, ist ein kleinerer Erfolg immer noch besser als gar kein Erfolg. Das Argument der Motivation in der Schlußphase ist ebenfalls falsch. Wenn es für Nebraskas Angreifer um alles geht, dann gilt dasselbe natürlich auch für Miamis Verteidiger. Das Spiel ist für beide Seiten gleich wichtig. Wenn es einen Motivationseffekt gibt, dann sollte ein Erfolg beim ersten Versuch, doppelt zu punkten, die Chancen erhöhen, einen weiteren Touchdown zu erreichen.

Eine der allgemeineren Lehren aus dieser Geschichte lautet, daß man Risiken, die man eingehen muß, dann auch so früh wie möglich eingehen sollte. Für die Tennisspieler unter Ihnen ist das selbstverständlich: Jeder weiß, daß man Risiken beim ersten Aufschlag eingeht, beim zweiten Versuch dagegen vorsichtiger ist. Wenn dann der erste Aufschlag daneben geht, ist das Spiel noch nicht vorbei. Es gibt immer noch Gelegenheit, andere Optionen zu nutzen, die Sie dorthin zurückbringen, wo Sie am Anfang waren - oder sogar noch weiter.

* In diesem Fall hätte sich das Unentschieden ergeben, weil der Versuch zu siegen mißlang. Keiner hätte Osborne also wegen des Remis kritisiert.

Kapitel 3
Die Strategie Ihres Gegners durchschauen

Zwei bekannte Nachrichtenmagazine stehen in hartem Wettbewerb. Jede Woche konkurrieren sie um die attraktivere Titelgeschichte. Ein dramatischer oder interessanter Titel weckt die Aufmerksamkeit der Käufer am Kiosk, und so versammelt sich die Redaktionsführung von Time jede Woche hinter verschlossenen Türen, um ihren Titel auszuwählen. Sie weiß dabei, daß die Leute von Newsweek sich ebenfalls hinter verschlossenen Türen treffen, um das gleiche zu tun. Die Redaktionsführung von Newsweek wiederum weiß, daß man bei Time das gleiche tut, was man wiederum bei Time weiß, und so fort.

Die beiden Nachrichtenmagazine spielen ein strategisches Spiel, das aber ganz anders ist, als die Spiele, die wir schon gesehen haben. Die Spiele im Kapitel 2 hatten eine Folge von abwechselnden Zügen: Charlie Brown entscheidet sich, ob er den Football kickt oder nicht, und er weiß, daß Lucys Entscheidung, ob sie den Ball wegzieht oder nicht, in der Zukunft liegt. Beim Schach wechseln Züge von Weiß und Schwarz einander ab. Im Gegensatz dazu sind die Entscheidungen bei Time und bei Newsweek gleichzeitig. Jeder muß handeln, ohne daß er weiß, wie sich der andere entschieden hat. In dem Moment, wo eine Seite feststellt, was die andere getan hat, ist es zu spät, um noch irgendetwas zu verändern. Natürlich kann der Verlierer der einen Woche versuchen, in der nächsten Woche zu antworten. Aber in unserer schnellebigen Zeit gibt es dann wahrscheinlich schon wieder ganz neue Geschichten und ein ganz neues Spiel entsteht.

Das strategische Denken und die Aktionen, die man in beiden Typen von Spielen braucht, sind im Wesen sehr unterschiedlich. Bei den sequentiellen Spielen aus Kapitel 2 mußte jeder Spieler vorausschauen und die Antwort seines Rivalen vorwegnehmen, um von dort zurückzuschließen und seine eigenen Aktionen festzulegen. Es gab eine lineare Denkkette: »Wenn ich dieses tue, macht der Gegner jenes, und ich antworte in diesem Fall soundso« et cetera.

Bei den Spielen mit simultanen Zügen, die wir in diesem Kapitel betrachten, hat kein Spieler den Vorteil, den vollendeten Zug des anderen beobachten zu können, ehe er selber agiert. Das Nachdenken über die Interaktion funktioniert hier nicht in der Weise, daß man die Strategie des anderen erkennt. Vielmehr gilt es, diese Strategie zu *durchschauen*. Es reicht dazu nicht, sich einfach in die Haut des Gegners zu versetzen. Denn was würde man schon entdecken? Man würde nur feststellen, daß der Gegner genau dasselbe versucht, sich also seinerseits ebenfalls in die Haut des anderen versetzen möchte. Die Beteiligten müssen sich stattdessen sowohl in die eigene als auch in die Haut des Gegners versetzen, und von dort die besten Züge für beide Seiten ermitteln. Anstelle der linearen Denkkette gibt es einen Kreis nach dem Motto »Wenn ich denke, daß er denkt, daß ich denke...« Der Trick besteht darin, die Quadratur dieses Kreises zu finden.

Es ist kein Wunder, daß Sherlock Holmes und sein Erzrivale Professor Moriarty, der Napoleon des Verbrechens, Meister in dieser Art des Denkens waren. Lesen wir etwa, was Holmes seinem Getreuen Watson im »Final Problem« erzählt:

»Alles, was ich zu sagen habe, haben Sie doch schon längst durchdacht« sagte er.
»Dann haben Sie wahrscheinlich bereits durchdacht, was ich antworten werde«, gab ich zurück.

So wie Dr.Watson werden auch Sie sich fragen, wie Holmes das anstellt. Wir hoffen, Sie werden uns nachher zustimmen, daß es eigentlich ziemlich simpel ist - wenn Sie unsere Erklärung gehört haben.

Wie durchschaut man all die miteinander verflochtenen, aber unsichtbaren Strategien? Zunächst einmal darf man die unbekannten Aktionen der anderen Spieler nicht als im unpersönlichen Sinne unsicher auffassen, so wie etwa das Wetter unsicher ist. Bevor er zur Arbeit fährt, hört der Chefredakteur von Time vielleicht einen besonders akkuraten Wetterbericht, der voraussagt, daß es mit 40prozentiger Wahrscheinlichkeit regnen wird. Er verwendet diese Information, um zu entscheiden, ob er einen Regenschirm mitnehmen soll oder nicht. Die Wahrscheinlichkeit, daß Newsweek ein bestimmtes Titelthema wählt, ist dagegen eine ganz andere Sache. Der Unterschied besteht darin, daß der Chefredakteur von Time eine sehr wichtige Information über Newsweek hat. Anders als das Wetter sind die anderen Magazin-Redakteure nämlich strategische Spieler, genau wie der Time-Chef.* Obwohl ein Journalist die Ent-

* Es gibt allerdings Leute, die glauben, daß auch die Natur ein strategischer Spieler ist, und zwar ein besonders böswilliger, dem es Spaß macht, unsere wohlgeordneten Pläne durcheinanderzubringen. Wenn Sie zum Beispiel hören, daß es mit

scheidung eines anderen nicht beobachten kann, kann er das Problem doch aus dessen Perspektive durchdenken und versuchen sich auszurechnen, was der andere tun *müßte*.

In Kapitel 2 haben wir ein einziges, übergreifendes Prinzip angeboten, nach dem beste Strategien für Spiele mit sequentiellen Zügen entwickelt werden können. Das war unsere Regel 1: Schaue voraus und schließe von dort zurück. In diesem Kapitel wird es nicht so einfach sein. Aber die Gedanken über die Gedanken, die man bei simultanen Zügen anstellen sollte, lassen sich in drei einfachen Regeln zusammenfassen. Diese Regeln wiederum basieren auf zwei einfachen Ideen - dominante Strategien und Gleichgewicht. Wie im Kapitel 2 entwickeln wir diese Ideen und Regeln durch einfache Beispiele.

1. Dominante Strategien

Auf dem Höhepunkt des Films »Indiana Jones and the Last Crusade« treffen Indiana Jones, sein Vater und die Nazis am Heiligen Gral zusammen. Die beiden Jones weigern sich, den Nazis dabei zu helfen, die letzte Stufe zu erreichen, doch die Nazis schießen Indianas Vater nieder. Nur die Heilkraft des Heiligen Grals kann den schwer verwundeten Dr. Jones noch retten. Indiana führt die Gruppe nun doch zum Gral, aber es gibt ein letztes Hindernis: Er muß sich zwischen einer Unzahl von Kelchen entscheiden, von denen nur einer die Schale Christi ist. Die richtige Schale bringt ewiges Leben, eine falsche Wahl ist tödlich. Der Nazi-Führer ist ungeduldig. Er wählt einen schönen goldenen Kelch, trinkt das heilige Wasser und stirbt auf der Stelle. Indiana wählt einen hölzernen Kelch, die Schale eines Zimmermanns. »Es gibt nur einen Weg, es herauszufinden!« ruft er aus, taucht die Schale in die Quelle und trinkt in der Hoffnung, daß es die Schale des Lebens sei. Als er merkt, daß er richtig gewählt hat, bringt er die Schale zu seinem Vater, und das Wasser heilt die tödliche Wunde.

Diese Szene ist sicherlich sehr aufregend. Trotzdem finden wir es etwas peinlich, daß ein so herausragender Professor wie Dr. Indiana Jones

40 Prozent Wahrscheinlichkeit regnen wird, dann heißt das, daß Sie in sechs von zehn Fällen an Ihren Regenschirm denken und es regnet nicht, während Sie in vier von zehn Fällen den Regenschirm vergessen und es einen heftigen Guß gibt.

sich hier so ungeschickt verhält. Unsere Kritik läßt sich am besten mit der Idee der dominanten Strategie erläutern. Ein Spieler hat eine solche dominante Strategie, wenn es eine Abfolge von Handlungen gibt, die besser ist als alle anderen Möglichkeiten, ganz unabhängig davon, was die anderen Spieler tun. Wenn ein Spieler eine solche Strategie besitzt, wird seine Entscheidung sehr einfach. Er wählt sie und macht sich keine weiteren Gedanken über die Züge seiner Rivalen. Eine dominante Strategie ist deshalb das erste, wonach man suchen sollte.

Wie hätte sich Indiana Jones also verhalten sollen? Er hätte das Wasser seinem Vater geben sollen, ohne es vorher zu probieren. Denn wenn er die richtige Schale wählt, ist der Vater immer noch gerettet. Wählt er die falsche Schale, dann stirbt der Vater, aber Indiana überlebt. Dagegen hilft es überhaupt nicht weiter, wenn Indiana aus der Schale probiert, ehe er sie weiterreicht. Wenn er nämlich falsch gewählt hat, dann gibt es keine zweite Chance: Indiana stirbt am Wasser und der Vater an seiner Verletzung.*

Es ist wesentlich einfacher, dominante Strategien zu finden als den Heiligen Gral. Wir erinnern nur an den bekannten Vers des englischen Dichters Alfred Lord Tennyson: »'Tis better to have loved and lost than never to have loved at all«. (1) Besser geliebt und verloren, als niemals geliebt. Anders gesagt: Liebe ist eine dominante Strategie.

2. Krieg der Coverstories

Stellen Sie sich den Wettbewerb zwischen Time und Newsweek in einer hypothetischen Woche vor, die zwei große Themen hat: Es gibt bei der Steuerreform ein Patt im Parlament, und es gibt ein neues Medikament, das angeblich gegen AIDS erfolgreich ist. Die Entscheidung der Chefredakteure hängt vor allem davon ab, welches Thema die meisten Käufer am Kiosk findet (Abonennten kaufen das Heft sowieso, unabhängig vom Titel). Nehmen wir für unser fiktives Beispiel weiter an, daß unter den Käufern am Kiosk 30 Prozent an der Steuer-Geschichte interes-

* Dieses Beispiel verdeutlicht auch eine der Schwächen der Spieltheorie. Handlungen werden nur nach ihren Folgen beurteilt. Die Handlungen selber haben keinen moralischen Wert. Obwohl sein Vater tödlich verletzt ist, möchte Indiana Jones vielleicht nicht die Verantwortung für seinen Tod tragen.

siert sind, 70 Prozent an der AIDS-Geschichte. Diese Leute kaufen das Heft jeweils nur, wenn die Geschichte, die sie interessiert, auf dem Titel ist. Wenn beide Magazine dieselbe Geschichte haben, dann teilt sich die Gruppe der Interessenten gleichmäßig auf beide Zeitschriften auf.

Der Chefredakteur von Time könnte nun wie folgt argumentieren: »Wenn Newsweek die AIDS-Story macht, und ich die Steuer-Geschichte nehme, dann bekomme ich den gesamten 'Steuer-Markt' (30 Prozent der Leser). Mache ich auch die AIDS-Story, dann teilen wir uns den entsprechenden Markt (ich kriege also 35 Prozent). Die AIDS-Story bringt also mehr Auflage als die Steuer-Geschichte. Wenn Newsweek die Steuern nimmt, dann bekomme ich mit einem Steuer-Titel 15 Prozent, mit einem AIDS-Titel 70 Prozent. Wieder ist die zweite Alternative am besten. Ich habe also eine dominante Strategie, die AIDS-Story. Sie ist am besten für mich, egal welchen Titel der Konkurrent macht.«

Wir können die Logik dieser Überlegung sehr viel schneller und klarer aus einer einfachen Tabelle ablesen. Wir zeigen zwei Spalten, die jeweils die Entscheidung von Newsweek darstellen, und zwei Zeilen, für die Entscheidung bei Time. Es entstehen vier Zellen, von denen jede einer Kombination von Strategien entspricht. In jede Zelle tragen wir die Verkaufszahlen von Time ein, gemessen als Prozentsatz aller potentiellen Kiosk-Käufer. Die erste Zeile zeigt die Verkäufe mit einer AIDS-Story, jeweils für alternative Newsweek-Titel. Die zweite Zeile zeigt die Verkäufe bei einer Steuer-Story, wiederum für alternative Newsweek-Titel. Die Zelle links unten oder im Südwesten der Tabelle zeigt beispielsweise einen Time-Titel »Steuern« und einen Newsweek-Titel »AIDS«. Time erhielte in diesem Fall 30 Prozent des Markts.

Marktanteil von Time

		Newsweek-Titel	
		AIDS	Steuern
Time-Titel	AIDS	35	70
	Steuern	30	15

Die dominante Strategie ist leicht zu erkennen. Die erste Zeile ist durchgehend besser als die zweite Zeile, jeder Eintrag ist höher als der Eintrag unmittelbar darunter. Dieses ist das Kriterium für Dominanz. Anhand der Tabelle können Sie mit einem Blick erkennen, ob das Kriterium erfüllt ist oder nicht. Bildlich gesprochen könnten Sie die obere Zeile über die untere Zeile legen und jede Zahl aus der unteren Zeile wäre von einer größeren Zahl überdeckt. Der visuelle Vorteil der Tabelle gegenüber der verbalen Analyse aus dem vorherigen Abschnitt wird noch größer, wenn wir kompliziertere Spiele betrachten, in denen jeder Seite mehrere Strategien zur Verfügung stehen.

Es fügt sich, daß in diesem Spiel beide Seiten eine dominante Strategie haben. Um das zu erkennen, zeichnen Sie einfach die Tabelle der Newsweek-Verkäufe auf, die unten dargestellt ist. Die erste Spalte zeigt Newsweek-Verkäufe bei einer AIDS-Geschichte und alternativen Time-Titeln. Diese Spalte ist durchgehend besser als die zweite Spalte, wie Sie durch das Übereinanderlegen vor Ihrem gedanklichen Auge feststellen können. Die AIDS-Story ist also auch für Newsweek die dominante Strategie.

Marktanteil von Newsweek

		Newsweek-Titel	
		AIDS	Steuern
Time-Titel	AIDS	35	30
	Steuern	70	15

Spiele, bei denen beide Seiten eine dominante Strategie haben, sind aus strategischer Sicht die einfachsten. Es gibt eine strategische Interaktion, aber das Ergebnis steht von vorneherein fest. Jeder Spieler wählt seine dominante Strategie, unabhängig davon, was der andere tut. Das macht es nicht notwendigerweise uninteressant, solche Spiele zu spielen oder zu durchdenken. Im Hundertmeterlauf etwa ist es die dominante Strategie, so schnell wie möglich zu laufen. Trotzdem macht es vielen Menschen Spaß, bei solchen Rennen mitzumachen oder zuzuschauen. Im Gefangenendilemma in Kapitel 1, das dort am Dzerzinski-Platz gespielt wird, haben beide Spieler eine dominante Strategie. Die zwingende Logik dieser Strategie sorgt jedoch für ein Ergebnis, das für beide Spieler fatal ist. Damit stellt sich eine sehr interessante Frage: Wie können die Spieler kooperieren, um zu besseren Ergebnissen zu kommen? Im nächsten Kapitel haben wir dazu noch einige weitere Geständnisse abzulegen.

Manchmal hat der eine Spieler eine dominante Strategie, aber der andere nicht. Wir können das illustrieren, indem wir unseren Titel-Wettbewerb nur ein wenig verändern. Nehmen wir an, die Leser haben eine kleine Vorliebe zugunsten von Time. Wenn beide Magazine das gleiche Titelthema haben, dann werden 60 Prozent Time wählen, 40 Prozent Newsweek. Die Tabelle mit den Verkaufszahlen von Time sieht jetzt wie folgt aus:

Marktanteil von Time

		Newsweek-Titel	
		AIDS	Steuern
Time-Titel	AIDS	42	70
	Steuern	30	18

Für Time ist die AIDS-Story immer noch die dominante Strategie. Aber aus der Newsweek-Tabelle wird folgendes:

Marktanteil von Newsweek

		Newsweek-Titel	
		AIDS	Steuern
Time-Titel	AIDS	28	30
	Steuern	70	12

Wenn Sie die erste Spalte über die zweite legen, dann wird 30 durch eine kleiner Zahl (28) überdeckt, 12 hingegen durch eine größere (70). Keine Strategie dominiert die andere. Anders gesagt, die beste Wahl für Newsweek ist nicht länger unabhängig davon, welche Strategie Time wählt. Wenn Time mit AIDS aufmacht, dann steht sich Newsweek mit der Steuer-Geschichte am besten, und umgekehrt. Für Newsweek ist der gesamte Steuer-Markt jetzt besser als 40 Prozent des größeren AIDS-Markts.

Die Redaktionsführung bei Newsweek kann nicht beobachten, was man bei Time entscheidet, aber sie kann es sich denken. Da Time eine dominante Strategie hat, muß darauf die Wahl fallen. Bei Newsweek kann man also sicher davon ausgehen, daß Time die AIDS-Story wählt, und die beste Antwort darauf wählen, sprich: die Steuer-Geschichte.

Spiele, bei denen eine Seite eine dominante Strategie hat, sind also ebenfalls sehr einfach. Eine Seite spielt ihre dominante Strategie, und die andere wählt ihre beste Antwort auf diese Strategie.

Nachdem wir die Idee einer dominanten Strategie vorgestellt haben, lohnt es sich, an zwei Punkten noch einmal hervorzuheben, was eine dominante Strategie nicht ist. Man gerät nämlich leicht in Verwirrung, wenn man fragt, worüber eine dominante Strategie eigentlich dominiert.

So schrieb beispielsweise Leonard Silk, ein angesehener amerikanischer Wirtschaftsjournalist, einmal über eine Debatte im Kongreß: Präsident Reagan habe gespürt, daß »die Republikaner das haben, was Spieltheoretiker eine dominante Strategie nennen - eine Strategie, die einen Spieler besser stellt als seinen Gegner, ganz egal welche Strategie dieser Gegner wählt.« (2) Wir werden das Spiel, auf das sich der Kommentator bezieht, in Kapitel 5 genauer betrachten. An dieser Stelle wollen wir lediglich darauf hinweisen, daß die Silksche Definition einer dominanten Strategie falsch ist. Die hier besprochene Dominanz ist eine Dominanz einer Ihrer Strategien über Ihre anderen Strategien. Es ist keine Dominanz über Ihren Gegner. Eine dominante Strategie stellt einen Spieler besser als jede andere Strategie, die er selber verwenden könnte, unabhängig davon, welche Strategie der Gegner wählt. Denken Sie an das Beispiel mit den Titelgeschichten, in dem sowohl Time als auch Newsweek eine dominante Strategie hatten. Beide können aber nicht gleichzeitig mehr verkaufen als der andere.

Ein zweites verbreitetes Mißverständnis lautet, daß das schlechtestmögliche Ergebnis bei einer dominanten Strategie immer noch besser ist als das beste Ergebnis mit einer anderen Strategie. In den oben genannten Beispielen ist das in der Tat so. Nimmt man die Zahlen aus der ursprünglichen Konstruktion, dann war das Schlimmste, was Time passieren konnte, ein Marktanteil von 35 Prozent. Mit der Steuer-Geschichte waren bestenfalls 30 Prozent zu erreichen. Dies ist aber keine generelle Eigenschaft dominanter Strategien.

Stellen Sie sich einen Preiskrieg zwischen den beiden Magazinen vor, und nehmen Sie an, die Herstellungskosten betragen 1 Dollar je Heft. Es gibt nur zwei mögliche Preise: 3 Dollar (Gewinnspanne je Heft: 2 Dollar) und 2 Dollar (Gewinnspanne je Heft: 1 Dollar). Nehmen Sie an, die Leser kaufen immer das billigere Heft; wenn die Preise gleich sind, teilt sich die Nachfrage in gleiche Teile auf. Bei einem Preis von 3 Dollar finden sich 5 Millionen Leser, bei einem Preis von nur 2 Dollar steigt die Leserschaft auf 8 Millionen. Sie können die Gewinne von Time leicht ausrechnen und in folgender Tabelle zusammenstellen.

Gewinne von Time

		Newsweeks Preis	
		$2	$3
Times Preis	$2	4	8
	$3	0	5

Die dominante Strategie für Time ist, 2 Dollar zu verlangen (das gleiche gilt für Newsweek). Im ungünstigsten Fall macht Time bei dieser dominanten Strategie 4 Millionen Dollar Gewinn. Aber das beste Ergebnis der anderen Strategie ist günstiger: 5 Millionen Dollar. Der Punkt ist, daß es keinen Sinn ergibt, diese beiden Zahlen zu vergleichen. Die 5 Millionen gibt es, wenn beide Magazine 3 Dollar verlangen. In diesem Falle könnte Time aber noch besser abschneiden (8 Millionen), wenn man zum Preis von 2 Dollar überginge.

Wir können die Lehren aus diesen Beispielen in einer Regel für Spiele mit simultanen Zügen zusammenfassen:

Regel 2: Wenn Sie eine dominante Strategie haben, dann verwenden Sie diese.

Zerbrechen Sie sich nicht den Kopf über die Entscheidung Ihres Gegners. Wenn Sie keine dominante Strategie haben, aber Ihr Gegner hat eine, dann stellen Sie sich darauf ein, daß er sie verwenden wird, und wählen Sie Ihre beste Antwort darauf.

Ein Wort zur Vorsicht. Wir haben das Konzept einer dominanten Strategie für Spiele mit simultanen Zügen entwickelt. Man muß Acht geben, wenn man es für Spiele mit sequentiellen Zügen verwendet. Denn weil das Wesen der strategischen Interaktion anders ist, ist auch die Idee der dominanten Strategie nicht mehr dieselbe. Nehmen wir an, wir sprechen davon, daß Sie eine dominante Strategie für *jede gegebene* Entscheidung Ihres Gegners haben. Sie stellen sich mit dieser Strategie besser, als mit jeder anderen. Wenn die Züge sequentiell sind und Ihr Rivale zuerst zieht, dann würden Sie stets Ihre dominante Strategie wählen. Wie gesagt, es handelt sich um die beste Antwort auf *jeden* Zug Ihres Gegners, also auch auf den, den er gerade gewählt hat. W*enn Sie allerdings zuerst ziehen*, dann ist der Zug Ihres Gegners nicht mehr vorgegeben. Er wird Ihre Entscheidung beobachten, wenn er seine eigene trifft, und Sie haben die Möglichkeit, sein Verhalten zu beeinflussen. Unter bestimmten Umständen wird das am besten dadurch erreicht, daß Sie eine andere als Ihre dominante Strategie wählen. In Kapitel 6 erklären wir das ausführlich, wenn wir uns mit Selbstbindung beschäftigen.

3. Dominierte Strategien

Nicht alle Spiele haben dominante Strategien, nicht einmal für einen der Spieler. Dominanz ist sogar die Ausnahme und nicht die Regel. Obwohl sich sehr einfache Verhaltensregeln ergeben, wenn es eine dominierte Strategie gibt, sind diese Regeln doch in vielen praktischen Situationen nicht anwendbar. Es muß dann auf andere Prinzipien zurückgegriffen werden.

So wie eine dominante Strategie durchgehend besser ist als jede andere Strategie, so ist eine dominierte Strategie durchgehend schlechter als eine andere Strategie. Und so, wie Sie Ihre dominante Strategie wählen, wenn es eine gibt, genauso sollten Sie Ihre dominierten Strategien vermeiden, wenn Sie eine haben. Sie können sicher sein, daß Ihr Gegner dasselbe tut.

Wenn Sie nur zwei alternative Strategien haben, und eine davon ist dominiert, muß die andere dominant sein. Beispiele dafür, daß man dominierte Strategien vermeiden soll, müssen daher auf Spielen basieren, in denen zumindest eine Seite mindestens drei Strategien hat.

Wir kehren dazu zunächst noch einmal zum American Football zurück und betrachten eine angreifende Mannschaft, die darauf aus ist, bei jedem ihrer Angriffsversuche den Ball soweit wie möglich in den Raum des Gegners zu bringen. Die verteidigende Mannschaft versucht, den Spielzug der Angreifer so früh wie möglich zu stoppen. Wir nehmen an, daß die Angreifer für einen Spielzug nur zwei Strategien haben: Entweder versuchen sie, den Ball geschickt nach vorne zu passen (Pass). Oder einer von ihnen versucht, die Verteidiger zu umlaufen und den Ball alleine nach vorne zu tragen (Run). Die Verteidigung hat dagegen drei Strategien: Sie kann sich entweder so aufbauen, daß sie versucht, einen Pass oder einen Run zu verhindern. Sie kann aber auch versuchen, den sogenannten Quarterback lahmzulegen, den Schlüsselspieler der angreifenden Mannschaft, der die Bälle verteilt. Wir können nun durchspielen, wie weit die Angreifer bei jeder der sechs Strategie-Kombinationen vorankommen. Nehmen Sie zum Beispiel den Fall, in dem die Verteidiger sich auf den Quarterback stürzen (ein sogenannter Blitz), während die Angreifer einen Pass versuchen. Angenommen, die Wahrscheinlichkeit, daß der Quarterback zu Fall gebracht wird, ehe er den Ball spielt, beträgt zehn Prozent, und die Angreifer werden in diesem Fall um 10 Yards zurückgedrängt. Die Wahrscheinlichkeit, daß der Quarterback noch einen schnellen Paß mit 10 Yard Raumgewinn spielen kann liegt bei 70 Prozent, die eines langen Passes mit 20 Yard Raumgewinn beträgt 20 Prozent. Im Durchschnitt ergibt sich daraus

$$0{,}1 \times (-10) + 0{,}7 \times 10 + 0{,}2 \times 20 = -1 + 7 + 4 = 10$$

Die Zahlen hängen selbstverständlich von den jeweiligen Fähigkeiten der Mannschaften ab, wir haben die konkreten Werte nur zur Illustration gewählt. Wir zeigen die Ergebnisse des Raumgewinns für alle sechs Kombinationen in der folgenden Tabelle.

Erwarteter Raumgewinn der Angreifer (in Yard)

Strategien der Angreifer	Strategien der Verteidigung: Verhinderung eines Run	Verhinderung eines Pass	Blitz
Run	3	7	15
Pass	9	8	10

Die Angreifer versuchen, die größtmögliche Zahl in dieser Tabelle zu erreichen. Die Verteidiger wollen die kleinstmögliche Zahl, wir brauchen für sie also keine gesonderte Tabelle.*

Keine Seite hat in diesem Spiel eine dominante Strategie; weder sind die Zahlen in einer Zeile durchgehend höher als die in der anderen Zeile, noch gibt es eine Spalte, in der die Zahlen durchgehend geringer sind als in den beiden anderen Spalten. Aber die Verteidiger haben eine dominierte Strategie, den Blitz: Beim Blitz ist der Raumverlust immer größer als bei einer der beiden anderen Strategien. Die Verteidiger sollten deshalb stets auf diese Strategie verzichten. Die Angreifer können davon ausgehen, daß es keinen Blitz geben wird.

Das Argument ist damit noch nicht zuende. Der Trainer der Verteidiger könnte die Blitz-Strategie auch einfach aus seinen Planungen streichen, und das Spiel kann so behandelt werden, als habe jede Seite nur zwei Strategien. In einem so reduzierten Spiel haben die Angreifer nun eine dominante Strategie, nämlich den Pass. Damit erreichen sie durchgehend bessere Ergebnisse (8 und 9) als bei einem Run (3 und 7). Der Pass war nur deshalb im ersten Spiel nicht dominant, weil ein Run die bessere Antwort gegen einen Blitz gewesen wäre (der Mann mit dem Ball kann leichter in offenes Feld vorsprinten, wenn alle Verteidiger sich auf den Quarterback stürzen). Der Blitz ist aber inzwischen aus den Überlegungen ausgeschieden. Die Angreifer werden also den Pass wäh-

* Dies gilt in allen sogenannten Nullsummenspielen, in denen jedem Gewinn der einen Seite ein genau entsprechender Verlust der anderen Seite gegenübersteht.

len. Die Verteidiger sollten das erkennen und ihre entsprechende Gegenstrategie wählen.

Der Grundgedanke kann in Form einer weiteren Regel für das Verhalten in Spielen mit simultanen Zügen formuliert werden:

Regel 3: Streichen Sie alle dominierten Strategien aus ihren Überlegungen, und führen Sie dieses Verfahren sukzessive weiter.

Wenn im Verlaufe dieses Prozesses in den verkleinerten Spielen dominante Strategien auftauchen, dann sollten Sie diese sukzessive wählen. Wenn diese Prozedur zu einem einzigen Ergebnis führt, dann haben Sie die Handlungsrezepte für die Spieler und das Ergebnis des Spieles gefunden. Aber selbst wenn sich kein singuläres Ergebnis herauskristallisiert, dann reduziert das Verfahren doch zumindest den Umfang und die Komplexität des Spiels.

Um die Idee des sukzessiven Eliminierens dominierter Strategien noch besser zu verdeutlichen, konstruieren wir die Situation eines fiktiven Seeduells im Golfkrieg 1991.* Das unten abgebildete Gitter zeigt die Positionen und Handlungsalternativen der Gegner. Ein irakisches Schiff befindet sich im Punkt I und will eine Rakete abfeuern, die ein amerikanisches Schiff im Punkt A treffen soll. Die Flugbahn der Rakete wird beim Abschuß programmiert. Sie kann in einer geraden Linie fliegen, oder sie kann alle 20 Sekunden ihre Flugrichtung im scharfen rechten Winkel ändern. Wenn die Rakete in direkter Linie von I nach A flöge, dann könnte die amerikanische Raketenabwehr sie leicht ausschalten. Die Iraker werden es daher mit einer Zick-Zack-Flugbahn versuchen. Alle entsprechenden Pfade, mit denen A von I aus erreichbar ist, sind im Gitter aufgetragen. Jede Verbindung zwischen zwei Punkten entspricht jeweils der Entfernung, die die Rakete in 20 Sekunden zurücklegen kann.

* Es handelt sich um eine modernisierte Version des Katz-und-Maus-Beispiels in J.D. Williams Buch »The Compleat Strategyst«. Vielleicht geht es dort ja um eine Perserkatze.

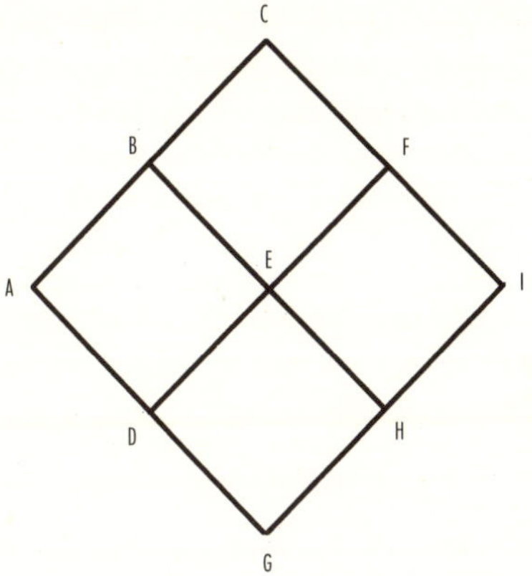

Das amerikanische Schiff wird den Abschuß der Rakete mit seinem Radar bemerken, und der Computer wird sofort eine Abwehrrakete starten. Die Abwehrrakete fliegt genauso schnell wie die irakische Rakete und kann in ähnlicher Weise ihre Richtung um 90 Grad verändern. Die Flugbahn der Abwehrrakete kann also entlang desselben Gitters nachgezeichnet werden, beginnend bei A. Damit genügend Sprengstoff verbleibt, der in der Luft die zerstörerische Explosion herbeiführt, hat die Abwehrrakete allerdings nur Treibstoff für eine Minute. Sie kann also nur drei Segmente weit fliegen (zum Beispiel von A nach B, B nach C, C nach F, was wir mit ABCF abkürzen).

Wenn die Abwehrrakete innerhalb der einen Minute die angreifende Rakete trifft, explodiert sie und neutralisiert damit die Bedrohung. Wenn nicht, wird der Angriff das Schiff zerstören. Die Frage ist nun: Wie sollten die Flugbahnen der beiden Raketen gewählt werden?

Für dieses Spiel ist nur die erste Minute relevant. Jede Seite muß drei Segmente à 20 Sekunden vorausdenken. Zählt man alle Alternativen an jedem Segment ab, dann hat jede Seite acht mögliche Pfade. Wir untersuchen alle 64 möglichen Kombinationen und rechnen aus, wann es zu Treffern kommt und wann nicht.

Betrachten Sie zum Beispiel die irakische Strategie IFCB, bei der die Rakete zunächst für zwei Segmente der geraden Linie folgt, dann rechtwinklig nach B abknickt. Stellen Sie diesem Pfad die amerikanische Strategie ABCF gegenüber. Beide Raketen treffen in C nach zwei Segmenten (40 Sekunden) aufeinander. Diese Kombination zählt als Treffer. Würde dieselbe irakische Strategie mit ABEF beantwortet, dann hätte die Abwehr versagt. Die beiden Flugbahnen scheinen sich zwar in den Punkten B und F zu berühren. Die Raketen erreichen diese Punkte aber zu unterschiedlicher Zeit. Die amerikanische Rakete ist nach 20 Sekunden in B, die irakische Rakete erst nach 60 Sekunden.

Die folgende Tabelle zeigt alle dieser Kombinationen. Die acht irakischen Strategien sind mit I1 bis I8 bezeichnet und der Pfad ist jeweils beschrieben - I1 etwa steht für den Pfad IFCB. Analog sind die amerikanischen Strategien mit A1 bis A8 bezeichnet. Treffer werden als T geschrieben, Fehlschüsse der Abwehr als O.

Tabelle der Treffer und Fehlschüsse der amerikanischen Abwehr

Amerikanische Strategien	Irakische Strategien							
	I1 IFCB	*I2 IFEB*	*I3 IFED*	*I4 IFEH*	*I5 IHGD*	*I6 IHED*	*I7 IHEB*	*I8 IHEF*
A 1-*ABCF*	*T*	*O*	*O*	*O*	*O*	*O*	*O*	*T*
A 2-*ABEF*	*O*	*T*	*T*	*T*	*O*	*T*	*T*	*T*
A 3-*ABEH*	*O*	*T*	*T*	*T*	*O*	*T*	*T*	*T*
A 4-*ABED*	*O*	*T*	*T*	*T*	*T*	*T*	*T*	*T*
A 5-*ADGH*	*O*	*O*	*O*	*T*	*T*	*O*	*O*	*O*
A 6-*ADEH*	*O*	*T*	*T*	*T*	*O*	*T*	*T*	*T*
A 7-*ADEF*	*O*	*T*	*T*	*T*	*O*	*T*	*T*	*T*
A 8-*ADEB*	*T*	*T*	*T*	*T*	*O*	*T*	*T*	*T*

Das sieht kompliziert aus, aber die Regel, nach der dominierte Strategien zu eliminieren sind, sorgt schnell für Vereinfachung. Alle T's sind natürlich besser für die Amerikaner als die O's. Es ist dann leicht zu erkennen, daß für die Amerikaner A2 von A4 dominiert wird. Wenn Sie die Zeile A4 gedanklich über die Zeile A2 legen, dann stellen Sie fest, daß A4 stets ein T verzeichnet, wenn A2 auch eines hat, zusätzlich aber noch in einem weiteren Fall - als Antwort auf die irakische Strategie I5. Führt man solche Berechnungen für alle Möglichkeiten durch, dann zeigt sich, daß die Strategien A2, A3, A6 und A7 sowohl von A4 als auch von A8 dominiert werden. A1 wird von A8 dominiert, A5 von A4. Die Iraker können also sicher sein, daß die Amerikaner keine anderen Strategien wählen werden als entweder A4 oder A8. Sie werden ihre Aufmerksamkeit entsprechend *nur auf diese zwei Zeilen beschränken*.

Da sie daran interessiert sind, die Abwehr zu umgehen, werden bei ihnen I2, I3, I4, I6, I7 und I8 dominiert durch I1 oder I5. Streichen wir die Zeilen und Spalten der dominierten Strategien aus, dann reduziert sich das Spiel wie folgt:

Tabelle der Treffer und Fehlschüsse der amerikanischen Abwehr

Irakische Strategien

Amerikanische Strategien	*I1 IFCB*	*I2 IFEB*	*I3 IFED*	*I4 IFEH*	*I5 IHGD*	*I6 IHED*	*I7 IHEB*	*I8 IHEF*
A 1-ABCF	T	0	0	0	0	0	0	T
A 2-ABEF	0	T	T	T	0	T	T	T
A 3-ABEH	0	T	T	T	0	T	T	T
A 4-ABED	0	T	T	T	T	T	T	T
A 5-ADGH	0	0	0	T	T	0	0	0
A 6-ADEH	0	T	T	T	0	T	T	T
A 7-ADEF	0	T	T	T	0	T	T	T
A 8-ADEB	T	T	T	T	0	T	T	T

Reduzierte Tabelle der Treffer und Fehlschüsse

Irakische Strategien

Amerikanische Strategien	*I 1-IFCB*	*I 5-IHGD*
A 4-*ABED*	0	T
A 8-*ADEB*	T	0

Unsere zwei Regeln können die Sache nicht weiter vereinfachen. Es gibt keine dominanten oder dominierten Strategien mehr. Aber wir haben eine Menge erreicht. Wenn wir die verbleibenden Strategien auf der Karte verfolgen, stellen wir fest, daß die irakische Rakete am Außenrand des Gitters entlang fliegen sollte, während die amerikanische Rakete kleine Kringel beschreiben sollte. Wir werden bald sehen, wie man unter den beiden Alternativen auswählt, die jeder Seite noch bleiben.

4. Gleichgewichtsstrategien

Hat man alle Vereinfachungen ausgeschöpft, die auf dominanten und dominierten Strategien beruhen, dann läßt sich die Komplexität des Spiels nicht mehr weiter reduzieren. Das Problem der Zirkelschlüsse muß direkt angegangen werden. Was für Sie am besten ist, hängt davon ab, was für Ihren Gegner am besten ist und umgekehrt. An dieser Stelle führen wir nun die Technik ein, mit der sich die Quadratur dieses Kreises bilden läßt, den Ausweg aus dem zirkulären Denken.

Dazu gehen wir zum Preiskrieg zwischen Time und Newsweek zurück, lassen aber jetzt eine ganze Palette von Preisen zu, nicht bloß 2 und 3 Dollar. Das Management von Time muß sich nun die beste Antwort auf jeden möglichen Preis von Newsweek überlegen. Nehmen Sie an, daß jedes Magazin einen Stamm besonders treuer Leser hat, daß es außerdem aber eine bewegliche Leserschaft gibt, die im Preiswettbewerb gewonnen werden kann. Wenn Newsweek aus irgendeinem Grund einen Preis in Höhe der Produktionskosten von 1 Dollar wählen würde, dann würde Time dieser gewinnlosen Strategie nicht folgen, sondern einen höheren Preis verlangen, sagen wir 2 Dollar. Bei den treuen Lesern würde Time dann einen Gewinn erwirtschaften. Setzt Newsweek den Preis höher an, dann wird auch Time den Preis erhöhen, allerdings um weniger, so daß ein Wettbewerbsvorteil entsteht. Nehmen wir an, daß Time auf jede Erhöhung des Newsweek-Preises um einen Dollar mit einer eigenen Preiserhöhung um 50 Cents reagiert. Die Beziehung zwischen allen denkbaren Preisen von Newsweek und der jeweils besten Antwort von Time ist im folgenden Schaubild aufgezeichnet.

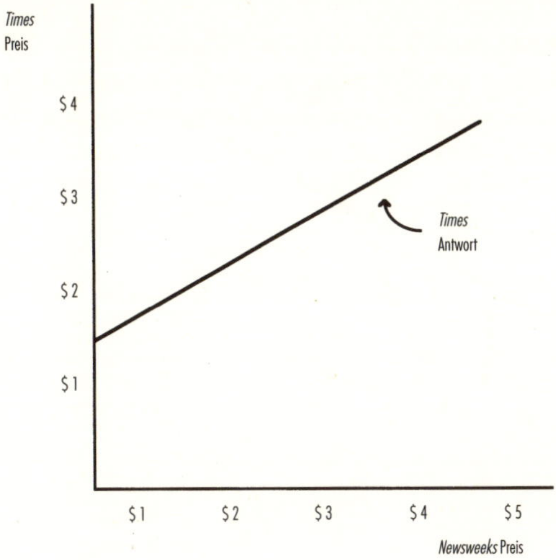

Nehmen wir weiter an, daß beide Magazine sich sehr ähneln: Sie haben ähnliche Kosten, gleich große Stämme treuer Leser und ähnliche Attraktivität bei den schwankenden Lesern. Dann ergibt sich für die Beziehung zwischen allen möglichen Preisen von Time und der jeweils besten Antwort von Newsweek ein identisches Schaubild.

Wir können uns jetzt vorstellen, wie beide Manager gedankliche Kreise drehen. Der Time-Manager etwa sagt: »Falls er einen Dollar verlangt, könnte ich zwei Dollar verlangen. Aber weil er weiß, daß ich mir das denke, wird eben nicht einen Dollar verlangen, sondern seine beste Antwort auf meine zwei Dollar wählen, also 2 Dollar 50. Dann sollte ich nicht zwei Dollar verlangen, sondern meine beste Antwort auf seine 2,50 geben, also 2,75. Aber dann wird er...« Wo hört das auf?

Es hört bei drei Dollar auf. Wenn der Time-Manager denkt, daß der Newsweek-Preis drei Dollar sein wird, dann ist seine beste Antwort, ebenfalls drei Dollar für Time zu verlangen. Und umgekehrt. Das Denken im Kreis hat auf einen gemeinsamen Punkt geführt.

Wir können das in einem anderen Schaubild zeigen, in dem die Reaktionen der beiden direkt nebeneinander gestellt werden. Die beiden Linien kreuzen sich genau in dem Punkt, wo der Preis beider Magazine drei Dollar beträgt.

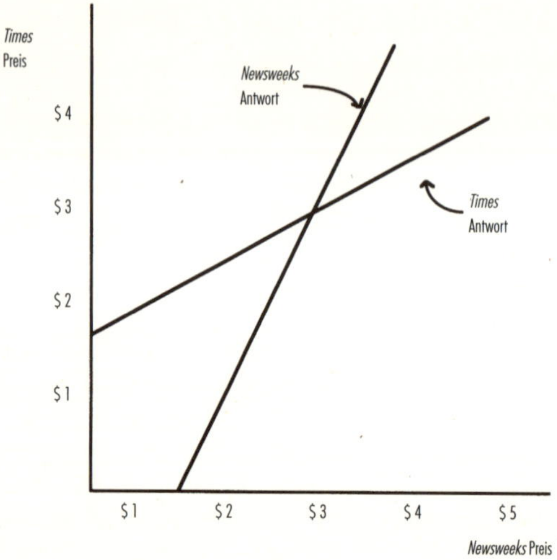

Wir haben eine Kombination von Strategien gefunden, in der die Aktion jedes Spielers die beste Antwort auf die Aktion des anderen ist. Wenn das Verhalten des jeweils anderen als gegeben angenommen wird, dann hat keiner von beiden Grund, seinen Zug zu verändern. Spieltheoretiker nennen ein solches Ergebnis ein *Gleichgewicht*. Das Konzept wurde von dem Mathematiker John Nash aus Princeton entwickelt, der dafür 1994 einen der Nobelpreise für Wirtschaftswissenschaften erhielt.*

Zu seinen Ehren spricht man in der Spieltheorie auch oft vom Nash-Gleichgewicht. Die Idee von Nash steht hinter unserer letzten Regel für das Verhalten in Spielen mit simultanen Zügen:

Regel 4: Wenn die einfachen Wege der Ermittlung dominanter Strategien oder der Eliminierung dominierter Strategien nicht mehr weiter führen, dann müssen Sie im nächsten Schritt nach einem Gleichgewicht des Spiels suchen.

Dieses muß der Trick gewesen sein, mit dem Sherlock Holmes und Professor Moriarty wechselseitig ihre Gedanken lesen konnten.

* Gemeinsam mit Nash erhielten zwei weitere Spieltheoretiker den Nobelpreis: der Ungar John Harsanyi und der Deutsche Reinhard Selten von der Universität Bonn. Reinhard Selten ist der erste Deutsche, der einen Ökonomie-Nobelpreis erhalten hat.

Diese Regel muß noch ein wenig erläutert werden. Warum sollte es die Beteiligten in einem Spiel zu diesem Ergebnis hinziehen? Man kann dafür mehrere Gründe anführen. Keiner von ihnen ist für sich genommen absolut zwingend, aber zusammen bilden sie eine starke Argumentation.

Erstens muß das zirkuläre Denken, das nirgendwo hinführt, vermieden werden. Das Gleichgewicht bleibt stabil, auch in den sukzessiven Runden des »Ich denke, das er denkt...« Es sorgt dafür, daß die Erwartungen der Spieler über die Aktionen des jeweils anderen konsistent werden. Jeder hat die Aktion des anderen korrekt vorhergesagt und seine eigene beste Antwort gewählt.

Ein zweiter Vorteil der Gleichgewichtsstrategie ergibt sich in Nullsummenspielen, in denen die Interessen der Spieler einander unmittelbar entgegengesetzt sind. In solchen Spielen kann Ihr Gegner nichts gewinnen, wenn er Sie in eine Gleichgewichtsstrategie lockt. Sie selber haben ja bereits seine beste Antwort auf Ihr eigenes Handeln einkalkuliert.

Der dritte Grund ist ein pragmatischer: Was eine Idee taugt, zeigt sich bei der Anwendung. In diesem Buch diskutieren wir mehrere Spiele, indem wir den Gleichgewichtsansatz verwenden, und wir fordern Sie auf, die Prognosen der Ergebnisse und die Verhaltensempfehlungen kritisch zu analysieren. Wir glauben, dieser Ansatz ist überzeugender als jede abstrakte Diskussion über die Vorzüge des Konzepts.(3)

Es gibt eine mögliche Fehlinterpretation der Gleichgewichtsidee, vor der wir Sie abschließend dringend warnen wollen. Wenn wir sagen, daß ein Ergebnis ein Gleichgewicht darstellt, dann ist damit keineswegs automatisch gesagt, es sei das beste für alle Spieler, geschweige denn, das beste Ergebnis für die Gesellschaft insgesamt. Eine solche Bewertung ist immer eine gesonderte Frage, und die Antwort schwankt je nach Kontext. In den Kapiteln 4 und 9 werden wir Beispielen für beide Fälle begegnen.

5. Glanz oder Elend

Glanz

Ist die Idee des Gleichgewichts eine vollständige Lösung des Problems der zirkulären Argumentation in Spielen mit simultanen Zügen? Leider nein. Einige Spiele haben viele Gleichgewichte, andere haben überhaupt keines. In wieder anderen muß die Idee des Gleichgewichts subtiler gemacht werden, indem man neue Arten von Strategien zuläßt. Im Folgenden illustrieren und erklären wir diese Punkte.

Auf welcher Straßenseite sollten Sie fahren? Die Frage kann mit Hilfe von dominanten oder dominierten Strategien nicht beantwortet werden. Trotzdem scheint die Antwort einfach. Wenn alle auf der rechten Seite fahren, dann werden Sie auch rechts fahren wollen. Um es anhand des »Ich denke, daß er denkt..«-Schemas auszudrücken: Wenn jeder denkt, daß jeder denkt, daß jeder auf der rechten Seite fährt, dann wird jeder auf der rechten Seite fahren wollen, und sämtliche Erwartungen werden erfüllt. Rechtsverkehr ist ein Gleichgewicht.

Aber das Gleiche gilt auch für den Linksverkehr in England, Australien und Japan. Das Spiel hat also zwei Gleichgewichte. Nichts in der Idee des Gleichgewichts verrät uns, welches sich durchsetzen wird oder sollte (wenn sich überhaupt eines durchsetzt). Wenn ein Spiel viele Gleichgewichte hat, dann müssen die Spieler eine gemeinsame Vorstellung davon haben, welches sie wählen. Sonst gibt es Durcheinander.

Im Verkehrsbeispiel gibt Ihnen eine festgelegte Regel die Antwort. Aber was ist zu tun, wenn ein Telefongespräch zwischen Peter und Paula aus Versehen unterbrochen wird? Wenn Peter versucht, Paula erneut anzurufen, dann sollte Paula vom eigenen Telefon wegbleiben (und nicht versuchen, Peter anzurufen), damit ihr Apparat nicht besetzt ist. Wenn andererseits Paula auf Peters Anruf wartet, und Peter auf Paulas Anruf wartet, dann wird ihr Telefonat dauerhaft unterbrochen bleiben. Was für den einen am besten ist, hängt davon ab, was der andere tut. Wiederum gibt es zwei Gleichgewichte, eines, bei dem Peter anruft und Paula wartet, und ein zweites mit umgekehrten Rollen.

Die beiden brauchen eine gesellschaftliche Konvention, die ihnen hilft, konsistente Strategien zu wählen, das heißt, eine gemeinsame Vorstellung davon, welches Gleichgewicht erreicht werden soll. Eine Möglichkeit wäre, daß derjenige, der ursprünglich angerufen hatte, auch den Rückruf übernimmt. Die angerufene Person wartet, bis das Telefon klingelt. Der Vorteil dabei ist, daß der Anrufer die Telefonnummer des Gesprächspartners kennt, während das umgekehrt nicht immer der Fall sein muß. Eine andere Möglichkeit wäre, daß eine Person umsonst anrufen kann, die andere nicht. (Peter könnte in seinem Büro sein, Paula an einem Münzgerät). Die Person mit kostenloser Gesprächsmöglichkeit sollte dann zurückrufen.

Sie können Ihre Fähigkeit, ein Gleichgewicht zu koordinieren, leicht testen, indem Sie die folgende Frage beantworten: Sie wollen morgen jemanden in Köln treffen. Die Person weiß ebenfalls, daß sie Sie treffen soll. Weder Sie noch die Person haben jedoch genauere Hinweise erhalten, wann und wo Sie sich treffen sollen. Wann und wo postieren Sie sich?

Es gibt keine richtige Antwort außer derjenigen, die am häufigsten gegeben wird - 12 Uhr am Dom, vielleicht. Thomas Schelling hat die Frage für New York in seinem Buch »The Strategy of Conflict« berühmt gemacht. Unter unseren Studenten bleibt dabei »12 Uhr, Grand Central Station« die häufigste Antwort, selbst bei Princeton Studenten, deren Zug in New York an der Penn Station ankommt.*

Elend

Die andere Komplikation besteht darin, daß nicht alle Spiele überhaupt ein Gleichgewicht in dem beschriebenen Sinne haben. In der Raketen-Geschichte ist keines der verbleibenden vier Ergebnisse ein Gleichgewicht. Betrachten Sie zum Beispiel die Kombination des irakischen I1 und des amerikanischen A4. Die Abwehrrakete geht daneben und die Amerikaner können sich verbessern, indem sie zu A8 wechseln. Dann allerdings sollten die Iraker zu I5 wechseln, die Amerikaner wiederum zu A4, die Iraker zurück zu I1 und so weiter. Der Punkt ist, daß immer dann, wenn eine Seite sich auf ein bestimmtes Verhalten *festlegt*, die andere daraus einen Vorteil ziehen kann. Das einzig Vernünftige für beide ist, ihre Züge zufällig zu mischen. Das Problem ist so symmetrisch, daß der richtige Mix offensichtlich ist: Die Amerikaner sollten A4 und A8 mit gleicher Wahrscheinlichkeit auswählen, die Iraker sollten sich entsprechend mit jeweils 50 Prozent Wahrscheinlichkeit für I1 oder I5 entscheiden.

Diese Mischstrategie kann sogar dann entstehen, wenn beide Parteien versuchen zu kooperieren. Im Telefon-Beispiel könnten zum Beispiel beide eine Münze werfen, um jeweils für sich zu entscheiden, ob sie zurückrufen sollen. Dieses Paar von zufälligen Aktionen ist ein drittes Gleichgewicht für das Telefon-Problem, das auf den oben genannten

* Die vielleicht originellste Antwort stammt von der kalifornischen Anthropologin Tanya Luhrmann. Sie meinte: »Im großen Lesesaal der Public Library.« Auf den Einwand, das sei schon eine eher ungewöhnliche, um nicht zu sagen, einzigartige Antwort, wußte sich sich sofort zu verteidigen: Ihre Erfolgsaussichten für die Verabredung seien dort vielleicht gering. Sie sei aber wesentlich mehr daran interessiert, Leute zu treffen, die zur Bibliothek gingen anstatt zum Bahnhof.

Kriterien beruht. Wenn ich versuche, Sie anzurufen, habe ich eine 50prozentige Chance durchzukommen (wenn Sie nämlich warten) und eine 50prozentige Chance, daß die Leitung besetzt ist. Wenn ich dagegen warte, ist die Chance ebenfalls 50 Prozent, daß wir wieder zueinanderkommen; eben so hoch, wie die Wahrscheinlichkeit, daß Sie zurückrufen. In jeder Runde ist es beiden Parteien völlig egal, welche Aktion sie jeweils unternehmen: Ihre Antworten sind, bezogen aufeinander, jeweils optimal. Da die Wahrscheinlichkeit für eine Wiederaufnahme des Gesprächs nur 50 Prozent beträgt, erwarten wir, daß (im Durchschnitt) zwei Versuche erforderlich sind, bis es klappt.

In anderen Spielen sind die Proportionen, in denen ein Spieler seine Züge mischen sollte, weniger offensichtlich. In Kapitel 7 entwickeln wir einen Satz von Regeln, um zu entscheiden, wann gemischte Strategien erforderlich sind. Wir entwickeln außerdem eine Methode, um die richtige Mischung zu finden.

Lassen Sie uns kurz rekapitulieren. Wir haben drei Verhaltensregeln in Spielen mit simultanen Zügen: Erstens, suche und verwende dominante Strategien. Zweitens, suche und vermeide dominierte Strategien. Unterstelle dabei jeweils, daß deine Rivalen das gleiche tun. Schließlich: Suche und verwende ein Gleichgewicht. Zum Abschluß dieses Kapitels betrachten wir einen Fall, der Ihnen zeigt, wie Sie diese Überlegungen in Handeln umsetzen können.

6. Fallstudie Nr. 3 : Ein unmoralisches Angebot

Als der Spekulant Robert Campeau sein erstes Übernahmegebot für Federal Stores (und ihr Kronjuwel, die Warenhauskette Bloomingdales) machte, da benutzte er die Strategie eines zweiteiligen Angebots. Diese Fallstudie analysiert die Effektivität dieses Angebots als einen strategischen Zug: Verschafft es einem Raider einen unfairen Vorteil?

Ein zweiteiliges Angebot (two-tiered bid) besteht typischerweise aus einem hohen Preis für die ersten Aktien, die zum Verkauf an den Raider eingereicht werden und einem niedrigeren Preis für die später verkauften Aktien. Um die Zahlen einfach zu halten betrachten wir einen Fall, in dem der Kurs der Aktien vor dem Übernahmegebot 100 Dollar beträgt. In der ersten Tranche wird den Aktionären, die sofort verkaufen, 105 Dollar pro Aktie geboten. Dies gilt so lange, bis die Hälfte der Aktien eingereicht worden sind. Die nächsten 50 Prozent fallen in die zweite Tranche, hier werden nur 90 Dollar pro Aktie gezahlt. Aus Gründen der Fairness werden die Aktien allerdings nicht in der Reihenfolge auf beide Tranchen aufgeteilt, in der sie eingereicht worden sind. Stattdessen erhalten alle einen gemischten Preis: die eingereichten Aktien werden anteilig auf die beiden Tranchen aufgeteilt. Aktionäre, die auf das Übernahmeangebot nicht eingehen, finden sich dagegen vollständig in der zweiten Tranche wieder.* Wir können die durchschnittliche Zahlung je Aktie in einem einfachen algebraischen Ausdruck schreiben; wenn weniger als 50 Prozent der Aktien eingereicht werden, dann erhält jede Aktie 105 Dollar; wird ein Betrag $X\% > 50\%$ des Aktienkapitals an den Raider verkauft, dann ist der durchschnittliche Preis je Aktie

$$105 \times (50/X) + 90 \times ((X - 50)/X) = 90 + 15 \times (50/X)$$

Es ist zu beachten, daß das zweigeteilte Angebot ohne Bedingungen gilt; selbst wenn der Raider keine Aktienmehrheit zusammenbekommt, werden alle Aktien zum Preis der ersten Tranche gekauft. Es zeigt sich allerdings auch ein wichtiger Haken des Angebots: Wenn jeder darauf eingeht, dann liegt der durchschnittliche Preis je Aktie nur bei 97,50 Dollar. Das ist weniger als der Kurs vor dem Übernahmegebot. Es ist auch weniger als das, was die Aktionäre erwarten können, wenn der Takeover-Versuch scheitert. Der Kurs kehrt dann nämlich wieder auf 100 Dollar zurück. Die Aktionäre hoffen also, daß der Raider scheitert, oder daß ein Rivale auftaucht.

In unserem Fall trat in der Tat ein zweiter Raider auf, die Warenhauskette Macy's. Stellen Sie sich vor, daß Macy's ein bedingtes Übernahmegebot abgibt: Macy's bietet 102 Dollar pro Aktie, *vorausgesetzt*, sie erhalten die Aktienmehrheit. Wem verkaufen Sie Ihre Aktien, und welches Angebot wird sich Ihrer Meinung nach durchsetzen?

Diskussion

Es ist eine dominante Strategie, auf das zweigeteilte Angebot einzugehen. Um das zu überprüfen, betrachten wir alle denkbaren Fälle. Es gibt

* Ein Raider, der die Kontrolle über ein Unternehmen erlangt, hat in den USA das Recht, zu privatisieren und alle verbliebenen anderen Aktionäre auszuzahlen. Diese Aktionäre müssen nach dem Gesetz einen »fairen Marktpreis« für ihre Anteile erhalten. Typischerweise ist die untere Tranche eines zweigeteilten Gebots noch im Rahmen dessen, was als fairer Marktwert angesehen wird.

drei Möglichkeiten: Das zweigeteilte Angebot
- gewinnt weniger als 50 Prozent der Aktien und scheitert,
- erreicht einen Anteil von über 50 Prozent und hat damit Erfolg,
- erreicht genau 50 Prozent. Wenn Sie darauf eingehen, hat es Erfolg, ohne Sie scheitert es.

Im ersten Fall scheitert das zweigeteilte Angebot. Der anschließende Preis ist entweder 100 (wenn beide Angebote scheitern) oder 102 (wenn Macy's Erfolg hat). Aber wenn Sie verkaufen erhalten Sie 105 pro Aktie, mehr als bei jeder Alternative. Im zweiten Fall erhalten Sie nur 90 Dollar, wenn Sie nicht auf das zweigeteilte Angebot eingehen. Gehen Sie darauf ein, erhalten Sie im ungünstigsten Fall 97,50. Erneut ist es also besser, sofort zu verkaufen. Im dritten Fall sind andere Leute zwar schlechter dran, wenn das Angebot Erfolg hat. Aber Sie privat stellen sich besser. Weil genau 50 Prozent eingereicht wurden, erhalten Sie 105 Dollar pro Aktie. Das lohnt sich. Sie sind also bereit, das Angebot zu unterstützen.

Da es eine dominante Strategie ist, auf das Angebot einzugehen, erwarten wir, daß jeder so handelt. Wenn jeder verkauft, dann kann der durchschnittliche, gemischte Preis unterhalb des Kurses vor dem Übernahmegebot liegen, ja sogar unter dem künftigen Preis, der zu erwarten ist, wenn das Angebot scheitert. Das zweigeteilte Angebot erlaubt es einem Raider also, weniger für ein Unternehmen zu zahlen, als es tatsächlich wert ist. Die Tatsache, daß die Aktionäre eine dominante Strategie haben, bedeutet keineswegs, daß sie in diesem Spiel die Gewinnner sind. Der Raider nutzt den geringen Preis der zweiten Tranche, um sich einen unfairen Vorteil zu verschaffen. Normalerweise ist der manipulative Charakter der zweiten Tranche weniger ausgeprägt als in unserem Beispiel, weil das Zwangselement teilweise von der Übernahmeprämie verdeckt wird. Wenn das Unternehmen nach der Übernahme tatsächlich 110 Dollar wert ist, dann kann der Raider sich immer noch einen unfairen Vorteil verschaffen, wenn er in der zweiten Tranche weniger als 110 aber mehr als 100 anbietet. Juristen sehen in zweigeteilten Angeboten denn auch eine Art Nötigung und haben dieses Argument erfolgreich in Prozessen gegen Raider angeführt. Die Schlacht um Bloomingdales konnte Robert Campeau letztlich gewinnen, allerdings nur mit einem veränderten Angebot, das keine geteilte Struktur mehr hatte.

Wir sehen hier auch, daß ein bedingtes Gebot keine wirksame Gegenstrategie gegen ein bedingungsloses, zweigeteiltes Angebot darstellt. In unserem Beispiel wäre das Angebot von Macy's wesentlich wirkungsvoller, wenn das Gebot von 102 Dollar pro Aktie in jedem Fall gelten würde. Denn ein bedingungsloses Gebot von Macy's zerstört das Gleichgewicht, in dem das zweigeteilte Angebot siegt: Wenn die Leute erwarten, daß das zweigeteilte Angebot mit Sicherheit Erfolg haben wird, dann rechnen sie mit einen gemischten Preis von 97,50 Dollar. Das ist jedoch weniger, als sie beim Verkauf an Macy's erhalten würden. Bei einem bedingungslosen Angebot von Macy's ist es also nicht mehr möglich, daß die Aktionäre den für sie unvorteilhaften Erfolg des zweigeteilten Angebots erwarten, trotzdem aber darauf eingehen.*

Ende 1989 brachen Campeaus Unternehmungen wegen Überschuldung zusammen. Federated Stores stellte nach Chapter 11 des amerikanischen Konkursgesetzes Antrag auf Schutz vor seinen Gläubigern, um sich zu reorganisieren. Wenn wir also sagen, daß Campeaus Strategie erfolgreich war, dann meinen wir damit nur, daß sie das Ziel erreichte, eine Übernahmeschlacht zu gewinnen. Die erfolgreiche Unternehmensführung war ein ganz anderes Spiel.

* Unglücklicherweise entsteht allerdings auch kein Gleichgewicht, bei dem Macy's Angebot Erfolg hat. In diesem Fall würde nämlich das zweigeteilte Angebot weniger als 50 Prozent der Aktien auf sich ziehen, und der Preis pro Aktie läge dann wieder über Macy's Gebot. Leider ist dies also einer der Fälle ohne Gleichgewicht. Um eine Lösung zu finden, braucht man zufällig gemischte Strategien, die in Kapitel 7 behandelt werden

Epilog zu Teil I

In den ersten drei Kapiteln haben wir mehrere Konzepte und Methoden eingeführt und dabei Beispiele aus dem Geschäftsleben, dem Sport, der Politik etc. als Illustrationen verwendet. In den folgenden Kapiteln werden wir diese Ideen und Techniken in Aktion setzen. Hier rekapitulieren wir sie noch einmal zum schnellen Nachschlagen:

Ein *Spiel* ist eine Situation strategischer Interdependenz: Die Folgen Ihrer Entscheidungen (Strategien) hängen von den Entscheidungen einer anderen Person oder anderer Personen ab, die zielgerichtet handeln. Die Entscheidungsträger, die an einem Spiel teilnehmen, werden als Spieler bezeichnet, ihre Handlungen als *Züge*. Die Interessen der Spieler können in striktem Konflikt zueinander stehen; der Gewinn des einen ist stets der Verlust des anderen. Solche Spiele heißen *Nullsummenspiele*. Typischer sind allerdings Spiele, bei denen es Konflikt ebenso gibt wie Bereiche gemeinsamer Interessen; es kann Kombinationen wechselseitig vorteilhafter oder wechselseitig schädigender Strategien geben.

Die Züge in einem Spiel können *sequentiell* oder *simultan* erfolgen. In einem Spiel mit sequentiellen Zügen gibt es eine lineare Denkkette: Wenn ich dieses tue, kann mein Rivale jenes tun, worauf ich folgendes antworten kann....Ein solches Spiel läßt sich analysieren, indem man den *Spielbaum* zeichnet. Die besten Züge ergeben sich nach der *Regel 1: Schauen Sie voraus und schließen Sie von dort zurück.*

In einem Spiel mit simultanen Zügen gibt es einen logischen Argumentationszirkel: Ich denke, daß er denkt, daß ich denke...

Es gilt, die Quadratur dieses Kreises zu finden; man muß die Aktion des Gegners durchschauen, obwohl man sie noch gar nicht sehen kann, wenn man seinen Zug macht. Um ein solches Spiel anzugehen, zeichnen Sie eine *Tabelle* auf, die die Ergebnisse für alle möglichen Entscheidungskombinationen zusammenfaßt. Dann gehen Sie in folgenden Schritten vor.

Beginnen Sie damit, auf beiden Seiten zu prüfen, ob es jeweils eine *dominante Strategie* gibt - eine, die besser ist als alle anderen Strategien dieser Seite, ganz gleich, welche Wahl der Gegner trifft. Dies führt zu Regel 2: *Wenn Sie eine dominante Strategie haben, dann verwenden Sie diese.* Wenn Sie selber keine dominante Strategie haben, Ihr Rivale jedoch eine hat, dann verlassen Sie sich darauf, daß er sie benutzen wird. Wählen Sie Ihre Antwort entsprechend.

Nächster Schritt: Falls keiner eine dominante Strategie besitzt, prüfen Sie, ob einer *eine dominierte Strategie* hat - eine, die durchgehend schlechter ist als eine andere seiner Strategien. Ist das der Fall, dann wenden Sie Regel 3 an: *Streichen Sie alle dominierten Strategien aus ihren Überlegungen,* und führen Sie dieses Verfahren sukzessive weiter. Wenn im Verlaufe dieses Prozesses in den kleineren Spielen dominante Strategien auftauchen, dann sollten sie sukzessive gewählt werden. Wenn dieses Vorgehen zu einem eindeutigen Ergebnis führt, dann haben sie die Handlungsempfehlungen für die Spieler und das Ergebnis des Spieles gefunden. Selbst wenn Sie nicht zu einem eindeutigen Ergebnis gelangen, dann kann die Prozedur doch zumindest die Größe des Spiels so reduzieren, daß es besser handhabbar ist. Wenn sich schließlich weder dominante noch dominierte Strategien ergeben, oder wenn Sie das Spiel so weit wie möglich vereinfacht haben, dann wenden Sie *Regel 4* an: *Suchen Sie nach einem Gleichgewicht des Spiels, also nach einem Strategienpaar, bei dem die Aktion jedes Spielers die beste Antwort auf die Aktion des andern ist.* Falls es ein eindeutiges Gleichgewicht dieses Typs gibt, dann gibt es viele gute Argumente dafür, daß alle Spieler es wählen sollten. Falls es mehrere solcher Gleichgewichte gibt, dann benötigt man ein allgemeines Einverständnis über eine Regel oder eine Konvention, damit ein Gleichgewicht den anderen vorgezogen werden kann. Falls es kein solches Gleichgewicht gibt, dann bedeutet das in der Regel, daß jedes systematische Verhalten von den Rivalen ausgenutzt werden kann. Man sollte daher das eigene Spiel *mischen.*

In der Praxis können Spiele zugleich einige sequentielle und einige simultane Züge haben; in diesem Fall muß eine Kombination der beschriebenen Techniken verwendet werden, wenn man über seine bestmögliche Handlungsalternative nachdenkt und entscheidet.

TEIL II

Kapitel 4
Wege aus dem Gefangenendilemma

Während der siebziger Jahre schlossen sich die OPEC-Staaten zusammen und trieben den Preis für Rohöl von unter 3 Dollar pro Barrel im Jahre 1973 auf über 30 Dollar im Jahre 1980 hoch. Die Welt zitterte vor jeder Sitzung, auf der die OPEC über die Preise verhandelte. Am Ende der siebziger Jahre prognostizierten einige Energie-Experten sogar, daß der Ölpreis bis zum Ende des Jahrhunderts auf über 100 Dollar je Barrel steigen werde. Dann schien das Kartell plötzlich zusammenzubrechen: Die Preise fielen, erreichten Anfang 1986 kurzzeitig 10 Dollar je Barrel, ehe sie sich bis 1987 auf 18 Dollar erholten. Die irakische Invasion in Kuwait 1990 trieb den Preis wieder auf 35 Dollar, Ende 1994 lag er bei 16 Dollar. Die Experten sind uneins über die Zukunft der OPEC.

Wovon hängen Erfolg oder Mißerfolg eines solchen Kartells ab? Allgemeiner gefragt, was bestimmt die Balance zwischen Kooperation und Wettbewerb, nicht nur im Geschäftsleben, sondern auch in der Politik oder im gesellschaftlichen Bereich. Diese Frage läßt sich teilweise anhand des Gefangenendilemmas beantworten, das wir im KGB-Hauptquartier im ersten Kapitel schon einmal durchgespielt hatten.

Die Geschichte der OPEC, die wir hier in stilisierter Form beschreiben, ist genau so ein Spiel. Wir konzentrieren uns dabei natürlich auf das strategische Dilemma und lassen viele historische Details weg. Betrachten wir zunächst die Produktionsentscheidungen von nur zwei Mitgliedern, sagen wir, Iran und Irak. Um die Sache weiter zu vereinfachen, lassen wir nur zwei Produktionsniveaus zu, entweder 2 oder 4 Millionen Barrel pro Tag. In Abhängigkeit von den Entscheidungen der Produzenten ist die Gesamtproduktion am Weltmarkt 4, 6 oder 8 Millionen Barrel. Nehmen wir an, die Preise liegen dann jeweils bei 25, 15 oder nur 10 Dollar pro Barrel. Die Förderkosten liegen im Iran bei 2 Dollar je Barrel, im Irak bei 4 Dollar je Barrel. Wir können nun die Gewinne der Konkurrenten (ausgedrückt in Millionen Dollar pro Tag) in der schon bekannten Tabellenform darstellen. In jeder Zelle bedeutet der Eintrag oben rechts den irakischen Tagesgewinn, unten links den iranischen Tagesgewinn.*

Tabelle der Tagesgewinne (Iran, Irak)

Irak's Produktion

Iran's Produktion

2	42 46	44 26
4	22 52	24 32

Jedes Land hat eine dominante Strategie: Wähle die größere der beiden Produktionsmengen. Für den Iran beispielsweise hat die Gewinnzeile, die einer Produktion von 4 entspricht [52 und 32 Dollar], durchgängig höhere Einträge als die Gewinnzeile für das Produktionsniveau 2, nämlich [46 und 26 Dollar]. Wenn beide ihre dominante Strategie wählen, dann erhalten sie 32 bzw. 24 Millionen Dollar Tagesgewinn. Nicht schlecht, aber Kooperation hätte ihnen mehr gebracht: 46 und 42 Millionen.

Diese unglückliche Lage wird als das Gefangenendilemma bezeichnet. Es hat die bemerkenswerte Eigenschaft, daß beide Seiten ihre dominante Strategie spielen und damit ihre individuelle Auszahlung maximieren, gleichzeitig beide jedoch ein Ergebnis produzieren, das sie gemeinsam schlechter stellt, als wenn jeder eine Strategie gewählt hätte, die den eigenen Gewinn minimiert. Warum folgen sie also nicht der minimierenden Strategie? Schauen wir auf das Problem für Iran und Irak zurück. Selbst wenn Iran der minimierenden Strategie folgte und nur 2 Millionen Barrel produzierte, dann hätte Irak immer noch einen An-

* Diese Art der Darstellung der Auszahlungen für beide Spieler in einer einzigen Matrix geht auf Tom Schelling zurück. In übertriebener Bescheidenheit schreibt er: »Wenn man mich je fragen sollte, ob ich einen Beitrag zur Spieltheorie geleistet habe, dann werde ich antworten: Ja. Und wenn man fragt, worin dieser Beitrag bestanden habe, dann werde ich sagen: Die Erfindung der versetzt eingetragenen Payoffs in einer Matrix ... Ich vermutete damals, die Erfindung werde wohl nicht patentierbar sein, und stellte sie deshalb frei zur Verfügung. Aber außer meinen Studenten macht kaum jemand Gebrauch davon. Ich biete sie Ihnen also kostenlos an.«

reiz, 4 Millionen zu produzieren. Das Ergebnis wäre ideal für Irak, aber das schlechteste für Iran. Wenn Iran nicht kooperiert und 4 Millionen produziert, dann wäre Irak dumm, wenn es seine eigenen Profite schmälert, indem es nur 2 Millionen produziert. Das Problem des Kartells ist es, einen Weg zu finden, mit dem sich jene Strategie geringer Produktion und hoher Preise aufrechterhalten läßt, die gemeinsam den höchsten Profit verspricht. Dabei ist jeder Partner ständig in Versuchung, zu schummeln und sich auf Kosten des anderen einen Vorteil zu verschaffen.

Die Situation von Irak und Iran entspricht der Lage der KGB-Häftlinge. Für jeden Gefangenen ist ein Geständnis die dominante Strategie: Wenn einer standhaft bleibt, ist es für den anderen günstiger zu gestehen. Wenn aber einer gesteht, ist der andere erst recht dumm, wenn er es nicht tut. Ganz egal, was der eine tut - den anderen wird es zum Geständnis drängen. Aber das gilt eben für beide. Und wenn beide gestehen, erhält jeder eine harte Strafe. Auch hier führt die egoistische Verfolgung des Eigeninteresses zu einem ungünstigeren Ergebnis. Wenn keiner gesteht, ist das Ergebnis für beide besser. Das Problem ist, wie sich eine solche Kooperation erreichen läßt, wenn doch beide darum konkurrieren, für sich selbst gute Sonderkonditionen herauszuholen.

Dasselbe Problem entsteht, wenn es in einer Branche mehrere Wettbewerber gibt. Und es plagt nicht nur Unternehmen, sondern sogar Betriebswirtschafts-Studenten. Ein Professor an der Texas A&M University beispielsweise ließ einen Kurs von 27 Studenten mit folgendem Spiel in die Falle des Gefangenendilemmas laufen (1): Jeder Student besaß eine hypothetische Firma und mußte für sich entscheiden, ob er 1 Einheit produzieren sollte - was den Preis hoch gehalten hätte - oder ob er 2 Einheiten produzieren sollte, um auf diese Weise auf Kosten der anderen einen Vorteil zu erlangen. Je nach der Gesamtzahl der Studenten, die 1 Einheit produzierten, wurden Geldbeträge wie folgt ausgezahlt:

Zahl der Studenten mit »1«	Payoff für jeden Studenten mit »1«	Payoff für jeden Studenten mit »2«
0		$0.50
1	$0.04	$0.54
2	$0.08	$0.58
3	$0.12	$0.62
...	...	...
25	$1.00	$1.50
26	$1.04	$1.54
27	$1.08	

Dies läßt sich einfacher und drastischer in einem Schaubild zeigen.

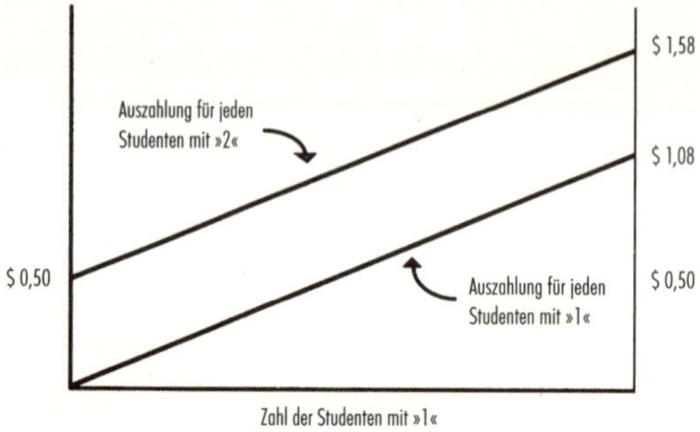

Das Spiel ist »gezinkt« in dem Sinne, daß Studenten, die 2 Einheiten aufschreiben, immer 50 Cents mehr erhalten als die, die 1 Einheit wählen. Aber je mehr sich für 2 entscheiden, um so geringer ist ihr kollektiver Gewinn. Nehmen wir an, alle 27 wollen zunächst 1 aufschreiben, jeder bekäme dann 1,08 Dollar. Jetzt überlegt einer, heimlich auf 2 zu wechseln. Es gäbe 26 mal 1, und jeder bekäme 1,04 Dollar (4 Cents weniger als zu Beginn), aber der Abweichler bekäme 1,54 Dollar (46 Cents mehr als zu Beginn). Das gleiche gilt ganz unabhängig von der Zahl der Studenten, die sich für 1 entscheiden: 2 ist eine dominante Strategie. Jeder Student, der von 1 auf 2 wechselt erhöht seine eigene Auszahlung um 46 Cents, aber er reduziert die seiner 26 Kollegen um 4 Cents. Die Gruppe insgesamt verliert also 58 Cents. Wenn sich erst einmal jeder egoistisch verhält, so daß er die eigene Auszahlung maximiert, dann erhält jeder 50 Cents. Wenn sie sich stattdessen zusammentäten und ihre individuelle Auszahlung jeweils minimierten, dann bekäme jeder 1,08 Dollar. Was würden Sie tun?

Bei mehreren praktischen Experimenten, bei denen es zunächst keine Erklärung gab, später dann eine Diskussion zugelassen wurde, die eine »Verschwörung« der Teilnehmer erreichen sollte, reichte die Zahl der kooperativen Studenten (mit 1 Einheit Output) von 3 bis maximal 14. Im abschließenden, entscheidenden Spiel lag die Zahl bei 4. Die gesamte Auszahlung betrug 15,82 Dollar, 13,34 Dollar weniger als bei einer perfekten Absprache erreichbar gewesen wäre. »So lange ich lebe, ich traue niemandem mehr«, stöhnte der Organisator der Absprache. Wie er selber entschieden habe? Antwort: »Oh, ich war für 2«.

Die Situation erinnert uns an die Position des Soldaten Yossarian in Joseph Hellers Roman *»Catch 22«*. Der Zweite Weltkrieg war beinahe vorbei und Yossarian wollte nicht unter den letzten sein, die noch sterben. Sein Offizier fragt ihn: »Und was ist, wenn jeder auf unserer Seite so dächte?« Yossarians Antwort: »Dann wollte ich sicher nicht der Idiot sein, der anders denkt. Oder etwa nicht?«

Politiker sind ebenfalls Gefangene des Dilemmas. 1984 war den meisten Leuten klar, daß das amerikanische Haushaltsdefizit zu groß war. Ausgabenkürzungen in der erforderlichen Größenordnung waren politisch nicht durchsetzbar, und eine erhebliche Steuererhöhung wurde unvermeidlich. Aber wer sollte dafür die politische Führung übernehmen? Der Präsidentschaftskandidat der Demokraten, Walter Mondale, versuchte, eine solche Wende in seinem Wahlkampf vorzubereiten. Er verlor deutlich gegen Ronald Reagan, der versprach, die Steuern nicht zu erhöhen. 1985 war die Blockade perfekt. Egal wie man die politischen Lager aufteilte - Demokraten gegen Republikaner, Repräsentantenhaus gegen Senat, Regierung gegen Kongreß - jede Seite zog es vor, der anderen die Initiative zu überlassen.

Für jeden war das beste Ergebnis eines, bei dem die anderen die Steuererhöhungen und die Ausgabekürzungen vorgeschlagen und damit auch den politischen Preis bezahlt hätten. Umgekehrt war das schlechteste Ergebnis das, bei dem man selbst die harten Schritte vorgeschlagen hätte, alle anderen aber passiv geblieben wären. Beide Seiten waren sich dabei einig, daß eine gemeinsame Initiative, bei der man staatsmännische Verdienste und politische Kosten geteilt hätte, für das Land und für sie selber auf lange Sicht besser gewesen wäre als der Status Quo, in dem beide Seiten passiv blieben, und das gewaltige Defizit einfach fortgeschrieben wurde.

Wir können das als ein Spiel darstellen, in dem wir die übliche Tabelle mit Strategien und Ergebnissen aufzeichnen. Die beiden Seiten sind die Republikaner und die Demokraten. Um zu zeigen, wer was präferiert, vergeben wir aus Sicht jeder Seite Rangpunkte von 1 bis 4 für die möglichen Ergebnisse. In jeder Zelle ist die Zahl unten links der Punktwert aus republikanischer Sicht; die Zahl oben rechts ist der Wert für die Demokraten.

Rangpunkte aus Sicht der Republikaner und der Demokraten

		Demokraten aktiv	Demokraten passiv
Republikaner	aktiv	2 2	1 4
	passiv	4 1	3 3

Sie können leicht erkennen, daß für jede Seite Passivität die dominante Strategie ist. Genau das passierte auch; es gab im 99. US-Kongreß keine Initiativen für Steuererhöhungen. Stattdessen verabschiedete dieser Kongreß den sogenannten Gramm-Rudman-Hollings Act, der *für künftige Jahre* einen Defizitabbau vorschrieb. Dies war allerdings nur eine Scheinaktivität, mit der harte Entscheidungen faktisch auf die lange Bank geschoben wurden. Die Zielvorgaben dieses Gesetzes wurden später vorwiegend durch buchhalterische Tricks und nicht durch wirkliche Konsolidierung erreicht.

1. Wie man Kooperation erreicht

Wer sich in einem Gefangenendilemma befindet, der wird nach Wegen suchen, wie er aus der Falle herauskommt und das kooperative Ergebnis erreicht, das eigentlich alle bevorzugen. Anderen mag es lieber sein, daß die Spieler gefangen bleiben. Käufer etwa profitieren von den niedrigen Preisen, wenn das Gefangenendilemma die Unternehmen einer Branche daran hindert, sich abzusprechen. In diesem Fall möchte die Gesellschaft die Versuche der Branche durchkreuzen, das Dilemma zu überwinden. Das Kartellrecht ist Teil dieses Bemühens. Ob wir aber Zusammenarbeit oder deren Gegenteil anstreben, in jedem Fall müssen wir zunächst einmal die Wege verstehen, mit deren Hilfe sich das Gefangenendilemma vermeiden läßt. Anschließend können wir dann versuchen, diese Wege zu erleichtern oder zu blockieren, je nachdem, was im konkreten Fall angemessen ist.

Das Problem, das dem Dilemma stets zugrunde liegt, ist der Anreiz für jeden Spieler zu schummeln. Die zentralen Fragen sind deshalb:

Kann dieses Schummeln entdeckt werden? Mit welcher Strafandrohung läßt es sich abschrecken? Wir betrachten diese Fragen der Reihe nach.

2. Das Aufdecken von Schummelei

Ein Kartell muß Wege besitzen um herauszufinden, ob tatsächlich geschummelt worden ist, und wenn ja, wer geschummelt hat. In den oben angeführten Beispielen ist es oft einfach festzustellen, daß *jemand* geschummelt hat. Im Fall der Ölproduktion durch Iran und Irak liegt der Preis bei 25 Dollar, wenn beide Länder kooperieren und 2 Millionen Barrel pro Tag fördern; jeder Preis unter 25 Dollar je Barrel ist ein sicheres Zeichen für Schummelei. In Wirklichkeit sind die Dinge natürlich komplizierter. Der Preis kann gering sein, weil ein Produzent schummelt oder auch, weil die Nachfrage gesunken ist. Wenn das Kartell diese separaten Faktoren nicht auseinanderhalten kann, dann könnte es Strafmaßnahmen einleiten, obwohl in Wirklichkeit keiner geschummelt hat. Ebenso könnte es sich in der anderen Richtung irren.* Die Genauigkeit und damit die Wirksamkeit der Maßnahmen leidet. Eine Kompromißlösung ist ein kritischer Preis oder »Schwellen«preis; wenn der tatsächliche Preis unter die Schwelle fällt, dann unterstellt das Kartell, daß geschummelt worden ist und verhängt Strafen.

Es gibt in der Wirklichkeit noch eine weitere Komplikation. Bei Spielen dieser Art können Entscheidungen entlang mehrerer Dimensionen getroffen werden. Die Möglichkeiten, Schummelei aufzudecken, sind jeweils recht unterschiedlich. Unternehmen konkurrieren beispielsweise über den Preis, die Produktqualität, den Service und anderes mehr. Der Preis ist relativ einfach zu beobachten, obwohl heimliche Rabatte oder flexible Inzahlungnahme zu Schwierigkeiten führen können. Es gibt jedoch zahlreiche Dimensionen von Qualität, die schwer zu überwachen sind. Ein Kartell, daß einheitlich hohe Preise durchsetzen will, bricht deshalb ständig in neue Richtungen auseinander. Fluggesellschaften sind dafür ein gutes Beispiel. Als der amerikanische Markt noch regu-

* In der statistischen Literatur wird eine irrtümlich positive Entscheidung als Fehler vom Typ I bezeichnet, eine irrtümlich negative Entscheidung als Fehler vom Typ II. Am verbreitetsten ist allerdings der Fehler vom Typ III: Man kann sich nicht mehr erinnern, was eigentlich was ist.

liert war, waren die Flugpreise festgelegt und der Zutritt für neue Wettbewerber praktisch blockiert. Die Situation ähnelte damit einem Kartell der Airlines, das durch eine staatliche Aufsichtsbehörde, das Civil Aeronautics Board, diszipliniert wurde. Die Fluggesellschaften begannen gleichwohl, in Wettbewerb zueinander zu treten und das Kartell zu unterlaufen. Zwar war es nicht möglich, die Preise zu senken; aber stattdessen konnten sie besseren Service anbieten, etwa durch üppige Mahlzeiten und attraktive Stewardessen. Als die Airlines gesetzlich gezwungen wurden, Stewardessen über 30 nicht mehr zu feuern und auch männliche Stewards einzustellen, da verlagerte sich der Wettbewerb auf Nonstop-Flüge, die Breite der Sitze und den Platz für die Beine.

Ein anderes Beispiel für diesen Prozeß ließ sich in der internationalen Handelspolitik beobachten. Zölle sind die sichtbarsten Instrumente der Handelsbeschränkung und sukzessive Runden des General Agreement on Tariffs and Trade (GATT) erreichten in allen Industrieländern einen erheblichen Abbau der wechselseitigen Zollsätze. Trotzdem gab es in jedem Land weiterhin den innenpolitischen Druck mächtiger Lobbies, Importe zu begrenzen. Schrittweise ging man deshalb zu anderen, weniger sichtbaren Handelshemmnissen über: freiwillige Selbstbeschränkungsabkommen, Zollabfertigungsverfahren, Standards und bürokratische Verfahren, komplizierte Quotenregelungen.*

Was diese Beispiele verbindet ist der Gedanke, daß Absprachen sich auf die transparenten Entscheidungsdimensionen konzentrieren, während sich der Wettbewerb auf Bereiche verlagert, die weniger gut zu beobachten sind: Wir nennen dies das »Gesetz der Zunehmenden Undurchsichtigkeit«. Obwohl Sie es vielleicht nicht genau sehen können, werden Sie durch die Absprachen immer noch geschädigt. Als die USA 1981 Quoten für Importe japanischer Autos verhängten, da stiegen nicht nur die Preise für alle Autos, japanische wie amerikanische. Zugleich verschwanden auch die japanischen Kleinwagen vom Markt. Undurchsichtiger Wettbewerb war doppelt schädlich: Die Preise stiegen, und die Struktur des Angebots wurde verzerrt.

* Quoten unter dem Multifaserabkommen beispielsweise sind nach extrem komplizierten Kategorien für Kleidungsstücke und Länder gestaffelt. Es wird dadurch äußerst schwierig, die preissteigernde Wirkung der Quote für ein bestimmtes Produkt zu erkennen. Ökonomen habe solche Effekte geschätzt und Preissteigerungen bis zu 100 Prozent ermittelt; ein Zoll in dieser Höhe würde mit Sicherheit zu lauteren Protesten der Verbraucher führen.

Auszumachen, *wer* geschummelt hat, kann noch viel schwieriger sein als festzustellen, *daß* geschummelt wurde. Wenn es nur zwei Spieler gibt, dann weiß der Ehrliche natürlich, daß es der Andere gewesen ist. Trotzdem kann es schwierig sein, ihn zu einem Eingeständnis zu bringen. Gibt es mehr als zwei Spieler, dann wissen wir vielleicht, daß irgendjemand geschummelt haben muß. Aber außer dem Ausreißer selber weiß niemand, wer es gewesen ist. Die Strafe zur Abschreckung muß in diesem Fall sehr undifferenziert sein und Schuldige wie Unschuldige gleichermaßen treffen.

Schummelei kann schließlich auch einfach darin bestehen, daß jemand passiv bleibt. Sie ist dann natürlich schwer abzugrenzen. In unserem Beispiel von den politischen Schwierigkeiten, eine Steuererhöhung vorzuschlagen, war das der Fall. In so einer Situation ist es wesentlich schwieriger, auf Schummelei zu schließen beziehungsweise entsprechende Vorwürfe zu erheben. Während aktives Handeln für jedermann sichtbar ist, gibt es immer viele Entschuldigungen für Passivität: andere Dinge sind wichtiger, man braucht Zeit, um seine Kräfte zu organisieren, und so weiter.

3. Die Bestrafung der Schummler

Hinter jedem guten Plan, der die Kooperation fördert, steckt in der Regel ein Mechanismus, der die Schummler bestraft. Ein Gefangener, der gesteht und seine Komplizen denunziert, muß vielleicht die Rache ihrer Freunde fürchten. Die Aussicht, schnell aus dem Gefängnis zu kommen, kann weniger attraktiv sein, wenn man weiß, was einen draußen erwartet. So ist bekannt, daß die Polizei gelegentlich Drogendealer dadurch zum Auspacken bringt, daß sie ihnen mit Freilassung droht. Die Drohung besteht darin, daß die Lieferanten der Dealer aus der Freilassung schließen werden, daß der Betreffende sie verpfiffen hat.

Im Experiment mit den Texas A&M-Studenten könnten die Studenten all diejenigen für den Rest des Semesters schneiden, die die Absprache verletzen, gemeinsam die 1 aufzuschreiben. Für 50 Cents würden das nur wenige Studenten riskieren. Auch in der OPEC mag Schummelei durch die Angst vor der Isolation verhindert worden sein, solange die arabischen Staaten, wie in den siebziger Jahren, ein enges soziales und politisches Zusammengehörigkeitsgefühl hatten. All dies sind Beispiele für Strafen, die nachträglich zu dem ursprünglichen Spiel hinzugefügt werden, um den Anreiz zum Schummeln zu vermindern.

Andere Formen der Bestrafung entstehen in der Struktur des Spiels selbst. In der Regel geschieht das dadurch, daß das Spiel wiederholt wird. Vorteile durch Schummelei in dem einen Spiel führen dann zu Verlusten in anderen Spielen. Wir illustrieren das anhand des Rohölbeispiels mit Iran und Irak.

Die Möglichkeit der Bestrafung entsteht, weil die beiden Länder das Spiel Tag für Tag spielen. Nehmen wir an, sie fangen auf einer Basis des Vertrauens an, jeder produziert 2 Millionen Barrel pro Tag und hilft damit, den Preis hoch zu halten. Jeder ist ständig in Versuchung, die Absprache heimlich zu brechen. Betrachten Sie jetzt noch einmal die Tabelle mit den Tagesgewinnen: Wenn Irak ehrlich bleibt, dann erhöht der Iran seine Profite durch einen Tag erfolgreichen Schummelns um 6 Millionen Dollar (52 statt 46 Millionen).

Tabelle der Tagesgewinne (Iran, Irak)

	Iraks Produktion	
Irans Produktion		
2	46 / 42	26 / 44
4	52 / 22	32 / 24

Die Frage ist, was passiert, wenn der Irak merkt, was los ist. Ein plausibles Szenario ist, daß das gegenseitige Vertrauen zusammenbricht. Die beiden richten sich von da an in einem Regime mit hoher Produktion und niedrigen Preisen ein. Im Vergleich zu fortgesetztem Vertrauen verliert Iran damit 14 Millionen Dollar (32 statt 46 Millionen) Tagesgewinn. Der kurzfristige Gewinn des Vertrauensbruchs erscheint klein im Vergleich zu den daraus folgenden Kosten: Wenn Irak einen Monat braucht, um die Schummelei zu bemerken und zu antworten, dann würde der Extragewinn dieses Monats (180 Millionen Dollar) schon dann wieder zunichte gemacht, wenn die folgende Periode des Mißtrauens nur 13 Tage dauert. Zeit ist natürlich Geld, die höheren Profite heute sind mehr wert, als eine künftige Schmälerung des Gewinns in gleichem Umfang; trotzdem sieht dieses Kalkül höchst unvorteilhaft aus. Für Irak wäre ein aktiver Bruch des Kartells noch schlechter; der tägliche Gewinnzuwachs solange die Schummelei unbemerkt und ungestraft bleibt, beträgt nur 2 Millionen Dollar. Die täglichen Einbußen beim Zusammenbruch des Vertrauens betragen 18 Millionen Dollar. Es scheint, daß in dieser Situation schon eine leise Furcht vor dem Vertrauensverlust ausreichen sollte, um die beiden Wettbewerber zur Einhaltung der Vereinbarung zu bewegen.

Das Vertrauen kann aus allen möglichen Gründen zusammenbrechen. Der Krieg zwischen Iran und Irak etwa machte es für die OPEC sehr schwer, den beiden Parteien Quoten vorzuschreiben. Denn das Vertrauen in die Einhaltung der Kartellquoten beruht darauf, daß diejenigen, die die Vereinbarung verletzen, anschließend bestraft werden können. Aber welche zusätzliche Strafe kann gegen zwei Länder noch verhängt werden, die sich gegenseitig bereits mit Sprengstoff und durch Angriffe mit »Menschenwellen« strafen? Nach Ende des Krieges gibt es wieder eine Möglichkeit zur Kooperation, weil es auch ein Bestrafungspotential gibt.

Zusammenfassend können wir sagen, daß es keine Lösung gibt, die in einem einmaligen Spiel wechselseitige Kooperation sicherstellt. Nur in fortdauernden Beziehungen gibt es eine Möglichkeit der Bestrafung und damit einen Knüppel, der zur Kooperation motivieren kann. Ein Zusammenbruch der Kooperation bringt automatisch Kosten in Form des Verlustes von künftigen Gewinnen. Wenn diese Kosten groß genug sind, dann wird Schummelei abgeschreckt, und die Kooperation wird aufrechterhalten.

Dieses allgemeine Prinzip ist mit einigen Einschränkungen zu versehen. Die erste entsteht daraus, daß manche Beziehungen ein natürliches Ende haben, beispielsweise den Ablauf einer Legislaturperiode; in diesen Situationen ist die Zahl der Wiederholungen des Spiels endlich. Wenn wir nun das Prinzip anwenden, nach vorne zu blicken und von dort zurückzuschließen, dann sehen wir, daß die Kooperation enden muß, wenn keine Zeit zur Bestrafung mehr übrig ist. Wenn der andere schummelt, will niemand mehr kooperieren. Tut er es doch, dann muß er am Ende der Dumme sein. Weil keiner diesen Dummen spielen will, kommt es erst gar nicht zur Kooperation. Das gilt unabhängig davon, wie lange das Spiel dauert, vorausgesetzt, sein Ende ist bekannt.

Betrachten wir dieses Argument etwas sorgfältiger. Von Anfang an sollten beide Spieler nach vorne schauen, um die letzte Runde des Spiels vorherzusagen. Der Ausgang dieses letzten Spiels ist klar – keine Kooperation. Weil es aber keine Möglichkeit gibt, das Ergebnis des letzten Spiels zu beeinflussen, wird das vorletzte Spiel faktisch zu demjenigen, das zu analysieren ist. Wiederum ist Schummeln hier die dominante Strategie. Der Grund ist, daß das vorletzte Spiel keinen Einfluß mehr auf die Wahl der Strategien im letzten Spiel hat. Das vorletzte Spiel kann also isoliert betrachtet werden. Für jede isolierte Periode ist Schummeln die dominante Strategie.

Der Ablauf der beiden letzten Perioden kann jetzt als gegeben angenommen werden. Vorher zu kooperieren, nützt nicht viel, denn beide Spieler sind ja bereits entschlossen, in den beiden letzten Perioden zu schummeln. Das drittletzte Spiel ist faktisch das letzte, das zu betrachten ist. Wieder gilt dieselbe Argumentation, und Schummeln ist die dominante Strategie. Das Argument führt so immer weiter bis zum Anfang zurück, schon in der ersten Runde gibt es keine Kooperation mehr.

Die Logik dieses Arguments ist bestechend, und trotzdem finden wir in der Realität Beispiele erfolgreicher Kooperation. Es gibt verschiedene Möglichkeiten, das zu erklären. Eine davon ist, daß alle wirklichen Spiele dieses Typs zwar nur endlich oft wiederholt werden, daß aber die Zahl der Wiederholungen unbekannt ist. Weil es kein vorher festgelegtes letztes Mal gibt, besteht immer die Möglichkeit, daß die Beziehung weitergeht. Die Spieler haben dann einen gewissen Anreiz, die Kooperation für mögliche künftige Fälle aufrechtzuerhalten; wenn dieser Anreiz groß genug ist, dann wird die Kooperation fortdauern.

Eine andere Erklärung ist die, daß es in der Welt einige »nette« Leute gibt, die immer kooperieren, ganz gleich welche materiellen Vorteile ihnen Schummelei bringt. Nehmen wir nun einmal an, Sie selber seien nicht so ein netter Typ. Wenn Sie sich in einem endlich wiederholten Spiel des Gefangenendilemmas befänden, dann würden Sie konsequent gleich zu Anfang schummeln. Das würde ihren Charakter für den anderen erkennbar werden lassen, also werden Sie sich (zumindest für eine Weile) nett verhalten, um die Wahrheit zu verdecken. Warum Sie das tun sollten? Angenommen, Sie verhalten sich am Anfang erst einmal nett. Der andere Spieler wird dann meinen, daß sie wohl einer dieser wenigen konsequent netten Menschen sind. Damit sind reale Gewinne verbunden, denn der andere wird ihr Verhalten für eine Weile erwidern, um die Kooperationsvorteile auszunutzen. Und das hilft auch Ihnen. Natürlich haben Sie vor, gegen Ende des Spiels heimlichen Vertrauensbruch zu begehen, genau wie der andere Spieler auch. Aber trotzdem können Sie beide eine anfängliche Phase der Zusammenarbeit zum wechselseitigen Vorteil haben. Obwohl beide Seiten darauf warten, den anderen auszunutzen, ziehen sie doch einen Vorteil aus der wechselseitigen Täuschung.

Die Entstehung von Vertrauen in einem wiederholten Gefangenendilemma unterliegt noch einer dritten Einschränkung. Die Vorteile des Schummelns entstehen nämlich vor den Kosten, die aus dem Zusammenbruch der Kooperation folgen. Die relative Bedeutung der beiden hängt daher von der relativen Bedeutung der Gegenwart im Vergleich zur Zukunft ab. In der Wirtschaft werden gegenwärtige und künftige Gewinne verglichen, indem man einen angemessenen Zinssatz wählt und die Zukunft abdiskontiert. In der Politik ist die Abwägung zwischen Gegenwart und Zukunft subjektiver, aber es scheint, als zähle die Zeit jenseits des nächsten Wahltermins nicht viel. Kooperation ist dann schwer zu erreichen. Aber auch im Geschäftsleben kann der Wettbewerb härter als sonst werden, wenn die Zeiten schlecht sind, die ganze Branche vor dem Zusammenbruch steht, und das Management meint, daß es keine Zukunft mehr gibt. In ähnlicher Weise führten die Zwänge des Krieges dazu, daß kurzfristige Gewinne für Iran und Irak mehr Gewicht erhielten. Auch das trug zu den Schwierigkeiten der OPEC bei.

4. Garantierte Strafe

Der schlaueste Trick besteht darin, Preisabsprachen mit Hilfe einer garantierten Bestrafung durchzusetzen, und zwar im Namen des Wettbewerbs. Wir kehren dafür nach New York zurück und betrachten die dort zu beobachtenden »Stereo-Kriege«. Ein Händler names Crazy Eddie hatte folgende Zusage zu seinem Markenzeichen gemacht: »Uns kann keiner unterbieten. Uns wird keiner unterbieten. Unsere Preise sind die niedrigsten - garantiert. Unsere Preise sind Wahnsinn.« Sein wichtigster Wettbewerber, Newmark & Lewis, war nicht weniger ehrgeizig. Bei jedem Kauf erhielt man eine »Lebenslange Niedrigpreis-Garantie«. Dies war die Zusage, einen Rabatt in doppelter Höhe zu geben, wenn der Käufer anderswo einen günstigeren Preis findet.

> »Falls Sie nach Ihrem Kauf irgendwann während der gesamten Lebensdauer des Produktes dasselbe Modell bei irgendeinem anderen örtlichen Händler für einen geringeren Preis angeboten oder verfügbar finden (ein bestätigter schriftlicher Beleg ist erforderlich), dann werden wir, Newmark & Lewis, mit Vergnügen 100 Prozent des Preisunterschieds plus zusätzliche

25 Prozent des Unterschieds zurückerstatten (in Scheckform). Wenn es Ihnen lieber ist, wird Newmark & Lewis Ihnen einen Geschenkgutschein im Wert von 200 Prozent ausstellen (100 Prozent des Preisunterschieds plus zusätzliche 100 Prozent des Unterschieds, als Gutschein)«

aus Newmark & Lewis's Lifetime Low Price Guarantee

Diese Versprechen, den Preis des Rivalen zu unterbieten, klingen nach heftigem Wettbewerb. Trotzdem können sie Disziplin in einem Preiskartell sichern. Wie das?

Nehmen wir an, jeder Videorekorder kostet im Großhandel 150 Dollar, derzeit verkaufen ihn Crazy Eddie und Newmark & Lewis jeweils für 300 Dollar. Crazy Eddie überlegt, ob er den Preis heimlich auf 275 Dollar reduzieren soll. Ohne die Niedrigpreis-Garantie seines Gegners könnte er dann hoffen, einige Kunden zu gewinnen, die bislang bei der Konkurrenz kaufen - etwa, weil sie in der Nähe eines Newmark & Lewis-Geschäfts wohnen, oder weil sie dort schon früher Kunden waren. Unglücklicherweise hat die Preissenkung allerdings für Crazy Eddie genau den gegenteiligen Effekt. Wegen der Newmark & Lewis-Preisgarantie ist die Versuchung für diese Leute nämlich nun groß, einfach zu Newmark & Lewis hinüberzumarschieren, den Rekorder für 300 Dollar zu kaufen und einen Rabatt von 50 Dollar zu verlangen. Das ist genau dasselbe, als hätte Newmark & Lewis den Preis auf 250 Dollar reduziert und damit Crazy Eddie automatisch unterboten. Natürlich wird Newmark & Lewis die 50 Dollar nur ungern verschenken und deshalb den offiziellen Preis lieber gleich auf 275 Dollar senken. Crazy Eddie steht aber in jedem Fall schlechter da als zu Beginn. Was solls also? Der Preis bleibt bei 300 Dollar.

Obwohl Kartelle illegal sind, lassen sich bei Crazy Eddie und Newmark & Lewis doch die Züge eines solchen erkennen. Wir können gut studieren, wie ihr implizites Kartell die Bedingungen zur Aufrechterhaltung der Disziplin erfüllt, die wir oben erwähnt haben: Schummler müssen entdeckt und dann bestraft werden. Newmark & Lewis kann den Bruch der Disziplin bei Crazy Eddie leichter entdecken. Die Kunden, die zu ihnen kommen und den niedrigeren Preis von Crazy Eddie präsentieren, handeln - ohne es zu wissen - im Dienste des Kartells. Die Bestrafung folgt in Form eines Zusammenbruchs der Preisabsprache und dementsprechend geringeren Gewinnen. Die Anzeigen nach dem Motto »Wir schlagen die Konkurrenz« lösen die Strafe aus, automatisch und schnell.

Ein berühmter Fall vor der Federal Trade Commission, der amerikanischen Kartellbehörde, betraf die Anwendung eines ähnlichen Instruments, das ebenfalls scheinbar den Wettbewerb verschärfte, faktisch aber als Mechanismus zur Disziplinierung eines Kartells wirken kann. E.I. Du Pont, Ethyl und anderen Herstellern von Anti-Klopf-Additiven für Benzin wurde hier vorgeworfen, eine »Meistbegünstigungsklausel« zu verwenden. Diese Klausel besagt, daß der Hersteller die begünstigten Kunden stets zu dem niedrigsten Preis beliefern wird, den er überhaupt von irgendeinem Kunden verlangt. Auf den ersten Blick sieht das so aus, als kämen die Hersteller ihren Vorzugs-Kunden entgegen. Aber schauen wir genauer hin. Die Klausel bedeutet, daß der Hersteller keine Möglichkeit hat, die Kunden seiner Wettbewerber mit selektiven Rabatten abzuwerben, während er gleichzeitig seinen alten Kunden die alten, höheren Preise in Rechnung stellt. Stattdessen müßte er allgemeine Preissenkungen anbieten, die teurer sind, weil sie die Gewinnmarge der gesamten Verkäufe schmälern. Wir können den Vorteil der Klausel für ein Kartell leicht erkennen: Der Vorteil des Schummelns wird reduziert, und das Kartell ist wahrscheinlich stabiler.

Bei der Beurteilung der Meistbegünstigungsklausel entschied die Federal Trade Commission, daß es einen wettbewerbsfeindlichen Effekt gebe. Den Unternehmen wurde verboten, diese Klausel in den Verträgen mit ihren Kunden zu verwenden.* Wie würden Sie entscheiden, wenn eine ähnliche Anklage gegen Crazy Eddie und Newmark & Lewis erhoben würde? Ein möglicher Maßstab, mit dem man die Intensität des Wettbewerbs beurteilen könnte, ist die Höhe der Preisaufschläge. Es gibt »Discount«-Stereogeschäfte, die nahezu 100 Prozent auf den Großhandelspreis der angebotenen Komponenten aufschlagen. Es ist schwer zu sagen, welcher Anteil dieses Aufschlags durch Lagerhaltungskosten und Werbung gerechtfertigt ist. Aber zumindest oberflächlich betrachtet scheint es doch so, als habe Crazy Eddie's Wahnsinn durchaus Methode.

* Diese Entscheidung war allerdings nicht unumstritten. Der Vorsitzende der Kommission, James Miller, gab ein Minderheitsvotum ab. Er schrieb, daß »man der Auffassung sein kann, daß die Klauseln die Suchkosten der Käufer verringern und es ihnen erleichtern, das beste Preis-Leistungs-Verhältnis zu finden.« Zu dieser Frage detailliert »In the matter of Ethyl Corporation et al.«, FTC Docket 9128, FTC-Decisions, Seite 425 - 686)

5. Die Wahl der Strafe

Wenn verschiedene Strafen das Schummeln unterbinden und die Kooperation aufrechterhalten können, welche sollte man dann auswählen? Mehrere Kriterien spielen eine Rolle.

Die vielleicht wichtigsten sind Einfachheit und Klarheit, so daß ein Spieler, der ans Schummeln denkt, die Konsequenzen leicht und genau ausrechnen kann. Ein Kriterium etwa, bei dem immer dann unterstellt wird, daß jemand geschummelt hat, wenn Ihr abdiskontierter Durchschnittsgewinn über die letzten 17 Monate um 10 Prozent unterhalb der durchschnittlichen realen Ertragsrate des Industriekapitals in derselben Periode liegt, ist zu kompliziert, als daß die meisten Unternehmen es durchschauen könnten. Als Abschreckung ist es deshalb ungeeignet.

Als nächstes kommt die Sicherheit. Die Spieler sollten sich darauf verlassen, daß Ausreißer bestraft werden, und Kooperation belohnt wird. Für die europäischen Länder, die versuchten, die Regeln des alten GATT durchzusetzen, war dies stets ein großes Problem. Wenn sich ein Land darüber beklagte, daß ein anderes die Handelsvereinbarungen verletzt habe, dann leitete das GATT ein Verfahren ein, das sich über Monate und Jahre hinziehen konnte. Der Sachverhalt des Falles hatte dabei nur einen geringen Einfluß auf das Urteil, das in der Regel eher unter dem Diktat der internationalen Politik und der Diplomatie zustande kam. Derartige Verfahren zur Disziplinierung sind kaum wirksam.

Als nächstes fragen wir, wie streng die Strafe sein sollte. Die meisten Leute haben wohl ein instinktives Gefühl, wonach die Strafe »dem Verbrechen angemessen« sein sollte. Aber das reicht möglicherweise nicht aus, um Schummelei abzuschrecken. Am sichersten läßt sich das Schummeln unterbinden, indem die Strafe so schwer wie möglich festgelegt wird. Da die Kooperation dadurch aufrechterhalten wird, sollte es egal sein, wie düster die Strafandrohung ist: Aus Angst schummelt keiner, die Kooperation bricht daher nie zusammen, und die Kosten der Strafe sind irrelevant.

Das Problem bei diesem Ansatz ist allerdings, daß er das Risiko von Fehlentscheidungen ignoriert. Der Entdeckungsprozeß kann schieflaufen und den Bruch der Kartelldisziplin durch ein Mitglied signalisieren, obwohl die wirkliche Ursache der niedrigen Preise harmlos ist – geringe Nachfrage zum Beispiel. Wenn die Strafe so hart wie möglich ist, dann werden Fehler sehr teuer. Um die Kosten von Fehlern zu verringern, sollte die Strafe also nur gerade so hoch sein, daß sie ausreicht, um die Schummler abzuschrecken. Minimale Abschreckung erreicht ihren Zweck, ohne daß Extrakosten verursacht werden, wenn die unvermeidlichen Fehler passieren.

6. Tit-for-Tat: Wie du mir, so ich dir

Diese Liste wünschenswerter Eigenschaften eines Bestrafungsmechanismus sieht sehr anspruchsvoll aus. Der Politikwissenschaftler Robert Axelrod von der Universität von Michigan behauptet allerdings, daß schon eine einfache Regel die Anforderungen sehr gut erfüllt (2): Tit-for-tat, wie du mir, so ich dir. Tit-for-Tat ist eine Variante der Verhaltensregel »Auge um Auge, Zahn um Zahn«: Tue anderen so, wie sie dir getan haben.* Präziser gesagt wird bei dieser Strategie in der ersten Runde kooperiert. Danach wird jeweils das Verhalten des Gegners aus der vorherigen Runde imitiert.

Axelrod behauptet, daß Tit-for-Tat vier Elemente verkörpert, die zu jeder wirkungsvollen Strategie gehören: Klarheit, Nettigkeit, Provozierbarkeit und Nachsichtigkeit. Tit-for-Tat ist so *klar* und einfach wie es nur irgend geht. Die Strategie ist *nett*, weil sie nie zuerst schummelt. Sie ist *provozierbar*, das heißt, sie läßt Schummelei niemals ungestraft. Und sie ist *nachsichtig*, denn sie reagiert nicht eingeschnappt und ist bereit, die Kooperation wieder aufzunehmen.

Axelrod bestätigte die Schlagkraft des Tit-for-Tat durch Experimente, nicht bloß durch Theorie. Er richtete ein Turnier mit Zwei-Personen

* In der Bibel heißt es in Exodus (21:21): »Wenn Männer hadern und ein schwangeres Weib verletzen, so daß ihr die Frucht abgeht, aber ihr selbst kein Schaden wiederfährt, so soll er eine Geldstrafe erhalten...Aber wenn ihr ein Schaden widerfährt, dann soll er Seele um Seele lassen; Auge um Auge, Zahn um Zahn;...; Brand um Brand, Wunde um Wunde, Beule um Beule«. Das Neue Testament empfiehlt kooperativeres Verhalten. In Matthäus (5:38) finden wir: »Ihr habt gehört,daß da gesagt wird: Auge um Auge, Zahn um Zahn. Ich aber sage Euch, daß Ihr dem Übel nicht widerstreben sollt. Sondern wenn Euch einer auf die rechte Backe schlägt, so haltet ihm auch die andere hin.« Wir bewegen uns vom »Tue anderen, wie sie dir getan haben« zur goldenen Regel »Tue anderen, wie du willst, daß sie dir tun sollen« (Lukas 6,31). Wenn die Menschen sich an die goldene Regel hielten, dann gäbe es kein Gefangenendilemma. Und wenn wir eine erweiterte Perspektive wählen, dann kann kooperatives Verhalten zwar ihr Abschneiden in jedem einzelnen Spiel verschlechtern; aufgrund der potentiellen Belohnung im Jenseits ist Kooperation aber dennoch eine rationale Strategie, auch für Egoisten.)

Gefangenendilemma-Spielen aus, bei dem Spieltheoretiker aus aller Welt Strategien in Form von Computerprogrammen einreichten. Die Programme traten jeweils paarweise gegeneinander an und spielten ein Gefangenendilemma-Spiel, das 150mal wiederholt wurde. Dann wurden die Teilnehmer entsprechend den insgesamt erzielten Punkten in eine Rangliste eingeordnet.

Der Sieger war Anatol Rapoport, ein Mathematikprofessor an der Universität von Toronto. Seine siegreiche Strategie war Tit-for-Tat. Axelrod war überrascht, er wiederholte das Turnier mit einem erweiterten Teilnehmerfeld. Aber Anatol Rapoport reichte wieder Tit-for-Tat ein und schlug die Konkurrenz erneut.

Eine der beeindruckenden Eigenschaften von Tit-for-Tat ist, daß diese Strategie insgesamt so gut abschnitt, obwohl sie keinen ihrer Rivalen in der direkten Konfrontation geschlagen hatte (und auch nicht schlagen konnte). Im günstigsten Fall erreicht Tit-for-Tat ein Unentschieden. Hätte Axelrod seinen Wettbewerb also so aufgebaut, daß jeweils nur der Sieger alle Punkte erhält, dann hätte Tit-for-Tat weniger als 0,500 Punkte erreicht und hätte nicht gewinnen können.

Aber Axelrod hatte die paarweisen Spiele anders aufgebaut: Der Sieger bekam nicht automatisch alles, auch wer nahe an den Sieg kam, machte Punkte. Der große Vorteil von Tit-for-Tat ist, daß man damit immer nahe an den Sieg kommt. Im schlimmsten Fall verliert man mit einem Punkt Abstand, das heißt, man wird einmal ausgenutzt und spielt von da an unentschieden. Der Grund, weshalb Tit-for-Tat das Turnier gewann, liegt darin, daß es dieser Strategie in der Regel gelang, Kooperation wo immer möglich zu fördern, gleichzeitig aber nicht ausgenutzt zu werden. Die anderen Kandidaten waren entweder zu vertrauensselig und anfällig für Ausbeutung durch andere, oder aber sie waren zu aggressiv, und schlugen sich gegenseitig aus dem Feld.

Trotz allem glauben wir, daß Tit-for-Tat eine fehlerhafte Strategie ist. Die kleinste Möglichkeit eines Mißverständnisses führt dazu, daß ihr Erfolg völlig zusammenbricht. Dieser Fehler wurde in der künstlichen Situation des Computer-Turniers nicht sichtbar, weil es dort keine Mißverständnisse gab. Aber wenn man Tit-for-Tat in realen Problemsituationen einsetzt, dann lassen sich Mißverständnisse nicht vermeiden, und die Folgen können katastrophal sein.

Im Jahre 1987 wurde beispielsweise die amerikanische Botschaft in Moskau von den Sowjets abgehört und ausspioniert. Die USA antworteten, indem sie die Zahl der in Washington zugelassenen sowjetischen

Diplomaten verringerten. Die Sowjets antworteten, indem sie die einheimischen Hilfskräfte von der Moskauer US-Botschaft zurückzogen und eine Verkleinerung der amerikanischen Delegation verlangten. Im Ergebnis wurde es für beide Seiten schwieriger, ihrer diplomatischen Tätigkeit nachzugehen. Eine andere Serie von Vergeltungsschritten im Sinne des Tit-for-Tat fand 1988 statt, als die Kanadier Spionageaktivitäten sowjetischer Diplomaten aufdeckten. Sie verkleinerten die sowjetische Delegation, und die Sowjets verringerten die in Moskau zugelassene kanadische Delegation. Am Ende waren beide Länder verbittert und die künftige diplomatische Zusammenarbeit war erschwert.

Das Problem bei Tit-for-Tat ist, daß jeder Fehler zu einem hin- und herspringenden »Echo« führt. Eine Seite straft die andere für den Bruch der Kooperation, und dies führt zu einer Kettenreaktion. Der Rivale antwortet, indem er zurückschlägt. Die Antwort macht eine erneute Bestrafung notwendig. Doch die Strategie akzeptiert keine Strafe ohne Vergeltung. Das Muster war lange bekannt: Die Israelis bestrafen die Palästinenser für einen Angriff. Die Palästinenser nehmen die Strafe nicht hin und schlagen zurück. Der Kreis schließt sich, Strafen und Vergeltungsschläge perpetuieren sich von selbst.

In Amerika spottet man oft über die alte Nachbarschaftsfehde zwischen den Hatfields und den McCoys. Und auch Mark Twains Geschichte von den Grangerfords und den Shepherdsons ist ein Beispiel dafür, wie ein Verhalten nach dem Muster des Tit-for-Tat für alle sehr verlustreich sein kann: Auf beiden Seiten der Fehde ist keiner bereit, einen Schlußstrich zu ziehen, bis man quitt ist. Aber der ständige Versuch, mit der anderen Seite gleichzuziehen, führt nur dazu, daß sich beide immer tiefer und tiefer ins Elend stoßen. Erst vor dem Tod sind sie dann endlich gleich. Es besteht kaum Hoffnung, an den Anfang zurückzugehen und den Konflikt an seinem Ursprung zu lösen, denn wenn er einmal angefangen hat, dann gewinnt er ein Eigenleben. Als Huckleberry Finn versucht, die Ursache der Grangerford-Shepherdson-Fehde zu verstehen, steht er vor dem Problem von der Henne und dem Ei:

»Worum ging es, Buck? - Land?«
»Ich schätze vermutlich - ich weiß es nicht.«
»Wer hat denn geschossen? War es ein Grangerford oder ein Shepherdson?«
»Mann, woher soll ich das wissen? Es ist so lange her.«
»Weiß das denn keiner?«

»Oh ja, Pa weiß es, schätze ich, und ein paar andere von den alten Leuten, aber die wissen jetzt auch nicht mehr, worum das Gerangel ursprünglich mal gegangen ist.«

Tit-for-Tat fehlt eine Möglichkeit zu sagen: »Es reicht.« Es ist gefährlich, diese einfache Regel in Situationen anzuwenden, in denen Mißverständnisse weit verbreitet sind, denn Tit-for-Tat läßt sich *zu schnell provozieren*. Man sollte nachsichtiger sein, wenn ein Bruch der Kooperation eher ein Fehler als die Regel zu sein scheint. Und selbst wenn dieser Bruch absichtlich passierte, dann kann es nach einer ausreichend langen Runde von Bestrafungen doch Zeit werden, die Sache gut sein zu lassen und zu versuchen, die Kooperation wieder aufzubauen. Gleichzeitig sollte man natürlich nicht zu nachsichtig sein und riskieren, ausgebeutet zu werden. Wie wägt man hier ab?

Um eine Strategie zu bewerten, ist es nützlich zu messen, wie gut sie gegen sich selbst spielt. Wenn man evolutorisch denkt, dann werden die »stärksten Strategien« in der Population nämlich das Übergewicht gewinnen. Entsprechend häufiger werden Sie dadurch auf sich selber treffen. Eine Strategie, die gegen sich selbst schlecht abschneidet, wird sich mit ihrem eigenen Erfolg letztlich selbst schaden.

Auf den ersten Blick schneidet Tit-for-Tat gegen sich selbst sehr gut ab. Zwei Tit-for-Tatter fangen mit Kooperation an, und weil jeder in gleicher Weise antwortet, sieht es so aus, als könnte diese Kooperation auf immer so weiter gehen. Dieses Strategienpaar scheint das Gefangenendilemma vollständig zu vermeiden.

Aber was passiert, wenn die Möglichkeit besteht, daß eine Seite den Zug der anderen mißversteht? Um das herauszufinden, folgen wir den beiden Familien, den Hatfields und den McCoys, die in ihren nachbarschaftlichen Beziehungen auf Tit-for-Tat setzen. Sie fangen friedlich an (F).

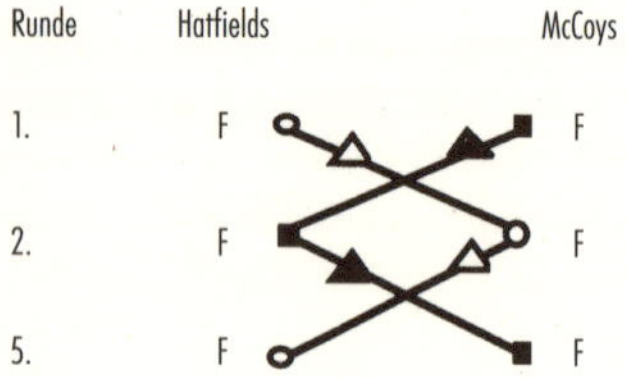

Nehmen wir nun an, daß ein Hatfield in Runde 4 einen McCoy mißversteht. Obwohl die McCoys eigentlich friedlich sind, versteht ein Hatfield ihr Verhalten irrtümlich als Aggression (A).

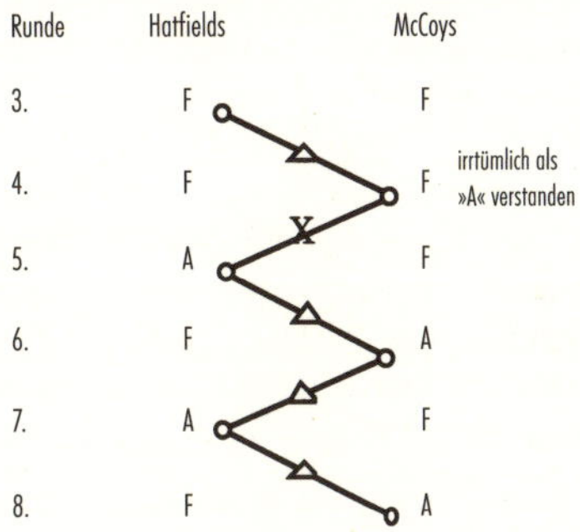

Dieses eine Mißverständnis zieht nun ein »Echo« nach sich, das immer wieder hin und herspringt. In Runde 5 provoziert die eingebildeten McCoy-Aggression eine reale Aggression der Hatfields. Die Tit-for-Tat-Clans stecken jetzt in einer Falle, in der jeder immer abwechselnd Vergeltung übt für die vorausgegangene Vergeltung. In Runde 6 bestrafen die McCoys die Hatfields für die Aggression in Runde 5, was die Hatfields zur erneuten Vergeltung in Runde 7 veranlaßt. Und so geht es fort. Der Versuch gleichzuziehen, weil man um eins hinten liegt, ist zum Scheitern verurteilt.

Die Situation bleibt so, bis ein zweites Mißverständnis geschieht. Zwei Entwicklungen sind möglich: Die Hatfields könnten Frieden als Aggression mißverstehen, oder sie könnten Aggression als Frieden mißverstehen.* Wenn Aggression als Frieden verstanden wird, dann ist die Fehde beendet (zumindest bis zum nächsten Mißverständnis).

Wenn das zweite Mißverständnis darin besteht, Frieden als Aggression zu interpretieren, dann greifen beide Seiten zu ständiger Vergeltung. Dies ist unten im Schaubild in der Runde 9 dargestellt. Der »Friedensstrang«, der sich wie eine einfache Helix durch die Runden zieht, wird hier als Aggression interpretiert. Die Hatfields schlagen entsprechend

* Alternativ könnten diese Mißverständnisse auch bei den McCoys entstehen, der Effekt wäre der gleiche.

in Runde 10 zurück. Bevor es zu einem weiteren Mißverständnis kommt, fahren beide Seiten damit fort, die anderen für die vorhergegangene Strafaktion zu bestrafen. Tit-for-Tatter können austeilen, aber sie können schlecht einstecken.

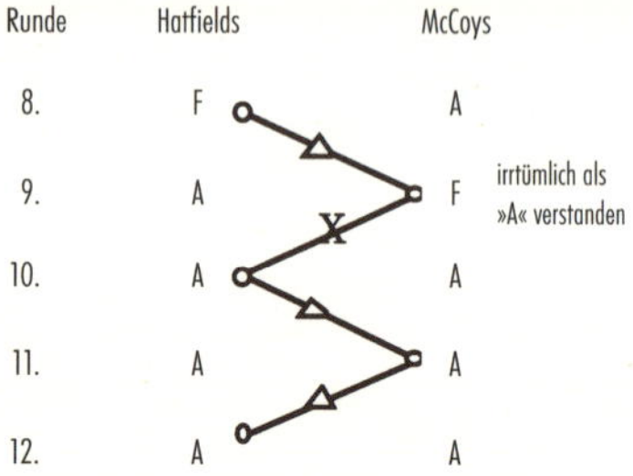

Was können wir daraus über die Leistungsfähigkeit von Tit-for-Tat schließen? Wenn Mißverständnisse möglich sind, dann wird *Tit-for-Tat langfristig in der Hälfte der Zeit kooperieren, in der anderen Hälfte nicht.* Der Grund liegt darin, daß einmal aufgetretene Mißverständnisse jeweils mit gleicher Wahrscheinlichkeit ausgeräumt oder verschärft werden. Tit-for-Tat wird deshalb nicht besser abschneiden, als eine Strategie, bei der einfach eine Münze geworfen wird: Kooperation und opportunistisches Verhalten, also Nicht-Kooperation, haben die gleiche Wahrscheinlichkeit.

In dieser Diskussion haben wir scheinbar ein wichtiges Element übersehen: Die Wahrscheinlichkeit, daß es zu einem Mißverständnis kommt. Unsere Schlußfolgerung hängt aber von dieser Wahrscheinlichkeit überhaupt nicht ab! Egal wie unwahrscheinlich ein Mißverständnis ist (selbst wenn die Chancen 1 zu 1 Billion stehen), Tit-for-Tat wird langfristig stets in der Hälfte der Zeit kooperieren, in der anderen Hälfte nicht, genauso, wie es bei einer reinen Zufallsstrategie der Fall wäre. Wenn die Wahrscheinlichkeit eines Mißverständnisses gering ist, wird es natürlich wesentlich länger dauern, bis der Ärger anfängt. Aber wenn der Fehler einmal da ist, wird es auch wesentlich länger dauern, bis er beseitigt ist.

Die Möglichkeit des Mißverstehens bedeutet, daß Sie nachsichtiger, wenngleich nicht vergeßlicher sein müssen, als beim einfachen Tit-for-Tat. Das gilt zumindest, wenn anzunehmen ist, daß die Wahrscheinlichkeit eines Mißverständnisses sehr klein ist, sagen wir fünf Prozent. Aber welche Strategie sollten Sie in einem Gefangenendilemma wählen, bei dem die andere Seite mit 50prozentiger Wahrscheinlichkeit ihre Aktionen mißversteht (verdreht)? Wie nachsichtig sollten Sie sein?

Wenn die Wahrscheinlichkeit eines Mißverständnisses 50 Prozent erreicht, dann gibt es *keinerlei* Hoffnung auf Kooperation im Gefangenendilemma. Sie sollten sich immer opportunistisch verhalten. Warum? Betrachten Sie die beiden Extremfälle. Stellen Sie sich vor, Sie kooperieren immer; ihr Gegner mißversteht sie im Schnitt jedes zweite Mal. Er wird also annehmen, daß sie je zur Hälfte kooperieren und sich opportunistisch verhalten. Was ist, wenn Sie sich immer opportunistisch verhalten? Wiederum werden Sie im Schnitt jedes zweite Mal mißverstanden. In diesem Fall ist es zu ihrem Vorteil, weil Ihr Gegner glaubt, sie kooperierten in der Hälfte der Zeit.

Egal welche Strategie sie wählen, Sie haben keinen Einfluß darauf, wie Ihr Partner Sie sieht. Ihr Partner könnte auch eine Münze werfen, um festzustellen, was Sie tun. Es gibt einfach keinerlei Verbindung mehr mit der Realität, wenn die Fehlerwahrscheinlichkeit 50 Prozent erreicht. Da Sie keine Chance haben, die Entscheidungen Ihres Partners zu beeinflussen, können Sie sich genauso gut opportunistisch verhalten. In jeder Periode schneiden Sie besser ab, und es schadet Ihnen nicht für die Zukunft.

Die Moral von dieser Geschichte ist, daß es sich nur bis zu einem bestimmten Punkt lohnt, nachsichtig zu sein. Wenn die Fehlerwahrscheinlichkeit zu hoch wird, dann bricht die Möglichkeit dauerhafter Kooperation in einem Gefangenendilemma zusammen. Man wird einfach zu leicht ausgenutzt. Die große Wahrscheinlichkeit eines Mißverständnisses macht es unmöglich, allein durch Ihre Aktionen eine klare Botschaft auszusenden. Ohne die Möglichkeit, zumindest über Taten zu kommunizieren, verschwindet jede Hoffnung auf Kooperation.

Eine Wahrscheinlichkeit von 50 Prozent für ein Mißverständnis ist der ungünstigste Fall. Wenn es mit Sicherheit zum Mißverständnis kommt, dann könnten Sie jede Botschaft einfach als ihr Gegenteil auffassen, und es gäbe keine Mißverständnisse mehr. Ein Aktienprophet, der immer hundertprozentig danebenliegt, ist genausoviel wert wie einer, der immer genau richtig liegt. Sie müssen nur wissen, wie man seine Prognosen dekodiert.

Mit diesen Einsichten im Hinterkopf suchen wir nun einen Weg aus dem Dilemma, der funktioniert, wenn Mißverständnisse zwar vorkommen können, aber nicht allzu wahrscheinlich sind.

7. Eine Alternative zu Tit-for-Tat

Die grundlegenden Eigenschaften der Klarheit, Nettigkeit, Provozierbarkeit und Nachsichtigkeit dürften jede gute Regel charakterisieren, die einem aus dem Gefangenendilemma heraushilft. Aber Tit-for-Tat bestraft vorschnell auch solche Partner, die sich über längere Zeit kooperativ verhalten haben. Wir brauchen eine Strategie, die besser unterscheidet: Sie sollte nachsichtig sein, wenn das opportunistische Verhalten eine Ausnahme zu sein scheint, und sie sollte strafen, wenn es als Regel erscheint.

Sie können die folgenden Richtlinien als einen Schritt in diese Richtung betrachten. 1. Fangen Sie mit Kooperation an. 2. Kooperieren Sie weiter. 3. Verfolgen Sie genau, wie oft die andere Seite sich opportunistisch verhält, während Sie kooperieren. 4. Wenn der Anteil opportunistischen Verhaltens bei Ihren Partnern zu hoch wird, dann kehren Sie zu Tit-for-Tat zurück: Wie du mir, so ich dir. Beachten Sie, daß Tit-for-Tat in diesem Fall nicht zur Belohnung kooperativen Verhaltens eingesetzt wird, so wie das oben der Fall war; Tit-for-Tat ist hier vielmehr die *Strafe*, wenn es den Anschein hat, daß die andere Seite Sie ausnutzen will.

Um festzulegen, welcher Anteil opportunistischen Verhaltens nicht mehr akzeptabel ist, brauchen Sie Informationen über die Geschichte des Verhaltens der anderen Seite, und zwar kurz-, mittel- und langfristig. Eine langfristige Betrachung alleine reicht nicht. Wenn jemand über lange Zeit kooperativ war, dann heißt das noch nicht, daß er Sie jetzt nicht ausnutzen wird, und dabei seinen guten Namen ruiniert. Sie müssen auch wissen: »Was hast du in jüngster Zeit für mich getan?«

Hier ist ein Beispiel einer solchen Strategie: Sie ist netter, nachsichtiger, nicht ganz so leicht zu provozieren und ein wenig komplizierter als Tit-for-Tat. Fangen Sie mit Kooperation an, und bleiben Sie dabei, bis einer der folgenden vier Tests negativ ausfällt:

- Erster Eindruck: Opportunistisches Verhalten gleich beim ersten Zug ist nicht akzeptabel. Kehren Sie zu Tit-for-Tat zurück.

- Kurze Frist: Opportunistisches Verhalten in zwei von drei Runden ist nicht akzeptabel. Kehren Sie zu Tit-for-Tat zurück.

- Mittlere Frist: Opportunistisches Verhalten in drei aus den letzten zwanzig Runden ist nicht akzeptabel. Kehren Sie zu Tit-for-Tat zurück.

- Lange Frist: Opportunistisches Verhalten in fünf der letzten hundert Runden ist nicht akzeptabel. Kehren Sie zu Tit-for-Tat zurück.

Die Bestrafung durch Tit-for-Tat muß nicht ewig dauern. Verfolgen Sie genau, wie oft die andere Seite einen dieser vier Tests nicht bestanden hat. Handelt es sich um die erste Verletzung, dann kehren Sie nach zwanzig Perioden des Tit-for-Tat »Echos« mit abwechselnd opportunistischem Verhalten wieder zur Kooperation zurück. Aber setzen Sie die andere Seite auf Bewährung: Verringern Sie die kritischen Schwellen für erlaubtes Fehlverhalten im mittel- und langfristigen Test jeweils um eins. Wenn die andere Seite die Bewährung 50 Perioden lang besteht, dann begraben Sie die alten Geschichten und kehren Sie wieder zu den ursprünglichen Standards zurück. Wenn die andere Seite sich nicht bewährt, dann kehren Sie für immer zu Tit-for-Tat zurück.

Die exakten Regeln für die vier Tests werden von der Wahrscheinlichkeit eines Irrtums oder Mißverständnisses abhängen, von der Gewichtung künftiger und gegenwärtiger Verluste und so weiter. Aber der Grundtyp einer solchen Strategie dürfte Tit-for-Tat in unserer unvollkommenen Wirklichkeit schlagen.

Das wichtige Prinzip, das man sich merken sollte, besteht darin, nicht jedes opportunistische Verhalten gleich zu bestrafen. Sie müssen Vermutungen darüber anstellen, ob ein Mißverständnis vorliegt, sei es auf Ihrer Seite oder auf der Seite Ihres Partners. Diese zusätzliche Nachsichtigkeit erlaubt es anderen, Sie ein wenig zu beschummeln. Aber wenn das jemand tut, dann zehrt er damit zugleich auch etwas von seinem Vertrauensvorschuß auf. Wenn es schließlich doch zu Mißverständnissen kommt, dann werden Sie nicht mehr bereit sein, den Vorfall einfach hinzunehmen. Der Opportunismus Ihres Gegners schadet sich also selbst.

8. Fallstudie Nr. 4: Parlament gegen Notenbank

Der amerikanische Kongreß und die Federal Reserve geraten über die Wirtschaftspolitik oft aneinander. Um zu erklären, warum dieser Konflikt entsteht und wo er hinführt, präsentieren wir hier eine spieltheoretische Analyse, die der frühere Princeton-Ökonom Alan Blinder entwikkelt hat. (3) Blinder ist inzwischen übrigens selber Vizepräsident der Federal Reserve.

Parlament und Notenbank haben getrennte und weitgehend unabhängige Kompetenzen bei der Gestaltung der Wirtschaftspolitik: Die Fiskalpolitik (Steuer- und Ausgabenpolitik) liegt in der Verantwortung des Kongresses, die Geldpolitik (Geldmenge und Zinsen) bei der Federal Reserve. Jede Seite kann ihre Politik expansiv oder kontraktiv gestalten. Expansive Fiskalpolitik bedeutet hohe Ausgaben und geringe Steuern; das reduziert die Arbeitslosigkeit, birgt aber Inflationsrisiken. Expansive Geldpolitik bedeutet niedrige Zinsen und damit günstigere Kreditbedingungen, allerdings erneut um den Preis von Inflationsgefahr.

Parlament und Notenbank haben unterschiedliche Präferenzen entwikkelt: Die Wähler schätzen die Leistungen, die ihnen durch hohe Staatsausgaben zufließen, aber sie zahlen nur ungern Steuern. Das Parlament reagiert darauf und neigt zu expansiver Politik, solange keine unmittelbare und ernsthafte Inflationsgefahr besteht. Im Gegensatz dazu verfolgt die Notenbank eine längerfristigere Perspektive und hält Inflation für das größere Problem; sie neigt daher eher zu kontraktiver Politik.

Der amerikanische Kongreß meinte 1981/82, daß Inflation kein hinreichend großes Risiko mehr darstelle. Die Abgeordneten glaubten, daß die Volkswirtschaft sich eine expansive Fiskalpolitik leisten könne und verlangten von der Fed, diese durch expansive Geldpolitik zu alimentieren. Aber die Fed, angeführt von Paul Volcker, war der Meinung, daß dadurch nur das Feuer der Inflation neu angefacht würde. Der Fed wäre eine Kombination von kontraktiver Geld- und Fiskalpolitik am liebsten gewesen. Was also dem Parlament am besten erschien, hielt die Notenbank für den schlechtesten Weg und umgekehrt.

Die Interessen von Kongreß und Fed waren allerdings nicht vollkommen gegensätzlich. Auf der Suche nach einem Kompromiß diskutierten beide Seiten die möglichen Vorzüge einer Politik der kombinierten Expansion und Kontraktion: Die beiden denkbaren Varianten eines solchen Mix hätten ähnliche Wirkungen auf Beschäftigung und Inflation, würden sich aber in anderen wichtigen Punkten unterscheiden. Fiskalische Expansion bei monetärer Kontraktion würde zu einem hohen Budgetdefizit und hohen Zinsen führen, weil die Finanzierung dieses Defizits in Konflikt mit der Politik knappen Geldes geraten würde. Die hohen Zinsen würden wichtige Branchen wie die Auto- oder die Bauindustrie besonders hart treffen; ausländisches Kapital würde durch die hohen Zinsen ins Land gezogen, der Dollar würde steigen und die internationale Wettbewerbsfähigkeit amerikanischer Unternehmen dadurch beschädigt.

Fiskalische Kontraktion und monetäre Expansion hätten genau die entgegengesetzten Effekte - niedrige Zinsen, ein schwacher Dollar - und würden damit die Auto- und die Bauindustrie begünstigen, Hersteller international gehandelter Produkte würden wettbewerbsfähiger. Sowohl der Kongreß als auch die Fed zogen diese zweite Variante der ersten vor.

Was würden Sie in dieser Situation vorhersagen? Wie würden Sie das tatsächliche Ergebnis beurteilen? Welche Reformen des wirtschaftspolitischen Entscheidungsprozesses würden Sie empfehlen?

Diskussion

Dieses ist ein Gefangenendilemma (sonst wäre der Fall schließlich nicht in diesem Kapitel, oder?). Lassen wir den Kongreß und die Fed Punkte für die unterschiedlichen Kombinationen vergeben, 1 für das beste, 4 für das schlechteste Ergebnis. Dann erhalten wir folgende Tabelle:

Bewertung der Ergebnisse für (Fed, Kongreß)

		Politik des Kongreß	
		hohe Ausgaben	geringe Ausgaben
Politik der Fed	leichtes Geld	1 4	2 2
	knappes Geld	3 3	4 1

Hohe Ausgaben sind für den Kongreß eine dominante Strategie; für die Fed ist knappes Geld dominant. Wenn beide in dieser Weise denken und jeder seine bevorzugte Strategie wählt, dann erhalten wir ein Budgetdefizit und knappes Geld. Genau das geschah in den frühen achtziger Jahren. Trotzdem gibt es ein besseres Ergebnis für beide, nämlich Budgetüberschüsse und eine lockerere Geldpolitik.

Was hindert die beiden Akteure daran, dieses bessere Ergebnis zu erreichen? Die Antwort liegt wieder einmal in der Unabhängigkeit ihrer Entscheidungen. Das gemeinsam bevorzugte Ergebnis kommt nur zustande, wenn jeder seine *individuell betrachtet schlechteste* Strategie wählt. Der Kongreß muß die Ausgaben begrenzen, um das Budget auszugleichen. Wenn er das aber tut, wie kann er dann sicher sein, daß die Fed nicht mit restriktiver Geldpolitik antwortet? Die Abgeordneten wissen, daß die Fed versucht sein wird, sich mit knapper Geldpolitik einem Kompromiß zu entziehen und stattdessen ihr Idealergebnis anzustreben. Für den Kongreß wäre das der ungünstigste Fall, und er traut der Fed nicht zu, daß sie der Versuchung widersteht. Weil die beiden Gegenspieler unfähig sind, glaubwürdige Zusagen zu machen, sind sie in einem Ergebnis gefangen, das sie gemeinsam durchaus verbessern könnten.

Können wir einen Weg aus diesem Dilemma empfehlen? Beide befinden sich in einer dauerhaften Beziehung, Kooperation könnte sich also in wiederholten Spielen entwickeln. Allerdings geschieht das nur, wenn beide Seiten künftige Gewinne ausreichend gewichten; Abgeordnete, die sich im Falle des US-Repräsentantenhauses sogar alle zwei Jahre zur Wiederwahl stellen müssen, tun sich schwer damit, soviel Voraussicht aufzubringen.

Versuchen wir einen anderen Gedanken. Die Notenbank selbst ist ein Geschöpf des Parlaments. In vielen Ländern übt die Regierung wesentlich mehr Kontrolle über die Notenbank aus als in den USA oder auch in Deutschland. Wenn eine solche Kontrolle besteht, dann kann das Parlament (über die von ihm getragene Regierung) der Notenbank die präferierte expansive Politik vorschreiben und so das aus seiner Sicht ideale Ergebnis herstellen. Diejenigen, die die Inflationssorgen der Notenbank teilen, würden das natürlich bedauern.

Es scheint, als kann in dieser Situation niemand gewinnen: Koordination der Geld- und Fiskalpolitik führt zum Triumph der kurzsichtigen Interessen im Parlament, aber das Gegengewicht einer unabhängigen Notenbank führt in ein Gefangenendilemma. Liegt die Lösung vielleicht darin, daß die Notenbank Steuern und Ausgaben festlegt und das Parlament sich um die Geldversorgung kümmert?

Kapitel 5
Strategische Züge

»Wir müssen einen gnadenlosen Kampf organisieren. Dem Feind darf nicht ein einziger Laib Brot, nicht ein einziger Liter Benzin in die Hand fallen. Die Bauernkollektive müssen ihr Vieh wegtreiben und ihr Getreide fortschaffen. Was nicht fortgebracht werden kann, muß zerstört werden. Brükken und Straßen müssen gesprengt werden. Wälder und Läger müssen niedergebrannt werden. Für den Feind müssen unerträgliche Bedinungen geschaffen werden.«

Josef Stalin, bei der Verkündigung der Strategie der »verbrannten Erde« zur Verteidigung gegen die Nazis am 3.Juli 1941

Stalins Kampagne lebt heute auf den Schlachtfeldern der Unternehmensaufkäufe fort. Als Western Pacific versuchte, sich das Verlagshaus Houghton Mifflin einzuverleiben, da antwortete der Verlag mit der Drohung, er werde seinen Stall prominenter Autoren leeren. Der Ökonom John Kenneth Galbraith, der Schriftsteller Archibald MacLeish, der Historiker Arthur Schlesinger und zahlreiche Autoren profitabler Lehrbücher drohten damit, sich einen anderen Verleger zu suchen, wenn Houghton Mifflin aufgekauft würde. »Als der Boss von Western Pacific, Howard (Mickey) Newman die ersten Briefe der Autoren bekam, da hielt er die Sache für einen ziemlichen Witz und meinte, damit müsse man wohl leben. Als er immer mehr Briefe bekam, wurde ihm klar: ›Ich kaufe diese Firma und am Ende habe ich nichts davon‹«.(1) Western Pacific zog sein Übernahmeangebot zurück, Houghton Mifflin blieb selbständig.

Diese Strategie funktioniert allerdings nicht immer. Als Rupert Murdoch daran interessiert war, die Zeitschrift *New York* aufzukaufen, da versuchte das dortige Management, ihn abzuwehren. Viele der bekanntesten Autoren drohten damit auszusteigen, falls Murdoch die Kontrolle erlangen sollte. Murdoch ließ sich nicht abschrecken: Er kaufte die Zeitschrift. Die Autoren gingen. Doch die Anzeigenkunden blieben. Und Murdoch bekam, was er wollte. Die Autoren hatten die falschen Felder verbrannt: Damit die Strategie der verbrannten Erde funktioniert, muß man das zerstören, was der Eroberer haben will. Das muß nicht unbedingt identisch sein mit dem, was die derzeitigen Besitzer selber hoch schätzen.

Wir wollen hier keine moralische Unterstützung für solche Taktiken und ihre Ergebnisse andeuten - egal, ob sie von Erfolg gekrönt sind, oder nicht. Wir können uns leicht Umstände vorstellen, unter denen eine Gesellschaft derart verschwenderische Zerstörungen verhindern will. Unser Ziel ist es, das Wesen dieser Strategien zu erklären, damit Sie sie besser benutzen oder verhindern können.

Die Verteidigung mittels verbrannter Erde ist nur ein Beispiel für das, was Spieltheoretiker *strategische Züge* nennen. (2) Ein strategischer Zug soll die Einschätzungen und Aktionen der anderen in einer Weise verändern, die Ihnen zum Vorteil gereicht. Die entscheidende Eigenschaft besteht darin, daß ein solcher Zug Ihre eigene Handlungsfreiheit absichtlich beschränkt. Das kann bedingungslos geschehen, wenn zum Beispiel ein Präsidentschafts- oder Kanzlerkandidat sich verpflichtet, die Steuern nicht zu erhöhen. Punkt. Die Freiheit kann aber auch in der Form eingeschränkt werden, daß der strategische Zug eine Regel festlegt, nach der unter verschiedenen Umständen gehandelt wird. So können gesetzlich vorgeschriebene Mindeststrafen absichtlich den Ermessensspielraum der Strafrichter einschränken.

Vielleicht haben Sie gedacht, daß es nie schaden kann, sich Optionen offen zu halten. In der Spieltheorie gilt das nicht mehr. Fehlende Handlungsfreiheit hat strategischen Wert. Sie verändert die Erwartungen, die die anderen Spieler über Ihr künftiges Verhalten bilden, und Sie können sich das zunutze machen. Denn die anderen wissen, daß derjenige, der frei ist zu handeln, immer auch frei ist zu kapitulieren. Um Oscar Wilde zu zitieren: »Ich kann allem widerstehen, nur nicht der Versuchung.«(3)

1. Bedingungslose Züge

Stellen Sie sich einen Wettlauf zwischen den USA und Japan vor, beide wollen das neue hochauflösende Fernsehen (HDTV) entwickeln. Obwohl die USA technologisch die Nase vorne haben, sind ihre Ressourcen aufgrund der hohen Staatsverschuldung begrenzt. Die Japaner nutzen dieses Handicap aus und schlagen die Amerikaner wieder einmal. Aber ein strategischer Zug, der die USA auf den ersten Blick zu behindern scheint, kann alles verändern.

Macht keiner einen bedingungslosen Zug vorab, dann wählen Washington und Tokio ihre Züge simultan: Jedes Land entscheidet für sich zwischen einem kleinen und einem großen Forschungs- und Entwicklungsprogramm. Ein großes Programm verkürzt die Entwicklungszeit, kostet aber sehr viel mehr. Wir beschreiben dies als ein Spiel und erstellen das Tableau mit den entsprechenden Payoffs. Jede Seite hat zwei mögliche Strategien, es gibt also vier mögliche Ergebnisse des Spiels.

Wir nehmen an, daß beide Seiten ein Wettrennen großer Programme als das ungünstigste Szenario betrachten - die Japaner, weil die Amerikaner dieses große Rennen eher gewinnen werden, die Amerikaner, weil es teurer ist. Bewerten wir den Payoff für beide also jeweils mit 1. Das zweitschlechteste Ergebnis (Payoff 2) bestünde für beide darin, daß sie selber ein kleines Programm verfolgen, während die andere Seite aufs Ganze geht. Für das kleinere Programm würde dann Geld ausgegeben, obwohl die Erfolgschance gering ist.

Payoffs im HDTV-Rennen (USA, Japan)

Amerikanisches FuE-Programm	Japanisches FuE-Programm: klein	Japanisches FuE-Programm: groß
klein	4, 3	2, 4
groß	3, 2	1, 1

Den Japanern ist die Situation am liebsten (Payoff 4), in der sie selber ein großes Programm betreiben, die Amerikaner dagegen ein kleines; ihre Gewinnchance ist dann hoch, und die Kosten spielen für Japan nicht so eine große Rolle. Für die USA ist es am günstigsten, wenn beide nur ein kleines Programm verfolgen; bei geringen Kosten werden sie nämlich wahrscheinlich gewinnen.

Ein kleines Programm ist für die USA die dominante Strategie. Das Problem der Amerikaner ist allerdings, daß die Japaner dies vorhersehen können. Deren beste Antwort ist dann, ein großes Programm zu starten. Das Gleichgewicht des Spiels ist die Zelle oben rechts, bei der die Amerikaner ihr zweitschlechtestes Ergebnis bekommen. Um ihre Position zu verbessern, ist ein strategischer Zug erforderlich.

Nehmen Sie an, die USA kommen den Japanern zuvor. Sie kündigen den Umfang ihres Programms an, ehe die Japaner zu einer Entscheidung gekommen sind. Aus einem Spiel mit simultanen Zügen wird nun ein Spiel mit sequentiellen Zügen, in dem die USA den ersten Zug machen.*

Baum und Payoffs im Spiel mit sequentiellen Zügen

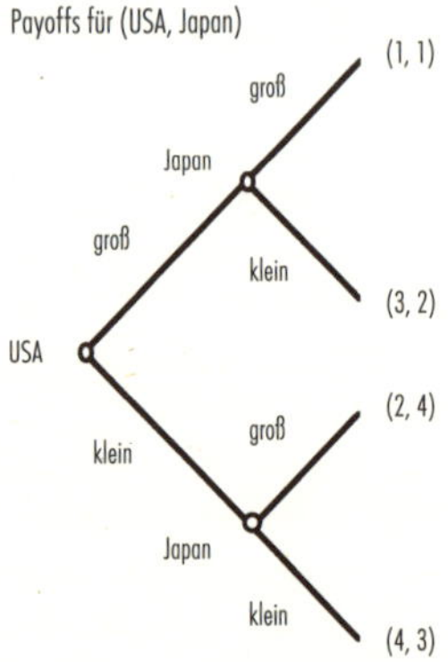

Dieses Spiel kann man lösen, indem man vorausblickt und von dort zurückschließt. Wenn die USA ein kleines Programm wählen, dann antworten die Japaner mit einem großen, und der amerikanische Payoff beträgt 2. Wenn die USA ein großes Programm auflegen, dann antwortet Japan mit einem kleinen, der amerikanische Payoff ist 3. Die USA sollten deshalb ein großes Programm ankündigen und damit rechnen, daß Japan sich für ein kleines entscheidet. Dies ist das Gleichgewicht des sequentiell ablaufenden Spiels. Die USA erhalten einen Payoff von 3, mehr als die 2, die sie im simultanen Spiel bekamen.

Der strategische Zug, der den Amerikanern diesen Vorteil verschafft, ist eine einseitige und bedingungslose Ankündigung ihrer Entscheidung. Diese Entscheidung ist *nicht* dieselbe, die die USA im simultanen Spiel getroffen hätten. Hier kommt das strategische Denken zum Tragen: Die USA haben nichts davon, ein kleines Programm anzukündigen; die Japaner erwarten das ohnehin, auch ohne irgendeine offizielle Erklärung.

* Man braucht einen cleveren Schreiner um einen Baum in ein Tableau zu verwandeln; ein cleverer Stratege kann ein Tableau in einen Baum verwandeln.

Um sich strategisch zu verhalten, müssen die USA sich selber verpflichten, gerade *nicht* ihrer Gleichgewichtsstrategie aus dem simultanen Spiel zu folgen. Dieser strategische Zug verändert die Erwartungen der Japaner und damit auch deren Reaktion. Sobald sie überzeugt sind, daß die USA ein großes Programm verfolgen, werden die Japaner sich für ein kleines entscheiden. Nachdem die Japaner ihren eigenen Pfad festgelegt haben, wäre es für die USA natürlich am besten, sich neu zu entscheiden und ebenfalls nur ein kleines Programm zu fahren.

Damit sind mehrere Fragen aufgeworfen: Warum sollten die Japaner der amerikanischen Ankündigung Glauben schenken? Würden sie nicht damit rechnen, daß die USA es sich wieder anders überlegen? Und wenn sie damit rechnen, würden sie nicht ein großes Programm auflegen?

Anders gesagt: Die *Glaubwürdigkeit* des ersten, bedingungslosen Zuges der Amerikaner ist suspekt. Ohne Glaubwürdigkeit ist der Zug aber wirkungslos. Die meisten strategischen Züge stehen vor diesem Glaubwürdigkeitsproblem. Erinnern Sie sich an die Beispiele vom Beginn des Kapitels. Obwohl der Politiker seine Zusage, die Steuern nicht zu erhöhen, an keinerlei Bedingungen geknüpft hat, ist sie doch keineswegs irreversibel. Ist ein Politiker einmal gewählt, finden sich oft Entschuldigungen, um die Steuern zu erhöhen. Auch bedingte Regeln können außer Kraft gesetzt werden, wenn die Zeit dafür kommt: Eine Mindeststrafe für Verbrechen mit Schußwaffen, wie sie in vielen US-Bundesstaaten existiert, wird außer Kraft gesetzt, wenn etwa ein Psychiater eine illegale Waffe zur Selbstverteidigung gegen einen gestörten Patienten benutzt.

Um einen strategischen Zug glaubwürdiger zu machen, müssen sie also unterstützende Schritte unternehmen, die eine Rücknahme des Zugs zu teuer oder sogar unmöglich machen. Glaubwürdigkeit erfordert eine *Selbstbindung* zugunsten des strategischen Zugs. In Stalins Fall wurde die Drohung, den Feind auszuhungern, dadurch glaubwürdig, daß die Felder abgebrannt wurden. In anderen Situationen ist Glaubwürdigkeit eine graduelle Frage. Präzedenzfälle verleihen vor allem im angelsächsischen Recht einer Strafandrohung Glaubwürdigkeit; was die Versprechen von Politikern angeht, so ist es wohl eher die Regel, daß nachträglich Ausnahmen gemacht werden. Im Falle des Rennens um HDTV könnten die USA ein großes Programm glaubwürdig machen, indem sie konkrete Mittel bewilligen, die von interessierten Unternehmen in Anspruch genommen werden können.

Strategische Züge enthalten also zwei Elemente: Einen Aktionsplan und die Selbstbindung, die diesen Aktionsplan erst glaubwürdig macht. In diesem Kapitel konzentrieren wir uns auf die Aktionen. Wir bilden Klassen unterschiedlicher Formen von strategischem Verhalten, und wir erklären, wie sie funktionieren. Wie dabei Glaubwürdigkeit erreicht wird, lassen wir für den Moment beiseite. Um eine Analogie zum Kochen zu nehmen: Das nächste Kapitel enthält Rezepte für die Selbstbindung. Hier fahren wir fort mit einer Speisekarte möglicher Züge.

2. Drohungen und Versprechen

Ein bedingungsloser Zug verschafft einem Spieler einen strategischen Vorteil, dem es gelingt, die Initiative zu übernehmen und den ersten Zug zu machen. Aber selbst wenn Sie nicht wirklich den ersten Zug machen, können Sie einen ähnlichen strategischen Vorteil erlangen: indem Sie sich mit einer *Antwortregel* selbst verpflichten. Die Antwortregel legt ihre Antwort auf die Züge des anderen im Vorhinein fest. Obwohl dabei Ihr eigenes Handeln erst auf das der anderen folgt, muß die Bindung an die Antwortregel festliegen, *bevor* die anderen ihren Zug machen. Ein Vater, der seinem Kind sagt: »Es gibt keinen Nachtisch, wenn du den Spinat nicht ißt!« legt eine solche Antwortregel fest. Natürlich muß diese Regel existieren und klar vermittelt sein, noch ehe das Kind seinen Spinat an den Hund verfüttert.

Antwortregeln fallen in zwei grobe Kategorien: Drohungen und Versprechen. Eine *Drohung* ist eine Antwortregel, nach der andere bestraft werden, die nicht mit Ihnen kooperieren. Es gibt erzwingende Drohungen, wie die eines Terroristen, der ein Flugzeug entführt und die Antwortregel festlegt, daß die Passagiere getötet werden, wenn seine Forderungen abgelehnt werden. Es gibt aber auch abschreckende Drohungen, wie die Drohung der USA, mit Nuklearwaffen zu antworten, wenn die Sowjetunion ein NATO-Land angreift. Eine erzwingende Drohung ist so angelegt, daß sie den anderen zu einer bestimmten Handlung bewegen soll. Eine abschreckende Drohung dagegen soll jemanden gerade daran hindern, eine bestimmte Handlungsalternative zu ergreifen. Die beiden Drohungen haben eines gemeinsam: *beide* Seiten werden geschädigt, wenn die Drohung wahr gemacht wird.

Die zweite Kategorie von Antwortregeln sind *Versprechen*. Dies ist ein Angebot, jemanden zu belohnen, der mit Ihnen kooperiert. Auf der Suche nach einem Zeugen kann ein Staatsanwalt einem Beschuldigten eine mildere Strafe versprechen, wenn er gegen seine Mitangeklagten aussagt. Wiederum kann es erzwingende und abschreckende Versprechen geben. Ein erzwingendes Versprechen ist darauf angelegt, eine aktive Handlung auszulösen, also zum Beispiel auszusagen. Ein abschrekkendes Versprechen soll jemanden daran hindern, eine unfreundliche Handlung zu unterlassen. Zum Beispiel kann die Mafia einem Zeugen versprechen, daß sie ihn schützen wird, wenn er den Mund hält. Auch die beiden Formen eines Versprechens haben eines gemeinsam: Ist die Handlung der anderen Seite erst einmal mit Erfolg herbeigeführt (beziehungsweise ist sie unterblieben), dann gibt es einen Anreiz, hinterher nicht zu seinem Wort zu stehen.

Manchmal verwischen die Unterschiede zwischen Drohung und Versprechen. Ein Freund etwa wurde in New York auf der Straße mit folgendem Versprechen ausgeraubt: Wenn du mir 20 Dollar »leihst«, dann verspreche ich, dir nicht wehzutun. Relevanter war hier wohl die implizite Drohung des Räubers, daß mein Freund mit Verletzungen zu rechnen habe, wenn er das Geld *nicht* ausleiht.

Wie diese Geschichte nahelegt, hängt der Unterschied zwischen einer Drohung und einem Versprechen nur davon ab, was man als Status Quo bezeichnet. Der traditionelle Räuber verletzt Sie, wenn Sie ihm kein Geld geben. Wenn Sie das nicht tun, beginnt er, Sie zu verletzen, und schafft dadurch einen neuen Status Quo. Er verspricht aufzuhören, sobald Sie ihm Geld geben. Eine erzwingende Drohung ist dasselbe wie ein abschreckendes Versprechen bei verändertem Status Quo; in gleicher Weise unterscheiden sich auch eine abschreckende Drohung und ein erzwingendes Versprechen nur durch den Status Quo.

3. Warnungen und Beteuerungen

Die gemeinsame Eigenschaft aller Drohungen und Versprechen ist folgende: Die Antwortregel legt Sie auf Aktionen fest, die Sie ohne die Regel nicht wählen würden. Wenn die Regel nur sagt, daß Sie das tun werden, was gerade angemessen ist, dann ist das genauso gut, als gäbe es gar keine Regel. Die Erwartungen der anderen über Ihr künftiges Verhalten *ändern* sich nicht, die Regel hat daher keinerlei Wirkung. Dennoch kann es eine Informationsfunktion haben, wenn Sie verkünden, was Sie ohne eine Regel tun werden; diese Feststellungen werden als

Warnungen und *Beteuerungen* (assurances) bezeichnet. Wenn es in Ihrem Interesse ist, eine »Drohung« auszuführen, dann nennen wir dies eine Warnung. Wenn der Präsident zum Beispiel warnt, er werde einen mißliebigen Gesetzentwurf des Kongresses mit seinem Veto zu Fall bringen, dann ist dies einfach eine Erklärung seiner Absichten. Es wäre eine Drohung, wenn er das Gesetz zwar eigentlich akzeptieren würde, sich mit dem Veto aber trotzdem strategisch binden will, um eine noch bessere Vorlage zu erwirken.

Eine Warnung wird eingesetzt, um andere über die Konsequenzen ihrer Aktionen zu informieren. Eine Mutter die das Kind warnt, daß die Herdplatte heiß ist, macht eine Feststellung und keine Strategie.

Wenn es in Ihrem Interesse liegt, ein Versprechen einzulösen, dann nennen wir das eine Beteuerung. Ein Kind, das die Warnung vor der heißen Platte ignoriert und sich verbrennt, beteuert gegenüber seinen Eltern, daß es das nicht noch einmal tun wird.

Wir betonen diese Unterscheidung aus gutem Grund. Drohungen und Versprechungen sind wirkliche strategische Züge, während Warnungen und Beteuerungen eher eine informative Rolle spielen. Warnungen oder Beteuerungen verändern Ihre Antwortregel nicht, um damit eine andere Partei zu beeinflussen. Stattdessen teilen Sie ihr nur mit, wie Sie angesichts der Aktionen der anderen Partei am besten reagieren werden. Im deutlichen Gegensatz dazu, ist es die einzige Absicht einer Drohung oder eines Versprechens, ihre Antwortregel so zu verändern, daß Sie nicht einfach nur das tun, was gerade angemessen ist. Dabei geht es nicht um Information, sondern um Manipulation. Weil Drohungen und Versprechen anzeigen, daß Sie gegen ihr Eigeninteresse handeln werden, stellt sich die Frage ihrer Glaubwürdigkeit. Nachdem andere ihren Zug gemacht haben, gibt es für Sie einen Anreiz, Ihre Drohung oder Ihr Versprechen fallen zu lassen. Eine Selbstbindung ist erforderlich, um Glaubwürdigkeit herzustellen.

Wir fassen die Optionen für strategische Züge unten in einer Übersicht zusammen. Ein *bedingungsloser* Zug ist eine Antwortregel, bei der Sie den ersten Zug machen und Ihr Handeln damit festlegen. Drohungen und Versprechen kommen ins Spiel, wenn Sie erst den zweiten Zug machen. Beides sind *bedingte* Züge, weil die von der Regel diktierte Antwort davon abhängt, was die andere Seite tut.

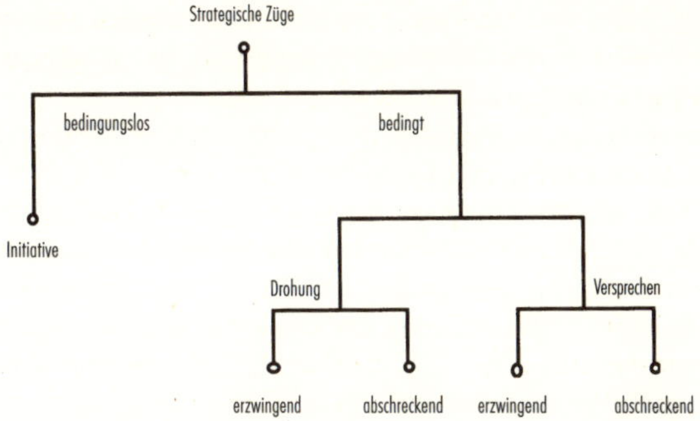

Ein strategischer Zug ist immer eine Handlung, mit der Sie anderen zuvorkommen. Die Antwortregel muß festliegen, bevor die andere Seite ihren Zug macht. Das bedeutet, daß das Spiel immer als ein sequentielles analysiert werden sollte, ganz gleich welcher strategische Zug gemacht wird. Wenn Sie unnachgiebig sind, dann antworten die anderen auf Ihre bedingungslose Aktion. Bei Drohungen und Versprechen legen Sie zuerst eine Antwortregel fest, danach machen die anderen ihren Zug, und Sie antworten darauf entsprechend Ihrer Regel.

Das Resultat ist, daß eine Selbstbindung, mit der Sie sich zu einer Handlung oder einer Antwortregel verpflichten, ein ansonsten simultanes Spiel in ein Spiel mit sequentiellen Zügen verwandelt. Obwohl die Payoffs sich nicht verändert haben, können die Ergebnisse eines Spiels sich dramatisch unterscheiden, je nachdem, ob es mit simultanen oder mit sequentiellen Zügen gespielt wird. Die unterschiedlichen Ergebnisse folgen aus den unterschiedlichen Spielregeln. Wir haben den Effekt anhand des bedingungslosen Zuges in der Geschichte des amerikanisch-japanischen Technologierennens illustriert. Als nächstes wollen wir Drohungen und Versprechen betrachten, die bei einer Konfrontation ins Spiel kommen. Zuerst betrachten wir den Konflikt zwischen den USA und der Sowjetunion, anschließend eine Auseinandersetzung zwischen Demokraten und Republikanern.

4. Nukleare Abschreckung

Mehr als vierzig Jahre lang suchte die NATO nach Wegen, einen sowjetischen Invasionsversuch in Westeuropa glaubwürdig abzuschrecken.

Eine konventionelle Verteidigung durch NATO-Truppen hatte nur geringe Erfolgschancen. Eine zentrale Komponente der Abschreckung basierte deshalb auf den Nuklearwaffen der USA. Gleichwohl hätte eine nukleare Verteidigung für die gesamte Welt verheerende Folgen gehabt. Wie konnte sie also funktionieren?

Zeigen wir das Spiel in einem Baum. Die Sowjets sind zuerst am Zug. Wenn sie nicht angreifen, haben wir den Status Quo; null Punkte auf beiden Seiten. Wenn sie angreifen und die NATO versucht, sich konventionell zu verteidigen, dann nehmen wir an, daß die Sowjets einen Payoff von 1 erhalten, die USA erhalten -1. Eine nukleare Verteidigung bringt beide Seiten auf -100.

Baum und Payoffs im Spiel mit sequentiellen Zügen

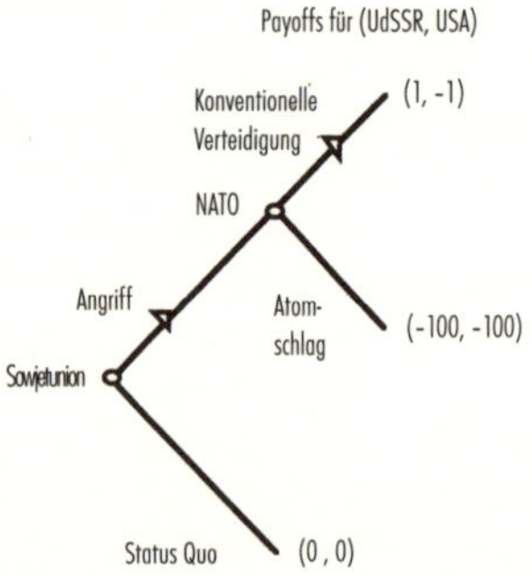

In diesem Spiel schauen die Sowjets nach vorne und prognostizieren, daß ihre Aggression keine nukleare Verteidigung auslösen wird. Diese liegt nach einem erfolgten Angriff nämlich nicht mehr im amerikanischen Interesse. Der Angriff verschafft den Sowjets einen Payoff von 1, der Status Quo bedeutet 0, also greifen sie an.

Wenn Sie meinen, daß dieses Szenario doch zu unwahrscheinlich sei, dann sei daran erinnert, daß die europäischen NATO-Mitglieder es stets für nur allzu wahrscheinlich gehalten haben, daß die USA sie in einer kritischen Situation im Stich lassen würden. Sie legten Wert darauf, daß die USA sich glaubwürdig zu einer nuklearen Antwort verpflichteten.

Lassen wir die Frage der Glaubwürdigkeit für den Moment beiseite und untersuchen wir den Mechanismus, nach dem eine solche Drohung funktionieren würde. Diesmal machen die USA den ersten Zug, indem sie die Antwortregel festlegen. Die relevante Regel besteht in der Drohung: »Wenn die Sowjets Westeuropa angreifen, dann werden wir mit Nuklearwaffen antworten.« Wenn die USA diese Drohung nicht verkünden, dann entwickelt sich das Spiel wie eben beschrieben. Wenn die Drohung steht, dann existiert die Option einer konventionellen Verteidigung nicht mehr. Der vollständige Spielbaum sieht aus wie folgt:

Payoffs im Spiel mit sequentiellen Zügen, wenn eine Drohung vorliegt

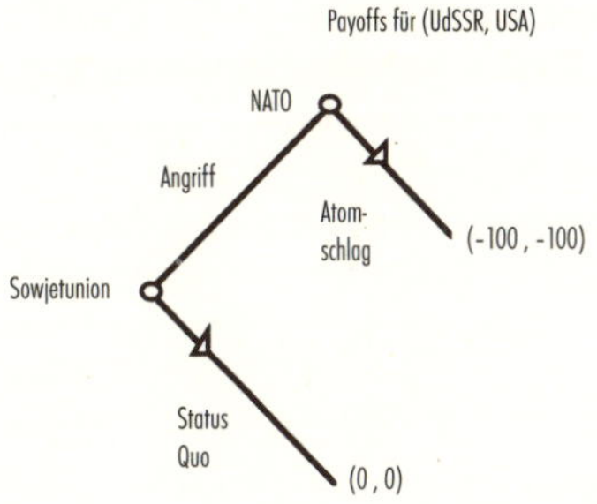

Steht die amerikanische Drohung einmal, dann schauen die Sowjets voraus und erkennen, daß eine Aggression zu einer nuklearen Antwort führen und ihnen einen Payoff von -100 bringen wird. Sie ziehen daraufhin den Status Quo vor und unternehmen keine Invasion. Die Amerikaner wiederum schauen bei ihrem ersten Zug voraus und sehen, daß ihr Payoff beim Einsatz der Drohung 0 beträgt, ohne Drohung hingegen -1. Das amerikanische Interesse verlangt daher, die Drohung zu verkünden.

Beachten Sie auch hier, daß die amerikanische Antwortregel verlangt, daß man etwas tut, was nachträglich nicht die beste Antwort ist. Genau darin liegt die strategische Absicht: Indem die sowjetische Wahrnehmung der amerikanischen Reaktion auf die vollendeten Tatsachen glaubwürdig verändert wird, können die USA diese »Tatsachen« selbst verändern - konkret also die Entscheidung der Sowjets, ob sie in Westeuropa einmarschieren oder nicht.

Die Regel muß stehen, ehe die andere Partei die Entscheidung getroffen hat, die Sie beeinflussen wollen. Nachträglich kann weder ein bedingungsloser Zug noch eine Drohung oder ein Versprechen irgendeine Wirkung entfalten.

Dieser erste Zug muß vom Rivalen entweder beobachtet oder indirekt erschlossen werden, andernfalls können Sie ihn nicht strategisch einsetzen. In dem Film »*Dr. Strangelove*« installieren die Sowjets ihr Abschrekkungsinstrument, eine Weltuntergangsmaschine, an einem Freitag. Sie verschieben es allerdings bis auf Montag, die Amerikaner zu informieren. Über das Wochenende erteilt der amerikanische Luftwaffengeneral Jack D. Ripper seinem Geschwader den Befehl zu einem nuklearen Angriff. Das Abschreckungsinstrument versagt - weil es unsichtbar ist.

Beobachtbarkeit ist eine durchaus subtile Bedingung: Man muß das Verhalten der anderen Person nicht mit eigenen Augen sehen, solange auch aus den Konsequenzen indirekt auf ihre Handlungen geschlossen werden kann. Wenn ich zum Beispiel allergisch gegen Schalentiere bin, dann kann ich erkennen, daß Sie Shrimps gekocht haben, selbst wenn ich Sie gar nicht in der Küche beobachtet habe.*

So wie Ihr bedingungsloser Zug beobachtbar sein muß, damit er Ihren Rivalen beeinflußt, so muß auch sein Verhalten beobachtbar sein, damit Sie es über Drohungen und Versprechen beeinflussen können. Ansonsten können Sie nicht überprüfen, ob er die Bedingungen erfüllt hat, und er weiß das.

Nachdem Sie nun gesehen haben, wie glaubwürdige unbedingte Züge und Drohungen wirken können, werden Sie in der Lage sein, die meisten einfachen Situationen dieser Art auch ohne detaillierten Spielbaum zu analysieren. Eine verbale Argumentation wird in der Regel ausreichen. Wenn das mal nicht funktioniert, und Sie Zweifel daran haben, ob die Prosa alle Fälle korrekt erfaßt hat, können Sie ihre Argumentation immer noch checken, indem Sie den Spielbaum aufzeichnen.

5. Strategen und Weihnachtsmänner

Ronald Reagan war als neugewählter Präsident 1981 außerordentlich populär. Aber würde es ihm gelingen, seine Vision einer Steuerreform

* Das Wahlgeheimnis soll die Wähler vor Pressionen schützen. Es lassen sich jedoch auch hier Rückschlüsse ziehen, ohne daß man die Wähler tatsächlich beobachtet. Meine Stimmabgabe ist zwar geheim, wenn ich den Zettel in die Urne werfe; das Endergebnis kann aber nicht geheim bleiben. Wenn ein Kandidat nun 100 Leute besticht und nur 47 Stimmen bekommt, dann weiß er, daß irgendjemand (genauer gesagt: 53 Irgendjemands) ihn hintergangen hat. Wenn er alle 100 Wähler bestraft, die er anfangs bestochen hatte, dann wird er dabei auch die Richtigen treffen. Diese Technik ist zwar ziemlich plump. Mit ihr kann das Wahlgeheimnis aber umgangen werden, wenn es nur eine kleine Zahl von Wählern (in einem Wahlkreis) gibt.

durch den Kongreß zu bekommen? Die Fronten bildeten sich im Kampf um Reagans ersten Haushaltsplan: Die oppositionellen Demokraten verlangten von Reagan einen Kompromiß, er sollte einen Teil seiner Steuersenkungen opfern zugunsten eines geringeren Defizits. Die Republikaner verlangten die volle Dosis »Supply-Side Economics«. Das Ergebnis hing davon ab, wie beide Seiten in diesem Spiel agierten.

In der einen Kammer des Kongresses, dem Senat, unterstützten die Demokraten Reagans Haushalt und hofften, daß sie im Gegenzug für diese parteiübergreifende Unterstützung Kompromisse auf der republikanischen Seite erreichen würden. Aber die Republikaner hielten strikt am ursprünglichen Plan fest. Das Geschehen verlagerte sich also in die andere Kammer, in das Repräsentantenhaus. Gab es dort eine bessere Strategie für die Demokraten?

Der Wirtschaftsjournalist Leonard Silk zeichnete die strategischen Möglichkeiten in einer Reihe von Kolumnen der *New York Times* elegant auf.(4) So wie er die Verhandlungen beschrieb, gab es für jede Partei zwei Möglichkeiten, und es gab vier mögliche Ergebnisse. Wir übernehmen hier Silks Tableau des Spieles.

Bewertung der Ergebnisse für (Demokraten, Republikaner)

Demokraten \ Republikaner	Vollständige Unterstützung	Kompromißbereitschaft
Weitgehende Unterstützung Reagans	Rang 1 Triumph der Republikaner; Demokraten können keine Vorwürfe gemacht werden. Rang 3	Rang 2 Republikaner gewinnen, verärgern aber Reagan; Demokraten teilen die Verdienste. Rang 2
Angriff auf Reagan	Rang 3 Republikanisches Programm im Repräsentantenhaus blockiert; Demokraten sind schuld. Rang 4	Rang 4 Republikaner verlieren den Großteil ihres Programms; Demokraten sehen finanzpolitisch seriös aus. Rang 1

Die Demokraten hätten am liebsten das Ergebnis, bei dem sie Reagan angreifen, und die Republikaner Kompromisse machen. Sie könnten sich dann ihren verantwortungsvollen Umgang mit den Staatsfinanzen an die Brust heften und dabei ihren bevorzugten Haushaltsplan durchsetzen. Das beste Ergebnis aus Sicht der Republikaner entspricht der Zelle oben links, bei der Reagans Haushalt von beiden Parteien unterstützt wird. Wenn dagegen die Demokraten angreifen und die Republikaner hartnäckig bleiben, dann kommt es (aufgrund der parlamentarischen Stärke der Demokraten) zur Blockade, und beide Parteien verlieren. Die Demokraten wären schließlich bereit, ihre Attacken abzuschwächen, wenn die Republikaner sich kompromißbereit zeigten; beide Parteien bekämen dann ihr zweitbestes Ergebnis.

Das Hauptproblem für die Demokraten liegt darin, daß die Republikaner eine dominante Strategie haben: volle Unterstützung für Reagan. Wenn die Demokraten Reagan unterstützen, dann sollten die Republikaner das natürlich auch tun, um ihr bevorzugtes Ergebnis zu erreichen. Wenn die Demokraten Reagan angreifen, dann sollten die Republikaner Reagan unterstützen, um das aus ihrer Sicht schlechteste Ergebnis zu verhindern. Was die Demokraten also auch tun, für die Republikaner ist es immer am besten, Reagan zu unterstützen.*

Die republikanische Strategie scheint daher leicht vorherzusagen: Die Demokraten sollten damit rechnen, daß die Republikaner Reagan konsequent unterstützen, sie selber tun dann am besten daran, sich anzuschließen und den Präsidenten ebenfalls überwiegend zu stützen. Genau das geschah im Senat.

Bis hierhin begünstigt das Ergebnis deutlich die Republikaner. Um ihre Position doch noch zu verbessern, müssen die Demokraten auf ir-

* Silk argumentierte außerdem, daß die konsequente Unterstützung für Reagan den Republikanern eine bessere Position verschafft als den Demokraten, ganz egal welche Strategie die Demokraten wählen. Die Zelle oben links entspricht in der Präferenzliste der Republikaner Rang 1, und ist damit besser als der Rang 3 aus Sicht der Demokraten. Unten links ist ihr Rang 3 besser als der Rang 4 aus Sicht der Demokraten. Die Republikaner liegen also immer vorn. Wie wir allerdings schon im zweiten Kapitel erklärt haben, sollte jeder Spieler seine eigene Position maximieren, ganz egal, wer vorne liegt. Richtig verstanden bedeutet Dominanz, daß eine Strategie für Sie günstiger ist als andere Strategien, sie bedeutet nicht, daß Sie besser abschneiden als ein Gegner. Soweit die Spieler an ihrer relativen Position interessiert sind, sollte sich das bereits in den Rangpunkten oder den Payoffs widerspiegeln, die in der Tabelle eingetragen werden.

gendeinen strategischen Zug zurückgreifen. Sie müssen die Situation in ein Spiel mit sequentiellen Zügen verwandeln, bei dem sie selber zuerst ziehen, und die Republikaner auf ihre Strategie antworten.* Betrachten wir also, welche Art von Drohungen, Versprechen oder anderen Zügen das Ergebnis noch zugunsten der Demokraten verschieben könnte.

Keine der einfachen Strategien scheint hier zu funktionieren. Bedingungslose Züge, Versprechen, sogar Drohungen, sie versagen alle. Nur die kombinierte Anwendung einer Drohung und eines Versprechens kann die Republikaner kompromißbereit machen.

Das Problem eines bedingungslosen Vorgehens liegt darin, daß es die republikanische Position nicht beeinflußt. Im Moment ist damit zu rechnen, daß die Demokraten Reagan unterstützen. Wenn sie sich selbst zu diesem Verhalten verpflichten, dann ändert sich dadurch die Wahrnehmung der Republikaner nicht, es bleibt also alles beim Alten. Die einzige wirklich strategische Möglichkeit der Demokraten besteht darin, Reagan bedingungslos anzugreifen. In diesem Fall können sie nach vorne schauen und argumentieren, daß die Republikaner mit der geschlossenen Unterstützung Reagans antworten werden. (Die Republikaner ziehen es immer vor, Reagan voll und ganz zu unterstützen - das ist ihre dominante Strategie) Eine Kombination von demokratischen Attacken und republikanischer Geschlossenheit ist für die Demokraten allerdings schlechter als die Alternative parteiübergreifender Unterstützung für Reagan.

Die Demokraten wollen die Republikaner dazu veranlassen, einen Kompromiß zu schließen, anstatt Reagan voll und ganz zu unterstützen. Sie könnten also versprechen, Reagan ebenfalls zu unterstützen, *falls* die Republikaner kompromißbereit sind.** Dieses Versprechen wird ihnen allerdings nicht viel helfen. Denn die Republikaner wissen, daß sie das Versprechen ignorieren und Reagan voll unterstützen können: die beste Antwort der Demokraten ist dann ja wieder die Unterstützung

* Da die Republikaner bereits ihr Idealergebnis erhalten, können sie nichts weiter tun, um sich noch zu verbessern. Ihr Ziel ist einfach, den Status Quo aufrechtzuerhalten. Es liegt in ihrem Interesse, die Demokraten daran zu hindern, einen strategischen Zug zu machen, der das Ergebnis des Spiels verändert.

** Wenn die Republikaner zustimmen, haben die Demokraten einen Anreiz, diesen Deal nicht einzuhalten. Das Versprechen muß also irreversibel sein, damit es funktioniert.

Reagans. Der Effekt des demokratischen Versprechens wäre also nur, daß sie Reagan am Ende bedingungslos unterstützen. Die Republikaner freuen sich über die nette Geste, unterstützen anschließend Reagan und behalten ihr Idealergebnis. Das Versprechen ist also völlig sinnlos. Die Republikaner können es getrost ignorieren.

Die Demokraten haben nur eine Drohung zur Verfügung, mit deren Hilfe sie die Republikaner von der Unterstützung Reagans abbringen können: Sie können damit drohen, daß sie Reagan angreifen werden, wenn die Republikaner ihn voll und ganz unterstützen. Aber diese Drohung reicht nicht: Sie führt dazu, daß die Demokraten sich bedingungslos dazu verpflichten, Reagan anzugreifen. Wenn die Republikaner Reagan unterstützen, dann machen die Demokraten ihre Drohung wahr und attackieren Reagan; wenn die Republikaner einen Kompromiß schließen, dann liegt es im Interesse der Demokraten, Reagan anzugreifen. Da die Demokraten Reagan in jedem Fall angreifen werden, egal was die Republikaner tun, unterstützen die Republikaner Reagan und wählen damit die bessere von zwei Möglichkeiten.

Ein Versprechen läuft damit auf bedingungslose Unterstützung Reagans durch die Demokraten hinaus, eine Drohung kommt einer bedingungslosen demokratischen Attacke auf Reagan gleich. Keines von beiden verändert das Verhalten der Republikaner.

Wenn die Demokraten allerdings ein Versprechen mit einer Drohung verbinden, dann können sie sich besser stellen. Sie sollten versprechen, daß sie Reagan unterstützen, wenn die Republikaner Kompromisse schließen, und sie sollten damit drohen, daß sie Reagan angreifen, wenn die Republikaner ihn voll und ganz unterstützen. Diese Strategie erreicht das Ziel der Demokraten: Angesichts der Drohung und des Versprechens müssen sich die Republikaner entscheiden: sollen sie kompromißbereit sein, und die Unterstützung der Demokraten für Reagan gewinnen, oder sollen sie Reagan voll unterstützen und damit einen Frontalangriff der Demokraten auf Reagan provozieren. Vor diese Alternative gestellt, werden sie den Kompromiß bevorzugen.

Der tatsächliche Ablauf war allerdings der, daß die Republikaner Reagan in beiden Häusern voll und ganz unterstützten. Die Demokraten im Senat folgten ihnen, im Repräsentantenhaus wurde der anfängliche Widerstand der Demokraten schnell von einer dritten Strategie abgelöst: die Demokraten übertrumpften Reagan im Steuersenkungsspiel sogar noch. Das Resultat war eine parteiübergreifende Steuersenkung im Stile des Weihnachtsmanns. Die Rechnungen dafür werden erst jetzt langsam fällig und die Verhandlungen darüber, wie man aus den Schwierigkeiten wieder herauskommt, entwickeln sich zu einem neuen strategischen Spiel.

6. Weitere strategische Züge

Zusätzlich zu den drei grundlegenden strategischen Zügen gibt es noch einige kompliziertere Optionen. Statt eine Antwortregel direkt festzulegen, können Sie es einem anderen absichtlich gestatten, eine dieser Strategien zu nutzen. Die drei Optionen sind folgende:

- Sie können jemandem gestatten, einen bedingungslosen Zug zu machen, bevor sie antworten.
- Sie können auf eine Drohung warten, bevor sie handeln.
- Sie können auf ein Versprechen warten, bevor sie handeln.

Wir haben bereits Beispiele dafür gesehen, wie jemand, der den ersten Zug machen könnte, sich besser stellt, indem er diese Option aufgibt, und es der anderen Seite gestattet, einen bedingungslosen Zug zu machen. Das gilt immer dann, wenn es besser ist, dem anderen zu folgen anstatt selber die Führung zu übernehmen, so wie in den Geschichten von der America Cup Regatta und dem Maiball in Cambridge. Auch wenn es vorteilhaft sein kann, die Initiative abzugeben, läßt sich daraus aber keine allgemeine Regel machen. Manchmal wird es Ihr Ziel sein, den Gegner gerade daran zu hindern, eine bedingungslose Selbstbindung einzugehen. So schrieb etwa der chinesische Militärstratege Sun Tzu: »Wenn Du einen Feind umzingelst, dann lasse einen Ausweg frei.«(5) Man läßt einen Ausweg frei, damit der Feind meint, es gebe einen Weg in Sicherheit. Wenn er nämlich keinen solchen Ausweg mehr sieht, dann wird er mit dem Mut der Verzweiflung kämpfen. Sun Tzus Ziel war es, dem Feind die Möglichkeit zu nehmen, die sehr wirksame Selbstbindung zum Kampf bis zum letzten Blutstropfen einzugehen.

Es ist niemals vorteilhaft, anderen zu erlauben, Sie zu bedrohen. Sie könnten das, was die anderen von Ihnen verlangen, ja auch ohne die Drohung tun. Die Tatsache, daß die anderen sie schlechter stellen können, wenn sie nicht kooperieren, wird Ihnen niemals helfen, denn sie begrenzt Ihre verfügbaren Optionen. Diese Maxime bezieht sich allerdings nur darauf, daß man isolierte Drohungen nicht zulassen sollte. Wenn die andere Seite sowohl Drohungen als auch Versprechen abgeben kann, dann kann das für Sie beide besser sein.

7. Mit Kanonen auf Spatzen schießen?

Es ist klar, daß Sie nicht mehr versprechen sollten, als Sie halten können, wenn Sie ein Versprechen abgeben. Wenn das Versprechen das Verhalten der anderen Seite erfolgreich beeinflußt, dann wollen Sie zu Ihrem Wort stehen. Das sollte natürlich so billig wie möglich passieren, und deshalb sollten Sie nur das notwendige Minimum versprechen.

Es ist weniger klar, daß Zurückhaltung bei Drohungen ebenso angeraten ist. Dennoch sollten Sie niemandem schärfer als nötig drohen. Der Grund ist hier etwas subtiler.

Warum drohen die USA nicht mit einem militärischen Angriff gegen die Japaner, wenn diese sich weigern, mehr amerikanischen Reis, mehr Rindfleisch und mehr Orangen zu importieren?* Die Idee mag manchen amerikanischen Farmern und Politikern zwar gefallen. Doch es gibt mehrere gute Gründe dagegen:

1. Niemand würde die Drohung ernst nehmen, sie würde nicht funktionieren.
2. Selbst wenn die Drohung funktionieren würde, sollten die Japaner wohl vernünftigerweise neu darüber nachdenken, ob die Amerikaner wirklich ihre Verbündeten sind.
3. Wenn die Japaner keine zusätzlichen Orangen importieren, und die Amerikaner ihre Drohung wahr machen, dann würden der Rest der Welt und vor allem natürlich die Japaner selbst die USA wegen der Wahl unangemessener Strafmethoden mit Sanktionen belegen. Wenn die USA aber die Drohung nicht wahr machen, dann schadet das ihrer Reputation in der Zukunft. So oder so, die USA verlieren.
4. Die Drohung verwischt die Klarheit des ursprünglichen Problems, indem das Thema der militärischen Gewalt hineingezogen wird, das sonst außen vor geblieben wäre.

Der Kern bei allen diesen Punkten ist, daß die Drohung exzessiv ist - zu groß, um glaubwürdig zu sein, zu groß, um ausgeführt zu werden, zu ernst, um eine Reputation aufs Spiel zu setzen.

* Tatsächlich ist so eine Drohung im Jahre 1853 einmal eingesetzt worden. Die schwarzen Kriegsschiffe des Admirals Matthew C. Perry überzeugten das Shogunat, den japanischen Markt für amerikanische Händler zu öffnen. Heutzutage bezeichnen die Japaner übermäßigen amerikanischen Druck zur Öffnung der Märkte als »die Wiederkehr der schwarzen Schiffe«.

Die erste Sorge eines Spielers, der eine Drohung macht, wäre zunächst natürlich das genaue Gegenteil - eine Drohung muß groß genug sein, um die erwünschte Abschreckung oder die erwünschte Handlung auch wirklich zu erreichen. Was als nächstes zählt ist die Glaubwürdigkeit - die Überzeugung der anderen Seite, daß sie die angekündigten Konsequenzen tatsächlich erleiden wird, wenn sie die Drohung ignoriert. Unter idealen Bedingungen sollte nichts weiter zählen. Denn wenn der bedrohte Spieler die Konsequenzen seines Widerstands kennt und fürchtet, dann wird er Folge leisten; die angedrohte Aktion wird niemals ausgeführt. Warum spielt es dann noch eine Rolle, wie schrecklich es gewesen wäre, wenn man sie doch ausgeführt hätte?

Der Punkt ist, daß die Bedingungen nie so ideal sind wie eben unterstellt. Betrachten wir noch einmal die Gründe, aus denen die USA in unserem Fall keine militärische Drohung einsetzen. Die Abweichungen der Wirklichkeit vom Ideal werden dann deutlich.

Erstens kann es bereits Kosten verursachen, die Drohung überhaupt zu verkünden. Nationen, Unternehmen und sogar Individuen sind an allen möglichen Spielen beteiligt, und was sie im einen Spiel tun, hat Auswirkungen auf alle anderen Spiele. In den künftigen Beziehungen der USA zu Japan wird der Gebrauch einer exzessiven Drohung ebensowenig vergessen wie in den gegenwärtigen und künftigen Beziehungen der USA mit anderen Ländern. Andere werden überhaupt nur ungern Beziehungen mit den USA unterhalten, und die Amerikaner werden auf die Vorteile vieler anderer Handelskontakte und Bündnisse verzichten müssen.

Zweitens kann eine exzessive Drohung sogar in dem Spiel, in dem sie eingesetzt wird, kontraproduktiv wirken. Die Japaner werden voller Entsetzen aufschrecken, an die Weltmeinung und das Anstandsgefühl des amerikanischen Volkes appellieren, und ganz allgemein die Verhandlungen so sehr verschleppen, daß der amerikanische Zeitplan für die Öffnung ihrer Märkte eher verlangsamt als beschleunigt wird.

Drittens ist die Theorie, eine erfolgreiche Drohung müsse niemals ausgeführt werden, nur so lange gut, wie man absolut sicher sein kann, daß es nicht zu unvorhergesehenen Fehlern kommt. Angenommen, wir haben die Macht der japanischen Bauern unterschätzt, und diese sind eher bereit, ihr Land in einen Krieg ziehen zu lassen, als ihre geschützten Märkte aufzugeben. Oder angenommen, die Japaner gehen auf die amerikanischen Forderungen ein, aber es gibt einen amerikanischen Kommandeur irgendwo draußen, der sich an seine Erfahrungen als

Kriegsgefangener erinnert, und der auf Rache sinnt. Dieser Mann nutzt die Gelegenheit und startet trotz allem einen Angriff. Die Möglichkeit solcher Fehler sollte die USA einen Moment inne halten lassen, ehe sie sich durch eine sehr große Drohung selbst binden.

Angesichts all dieser Argumente verliert eine Drohung schließlich einfach deshalb an Glaubwürdigkeit, weil sie zu groß ist. Wenn die Japaner nicht glauben, daß die USA es wirklich ernst meinen, dann werden sie auch nicht abgeschreckt.

Die Schlußfolgerung daraus ist, daß man nach der kleinsten und angemessensten Drohung suchen sollte, die die Aufgabe erfüllen kann – die Strafe sollte dem Verbrechen gemäß sein. Wenn die USA den japanischen Import von Orangen ausweiten wollen, dann verwenden sie eine Drohung, die eher reziprok und dem Vergehen angemessen ist. Die Amerikaner könnten zum Beispiel in gleicher Münze heimzahlen, indem sie die Quoten für den Import japanischer Autos oder Elektronikprodukte begrenzen.

Manchmal sind angemessene Drohungen leicht verfügbar. In anderen Fällen gibt es nur exzessive Drohungen, die in irgendeiner Form zurückgeschraubt werden müssen, bevor sie verwendet werden können. Das Spiel mit dem Abgrund ist vielleicht das beste Instrument, um eine solche Anpassung vorzunehmen. Wir erklären es in Kapitel 9.

8. Fallstudie Nr. 5: Boeing, Boeing, im Eimer?

Die Entwicklung eines Passagierflugzeugs ist ein riskantes Spiel mit gewaltigen Dimensionen. Alleine die Kosten für den Entwurf eines neuen Triebwerks können zwei Milliarden Dollar erreichen. Es ist keine Übertreibung zu behaupten, daß beim Bau eines neuen und besseren Flugzeugs jedes Mal »das Unternehmen verwettet« wird.(6) Kein Wunder, daß sich Regierungen einschalten und versuchen, ihren heimischen Unternehmen einen größeren Markt zu verschaffen.

Wir betrachten hier den Markt für Mittelstreckenjets mit 150 Plätzen: die Boeing 727 und den Airbus 320. Boeing entwickelte seine 727 zuerst. War es für Airbus sinnvoll, in diesen Markt einzudringen?

Die wichtigsten Märkte für diese Flugzeuge liegen in den USA und in der EU. Wir unterstellen, daß jeder dieser Märkte für einen Monopolisten 900 Millionen Dollar wert ist. Konkurrieren die beiden Unternehmen direkt miteinander, dann fällt dieser Profit auf 600 Millionen Dollar, die zwischen beiden gleich aufgeteilt werden. Obwohl die Gewinne sinken, führt der Wettbewerb zu billigeren Flugzeugen und niedrigeren Flugtarifen, die Konsumenten profitieren also. Die Vorteile für die Konsumenten sind in jedem Markt 700 Millionen Dollar wert.

Airbus Industries schätzt nun, daß es 1 Milliarde Dollar kosten wird, den Airbus 320 zu entwickeln. Wenn sie ohne staatliche Unterstützung arbeiten, dann können sie in jedem der beiden Märkte, USA und EU, jeweils 300 Millionen Dollar Gewinn erwarten. Der Gesamtbetrag von 600 Millionen Dollar reicht nicht aus, um die Entwicklungskosten zu decken. Die Regierungen in Europa können sich direkte Subventionen nicht leisten, weil sie ihr Budget schon für die Unterstützung der Landwirtschaft verplant haben. In der klassischen Abwägung zwischen Butter und Kanonen hat sich die EU für die Butter entschieden. Weder für Kanonen noch für Airbusse bleibt da etwas übrig.

Sie werden nach Brüssel gerufen und um Rat gebeten, ob die Europäer Airbus helfen sollten, indem sie den heimischen Markt schützen. Die europäischen Fluglinien würden dann gezwungen, den Airbus 320 und nicht die Boeing 727 zu kaufen. Was schlagen Sie vor? Welche Reaktion der amerikanischen Regierung erwarten Sie?

Diskussion

Wenn die Europäer ihren heimischen Markt schützen, und der amerikanische Markt offen bleibt, dann wird Airbus in Europa als Monopolist 900 Millionen und in den USA als Duopolist 300 Millionen Dollar verdienen. Das reicht, um die Entwicklungskosten von 1 Milliarde Dollar zu decken.

Ist diese Politik insgesamt im europäischen Interesse? Wir müssen den Gewinn für Airbus mit dem Verlust für die europäischen Verbraucher verrechnen. Aber ohne geschützten Markt würde Airbus gar nicht erst antreten. Boeing hätte ein Monopol, die Verbraucher ständen nicht besser da. Es gibt also keinen Verlust für die Verbraucher. Die Gewinne für Europa insgesamt sind identisch mit den Profiten von Airbus. Es scheint, als sollten die Europäer das Projekt durch die Zusage von Protektion unterstützen.

Es ist wichtig, daß die Europäer eine *Selbstbindung* zugunsten der protektionistischen Politik eingehen. Nehmen wir an, sie halten sich ihre Optionen offen und Airbus geht in den Markt. An diesem Punkt haben die Regierungen keinen Anreiz mehr, Airbus zu schützen. Hält man die Märkte offen, dann sinkt Airbus erwarteter Gewinn um 600 Millionen Dollar (von 200 Millionen Überschuß auf ein Minus von 400 Millionen), aber der Wettbewerb durch Boeing erhöht den Nutzen der europäischen Konsumenten um 700 Millionen Dollar. Weil Airbus das weiß, werden sie nicht in den Markt gehen. Es fehlt eine glaubwürdige Selbstbindung der Regierungen, daß sie die Protektion aufrechterhalten werden.

Was ist mit der amerikanischen Antwort? Wenn die Amerikaner schnell handeln, dann können sie sich ebenfalls verpflichten, ihren heimischen Markt zu schließen, noch ehe Airbus die Produktion aufnimmt. Schauen wir voraus und schließen von dort zurück. Wenn der US-Markt offen bleibt, dann entfaltet sich das Szenario wie vorher. Boeing bleibt in Europa draußen und verdient 300 Millionen Dollar im US-Wettbewerb mit Airbus. Der amerikanische Verbraucher erhält zusätzliche 700 Millionen Dollar als Folge des Wettbewerbs. Der gesamte Vorteil eines offenen Markts beträgt für die amerikanische Volkswirtschaft 1 Milliarde Dollar.

Angenommen, die USA schlagen zurück und verlangen von amerikanischen Airlines, daß sie die Boeing 727 statt des Airbus 320 kaufen. Dann bleibt sogar der europäische Monopolgewinn von 900 Millionen Dollar hinter den Entwicklungskosten von Airbus zurück. Der Airbus 320 wird also niemals gebaut. Boeing genießt in beiden Märkten ein Monopol und macht Gewinne von 1,8 Milliarden Dollar. Der gesamte volkswirtschaftliche Vorteil für die USA ist wesentlich höher als bei einem offenen Markt. (7)

Die USA können die europäische Unterstützung für den Airbus dadurch ausschalten, daß sie den Protektionismus erwidern. Es ist in ihrem Interesse, das zu tun.

Kapitel 6
Glaubwürdige Selbstbindung

In den meisten Situationen sollte man rein mündlichen Zusagen nicht trauen. Wie der Filmtycoon Sam Goldwyn einmal sagte: »Ein mündlicher Vertrag ist das Papier nicht wert, auf dem er geschrieben ist.«(1) Eine Szene aus »The *Maltese Falcon«* von Dashiell Hammett (verfilmt von Goldwyns Konkurrenten Warner Brothers mit Humphrey Bogart als Sam Spade und Sydney Greenstreet als Gutman) illustriert diesen Punkt. Gutman gibt Sam Spade einen Umschlag mit zehntausend Dollar.

»Spade blickte lächelnd auf. Er sagte sanft: »Wir hatten über mehr Geld als das hier gesprochen.« »Ja Sir, das haben wir,« stimmte Gutman zu. »Aber damals haben wir *gesprochen*. Dieses ist *richtiges* Geld, wirkliche Währung des Reiches. Mit einem Dollar hiervon können Sie mehr kaufen als mit 10 Dollar Gerede.«(2)

Diese Lektion läßt sich bis zu Thomas Hobbes zurückverfolgen: »Die Bande der Worte sind zu schwach, um die Habgier von Männern im Zaume zu halten.«(3) Wie King Lear erfahren mußte, gilt dasselbe auch für Frauen.

Glaubwürdigkeit ist bei allen strategischen Zügen ein Problem. Wenn Ihr bedingungsloser Zug, Ihre Drohung oder Ihr Versprechen nur mündlich sind, warum sollten Sie diese ausführen, wenn das eigentlich Ihren Interessen widerspricht? Die anderen werden vorausschauen und rückwärts schließen, daß für Sie kein Anreiz besteht, konsequent zu sein. Ihr strategischer Zug wird den gewünschten Effekt verfehlen.

Der entscheidende Punkt der Strategien aus Kapitel 5 besteht darin, daß die Erwartungen des Gegners verändert werden. Er rechnet mit einer veränderten Antwort auf seine Aktionen. Das wird nicht gelingen, wenn er glaubt, daß Sie Ihre Drohungen oder Versprechen nicht einhalten. Wenn Sie seine Erwartungen nicht verändern, verändern Sie auch seine Aktionen nicht.

Eine Aktion, die geändert werden kann, verliert bei einem strategisch geschulten Rivalen ihren strategischen Effekt. Er weiß, daß Ihr Gerede nicht Ihren Taten entsprechen muß und hält daher nach taktischen Bluffs Ausschau.

Ein berühmtes Beispiel für eine solche Wende ist das Verhalten der Rothschilds nach der Schlacht von Waterloo. Angeblich benutzten die Rothschilds Brieftauben und waren daher die ersten, die das Ergebnis der Schlacht kannten. Als sie nun feststellten, daß die Engländer gewonnen hatten, verkauften sie für die Öffentlichkeit gut sichtbar britische Bonds. Sie brachten damit andere dazu anzunehmen, England habe verloren. Der Preis britischer Regierungsanleihen fiel in den Keller. Noch ehe die Wahrheit bekannt wurde, kauften die Rothschilds dann heimlich eine noch viel größere Zahl von Anleihen zum Niedrigstpreis.*

Hätten andere Börsianer in London erkannt, daß die Rothschilds ihren Zug auf diese Weise auch wieder umkehren konnten, dann hätten sie den taktischen Bluff vorweggenommen, und er hätte nicht funktioniert. Ein strategisch geschulter Gegner wird erwarten, daß Sie ihn in die Irre führen, und er wird deshalb von Ihren Aktionen nicht beeinflußt werden, wenn er den Eindruck hat, sie werden nur zur Schau gestellt, um ihn zu beeindrucken.

Glaubwürdigkeit herzustellen bedeutet im strategischen Sinne, daß man von Ihnen erwartet, daß Sie Ihre bedingungslosen Züge ausführen, daß Sie Ihre Versprechen einhalten und Ihre Drohungen wahr machen. Anders als die Rothschilds können Sie nicht darauf zählen, daß es Ihnen gelingen wird, die Menschheit hereinzulegen. Ihre Selbstverpflichtungen werden wahrscheinlich nicht einfach wörtlich genommen: Ihre Selbstbindung kann getestet, Glaubwürdigkeit muß verdient werden.

Glaubwürdigkeit verlangt, daß man einen Weg findet, der einen Sinneswandel unmöglich macht. Wenn es zum Beispiel kein Morgen gibt, dann kann die heutige Selbstverpflichtung nicht mehr umgekehrt werden. Die Tatsache, daß ein auf dem Totenbett gemachtes Testament nie mehr verändert werden kann, führt deshalb dazu, daß die Gerichte ihm

* Es ist umstritten, ob die Brieftauben vielleicht eine spätere Ausschmückung der Geschichte sind. In seinem Buch »The Rothschilds« behauptet Frederic Morton: »Am späten Nachmittag des 19. Juni 1815 sprang ein Agent der Rothschilds namens Rothworth auf ein Schiff in Ostende. In der Hand hielt er eine holländische Zeitung, die noch feucht vom Druck war. Nathan Rothschild stand im Morgengrauen des 20.Juni am Hafen von Folkstone, seine Augen flogen über die ersten Absätze. Nur einen Moment später war er auch schon unterwegs nach London, um der Regierung mitzuteilen, daß Napoleon vernichtet worden war (womit er dem Abgesandten Wellingtons um mehrere Stunden zuvorkam). Dann begab er sich zur Börse.«

ein sehr großes Gewicht zuerkennen. In der Regel gibt es aber ein Morgen und einen Tag danach, und wir müssen deshalb das Problem genauer untersuchen, wie man eine Selbstverpflichtung langfristig aufrechterhalten kann. Heute feiern, morgen fasten, das ist die Entschuldigung all derer, die sich heute etwas aufladen, das sie morgen schnell wieder herunternehmen können.

1. Der achtfache Weg zur Glaubwürdigkeit

Es ist nicht einfach, Ihre strategischen Züge glaubwürdig zu machen. Aber es ist auch nicht unmöglich. Als wir das Thema in Kapitel 5 zum erstenmal ansprachen, sagten wir, daß Sie eine unterstützende oder begleitende Aktion unternehmen müssen, um einen strategischen Zug glaubwürdig zu machen. Wir nannten eine solche Aktion *Selbstbindung.*

Wir bieten nun acht Möglichkeiten an, um glaubwürdige Selbstbindung zu erreichen. Wie die buddhistischen Regeln für das Nirwana nennen wir dies den achtfachen Weg zur Glaubwürdigkeit. Je nach den konkreten Umständen kann eine oder mehrere dieser Taktiken für Sie wirkungsvoll sein. Hinter dem System stehen drei grundlegende Prinzipien.

Das erste Prinzip besteht darin, die Payoffs des Spiels zu verändern. Die Idee ist es, die Dinge so zu arrangieren, daß es in Ihrem Interesse ist, Ihrer Selbstbindung Folge zu leisten, eine Drohung also in eine Warnung zu verwandeln, ein Versprechen in eine Beteuerung. Dies kann auf verschiedenen Wegen geschehen.

1. Etablieren Sie und nutzen Sie eine Reputation.
2. Benutzen Sie schriftliche Verträge.

Beide dieser Taktiken machen es kostspieliger, die Selbstbindung zu brechen als dabei zu bleiben.

Ein zweiter Weg liegt darin, das Spiel so zu verändern, daß Ihre Fähigkeit, aus einer Selbstbindung wieder herauszukommen, begrenzt wird. In dieser Kategorie betrachten wir drei Möglichkeiten. Die radikalste ist einfach, daß Sie sich selber jede Gelegenheit zum Nachgeben nehmen, und zwar entweder, indem Sie sich selber von der Situation abschneiden oder aber, indem Sie jeglichen Rückzugsweg zerstören. Es gibt sogar die Möglichkeit, daß Sie sich selbst aus der Position zurückziehen, in der Sie Entscheidungen treffen können, und das Ergebnis einfach dem Zufall überlassen.

3. Schneiden Sie Kommunikationsmöglichkeiten ab.
4. Brechen Sie die Brücken hinter sich ab.
5. Überlassen Sie das Ergebnis dem Zufall.

Diese beiden Prinzipien können kombiniert werden: Sowohl die möglichen Aktionen als auch ihre Payoffs können verändert werden. Wenn eine große Selbstbindung in viele kleinere zerlegt wird, dann kann der Gewinn aus dem Bruch einer kleineren Zusage mehr als kompensiert werden durch den Schaden, der aus dem Verlust des verbleibenden Vertrags entsteht. Wir erhalten also

6. Gehen Sie in kleinen Schritten vor

Ein dritter Weg besteht darin, andere Menschen so einzusetzen, daß sie Ihnen helfen, Ihre Selbstbindung aufrecht zu erhalten. Ein Team kann leichter Glaubwürdigkeit erreichen als ein einzelner; Sie können auf andere zurückgreifen, die in Ihrem Namen handeln.

7. Entwickeln Sie Glaubwürdigkeit durch Teamwork.
8. Setzen Sie Beauftragte ein, die in Ihrem Namen handeln.

Reputation

Wenn Sie in einem Spiel einen strategischen Zug versuchen und anschließend zurückweichen, dann können Sie Ihre Reputation und Glaubwürdigkeit verlieren. Ist die Situation einmalig, dann mag die Reputation unwichtig sein und deswegen nur geringen Wert bei der Selbstbindung haben. Aber typischerweise spielen Sie mehrere Spiele mit unterschiedlichen Rivalen zur selben Zeit oder mit demselben Rivalen zu unterschiedlichen Zeiten. Dann haben Sie einen Anreiz, eine Reputation aufzubauen, und daraus entsteht eine Selbstbindung, die Ihre strategischen Züge glaubwürdig macht. Während der Berlin-Krise im Jahr 1961 erklärte zum Beispiel John F. Kennedy die Bedeutung der amerikanischen Reputation: »Wenn wir unseren Verpflichtungen in Berlin nicht nachkommen, wo werden wir dann später einmal stehen? Wenn wir hier nicht zu unserem Wort stehen, dann wird das, was wir an gemeinsamer Sicherheit erreicht haben und was auf diesen Worten beruht, nichts mehr bedeuten«.(4)

Ein anderes Beispiel ist die israelische Politik, nicht mit Terroristen zu verhandeln. Dies ist eine Drohung, die beabsichtigt, Terroristen von Geiselnahmen abzuhalten, bei denen ein Lösegeld erpreßt oder die Freilassung von Gefangenen erreicht werden soll. Wenn die Drohung, nicht zu verhandeln, glaubwürdig ist, dann werden die Terroristen langfristig die Sinnlosigkeit ihrer Aktionen erkennen. In der Zwischenzeit wird allerdings Israels Entschlossenheit getestet, denn jedesmal, wenn die Drohung ausgeführt werden muß, erleidet Israel einen Nachteil: Die Weigerung, Kompromisse zu schließen, kann israelische Geiseln das Leben kosten. Jede Konfrontation mit Terroristen stellt Israels Reputation und Glaubwürdigkeit in Frage. Nachzugeben bedeutet mehr, als nur die aktuellen Forderungen zu erfüllen. Es macht künftigen Terrorismus attraktiver.*

Der Reputationseffekt kann grundsätzlich in beide Richtungen genutzt werden: Manchmal kann auch erst die Zerstörung Ihrer Reputation die Möglichkeit der Selbstbindung eröffnen. Indem Sie Ihre Reputation zerstören, verpflichten Sie sich, bestimmte Aktionen in der Zukunft *nicht* zu unternehmen, die erkennbar nicht in Ihrem Interesse sein werden.

Die Frage, ob mit Flugzeugentführern verhandelt werden soll oder nicht, kann diesen Punkt illustrieren. Bevor irgendeine konkrete Flugzeugentführung stattgefunden hat, mag eine Regierung beschließen, solche Terrorakte dadurch abzuschrecken, daß sie droht, niemals zu verhandeln. Die Flugzeugentführer können jedoch vorhersehen, daß es für die Regierung unmöglich sein wird, jegliche Verhandlung zu verweigern, wenn die Entführer den Jet erst einmal in der Hand haben. Wie kann sich eine Regierung also selbst die Möglichkeit abschneiden, mit Flugzeugentführern zu verhandeln?

Eine Antwort besteht darin, die Glaubwürdigkeit ihrer Versprechen zu zerstören. Stellen Sie sich vor, daß die Regierung, nachdem eine Verhandlungslösung erreicht worden ist, ihre Selbstbindung bricht und die Entführer angreift. Damit wird jede Reputation der Regierung als verläßlicher Verhandlungspartner von Flugzeugentführern zerstört. Die

(* Sogar die Israelis haben allerdings einen Teil ihrer Reputation für Härte verloren. So waren sie schon vor einiger Zeit bereit, 3000 arabische Häftlinge gegen 3 ihrer Luftwaffenpiloten auszutauschen. Das legt den Schluß nahe, daß manchmal Ausnahmen gemacht werden.

Regierung verliert die Möglichkeit, glaubwürdige Versprechen zu machen, und entzieht sich damit zugleich unwiderruflich der Versuchung, den Drohungen eines Flugzeugentführers nachzugeben. Die Zerstörung der Glaubwürdigkeit eines Versprechens macht die Drohung, niemals zu verhandeln, wiederum glaubwürdig. Der amerikanische Kongreß hat ein ähnliches Problem, im Zeitablauf konsistent zu bleiben, wenn er Steueramnestien einräumt. Solche Programme erlauben denen, die dem Staat Steuern schulden, straflos nachzuzahlen. Es scheint, als sei das ein kostenloser Weg, mehr Steuereinnahmen zu erzielen: All diejenigen, die ihre Steuern hinterzogen haben und inzwischen von Skrupeln geplagt werden, geben dem Staat das Geld, das sie schulden. Könnte man glaubwürdig festlegen, daß es nie wieder eine weitere Steueramnestie geben wird, dann könnte der Kongreß zusätzliche Einnahmen ohne Kosten erheben. Aber wenn eine Steueramnestie eine so gute Idee ist, warum sollte man sie nicht in ein paar Jahren noch einmal versuchen? Nichts hindert den Kongreß daran, Amnestien regelmäßig anzubieten. Doch dann entsteht ein Problem: Steuerhinterziehung wird attraktiver, denn es gibt die Möglichkeit, in der Zukunft eine Amnestie zu erhalten.

Der Kongreß muß einen Weg finden, der ihn selbst daran hindert, Amnestieprogramme immer wieder neu anzubieten. In einem Artikel im Wall Street Journal schlugen die Ökonomen Robert Barro und Alan Stockman deshalb einmal vor, daß der Staat eine Steueramnestie anbieten solle, anschließend jedoch sein Versprechen nicht einhalten und diejenigen, die sich selber anzeigen, strafrechtlich verfolgen solle.(5) Damit würden sogar noch viel mehr Einnahmen erzielt als mit einer einfachen Amnestie. Hat der Staat erst einmal sein Amnestieversprechen gebrochen, dann wird auch niemand mehr glauben, daß er es nochmal versuchen wird. Indem er seine Glaubwürdigkeit zerstört, kann der Staat eine glaubwürdige Selbstbindung eingehen, nie wieder eine Steueramnestie anzubieten.

Sie werden wahrscheinlich denken, dies sei eine absurde Idee, und mit gutem Grund. Erstens wird sie bei strategisch geschulten Steuerzahlern nicht funktionieren. Diese werden nämlich schon erwarten, daß der Staat sein Versprechen nicht einhält, und werden deshalb an der Steueramnestie gar nicht erst teilnehmen. Ein zweiter und wichtigerer Punkt ist der, daß die Jagd auf Steuerhinterzieher nicht das einzige Spiel im Lande ist. Die Vorteile, die es bringt, Steuerhinterzieher auszutricksen, werden mehr als aufgewogen durch den Schaden, den die Reputation des Staates in anderen Bereichen nimmt.

Eines der beeindruckendsten Beispiele dafür, wie man eine Reputation aufbaut, geht auf die Mayflower Furniture Company zurück. Auf einer großen Tafel an einer Autobahn in Massachusetts macht dieses Unternehmen stolz Reklame damit, daß es seit 127 Jahren keinen Ausverkauf veranstaltet habe. Die dabei implizit gegebene bedingungslose Selbstverpflichtung, jeden Tag niedrige Preise zu haben, sichert einen ständigen Strom von Kunden. Ein Ausverkauf kann zwar zeitweise die Gewinne erhöhen, aber es würde noch einmal 127 Jahre dauern, bevor sie die clevere Werbung wiederholen werden könnte. Im nächsten Jahr wird das Schild wahrscheinlich 128 Jahre anzeigen. Die Reputation wird in gleichem Maße selbstverstärkend und immer wertvoller.*

In allen diesen Fällen kultiviert der Spieler eine Reputation mit dem direkten und bewußten Ziel, Glaubwürdigkeit für seine künftigen bedingungslosen Selbstverpflichtungen, Drohungen und Versprechen zu gewinnen. Reputation kann allerdings auch aus nichtstrategischen Gründen entstehen und gleichwohl genauso wirkungsvoll dazu beitragen, daß Glaubwürdigkeit entsteht. Das Gefühl des Stolzes, sein Wort nicht zu brechen, ist ein Beispiel dafür. Thomas Hobbes schrieb, daß die schwache Bindungskraft unserer Worte auf zwei Wegen gestärkt werden kann: durch die Angst vor den Konsequenzen eines Wortbruchs oder durch den Ruhm und den Stolz, wenn man zu seinem Wort steht. Dieser Stolz ist oft Teil des Wertesystems der Menschen, das sie durch Erziehung oder gesellschaftliche Konditionierung verinnerlicht haben. Der Stolz kann sogar das implizite soziale Ziel haben, Ihre Glaubwürdigkeit in den vielfältigen täglichen Beziehungen zu erhöhen. Gleichwohl lehrt man uns nicht, stolz auf unsere Ehrenhaftigkeit zu sein, *weil* es uns einen strategischen Vorteil bringt und unsere Drohungen und Versprechen glaubwürdiger macht. Wir lernen stattdessen, daß Ehre an sich eine gute Sache ist. Jemand, der eine Reputation als Verrückter hat, kann erfolgreiche Drohungen abgeben, die aus dem Munde einer vernünftigeren und kühleren Person unglaubwürdig wären. Scheinbare *Irrationalität* kann auf diesem Wege hohe strategische Rationalität sein. Man kann eine solche Reputation sogar pflegen. Ein scheinbar Wahnsinniger kann deshalb ein überlegener Stratege sein, weil seine Drohun-

* Bedauerlicherweise müssen wir mitteilen, daß die Mayflower Furniture Company inzwischen ihren ersten Ausverkauf hatte – einen Räumungsverkauf wegen Geschäftsaufgabe.

gen leichter geglaubt werden. Könnte es sein, daß Muammar Ghaddafi und früher der Ayatollah Khomeini dieses Prinzip besser verstanden haben, als die kühlen, rationalen Führer der westlichen Staaten, die mit ihnen umzugehen versuchen? Wir wissen es nicht. Aber wir gehen jede Wette, daß Ihr Kind, das zu irrational ist, um sich von Ihren Strafandrohungen abschrecken zu lassen, das Spiel instinktiv besser beherrscht als Sie.

Verträge

Ein einfacher Weg, die Glaubwürdigkeit Ihrer Selbstbindung zu erhöhen, besteht darin, einer Strafe für den Fall zuzustimmen, daß Sie nicht konsequent bleiben. Wenn Ihr Kücheninstallateur eine große Vorauszahlung erhält, dann ist er in Versuchung, es langsam angehen zu lassen. Aber ein Vertrag, der die Zahlungen an den Fortgang der Arbeit bindet und Strafklauseln für Verzögerungen enthält, legt es auch in sein Interesse, den Zeitplan einzuhalten. Der Vertrag ist das Instrument der Selbstbindung.

Es ist allerdings nicht ganz so einfach. Stellen Sie sich vor, jemand macht eine Diät und bietet jedem 500 Dollar an, der ihn dabei erwischt, wir er kalorienreiches Essen verschlingt. Jedes Mal, wenn der Mann ans Dessert denkt, wird er wissen, daß es ihm einfach keine 500 Dollar wert ist. Tun Sie dieses Beispiel nicht als unglaubwürdig ab; eben solch einen Vertrag bot ein gewisser Mr. Nick Russo einmal öffentlich an – der Betrag lag allerdings bei 25.000 Dollar. Das Wall Street Journal berichtete:

> »Weil er die zahlreichen Diät-Programme satt hatte, beschloß Mr. Russo, an die Öffentlichkeit zu gehen. Er macht jetzt nicht nur eine 1000-Kalorien-pro-Tag-Diät, sondern er bietet auch ein Unterpfand – 25.000 Dollar zugunsten einer karitativen Einrichtung der freien Wahl – für jeden der ihn beim Essen in einem Restaurant erwischt...Die örtlichen Lokale hat er mit eigenen Steckbriefen dekoriert.« (6)

Dieser Vertrag hat allerdings einen entscheidenden Fehler: Es gibt keinen Mechanismus, der eine Neuverhandlung verhindert. Mr. Russo sollte argumentieren, daß er unter dem gegenwärtigen Vertrag ohnehin niemals irgendjemandem die 25.000 Dollar auszahlen wird, denn er wird den Vertrag ja nie verletzen. Der Vertrag ist also eigentlich wertlos, und eine Neuverhandlung wäre in beiderseitigem Interesse. Beispielsweise könnte Mr. Russo anbieten, eine Lokalrunde auszugeben, wenn man ihn aus dem Vertrag entlasse. Die Gäste im Restaurant ziehen den Drink natürlich einer Situation vor, in der sie gar nichts erhalten, und entlassen ihn aus dem Vertrag.(7) Damit der Vertragsansatz wirklich erfolgreich sein kann, muß diejenige Partei, die ein Verhalten durchsetzt oder die Strafe einkassiert, einen unabhängigen Anreiz haben, dieses zu tun. Im Diätproblem könnte das die Familie von Herrn Russo sein, die ihn vielleicht auch gerne etwas schlanker hätte, und die deshalb nicht schon durch einen kostenlosen Drink in Versuchung gebracht werden kann.

Der vertragliche Ansatz ist für das Geschäftsleben besser geeignet. Ein gebrochener Vertrag schafft typischerweise Schäden, so daß die verletzte Partei nicht bereit ist, ohne weiteres auf den Vertrag zu verzichten. Ein Hersteller könnte zum Beispiel eine Strafe von einem Lieferanten verlangen, der nicht ordnungsgemäß liefert. Aber dem Produzenten ist es nicht egal, ob der Lieferant liefert oder nicht; er hätte lieber die Lieferung als das Geld aus einer Vertragsstrafe. Die Neuverhandlung des Vertrages ist damit nicht länger für beide Seiten attraktiv.

Was passiert, wenn der Lieferant es mit dem Argument des Diätkandidaten hält? Angenommen, er versucht, mit dem Argument neu zu verhandeln, daß die Strafe so groß sei, daß der Vertrag ohnehin stets eingehalten werde; der Produzent werde deshalb niemals die Vertragsstrafe einstreichen. Genau das will aber der Produzent. Er ist deshalb auch nicht daran interessiert, den Vertrag neu zu verhandeln. Der Vertrag funktioniert, weil der Produzent nicht allein an der Strafe interessiert ist; ihm geht es um die Aktionen, die im Vertrag versprochen werden.

Es ist möglich, Verträge zu schreiben, die von einer neutralen Partei durchgesetzt werden. Eine neutrale Partei ist jemand, der kein persönliches Interesse daran hat, ob der Kontrakt aufrecht erhalten wird oder nicht. Um die Durchsetzung glaubwürdig zu machen, muß die neutrale Partei veranlaßt werden, sich darum zu sorgen, ob die Selbstbindung eingehalten wird oder nicht. Dies geschieht, indem ein Reputationseffekt geschaffen wird. In einigen Fällen könnte der Halter des Vertrages zum Beispiel seinen Job verlieren, wenn er zuläßt, daß der Vertrag neu geschrieben wird. Thomas Schelling berichtet über ein bemerkenswertes Beispiel für die Umsetzung dieser Idee (8): In Denver gibt es ein Rehabilitationszentrum, das wohlhabende Kokainabhängige dadurch behandelt, daß sie einen Brief aufsetzen, in dem sie sich selber beschuldigen. Dieser Brief wird veröffentlicht, falls sie bei zufälligen Urinproben auffallen. Nachdem sie sich freiwillig in diese Position gebracht haben, werden viele Leute versuchen, sich aus dem Vertrag wieder herauszukaufen. Aber die Person, die den Vertrag hält, wird ihren Job verlieren, wenn er neu geschrieben wird. Das Rehabilitationszentrum wird seine Reputation verlieren, wenn es Angestellte, die eine Neuverhandlung der Verträge zulassen, nicht umgehend entläßt. Die Moral von dieser Geschichte besteht darin, daß Verträge alleine das Glaubwürdigkeitsproblem nicht überwinden können. Dazu ist vielmehr ein zusätzliches Instrument der Glaubwürdigkeit erforderlich, etwa die Beschäftigung einer Partei, die ein unabhängiges Interesse an der Durchsetzung oder eine Reputation auf dem Spiel stehen hat. Wenn der Reputationseffekt stark genug ist, dann mag es sogar unnötig sein, den Vertrag zu formalisieren. In diesem Sinne gilt auch der Spruch: »Ein Mann, ein Wort«.

Die Kommunikation abschneiden

Das Abschneiden der Kommunikation ist als glaubwürdige Selbstbindung deshalb erfolgreich, weil es eine Aktion wirklich unumkehrbar machen kann. Eine extreme Form dieser Taktik findet sich in den Festlegungen eines letzten Willens und eines Testaments. Ist die Partei verstorben, dann ist eine Neuverhandlung praktisch unmöglich (so war beispielsweise eine Entscheidung des britischen Parlamentes erforderlich, um das Testament von Cecil Rhodes so zu ändern, daß nun auch weibliche Studenten das von Rhodes gestiftete Stipendium für ein Studium in Großbritannien erhalten können). Allgemein gesprochen: wo ein letzter Wille ist, da gibt es auch einen Weg, Ihre Strategie glaubwürdig zu machen.

Die meisten Universitäten verlangen beispielsweise einen Preis, um einen Stiftungslehrstuhl einzurichten. Er bewegt sich in den USA derzeit ungefähr bei 1,5 Millionen Dollar. Diese Preise sind jedoch nicht in Stein gemeißelt (und auch nicht mit Efeu überwachsen). Man weiß, daß einige Universitäten ihre Regeln etwas gebeugt haben, um die Bedingungen und das Geld von verstorbenen Stiftern annehmen zu können, die die gegenwärtigen Preise nicht zahlen.

Man muß aber nicht gleich sterben, um eine Selbstbindung glaubwürdig zu machen. Die Irreversibilität wartet neben jedem Briefkasten. Wer hat nicht schon einen Brief abgeschickt und dann gewünscht, er könnte ihn noch einmal zurückbekommen? Und es funktioniert auch anders herum: Wer hat nicht schon einen Brief erhalten, von dem er wünschte, er wäre besser nicht gekommen? Aber Sie können ihn nicht zurücksenden und behaupten, daß Sie ihn nie gelesen hätten, wenn Sie den Brief erst einmal geöffnet haben.

Ehe sich der Trick verbreitete, war es in den USA ein erfolgreiches Mittel der Selbstbindung, Schecks in nicht frankierten Umschlägen ohne Rückadresse abzuschicken. Wer einen Brief ohne Absender abschickt, geht eine irreversible Selbstbindung ein. Die amerikanische Post lieferte derartige Briefe früher aus, und der Empfänger konnte die Lieferung akzeptieren, wenn er das Porto bezahlte. Ein Stromversorger oder eine Telefongesellschaft wußten nun, daß ein solcher Brief wahrscheinlich einen Scheck enthielt, mit dem eine fällige Rechnung beglichen wird (Überweisungen sind in den USA weniger verbreitet als in Deutschland). Sie zahlten daher lieber das fällige Porto, als einen weiteren Rechnungszyklus zu warten bis die Zahlung eintraf (oder auch nur ein weiterer unfrankierter Brief ohne Absender).

Das Problem löste sich für die Unternehmen, als die amerikanische Post ihre Politik änderte. Briefe ohne Porto werden heute nicht mehr an den Adressaten geliefert. Sie werden zum Absender zurückgeschickt, wenn es eine entsprechende Adresse gibt, und sie werden zumindest nicht ausgeliefert, wenn ein Absender nicht erkennbar ist. Das Unternehmen kann sich nun selbst dazu verpflichten, einen Brief ohne Porto nicht anzunehmen.

Aber was, wenn Sie die Adresse der Firma sowohl im Feld für den Adressaten als auch als Absender angeben? Die Post hat ja dann jemanden, an den sie den Brief zurückschicken kann. Wir haben natürlich nichts gesagt, und Sie haben diese Idee hier nicht zum erstenmal gehört. Sollte sich diese Idee aber ausbreiten, dann können Sie sicher sein, daß die Post ihre Regeln wieder ändern wird. Briefe ohne Porto werden dann nicht einmal mehr zum Absender zurückgeschickt. Es gibt ein ernsthaftes Problem, wenn man die Kommunikation abschneidet, um eine Selbstbindung aufrecht zu erhalten. Wenn Sie nicht erreichbar sind, dann kann es schwierig, ja sogar unmöglich sein, festzustellen, daß Ihr Rivale auf Ihre Forderungen eingegangen ist. Sie müssen andere damit beauftragen, sicherzustellen, daß der Vertrag eingehalten wird. Ein Testament beispielsweise wird von einem Notar und nicht vom Verstorbenen selbst ausgeführt. Über ein elterliches Rauchverbot gibt es keine lange Debatte, wenn die Eltern weg sind - aber dann ist es eben auch nicht mehr durchsetzbar.

Die Brücken hinter sich abbrechen

Armeen erreichen häufig eine Selbstbindung, indem sie sich selbst die Möglichkeit zum Rückzug abschneiden. Diese Strategie geht mindestens bis auf das Jahr 1066 zurück, als William der Eroberer seine Invasionsarmee, nach der Landung in England, die eigenen Schiffe verbrennen ließ. Es entstand damit eine bedingungslose Selbstbindung, eher zu kämpfen als sich zurückzuziehen. Cortéz folgte derselben Strategie bei seiner Eroberung Mexikos. Als er in Cempoalla in Mexiko ankam, gab er Befehle, die dazu führten, daß alle Schiffe bis auf eines verbrannt oder unbrauchbar gemacht wurden. Obwohl seine Soldaten dem Feind zahlenmäßig deutlich unterlegen waren, hatten sie keine andere Wahl, als zu kämpfen und zu siegen. »Wäre Cortéz gescheitert, dann könnte man darin sehr wohl einen Akt des Wahnsinns sehen. Dennoch war es das Ergebnis bewußter Kalkulation. Es gab für ihn keine andere Alternative, als entweder Erfolg zu haben oder unterzugehen.«(9)

Die Zerstörung der Schiffe verschaffte Cortéz zwei Vorteile: Erstens waren seine eigenen Soldaten geeint. Jeder wußte, daß sie alle bis zum Ende kämpfen würden, da es unmöglich war, zu desertieren oder sich gar zurückzuziehen. Zweitens, und das ist wichtiger, wirkte diese Selbstbindung auch auf die Gegner. Sie wußten, daß Cortéz entweder Erfolg haben oder untergehen mußte. Sie selber hatten jedoch die Option eines Rückzugs ins Hinterland. Anstatt einen so wild entschlossenen Feind zu bekämpfen, zogen sie es vor, sich zurückzuziehen. Damit diese Form der Selbstbindung den beabsichtigten Effekt haben kann, muß sie allerdings auch von den Soldaten verstanden werden (den eigenen und denen des Feindes), nicht nur vom Strategen am grünen Tisch. Es ist deshalb besonders interessant zu erfahren, daß »die Zerstörung der Flotte nicht nur mit Wissen, sondern sogar mit der Unterstützung der Armee erfolgte, obwohl Cortéz selber sie zunächst vorgeschlagen hatte.«(10)

Diese Idee, die eigenen Schiffe zu verbrennen, zeigt, wie sich das strategische Denken im Laufe der Zeit entwickelt hat. Noch die Trojaner scheinen alles verkehrt gemacht zu haben, als die Griechen zu ihnen segelten, um Helena zu retten.* Die Griechen versuchten, die Stadt zu

* Während die Trojaner die Strategie noch auf den Kopf stellten, waren die Griechen bereits moderner. Schelling zitiert den griechischen General Xenophon als ein frühes Beispiel für die hier beschriebene Variante strategischen Denkens. Obwohl Xenophon nicht buchstäblich seine Brücken hinter sich abbrannte, schrieb

erobern, während die Trojaner es darauf anlegten, die griechischen Schiffe zu verbrennen. Wäre ihnen das gelungen, dann hätten sie in den Griechen allerdings nur um so entschlossenere Gegner gefunden. Tatsächlich gelang es den Trojanern nicht, die griechische Flotte zu zerstören, und die Griechen traten mit ihren Schiffen den Rückzug an. Bekanntermaßen ließen die Griechen ein Geschenk zurück, das berühmte Pferd, das die Trojaner in der Rückschau ein wenig zu schnell annahmen.(11)

In modernen Zeiten läßt sich diese Strategie nicht nur auf Angriffe von See, sondern auch auf Attacken gegen Geschäftsfelder anwenden. Viele Jahre lang weigerte sich zum Beispiel die Polaroid Corporation von Edwin Land ganz bewußt, über das Sofortbildgeschäft hinaus zu diversifizieren. Weil man alles auf die Sofortbildfotografie gesetzt hatte, war Polaroid verpflichtet, jeden Eindringling im Markt entschlossen zu bekämpfen.

Am 20. April 1976, nach 28 Jahren eines Polaroid-Monopols im Sofortbildmarkt, betrat Eastman Kodak die Arena. Kodak kündigte einen neuen Sofortbildfilm und eine entsprechende Kamera an. Polaroid reagierte darauf sehr aggressiv und verklagte Kodak wegen Patentverletzung. Edwin Land, der Gründer und Vorsitzende von Polaroid, war bereit, sein Territorium zu verteidigen: »Hier geht es um unsere Seele. Dies ist unser ganzes Leben, für Kodak geht es nur um ein anderes Geschäftsfeld. Wir werden auf unserem Feld bleiben und dieses Feld verteidigen.«(12) Marc Twain erklärte diese Philosophie in *»Pudd'nhead Wilson«*: »Der Dummkopf sagt: Vorsicht, leg' nicht alle Deine Eier in einen Korb. Aber der Weise sagt: leg' alle Deine Eier in einen Korb – und PASS AUF DIESEN KORB AUF.« (13) Die Schlacht endete am 12. Oktober 1990, als die Gerichte Polaroid eine Forderung von 909,4 Millionen Dollar gegen Kodak zusprachen.* Kodak war gezwungen, seinen Sofortbildfilm und die Kamera vom Markt zurückzuziehen. Obwohl Polaroid seine Vorherrschaft über den Sofortbildmarkt wiederhergestellt hatte, verlor die Firma allerdings Boden an Wettbewerber mit tragbaren Videokameras und an Minilabors, die konventionelle Filme in einer

er über die Vorteile, die es hat, wenn man mit dem Rücken zum Abgrund kämpft. Siehe Schelling, »Strategic Analysis and Social Problems«, erschienen in der Aufsatzsammlung: Schelling; *»Choice and Consequence«*, Cambridge 1984.

* Polaroids Aktien fielen allerdings nach diesem Urteil, da der Markt eine Entschädigung in der Größenordnung von 1,5 Milliarden Dollar erwartet hatte.

Stunde entwickeln und drucken konnten. Da man über keinerlei Brükken verfügte, fühlte sich Polaroid mittlerweile eher auf einer sinkenden Insel gefangen. Mit einer veränderten Philosophie hat das Unternehmen inzwischen begonnen, in das Videogeschäft und sogar in den Bereich herkömmlicher Filme zu diversifizieren.

Man muß nicht buchstäblich Brücken abbrechen oder Schiffe verbrennen, die die Ozeane überbrücken. Man kann Brücken auch im übertragenen Sinne abbrechen, indem man eine politische Position einnimmt, die manche Wähler aufbringen wird. Als Walter Mondale 1984 die demokratische Präsidentschaftskandidatur übernahm, da verkündete er, daß er im Falle seiner Wahl die Steuern erhöhen würde. Er ging damit eine Selbstverpflichtung des beschriebenen Typs ein: Wähler, die auf Angebotspolitik à la Reagan setzten, waren für ihn unwiderruflich verloren. Mondales Position wurde dadurch für diejenigen um so glaubwürdiger, die eine Steuererhöhung zum Abbau des Defizits begrüßten. Unglücklicherweise (für Mondale) stellte sich heraus, daß die Wählergruppe, die er durch seinen Zug verärgert hatte, viel zu groß gewesen war.

Schließlich kann es auch eine glaubwürdige Quelle der Selbstbindung sein, Brücken zu bauen anstatt sie abzubrechen. Die Reformen, die im Dezember 1989 Osteuropa erfaßten, führten dazu, daß Brücken gebaut wurden, indem man Mauern einriß. Als Reaktion auf die massiven Proteste und die Fluchtbewegung wollten Egon Krenz und die neue DDR-Führungsspitze Reformen versprechen - aber sie hatten kein konkretes Reformpaket. Die Bevölkerung war skeptisch. Warum sollte man einem vagen Reformversprechen glauben? Selbst wenn Krenz ernsthaft für Reformen war, konnte er die Macht schnell wieder verlieren. Der Abbau von Teilen der Berliner Mauer half der DDR-Führung, eine glaubwürdige Selbstbindung zugunsten einer Reformpolitik einzugehen, ohne daß diese Politik im Detail schon vorgelegt werden mußte. Indem eine Brücke zum Westen (wieder)eröffnet wurde, zwang die Führung sich selbst, Reformen anzustreben, um einen weiteren Exodus zu verhindern. Da die Bürger künftig die Möglichkeit zur Abwanderung hatten, war das Reformversprechen glaubwürdig und lohnte auch das Abwarten. Die Wiedervereinigung kam weniger als ein Jahr später.

Die Kontrolle über das Ergebnis abgeben

Die Weltuntergangsmaschine im Film *»Dr. Strangelove«* bestand aus großen eingegrabenen Atombomben, deren Explosion genügend Radioaktivität freisetzen würde, um alles Leben auf der Erde auszulöschen. Das Gerät würde im Falle eines Angriffs auf die Sowjetunion automatisch detonieren. Als der amerikanische Präsident Merton Muffley im Film fragt, ob so ein automatischer Auslöser möglich sei, antwortet Dr. Strangelove: »Er ist nicht nur möglich, er ist unverzichtbar«.

Das Gerät ist eine so gute Abschreckung, weil jeder Angriff automatischen Selbstmord bedeutet.* Wenn es zu einem amerikanischen Angriff kommt, dann könnte der sowjetische Premier Dimitri Kissov davor zurückschrecken, zurückzuschlagen und die garantierte wechselseitige Vernichtung zu riskieren. Solange der sowjetische Premier frei in seiner Antwort ist, könnten die Amerikaner also einen Angriff versuchen. Aber mit der Weltuntergangsmaschine wird die sowjetische Antwort automatisiert und die Abschreckungsdrohung wird glaubwürdig.

Der strategische Vorteil ist jedoch mit Kosten verbunden. Es könnte einen kleinen Unfall geben oder einen nicht-autorisierten Angriff, nach dem die Sowjets ihre düstere Drohung eigentlich nicht wahrmachen wollen. Aber sie haben keine Wahl, denn über die Ausführung der Drohung haben sie keine Kontrolle mehr. Genau das passierte in *»Dr. Strangelove«*.

Um die Folgen eines Irrtums zu verringern, brauchen Sie eine Drohung, die nicht stärker ist als notwendig, um den Rivalen abzuschrekken. Was tun Sie, wenn die Aktion unteilbar ist, wie das bei einer Nuklearexplosion sicherlich der Fall ist? Sie mildern die Drohung ab, indem Sie zwar ein Risiko, aber keine vollständige Sicherheit schaffen, daß das fürchterliche Ereignis eintritt. Dies ist Thomas Schellings Idee vom Spiel mit dem Abgrund, dem sogenannten Brinkmanship. Er hat sie in seinem Buch *»The Strategy of Conflict«* erklärt:

»Brinkmanship ist die absichtliche Erzeugung eines erkennbaren Risikos, eines Risikos, das man nicht vollständig kontrolliert. Es ist die Taktik, die Situation mit Absicht etwas außer Kontrolle geraten zu lassen, nur damit dieses Außer-Kontrolle-Geraten für die andere Seite unerträglich wird, und sie nachgibt. Die andere Seite wird unter Druck gesetzt und eingeschüchtert, indem sie einem geteilten Risiko ausgesetzt wird, oder sie wird abgeschreckt, indem man ihr zeigt, daß eine falsche Bewegung ihrerseits uns so

* Chruschtschow versuchte offenbar einmal, diese Strategie zu benutzen; er drohte, daß russische Raketen im Falle bewaffneter Auseinandersetzungen in Berlin automatisch gestartet würden. Thomas Schelling, Arms and Influence, Seite 39.

sehr verstören könnte, daß wir über den Rand des Abgrunds hinausrutschen, ob wir wollen oder nicht, und sie dabei mit in die Tiefe reißen.«(14)

Der Einsatz von Brinkmanship bildete die Grundlage der nuklearen Abschreckungspolitik der USA. Während des Kalten Krieges brauchten die USA keine nukleare Vergeltung für den Fall zu garantieren, daß die Sowjets in Westeuropa einmarschieren. Schon das kleine Risiko eines Nuklearkriegs, sagen wir 10 Prozent, reichte aus, um die Sowjets abzuschrecken. Eine zehnprozentige Wahrscheinlichkeit entspricht einem Zehntel der Drohung und erfordert daher weitaus weniger Selbstbindung, um glaubwürdig zu sein. Die Sowjets hätten vielleicht nicht geglaubt, daß die Amerikaner mit Sicherheit zurückschlagen, aber sie konnten sich auch nicht *sicher* sein, daß die Amerikaner es nicht tun würden. Es gab immer die Mögllichkeit, daß ein sowjetischer Angriff eine Eskalation ausgelöst hätte, die schließlich außer Kontrolle geraten wäre.

Diese kurze Beschreibung wird der Brinkmanship nicht gerecht. Um die probabilistischen Drohungen dahinter besser zu verstehen, entwickeln wir in Kapitel 7 die Rolle gemischter Strategien. In Kapitel 8 widmen wir dem Spiel mit dem Abrund dann die ganze Aufmerksamkeit, die es verdient.

Sich in Schritten bewegen

Obwohl zwei Parteien einander vielleicht nicht trauen, wenn es um sehr viel geht, kann die Frage der Glaubwürdigkeit sich von selber lösen, wenn das Problem der Selbstbindung auf ein hinreichend kleines Maß reduziert werden kann. Die Drohung oder das Versprechen werden in viele Stücke zerlegt, und jedes einzelne Spiel wird dann für sich gelöst.

Die Ehre unter Dieben wird wiederhergestellt, wenn sie einander immer nur jeweils ein kleines bißchen trauen können. Betrachten Sie den Unterschied zwischen einer einmaligen Zahlung von 1 Million Dollar für ein Kilo Kokain und einer Folge von 1.000 kleinen Transaktionen, die jeweils auf Kokain für 1.000 Dollar begrenzt sind. Für 1 Million Dollar könnte es sich lohnen, Ihren Partner reinzulegen. Doch der Gewinn von 1.000 Dollar ist zu klein, weil er zugleich eine profitable Geschäftsbeziehung beenden würde.

Wann immer ein großes Ausmaß an Selbstbindung unmöglich ist, sollte man sich mit einem kleinen Betrag zufrieden geben und das häufig wiederholen. So trauen zum Beispiel Hausbesitzer und (schwarzarbeitende) Handwerker einander oft nicht: Der Hausbesitzer zahlt womöglich im voraus und stellt am Ende fest, daß die Arbeit unvollständig oder schlecht ausgeführt ist. Die Handwerker fürchten, daß der Hausbesitzer nach Ausführung der Arbeiten die Zahlung verweigert. Die Handwerker werden daher oft am Ende jedes Tages (oder jeder Woche) auf der Basis des Arbeitsfortgangs bezahlt. Jede Seite riskiert dann schlimmstenfalls den Verlust eines Tagewerks (oder der Arbeit einer Woche).

Wie im Falle des Spiels mit dem Abgrund wird das Ausmaß der Drohung oder des Versprechens durch das Vorgehen in kleinen Schritten reduziert. Man muß nur eine Eigenschaft beachten: Wer mit strategischem Denken vertraut ist, der wird vorwärts schließen und zurückschauen, und sich Sorgen über den letzten Schritt machen. Wenn Sie damit rechnen müssen, in der letzten Runde hereingelegt zu werden, dann sollten Sie die Beziehung schon in der vorletzten Runde abbrechen. Aber dann wird die vorletzte Runde zur letzten Runde und so entgehen Sie dem Problem nicht. Um zu verhindern, daß das Vertrauen vom Ende her wegbröckelt, sollte es keinen klaren letzten Schritt geben. Solange es eine Möglichkeit künftiger Geschäftsbeziehungen gibt, wird es sich nicht lohnen zu schummeln. Wenn Ihnen also ein zweifelhafter Typ erzählt, dieses sei sein letztes Geschäft, ehe er in Rente geht, dann seien Sie besonders vorsichtig.

Teamwork

Oft können uns andere helfen, glaubwürdige Selbstbindungen einzugehen. Menschen alleine mögen schwach sein, aber wenn sie eine Gruppe bilden, dann können sie durchaus Entschlossenheit aufbauen. Die Anonymen Alkoholiker (AA) und Diät-Gruppen haben den erfolgreichen Einsatz von Gruppendruck als Mittel der Selbstbindung berühmt gemacht. Der AA-Ansatz verändert die Payoffs Ihres Wortbruchs: Es wird eine soziale Institution aufgebaut, in der Sie Stolz und Selbstrespekt verlieren, wenn Sie Ihre Selbstbindung nicht einhalten.

Manchmal geht Teamwork weit über einen Gruppendruck hinaus und es werden massivere Taktiken eingesetzt, um uns zum Einhalten unserer Versprechen zu zwingen. Betrachten Sie etwa das Problem für die vorderste Linie einer vorrückenden Armee. Wenn alle voranstürmen, und nur einer sich etwas zurückhängen läßt, dann wird dieser Eine seine Überlebenschancen erhöhen, ohne daß deshalb schon die Erfolgschancen des Angriffs wesentlich sinken. Wenn aber jeder Soldat so dächte, dann würde aus dem Angriff ein Rückzug.

Natürlich passiert das nicht. Ein Soldat ist vielfältig konditioniert, durch die Ehre gegenüber seinem Land, durch die Loyalität gegenüber seinen Kameraden, und durch die Hoffnung auf die wunderbare Wunde - eine Verletzung, die schwer genug ist, um ihn von der Front zurück in die Heimat zu bringen, aber nicht so schwer, daß er sich nicht wieder erholen würde.(15) Soldaten, denen der Wille und der Mut fehlt, den Befehlen zu gehorchen, können mit Strafen für Desertion motiviert werden. Wenn die Strafe für Desertion im sicheren und schmählichen Tod besteht, dann wird die Alternative des Voranmarschierens wesentlich attraktiver. Aber Soldaten haben kein Interesse daran, ihre Landsleute zu töten, nicht einmal Deserteure. Wie können die Soldaten, die schon Schwierigkeiten damit haben, sich glaubwürdig zum Angriff zu verpflichten, eine glaubwürdige Selbstbindung erreichen, wonach sie Landsleute bei Desertion töten werden?

Die antike römische Armee bedrohte das Zurückfallen bei einem Angriff mit der Todesstrafe. Wenn die Armee in einer Reihe voranmarschierte, dann hatte jeder Soldat den Befehl, seinen Nebenmann sofort zu töten, falls dieser zurückblieb. Um diesen Befehl glaubwürdig zu machen, wurde auch derjenige mit dem Tode bestraft, der einen Deserteur nicht tötete. Obwohl ein Soldat also vielleicht lieber in der Schlacht kämpfen wollte, als einen Deserteur nach hinten zu verfolgen, konnte es ihn das Leben kosten, wenn er den Deserteur laufen ließ.*

Die Taktiken der römischen Armee leben heute im Ehrenkodex fort, der von Studenten an der amerikanischen Militärakademie West Point verlangt wird. Klausuren werden nicht überwacht, und wer pfuscht, fliegt von der Akademie. Aber weil Studenten ihre Kameraden normalerweise nicht verpfeifen wollen, gilt es auch als Verletzung des Ehrenkodex, wenn beobachtetes Pfuschen verschwiegen wird. Auch dieses Delikt führt zum Auschluß von der Akademie. Wenn der Ehrenkodex verletzt wird, dann melden die Studenten die Verstöße, weil sie nicht durch Schweigen zu stillen Komplizen werden wollen.

* Der Anreiz, Deserteure zu strafen, wird sogar noch verstärkt, wenn ein Deserteur begnadigt wird, falls er die Kameraden tötet, die ihn zuvor nicht bestraft haben. Wenn jetzt ein Soldat einen Deserteur nicht tötet, dann gibt es gleich zwei Leute, die ihn selber strafen können: sein Nachbar und der Deserteur, der sein eigenes Leben noch einmal dadurch retten kann, daß er den straft, der es zuvor unterlassen hatte, die Desertion zu bestrafen.

Beauftragte Unterhändler

Wenn ein Arbeiter sagt, daß er keine Lohnerhöhung unter 5 Prozent akzeptieren wird, warum sollte der Arbeitgeber dann glauben, daß der Mann nicht später doch nachgibt und 4 Prozent akzeptiert? Wenn Geld auf dem Tisch liegt, dann motiviert das die meisten Leute, es noch einmal mit neuen Verhandlungen zu versuchen.

Die Situation des Arbeiters läßt sich aber verbessern, wenn er jemanden hat, der für ihn verhandelt. Wenn der Gewerkschaftsfunktionär verhandelt, dann mag seine Position weniger flexibel sein. Er kann gezwungen sein, zu seinem Wort zu stehen, weil er sonst die Unterstützung seiner Wähler verliert. Der Funktionär kann sogar gezielt versuchen, ein restriktives Verhandlungsmandat zu erhalten, oder er kann sein Prestige aufs Spiel setzen, indem er seine unflexible Position öffentlich bekräftigt. Der Gewerkschaftsfunktionär wird damit praktisch zu einem beauftragten Unterhändler. Seine Autorität als Verhandlungspartner beruht auf der von ihm vertretenen Position. In einigen Fällen hat er einfach nicht die Autorität, Kompromisse zu schließen. Seine Basis, nicht der Funktionär, muß dem Vertrag schließlich zustimmen. In anderen Fällen würde ein Kompromiß die Ablösung des Unterhändlers bedeuten.

In der Praxis interessieren wir uns sowohl für die Mittel als auch die Ziele einer Selbstbindung. Wenn der Gewerkschafter *freiwillig* sein Prestige an eine bestimmte Position bindet, sollten Sie dann (würden Sie dann?) seinen Gesichtsverlust genauso behandeln, als wenn er von außen auferlegt wird? Jemand, der versucht einen Zug aufzuhalten, indem er sich an die Gleise fesselt, erhält vielleicht weniger Sympathie als jemand, der dort gegen seinen Willen gefesselt wurde.

Ein zweiter Typ eines beauftragten Unterhändlers ist ein Automat. Nur wenige Leute streiten zum Beispiel mit Getränkeautomaten über den Preis, und noch viel weniger Leute tun das mit Erfolg.*

Damit ist unsere Darstellung des achtfachen Weges zur erfolgreichen Selbstbindung abgeschlossen. In der Praxis mag jede konkrete Situation mehr als einen Weg erfordern. Hier sind zwei Beispiele.

* Nach Angaben des US-Verteidigungsministeriums töteten Getränkeautomaten, die umstürzten, als an ihnen gerüttelt wurde, um Getränke oder Wechselgeld herauszubekommen, in einem Fünfjahreszeitraum fünf Soldaten oder deren Angehörige. Es gab 39 Verletzte - International Herald Tribune, 15.Juni 1988.

2. Man hat nur ein Leben, das man für sein Vaterland opfern kann

Wie kann eine Armee den Feind davon überzeugen, daß ihre Soldaten tatsächlich das eigene Leben für Ihr Land opfern werden, wenn es ihnen befohlen wird? Die meisten Armeen wären am Ende, wenn jeder einzelne Soldat auf dem Schlachtfeld eine rationale Berechnung der Kosten und Nutzen anstellen würde, die damit verbunden sind, das eigene Leben zu riskieren. Andere Mechanismen sind deshalb entwickelt worden, darunter auch viele, die wir oben schon diskutiert haben. Die Taktik der abgebrochenen Brücken, die Rolle von Bestrafung und von Teamwork erwähnten wir bereits. Wir konzentrieren uns nun auf die Möglichkeiten, den einzelnen Soldaten zu motivieren.

Der Prozeß beginnt im Ausbildungslager: Grundausbildung ist in jeder Armee ein traumatisches Erlebnis. Der neue Rekrut wird mißhandelt, erniedrigt und unter solchen physischen und psychischen Druck gesetzt, daß die wenigen Wochen seine Persönlichkeit ziemlich verändern.(16) Eine wichtige Gewohnheit, die in diesem Prozeß erworben wird, ist der automatische und unkritische Gehorsam. Es gibt keinen Grund dafür, daß Socken in bestimmter Weise gefaltet oder Betten in bestimmter Weise gemacht werden müssen - nur den, daß der Offizier es befohlen hat. Dahinter steht die Vorstellung, daß derselbe Gehorsam auch erfolgt, wenn der Befehl äußerst wichtig ist. Dazu ausgebildet, keine Fragen zu stellen, wird die Armee zur Kampfmaschine; die Selbstbindung ist automatisch.

Die scheinbare Irrationalität jedes einzelnen Soldaten verwandelt sich so in strategische Rationalität. Shakespeare wußte das genau; in der Nacht vor der Schlacht von Agincourt betet sein König Heinrich V.:

> »O Gott der Schlachten! Stähle die Herzen meiner Soldaten; gib ihnen nicht Furcht ein; *nimm von Ihnen jetzt den Sinn zum Rechnen*, falls die gegnerischen Zahlen ihre Herzen aus ihnen reißen.« (eigene Hervorhebung)(17)

Als nächstes kommt der Stolz, der jedem Soldaten beigebracht wird: Stolz auf das eigene Land, Stolz auf das eigene Soldatentum und, vielleicht zu allererst, Stolz auf die Tradition der eigenen Kampfeinheit. Das US Marine Corps, die berühmten Regimenter der British Army und die französische Fremdenlegion sind Beispiele für diesen Ansatz. Ständig wird der großen Taten der Einheit in vergangenen Schlachten gedacht, der heroische Tod Einzelner wird glorifiziert. Die ständige Wiederholung der Vergangenheit soll den Rekruten ein Gefühl des Stolzes auf die Tradition vermitteln, zugleich auch die Entschlossenheit, sich nicht vor ähnlichen Taten zu drücken, wenn es soweit ist.

Die Kommandeure appellieren aber auch an einen viel persönlicheren Stolz ihrer Männer. Nach Shakespeare inspirierte Heinrich V. seine Truppen bei Harfleur wie folgt: »Entehrt nicht eure Mütter; beweist jetzt, daß die, die ihr Väter nanntet, euch zeugten.« Stolz ist oft ein elitäres Gefühl; es beruht darauf, etwas zu haben, was anderen fehlt. Hören wir wiederum Heinrich V., der vor der Schlacht von Agincourt zu seinen Truppen spricht:

> »Wir wenigen, wir glücklichen wenigen, wir Schar von Brüdern; denn wer heute sein Blut mit mir vergießt, soll mein Bruder sein; ... und Edelleute, die jetzt in England zu Bett sind, sollen sich selber für verflucht halten, daß sie nicht hier waren, und ihre Männlichkeit billig halten, wenn irgendjemand spricht, der mit uns am Sankt-Crispianstag kämpfte.«

Selbstbindung erfolgt auch durch eine Kombination von Teamwork, vertraglicher Vereinbarung und dem Niederreißen aller Brücken. Wieder zitieren wir Shakespeares Heinrich V., der vor der Schlacht von Agincourt zu seinen Truppen spricht:

> »Derjenige, der keinen Mut hat zu diesem Kampf, [kann] zurückkehren; sein Paß soll ausgestellt und Kronen zum Geleit in seine Börse gesteckt werden: Wir wünschten nicht, in der Gesellschaft desjenigen Mannes zu sterben, der fürchtet, seine Kameradschaft könnte mit uns sterben.«

Natürlich schämt sich jeder, ein solches Angebot öffentlich anzunehmen. Gleichwohl haben die Soldaten durch den Akt der Ablehnung dieses Angebots ihre Schiffe zur Rückkehr psychologisch verbrannt. Sie haben einen impliziten Vertrag miteinander geschlossen, den Tod nicht zu scheuen, wenn es soweit ist. Die brilliante Fähigkeit Heinrichs, seine Soldaten zu motivieren und auf die Schlacht zu verpflichten, spiegelt sich im Erfolg auf dem Schlachtfeld von Agincourt, der auch gegen eine gewaltige Überzahl von Gegnern errungen werden konnte.

3. Ein unwiderstehliches Angebot

Nicht nur in dem Film *»Der Pate«* hört man von Angeboten, »die man nicht ablehnen kann«. In kleineren Abwandlungen ergibt sich diese Situation überraschend oft.

Am Ende eines scheinbar recht erfolgreichen Bewerbungsgesprächs wurde Larry gefragt, wo er die Firma in seiner Rangliste präferierter Arbeitgeber ansiedeln würde. Bevor er antwortete, wurde ihm gesagt, daß die Firma nur solche Kandidaten einstelle, für die sie erste Wahl sei. Wenn die Firma wirklich seine Nummer 1 sei, dann möge er schon jetzt ein möglicherweise folgendes Jobangebot definitiv annehmen. Was hätte Larry angesichts dieses »Angebots, das man nicht ablehnen kann« (denn sonst bekommen Sie es nicht) tun sollen?

Mit dem Röntgenblick der Spieltheorie können wir diesen Trick durchschauen. Die Firma behauptet, sie wolle nur solche Leute einstellen, die sie als besten Arbeitgeber ansehen. Das Ergebnis dieser aggressiven Taktik ist jedoch das glatte Gegenteil dessen, was angestrebt wird: Wenn die Firma wirklich Angestellte sucht, für die sie der ideale Arbeitgeber ist, dann sollte sie Jobangebote nicht von ihrer Beurteilung durch den Kandidaten abhängig machen. Wenn die Firma nach dem ersten Interview tatsächlich Larrys erste Wahl gewesen ist, dann kann sie damit rechnen, daß er ihr Angebot annimmt. Keine Firma muß sich Sorgen machen, von Bewerbern abgelehnt zu werden, die dort am liebsten arbeiten wollen. Wenn die Firma Larrys zweite Wahl gewesen ist, ein Angebot seiner ersten Wahl jedoch noch nicht vorliegt, dann ist er womöglich bereit, den Job zweiter Wahl anzunehmen, um das Risiko zu vermeiden, gar nichts zu bekommen. Die Taktik der Firma zu behaupten, man werde nur Angebote an Kandidaten machen, die die Firma als erste Wahl betrachten, hat den Effekt, daß Kandidaten eingestellt werden, für die die Firma gerade nicht erste Wahl ist.

Näher an der Wahrheit und wohl das, was sie eigentlich sagen wollten, ist: »Wir wollen, daß Sie hier arbeiten. Wenn wir für Sie erste Wahl sind, dann wissen wir, daß wir Sie bekommen. Wenn wir allerdings nur zweite Wahl für Sie sind, dann könnten wir Sie verlieren. Um Sie einstellen zu können, selbst wenn wir nicht erste Wahl für Sie sind, möchten wir, daß Sie unserem Angebot vorab zustimmen. Andernfalls geben wir Ihnen kein Angebot.« In diesem Licht gesehen ist das keine sehr glaubwürdige Drohung. Die Firma möchte Larry so gerne einstellen, daß sie sogar bereit ist, ihn auch dann zu nehmen, wenn sie nur zweite Wahl für ihn ist. Gleichzeitig behauptet sie, daß sie ihm keinen Job anbieten werde, wenn Larry nicht vorab einschlägt, sondern stattdessen erst später wiederkommt. Das ist möglich, aber nicht sehr wahrscheinlich.

Unser Freund Larry erklärte nun, daß er erst am Anfang seiner Bewerbungsgespräche stehe, und daß er daher zu wenig Information habe, um eine Rangliste aufzustellen. Die Firma erinnerte ihn daran, daß er keinen Job bekommen werde, wenn er nicht vorab zusage. Er verließ das Gespräch an einem Mittwoch ohne Angebot. Am Freitag derselben Woche fand er auf seinem Anrufbeantworter ein Angebot. Am Montag kam ein erneuter Anruf, der das Angebot wiederholte. Am Mittwoch kam ein Telegramm, in dem eine Prämie für die Unterschrift zugesagt wurde. Es ist eben schwer, sich glaubwürdig dazu zu verpflichten, jemandem kein Jobangebot zu machen, den man einstellen will.

Was hätte die Firma machen können, um ihre Drohung glaubwürdig zu machen? Teamwork kann hier helfen, allerdings nicht im üblichen Sinne. Wenn es mehrere Leute gibt, die über Einstellungen entscheiden, dann ist es möglich, daß die Koalition, die Ihre Einstellung befürwortet, zugunsten eines späteren Kandidaten zusammenbricht, wenn sie nicht sofort einschlagen. Wie wir im Kapitel 10 über Wahlprozesse sehen werden, kann die Reihenfolge der Kandidaten die endgültige Entscheidung beeinflussen. Eine Entscheidung durch ein Komitee ist in diesem Sinne so zufallsabhängig, daß sich nicht garantieren läßt, daß dieselbe Ausgangslage immer zur gleichen Entscheidung führt. Die Unfähigkeit eines Komitees, sich selbst zu »rationalen« Entscheidungen zu verpflichten, kann eine Alles-oder-Nichts-Drohung glaubwürdig machen.

Ein Angebot, das jetzt gilt, später aber eventuell nicht mehr, hindert die Leute auch daran, beim Einkauf intensive Vergleiche anzustellen. Stereogeschäfte oder Autohändler nutzen diese Taktik zum Teil sehr wirkungsvoll. Aber wie verleihen diese Verkäufer ihrer Drohung Glaubwürdigkeit, morgen ein Geschäft abzulehnen, zu dem sie heute bereit sind? Die Antwort ist, daß der Umsatz steigen und Cash-Flow-Probleme verschwinden können. Wie man so schön sagt: Dieses ist die Gelegenheit Ihres Lebens.

4. Fallstudie Nr. 6 : Würden Sie einen Computer von IBM lieber mieten?

Nach einer mehr als zwölfjährigen juristischen Schlacht ist die versuchte Entflechtung von IBM unangefochten der monumentale Schandfleck in der Geschichte der amerikanischen Kartellaufsicht. Eines der zahlreichen Probleme kreiste um die Politik IBMs, seine Großrechner nicht zu verkaufen, sondern sie über Leasing-Verträge zu vertreiben.

Die Behörden argumentierten, daß die von IBM bevorzugten kurzfristigen Leasingverträge eine Marktzutrittsbarriere darstellten, die Monopolprofite ermögliche. IBM verteidigte die Praxis damit, daß sie im Interesse des Kunden sei: Ein kurzfristiger Leasing-Vertrag befreie den Kunden vom Risiko veraltender Technologie, gewähre Flexibilität bei veränderten Bedürfnissen, verpflichte IBM, die geleasten Geräte zu unterhalten (da IBM für den Betrieb verantwortlich war) und verschaffe den Kunden überdies Finanzierungshilfe durch das Unternehmen mit der dicksten Brieftasche.

Viele sehen in diesen Argumenten eine überzeugende Verteidigung. Dennoch gibt es einen strategischen Vorteil beim Leasing, der von beiden Seiten anscheinend übersehen worden ist. Wie würden sich die Preise Ihrer Meinung nach verändern, wenn IBM seine Großrechner verkaufte, anstatt Leasing-Verträge anzubieten?

Diskussion

Sogar eine Firma ohne äußeren Konkurrenten muß sich darum sorgen, wie sie mit sich selber in der Zukunft konkurrieren wird. Wenn ein neuer Computer eingeführt wird, dann kann IBM die ersten Modelle zu sehr hohen Preisen an Kunden verkaufen, die ungeduldig auf die technischen Verbesserungen warten. Sind die Computer erst einmal in großer Zahl verfügbar, dann besteht die Versuchung, den Preis zu senken und mehr Kunden zu gewinnen. Die hauptsächlichen Kosten der Produktion sind bereits in der Entwicklungsphase entstanden; jeder zusätzliche Verkauf bedeutet also einen Haufen Geld.

Darin liegt das Problem. Wenn die Kunden erwarten, daß IBM den Preis senken wird, dann werden sie mit ihren Käufen warten. Wenn die Mehrheit der Käufer wartet, dann hat IBM einen Anreiz, seine Preissenkungen zu beschleunigen und die Kunden rasch zu gewinnen. Dieser Gedanke ist zum ersten Mal von dem Nobelpreisträger und Chicago-Professor Ronald Coase entwickelt worden: Bei *langlebigen* Gütern konkurriert ein Monopolist mit dem eigenen Unternehmen in der Zukunft, so daß im Markt Wettbewerb entsteht.(18)

Leasing ist ein Instrument der Selbstbindung, mit dem IBM die Preise hoch halten kann. Die Leasing-Verträge machen es sehr teuer für IBM, den Preis zu senken. Wenn die Geräte über kurzfristige Leasing-Verträge laufen, dann muß jede Preissenkung an *alle* Kunden weitergegeben werden, nicht nur an diejenigen, die noch nicht gekauft haben. Der Verlust bei den vorhandenen Kunden kann den Zuwachs aus neuen Leasing-Verträgen mehr als aufwiegen. Wenn die vorhandenen Kunden ihr Gerät dagegen besitzen, dann ist eine solche Abwägung nicht erforderlich; die Kunden, die ihren Computer schon zum hohen Preis gekauft haben, haben kein Anrecht auf einen nachträglichen Rabatt.

Leasing ist damit ein Beispiel für das Vorgehen in kleinen Schritten. Die Schritte bestehen aus der Dauer der Verträge. Je kürzer der Vertrag, desto kleiner der Schritt. Die Kunden erwarten nicht, daß IBM seinen Preis hoch hält, wenn die Schritte zu groß sind; sie werden auf die Preissenkung warten und dasselbe Gerät etwas später zum günstigeren Preis beschaffen. Aber wenn IBM seine Computer nur über kurzfristige und erneuerbare Leasing-Verträge abgibt, dann können die Preise glaubwürdig hoch gehalten werden; die Kunden haben keinen Grund zu warten, und IBM macht mehr Gewinn.

Als Collegeprofessoren und Autoren begegnen wir demselben Problem auch in unserem eigenen Bereich, nämlich im Markt für Lehrbücher. Wenn eine Selbstbindung möglich wäre, dann könnten die Verlage ihre Gewinne steigern, indem sie neue Auflagen von Textbüchern nur in fünfjährigen Zyklen, und nicht wie derzeit verbreitet, in dreijährigen Zyklen herausbringen. Größere Langlebigkeit des Buches würde seinen Wert im Gebrauchtmarkt erhöhen und damit auch die anfängliche Zahlungsbereitschaft der Studenten, wenn eine neue Auflage herauskommt. Sobald gebrauchte Bücher im Umlauf sind, hat der Verleger allerdings einen starken Anreiz, diese Konkurrenz durch eine neue Auflage auszustechen. Weil jedermann das erwartet, erhalten die Studenten niedrigere Preise für ihre gebrauchten Bücher; entsprechend weniger sind sie bereit, für die neue Auflage zu zahlen. Die Lösung für die Verleger ist dieselbe wie für IBM: Vermietet die Bücher statt sie zu verkaufen.

Kapitel 7
Unberechenbarkeit

In der Baseball National League-Meisterschaft gewannen die New York Mets 1986 ein wichtiges Spiel gegen die Houston Astros. Entscheidend war dabei ein Schlag des New Yorker Batters Len Dykstra, der einen Wurf des gegnerischen Pitchers Dave Smith voll traf und weit abschlagen konnte. Beide Spieler schilderten die Szene hinterher aus Ihrer Sicht.(1) So erzählte Dykstra: »Beim ersten Mal warf er mir einen schnellen Fastball zu, und mein Schlag ging daneben. Aber ich hatte so ein Gefühl, daß er beim nächsten Mal anders werfen würde, einen Forkball, und so wars. Ich bekam einen Wurf, den ich sehr gut sehen konnte und traf ihn genau.« Smith hingegen meinte: »Letztlich war es einfach ein schlecht gewählter Pitch«. Dykstra habe nach dem Fastball des ersten Wurfs wohl schon damit gerechnet, daß Smith beim zweiten Wurf die Geschwindigkeit verändern würde: »Wenn ich es nochmal machen müßte? Es wäre ein zweiter Fastball«.

Sollte Smith es wirklich künftig zweimal mit derselben Wurfstrategie versuchen? Natürlich nicht. Sein Gegenspieler, also der Batter, kann solche Gedanken durchschauen und sich auf einen zweiten Fastball einstellen. Smith müßte das Gedankenspiel dann eine Runde weiterdrehen und, trotz allem, wieder einen Forkball werfen. Und so weiter. Es gibt keinen endgültigen Schlußpunkt in diesem Prozeß. Der Batter kann jedes *systematische* Denken des Pitchers durchschauen und ausnutzen und umgekehrt. Das einzig Vernünftige für beide Spieler ist, unberechenbar zu sein.

Beim Tennis-Match oder bei einem Elfmeterschießen im Fußball gilt das gleiche Prinzip. Dennoch ist es in solchen Situationen ein klassischer Fehler des strategischen Denkens zu meinen, Sie könnten die Züge des Gegners einfach dadurch vorhersagen, daß Sie sich in seine Haut versetzen. Wir finden diesen Fehler zum Beispiel in David Halberstams Baseball-Buch *»The Summer of '49«* , als er das strategische Erwachen des 17-jährigen Nachwuchsspielers Ted Williams beschreibt (2):

> »Wie so viele andere junge Spieler hatte Williams Schwierigkeiten mit den Pitches. Er war auf die Würfe nie richtig vorbereitet. Einmal legte ihn ein

Pitcher mit einem sogenannten Curve rein. Williams war wütend über sich selbst und trottete zurück auf seine Position ins Außenfeld. Einer der San Diego Pitcher, der einmal in einer Profiliga gespielt hatte, rief zu ihm herüber. »Hey, Junge, womit hat er dich reingelegt?« »Mit einem verfluchten, langsamen Curve«, antwortete Williams. »Kannst du diesen Fastball treffen?« machte der Pitcher weiter. »Na klar«, antwortete Williams. »Was glaubst du, womit er dich als nächstes austricksen wird?«, fragte der Pitcher. Es gab eine kurze Pause. Ted Williams hatte niemals darüber nachgedacht, wie er als Pitcher gegen Ted Williams spielen würde - das machten doch die Pitcher. »Mit 'nem Curve«, antwortete er. »Hey Junge«, sagte der Pitcher, »warum gehst du nicht da rüber und wartest beim nächsten Mal drauf.« Williams tats und landete einen Volltreffer, einen Home Run. So begann ein fünfundzwanzigjähriges Studium der Psychologie des Pitchers.«

Der Pitcher hatte offenbar von der Notwendigkeit, unberechenbar zu sein, noch nichts gehört. Aber auch Williams offenbar nicht, denn wenn Williams darüber nachdenkt, wie er seinen Pitch gegen Williams werfen soll, dann würde er wohl keinen Curve werfen, wenn er weiß, daß Williams genau das erwartet! Dieses Kapitel zeigt, was man zu erwarten hat, wenn beide Seiten cleverer sein wollen als der andere. Obwohl man die Züge des Gegners nicht immer richtig erraten kann, kann man zumindest ihre relativen Häufigkeiten erkennen.

Die Unberechenbarkeit des Gegners richtig vorherzusehen und zu beantworten ist auch außerhalb des Baseball-, Tennis- oder Fußballplatzes sehr hilfreich. Denn Unberechenbarkeit ist immer dann ein entscheidendes Element der Strategie, wenn der eine die Gleichzeitigkeit von Aktionen wünscht, während der andere sie gerne vermeiden will. So will das Finanzamt Steuerhinterzieher überprüfen, während diese der Prüfung gerade entgehen möchten. Unter Kindern möchte das ältere der Geschwister oft nicht, daß das jüngere ihm immer am Rockzipfel hängt; das jüngere ist eifrig bemüht, den Fußstapfen des älteren zu folgen. Eine Invasionsarmee will mit der Wahl ihres Angriffspunkts eine taktische Überraschung erreichen; die Verteidiger wollen ihre Kräfte gerade an diesem Punkt konzentrieren.

Die Trendsetter für Nachtclubs, Restaurants, Kleidung und Kunst wollen Exklusivität; die breite Masse möchte sich gerne unter die Trendsetter mischen. Die »angesagten« Treffs der Trendsetter werden daher schließlich entdeckt, aber die schönen Menschen sind dann bereits weitergezogen. Die kurze Lebensdauer von Nachtklubs läßt sich so zum Teil erklären: Wenn ein Klub zu erfolgreich wird, dann wollen zu viele

Leute dort hingehen. Das vertreibt die Trendsetter, die anderswo einen neuen Szenetreff etablieren. Wie Yogi Berra sagt: »Der Laden ist so voll, keiner geht mehr hin.«

Auch wenn der Wurf eines Baseballpitchers oder die Entscheidung des Finanzamtes, wer geprüft wird, in jedem einzelnen Fall unberechenbar sind, so gibt es doch Regeln, die die Auswahl bestimmen. *Der richtige Grad der Unberechenbarkeit sollte nicht dem Zufall überlassen werden.* Die relative Wahrscheinlichkeit, daß der eine und nicht der andere Wurf gewählt wird, oder dafür, wer geprüft wird, kann aus den Einzelheiten des Spiels präzise abgeleitet werden. »Ist es auch Wahnsinn, so hat es doch Methode.« Hier erklären wir die Methode.

1. Gerade oder Ungerade

Manche von Ihnen werden sich an ein Spiel aus der Grundschule erinnern, bei dem der eine Spieler die »Gerade«-Partei ist, der andere »Ungerade«. Es wird bis drei gezählt, dann hält jeder der Spieler einen oder zwei Finger hoch. Ist die Summe der Finger gerade, dann gewinnt »Gerade«, andernfalls gewinnt »Ungerade«. Nehmen wir an, der Verlierer zahlt dem Gewinner einen Dollar. Wir können dann die übliche Tabelle mit Gewinnen und Verlusten in Abhängigkeit von den gewählten Strategien aufzeichnen:

Payoffs für (»Gerade«, »Ungerade«)

»Gerade« \ »Ungerade«	1 Finger	2 Finger
1 Finger	-1 1	1 -1
2 Finger	1 -1	-1 1

In diesem Spiel gibt es *kein* Gleichgewicht, wenn die beiden Spieler nicht zufällig handeln. Stellen Sie sich vor, »Ungerade« spielt mit Sicherheit 1. Dann würde »Gerade« immer gleichfalls die 1 spielen. Jetzt dreht sich die Logik im Kreis: Weil »Ungerade« sicher ist, daß sein Gegner die

1 spielt, setzt er auf 2. »Gerade« antwortet darauf aber wieder mit 2. »Ungerade« spielt dann 1, wir sind wieder am Anfang und ein Ende dieser Zirkelschlüsse ist nicht in Sicht.

Es gibt eine einfache Möglichkeit zu überprüfen, ob hier Zufälligkeit erforderlich ist. Man frage sich, ob es schaden kann, wenn Sie den anderen Spieler Ihren Zug wissen lassen, *bevor* er antwortet. Unberechenbarkeit ist notwendig, wenn es von Nachteil wäre, zuerst zu ziehen. Was würde passieren, wenn Sie bei unserem Fingerspiel zuerst ziehen würden? Sie würden immer verlieren.

Irgendein beliebiges zufälliges Verhalten reicht aber noch nicht aus. Angenommen, »Ungerade« wählt einen Finger in 75 Prozent der Fälle, zwei Finger in 25 Prozent der Fälle. »Gerade« kann dann durch Wahl der 1 in 75 Prozent der Fälle gewinnen und im Schnitt 0,5 Dollar pro Spiel gewinnen ($0{,}75 \times 1 + 0{,}25 \times (-1) = 0{,}5$). Mit 2 würde »Gerade« entsprechend 0,5 Dollar im Schnitt verlieren. Er würde also die 1 wählen. Aber dann sollte »Ungerade« die 1 wählen und nicht seinen 75:25 Mix. Diese Mischung würde die sukzessiven Runden des Nachdenkens über die Strategie des anderen nicht überleben.

Es gibt mit anderen Worten eine *Gleichgewichtsstruktur* auf der Basis des zufälligen Verhaltens, und diese gilt es nun zu berechnen. In unserem Beispiel ist die ganze Situation symmetrisch, der gleichgewichtige Mix muß also für beide Spieler 50-50 betragen. Probieren wir es aus: Wenn »Ungerade« 1 und 2 gleich häufig wählt, dann gewinnt »Gerade« im Durchschnitt $0{,}5 \times 1 + 0{,}5 \times (-1) = 0$ pro Spiel, und zwar sowohl wenn er 1, als auch wenn er 2 spielt. Er gewinnt also ebenfalls 0 im Durchschnitt, wenn er seinen 50-50 Mix spielt. Die beiden 50-50-Mixe sind also jeweils die beste Antwort aufeinander, das heißt: ein Gleichgewicht. Eine solche Lösung wird als Gleichgewicht gemischter Strategien bezeichnet. Der Begriff verdeutlicht, daß die Spieler ihre Züge zufällig mischen müssen.

In allgemeineren Situationen ergibt sich der Gleichgewichts-Mix nicht so einfach wie hier aus der Symmetrie, aber es gibt einfache Regeln, wie man ihn berechnen kann. Wir entwickeln diese Regeln, indem wir zum Tennis zurückkehren.

2. Hat jemand Lust auf Tennis?

Eine der ersten strategischen Lektionen im Tennis besteht darin, sich erst im letztmöglichen Bruchteil einer Sekunde auf eine Richtung festzulegen. Andernfalls kann der Gegner Ihre Vorahnung ausnutzen und den Ball genau in die entgegengesetzte Ecke schlagen. Auch wenn man die Bewegungen des andern nicht rechtzeitig beobachten kann, ist es doch von großem Vorteil, sie vorherzusagen. Wenn zum Beispiel ein Spieler seinen Aufschlag immer auf die Rückhand des Gegners spielt, dann wird dieser sich bereits darauf einstellen. Er wird sich schon richtig bewegen und folglich den Ball wirkungsvoller retournieren können. Der Aufschlagende versucht daher, unberechenbar zu sein und dem Gegner keine Chance zu geben, die Richtung des Serves erfolgreich vorauszuahnen. Umgekehrt darf derjenige, der auf den Aufschlag wartet, bei seiner ersten Bewegung nicht ausschließlich eine Seite bevorzugen. Anders als im Fingerspiel dürfen die Tennisspieler Unberechenbarkeit allerdings nicht mit Chancengleichheit verwechseln. Spieler können erfolgreicher werden, indem sie systematisch die eine Seite gegenüber der anderen bevorzugen - wenngleich in unberechenbarer Weise.

Um das konkreter zu machen, stellen wir uns ein Spielerpaar mit unterschiedlichen Fähigkeiten vor. Der Spieler, der auf den Aufschlag wartet, hat eine etwas stärkere Vorhand; wenn er den Aufschlag richtig einschätzt, dann ist sein Vorhandreturn in 90 Prozent der Fälle erfolgreich. Die Erfolgschance bei einem richtig vorausgesehenen Rückhandreturn beträgt dagegen nur 60 Prozent. Viel schlechter schneidet der Spieler natürlich ab, wenn er den Aufschlag falsch einschätzt und auf dem falschen Fuß erwischt wird: Geht er zur Rückhand, und der Aufschlag kommt auf die Vorhand, dann kann er nur in 30 Prozent der Fälle erfolgreich wechseln und retournieren; im umgekehrten Fall beträgt seine Chance sogar nur 20 Prozent. Wir können all dies mit folgender Tabelle beschreiben:

Wahrscheinlichkeit, daß der Gegner den Aufschlag erfolgreich retourniert

Server zielt auf...

		Vorhand	Rückhand
Gegner erwartet...	Vorhand	90%	20%
	Rückhand	30%	60%

Der aufschlagende Spieler will den Prozentsatz der erfolgreichen Returns natürlich so gering wie möglich halten; sein Gegner hat das entgegengesetzte Ziel. Vor dem Match legen sich beide einen Plan für ihr Spiel zurecht. Was ist die jeweils beste Strategie?

Wenn der Server immer auf die Vorhand zielt, dann wird sein Gegner das erkennen und 9 von 10 Aufschläge erfolgreich kontern. Zielt er den Aufschlag immer auf die Rückhand, dann wird auch das erkannt, und der Gegner schlägt 6 von 10 Serves erfolgreich zurück.

Nur durch Mischen der Aufschläge läßt sich die Effektivität des Gegners schwächen. Denn dieser muß dann immer neu raten und hat nicht den Vorteil, die richtige Position vorhersagen zu können.

Angenommen, der Server wirft vor jedem Aufschlag eine imaginäre Münze; er spielt auf Vor- oder Rückhand, je nachdem, ob Kopf oder Zahl oben liegt. Was geschieht dann, wenn sein Gegenspieler konsequent die Vorhand-Position bezieht? Der Gegner wird mit der Spekulation in der Hälfte der Fälle recht haben; wenn er richtig liegt, dann ist sein Vorhand-Return mit 90 Prozent erfolgreich. Ist seine Spekulation auf die Vorhand falsch, dann fällt die Erfolgsquote auf 20 Prozent. Seine durchschnittliche Erfolgsquote ist also $(1/2) \times 0{,}9 + (1/2) \times 0{,}2 = 0{,}55$. Mit einer ähnlichen Argumentation ergibt sich bei einem Aufschlag auf die Rückhand eine Erfolgsquote von $(1/2) \times 0{,}6 + (1/2) \times 0{,}3 = 0{,}45$.

Angesichts der 50-50 Regel des Servers wählt der Gegner die aus seiner Sicht beste Option: Er sollte sich immer zur Vorhand bewegen und der Prozentsatz erfolgreicher Returns wird 55 betragen. Aus Sicht des Aufschlagenden ist das jedoch schon einmal besser, als wenn er gleichmäßig immer denselben Aufschlag probiert hätte. Noch einmal zum Vergleich: Die Erfolgsquote des Gegners ist 90 beziehungsweise 60 Prozent, wenn stets auf die Vorhand beziehungsweise die Rückhand gespielt wird.

Die nächste Frage ist natürlich: Was ist der *beste* Mix für den Server? Um das beantworten zu können, zeichnen wir die Folgen unterschiedlicher Mischungen in einem Schaubild auf. Auf der Horizontalen steigt der Prozentsatz der Aufschläge, die der Server auf die Vorhand schlägt, von 0 bis 100 Prozent. Für jede der damit beschriebenen Mischungen zeigt nun die eine der beiden eingezeichneten Linien die Erfolgsquote des Gegners, wenn er ein Spiel auf die Vorhand erwartet hat. Die andere Linie zeigt die Erfolgsquote des Gegners, wenn er ein Spiel auf die Rückhand erwartet hat.

Wenn der Gegner also beispielsweise eine Vorhand erwartet hat, dann führt die Null-Prozent-Vorhand-Strategie (=Rückhand) dazu, daß der Gegner eine Erfolgsquote von 20 Prozent erreicht. Die 100-Prozent-Vorhand-Strategie erlaubt eine Erfolgsquote von 90 Prozent. Die Erfolgsquote des Gegners steigt also entlang der geraden Linie vom einen Ende zum anderen.

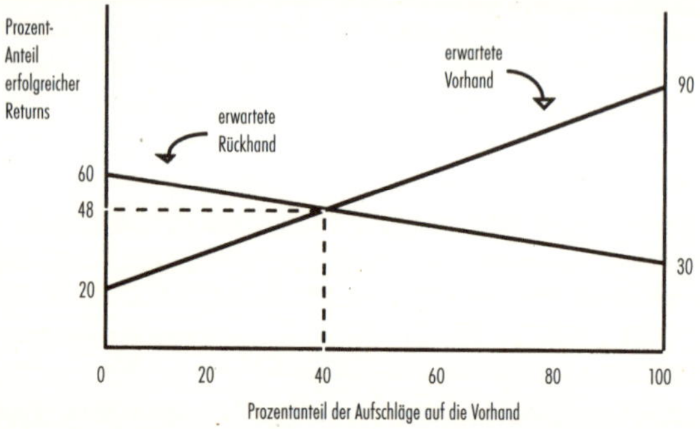

Die beiden Linien kreuzen sich in dem Punkt, bei dem die Aufschläge in 40 Prozent der Fälle auf die Vorhand kommen. Links davon kann sich der Gegner besser stellen, wenn er ein Service auf die Rückhand erwartet; rechts stellt er sich besser, wenn er eine Vorhand erwartet.*

Die Mischung von Aufschlägen auf Vor- und Rückhand im Verhältnis 40-60 ist die einzige, die der Gegner nicht zu seinem eigenen Vorteil ausnutzen kann. Nur bei dieser Mischung ist es so, daß er sich mit beiden möglichen Reaktionen gleich gut (oder schlecht) stellt: Beide sichern ihm eine Erfolgsquote von 48 Prozent. Jeder andere Mix des Servers wird dem Gegner jeweils eine Erfolgsquote entlang der *oberen* Linie im Schaubild und damit eine Quote von über 48 Prozent ermöglichen, wenn er diesen Mix nur richtig ausnutzt. Die beste Wahl für den Server ist also ein Mix, bei dem er 4 von 10 Aufschlägen auf die Vorhand spielt.

* Beachten Sie, daß es günstiger ist, auf die Vorhand zu spekulieren, sobald die Wahrscheinlichkeit eines entsprechenden Aufschlags höher ist als 40 Prozent – nicht etwa erst ab 50 Prozent. Auch wenn ein Aufschlag auf die Vorhand unwahrscheinlicher sein mag, sind doch *die Fähigkeiten des Spielers nicht gleichverteilt*. Es ist für ihn deshalb immer schon dann richtig, auf die Vorhand zu setzen, wenn die Wahrscheinlichkeit des entsprechenden Aufschlags über 40 Prozent liegt.

Die exakten Proportionen in diesem Mix hängen von den vier Return-Ergebnissen (90, 60, 30, 20) ab, die wir für die zweimal zwei Kombinationen der einfachen Spielstrategien unterstellt hatten. Bei Spielern mit anderen absoluten und relativen Stärken gelten natürlich andere Zahlen, und der beste Mix wird deshalb anders ausfallen. Wir werden schon bald feststellen, daß derartige Veränderungen zu einigen überraschenden Resultaten führen können. An dieser Stelle ist der Punkt aber einfach der, daß Sie Ihre optimale Mischung von Strategien ermitteln müssen, indem Sie jeweils die vier grundsätzlich möglichen Spielausgänge abschätzen.

Es gibt dabei auch eine Abkürzung; man kann die Gleichgewichtsstrategien auch berechnen ohne erst wie oben ein Schaubild zu zeichnen. Die einfache arithmetische Methode dazu wurde von J.D.Williams entwickelt.(3) Gehen Sie zurück zur Tabelle mit den grundsätzlich möglichen Spielausgängen. Nehmen Sie an, der Server zielt auf die Vorhand, und ermitteln Sie den Unterschied zwischen den beiden möglichen Reaktionen seines Gegners; wir erhalten 90 - 60 = 30. Jetzt machen Sie das gleiche für die andere Strategie, also Rückhand: 60 - 20 =40. Diese Zahlen *in ihrer umgekehrten Reihenfolge* entsprechen genau den Proportionen der beiden Strategien im besten Mix.* Der Server sollte also auf Vor- und Rückhand im Verhältnis 40-60 zielen.

* Wir können dieses Ergebnis mit ein wenig Algebra überprüfen. Wenn die Tabelle mit den Payoffs für den »Spalten«-Spieler so aussieht, wie in der untenstehenden Abbildung, dann ist die Gleichgewichtsproportion (D-B) / (A-C). »Spalte« wählt die Strategie »Links« mit einer Wahrscheinlichkeit p, die so bemessen ist, daß es für »Zeile« gleichgültig ist, ob er mit »Oben« oder »Unten« antwortet; es ergibt sich also: $p \times A + (1-p) \times B = p \times C + (1-p) \times D$
Durch Umformen erhält man $p/(1-p) = (D-B) / (A-C)$, wie behauptet. Da die Payoffs für »Zeile« dem negativen Wert der Payoffs für »Spalte« entsprechen, ist der Gleichgewichtsmix von »Oben« und »Unten« für ihn (D-C) / (A-B).

		Entscheidung »Spalte«	
		Links	Rechts
Entscheidung »Zeile«	Oben	A	B
	Unten	C	D

Betrachten wir das Spiel nun aus der Perspektive des Spielers, der auf den Aufschlag wartet. Die nächste Abbildung zeigt das Schaubild mit den Konsequenzen seiner Entscheidung. Wenn der Aufschlag auf seine Rückhand kommt, dann bedeutet eine frühzeitige Bewegung in diese Richtung eine Erfolgsquote von 60 Prozent. Eine Bewegung zur Vorhand ergibt 20 Prozent erfolgreiche Returns. Wenn der Anteil seiner Bewegungen zur Vorhand von 0 auf 100 Prozent ansteigt, dann ergibt sich eine fallende Linie, die diese beiden Punkte verbindet. In gleicher Weise erhalten wir eine Linie, die von 30 auf 90 Prozent ansteigt, wenn der Aufschlag auf seine Vorhand kommt. Die beiden Linien kreuzen sich, wenn der Spieler sich in 30 Prozent der Fälle zur Vorhand bewegt. Der Anteil erfolgreicher Returns liegt hier bei 48 Prozent, egal wohin der Aufschlag kommt. Jeder andere Mix könnte vom Server ausgenutzt werden, indem dieser die bessere der beiden Strategien wählt und damit den Anteil erfolgreicher Returns unter 48 Prozent drückt.

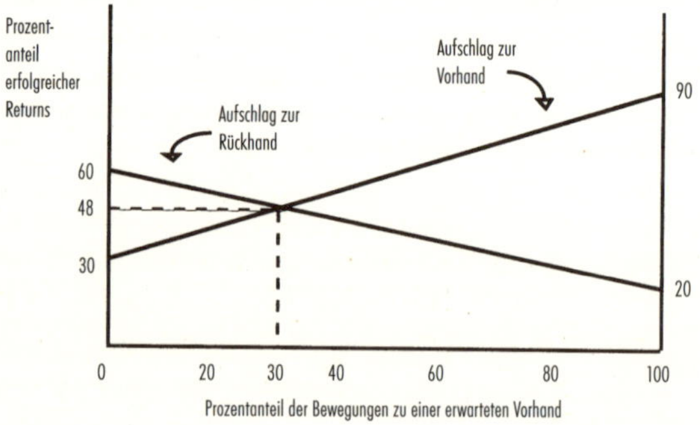

Alternativ können wir auch hier Williams' Methode verwenden. Die Tabelle liefert uns die Differenz zwischen den Spielausgängen bei beiden möglichen Strategien: Geht der Spieler zur Vorhand, dann erhalten wir 90 - 20 = 70; geht er zur Rückhand, dann ergibt sich 60 - 30 = 30. Für den besten Mix müssen wir die Reihenfolge der Anteile noch umkehren: In 30 Prozent der Fälle sollte der Spieler sich auf eine Vorhand einstellen; in den verbleibenden 70 Prozent auf eine Rückhand.

Sie haben vielleicht eine interessante gemeinsame Eigenschaft der besten Mixe bemerkt, die wir hier aus getrennten Perspektiven für beide Spieler berechnet haben: Beide führen zum selben Anteil erfolgreicher

Returns, nämlich 48 Prozent. Wenn er seinen besten Mix verwendet, dann kann der Spieler, der auf den Aufschlag wartet, den Erfolg des Servers auf genau denselben Wert drücken, den der Server seinerseits durch Verwendung seines eigenen bestmöglichen Mixes erreichen kann. Das ist kein Zufall sondern eine allgemeine Eigenschaft aller Spiele, in denen die Interessen zweier Spieler exakt entgegengesetzt sind.

Dieses Ergebnis, das als das Min-Max-Theorem bezeichnet wird, geht auf die beiden Mathematiker John von Neumann und Oskar Morgenstern zurück, die die Spieltheorie Anfang der vierziger Jahre in Princeton begründeten. Das Theorem besagt, daß in Nullsummenspielen, bei denen die Interessen der Spieler strikt entgegengesetzt sind (der Gewinn des einen ist der Verlust des anderen), der eine Spieler versuchen sollte, das Payoff-Maximum seines Gegners zu minimieren, während der Gegner versuchen sollte, seinen eigenen Minimum-Payoff zu maximieren. Wenn beide das tun, dann ergibt sich der überraschende Schluß, daß das Minimum des Maximum-Payoffs (Minimax) dem Maximum des Minimum-Payoffs (Maximin) entspricht. Keiner der Spieler kann seine Position verbessern, so daß diese Strategien zu einem Gleichgewicht des Spieles führen.

Wir illustrieren das Argument für den Fall, daß jeder Spieler nur zwei Strategien hat und kehren noch einmal zum Tennis zurück: Wenn der Server versucht, die maximale Erfolgsquote des Gegners zu minimieren, dann sollte er so handeln, als habe der Gegner die gemischte Strategie des Servers bereits antizipiert und entsprechend geantwortet. Die Erfolgsquote des Gegners wäre dann das jeweilige Maximum der beiden Linien, so wie unten gezeichnet. Das Minimum dieses Maximums liegt am Schnittpunkt der beiden Linien, also bei der Erfolgsquote von 48 Prozent.

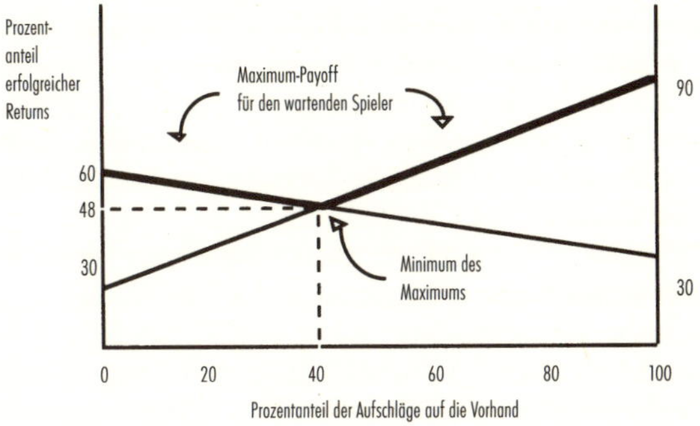

Als nächstes betrachten wird das Problem aus der Sicht des anderen Spielers, der auf den Aufschlag wartet; er versucht, seinen minimalen Payoff zu maximieren. Wenn er sich jeweils gleich oft zur Vorhand und zur Rückhand bewegt, dann wird seine Payoff-Kurve in jedem Punkt dem jeweiligen Durchschnitt der beiden ursprünglichen Linien entsprechen - wir haben sie gepunktet eingezeichnet. Weil diese Linie ansteigt, liegt ihr Minimum ganz links, bei einer Erfolgsquote von 40 Prozent. Diese Linie muß auch durch den Punkt mit der Erfolgsquote von 48 Prozent gehen, ganz gleich welche Mischung unser Spieler benutzt, denn der Server hat ja die Möglichkeit, eine 40-60 Mischung zu verwenden. Solange die Linie irgendeine Steigung hat, dann muß eines ihrer Enden und damit ihr Minimum unterhalb von 48 Prozent liegen. Allein in dem Fall, daß der Spieler seine Reaktionen im Verhältnis 30-70 mischt, verläuft die Linie vollkommen flach und hat dementsprechend auch ein Minimum von 48 Prozent. Das Minimum des Maximums entspricht also dem Maximum des Minimums: 48 Prozent.

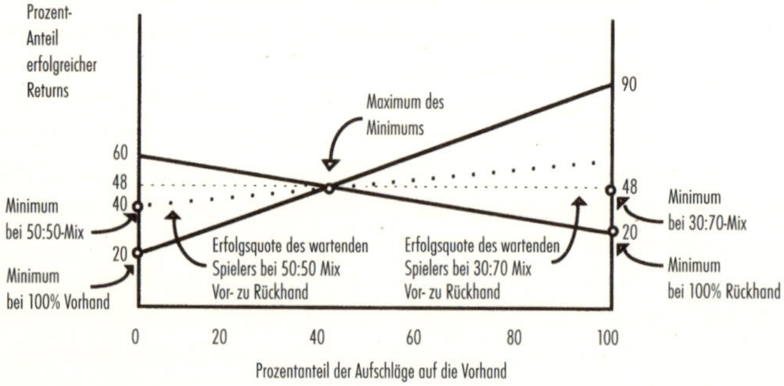

Der allgemeingültige Beweis des Min-Max-Theorems ist ziemlich kompliziert, es ist aber ein nützliches Resultat, das man sich merken sollte. Falls Sie nur wissen wollen, wieviel der eine Spieler verliert oder der andere gewinnt, wenn beide ihren jeweils besten Mix spielen, dann brauchen Sie nur den besten Mix für einen der beiden auszurechnen und dessen Resultat zu ermitteln.

Unsere anderen Instrumente, die Methode von Williams und die Schaubilder, funktionieren sehr gut bei Nullsummenspielen mit zwei Spielern und jeweils zwei Strategien. Leider sind sie jedoch nicht mehr anwendbar, wenn es sich nicht um Nullsummenspiele handelt, oder es mehr als zwei Spieler gibt, oder jeder Spieler mehr als zwei Strategien hat. Ökonomen und Mathematiker haben allgemeinere Techniken wie zum Beispiel die lineare Programmierung entwickelt, um auch in sehr komplizierten Nullsummenspielen noch Gleichgewichtsstrategien ermitteln zu können. Diese Techniken gehen über den Rahmen dieses Buches hinaus, doch ihre Ergebnisse können wir uns immer noch zunutze machen.

Eine allgemeine Eigenschaft aller Gleichgewichte mit gemischten Strategien besteht darin, daß jede Person indifferent ist zwischen den Strategien, die sie im Gleichgewicht einsetzt. Wenn es erforderlich ist zu mischen, dann finden Sie ihre Gleichgewichtsstrategie also dadurch heraus, daß Sie so handeln, daß der andere indifferent zwischen seinen Strategien wird. Das klingt vielleicht verdreht, aber es paßt genau zu der Begründung für die zufällige Auswahl von Strategien in Nullsummenspielen: Sie wollen verhindern, daß die andere Seite ein systematisches Verhalten Ihrerseits ausnutzen kann. Wenn der andere eine Präferenz für eine bestimmte Handlungsalternative hätte, dann wäre damit nur gesagt, daß er den für Sie ungünstigsten Weg verfolgt.

Bis hierhin haben wir erklärt, weshalb es vorteilhaft, ja strategisch notwendig sein kann, gemischte oder zufällig ausgewählte Strategien zu wählen. Der Grundgedanke besteht darin, daß man den Zufall benutzt, um den anderen daran zu hindern, systematisches Verhalten der eigenen Seite auszunutzen. Diese Idee in die Praxis umzusetzen, ist jedoch eine subtilere Aufgabe. Die nächsten fünf Abschnitte sind ein Mini-Handbuch für gemischte Strategien.

3. Warum Sie die richtige Mischung wählen sollten

Wenn sich herausstellt, daß ein Spieler einen Aktionsplan verfolgt, der nicht der gleichgewichtige Zufalls-Mix ist, dann kann der andere das zu seinem Vorteil ausnutzen. Im Tennis-Beispiel konnte der Spieler, der auf den Aufschlag wartete, eine Erfolgsquote von 48 Prozent erreichen, wenn der Server sich an seine Gleichgewichtsstrategie hielt und 40 Prozent der Aufschläge zur Vorhand, 60 Prozent zur Rückhand spielte. Er konnte besser abschneiden, *wenn* der Server irgendeine andere Strategie verwendete. War der Server zum Beispiel dumm genug, alle Aufschläge auf die schwächere Rückhand seines Gegners zu spielen, dann konnte der sich darauf einstellen und seine Erfolgsquote auf 60 Prozent steigern. Allgemein gesagt kann ein Spieler entsprechend reagieren, wenn er denn Gegner kennt und sich sicher über dessen Macken ist. Dabei besteht natürlich immer die Möglichkeit, daß der Server ein überlegener Stratege ist, der in unwichtigen Spielen schlechte Strategien verwendet, um den Gegner auf die falsche Fährte zu locken. Bei einer wirklich wichtigen Gelegenheit nutzt er das so erzeugte Verhaltensmuster dann erst recht aus: Wenn der Gegner von seiner Gleichgewichtsstrategie abweicht, um eine »erkannte« Abweichung des Servers auszunutzen, dann wird er vom Server ausgespielt. Die scheinbar schlechte Mischung des Servers könnte eine Falle sein. Nur indem die Gleichgewichtsstrategie gespielt wird, läßt sich diese Gefahr vermeiden.

Genauso wichtig wie die richtigen Proportionen der Mischung ist das Wesen der Zufälligkeit. Wenn ein Server das System benutzt, immer viermal auf die Vorhand und anschließend sechsmal auf die Rückhand zu spielen und so weiter, dann wird er damit zwar die Proportionen wahren. Aber es wäre ein systematisches Verhalten, das der Gegner erkennen wird. Er wird entsprechend antworten und in 72 Prozent der Fälle Erfolg haben: $(4/10)\times 90 + (6/10) \times 60 = 72$. Um maximale Effektivität zu erreichen muß der Server wirkliche Unberechenbarkeit bei *jedem einzelnen* Schlag praktizieren. Die Herren Dykstra und Smith aus unserem Baseball-Beispiel schienen dieses Prinzip noch nicht verstanden zu haben.

4. Warum nicht einfach auf das zufällige Verhalten der anderen setzen?

Wenn ein Spieler seinen besten Mix verwendet, dann ist seine Erfolgsquote unabhängig davon, was der andere tut. Nehmen Sie an, Sie warten beim Tennis-Beispiel auf den Aufschlag und der Server spielt seinen besten Mix von 40:60. Sie retournieren dann in 48 Prozent der Fälle erfolgreich, ganz gleich ob Sie ihre eigene Bewegung auf die Vorhand, Rückhand oder irgendeine Mischung der beiden ausrichten. Wenn Sie das bemerken, liegt die Versuchung nahe, sich doch einfach die Kalkulation des eigenen besten Mix zu ersparen, konsequent nur eine Aktion zu wählen und darauf zu setzen, daß der andere ja seinen besten Mix spielt. Das Problem liegt darin, daß der andere keinen Anreiz hat, seinen besten Mix zu spielen, wenn Sie nicht selber Ihren besten Mix spielen. Wenn Sie zum Beispiel auf Vorhand setzen, dann wird er konsequent zur Rückhand wechseln. Sie *sollten* ihren besten Mix eben deshalb benutzen, damit der Andere seinen besten Mix *auch weiterhin* verwendet.

5. Wie Sie Veränderungen mischen, wenn sich Ihre Fähigkeiten ändern

Nehmen wir an, unser Spieler trainiert seinen Rückhand-Return, so daß der Anteil erfolgreicher Returns auf dieser Seite von 60 auf 65 Prozent ansteigt. Wir können das Schaubild, mit dem wir seinen besten Mix berechnet haben, entsprechend anpassen. Die nächste Abbildung zeigt die neue Situation. Wir erkennen, daß der Anteil der Bewegungen zur Vorhand von 30 auf 33,3 Prozent steigt, und daß der Gesamtanteil erfolgreicher Returns von 48 auf 50 Prozent steigt.

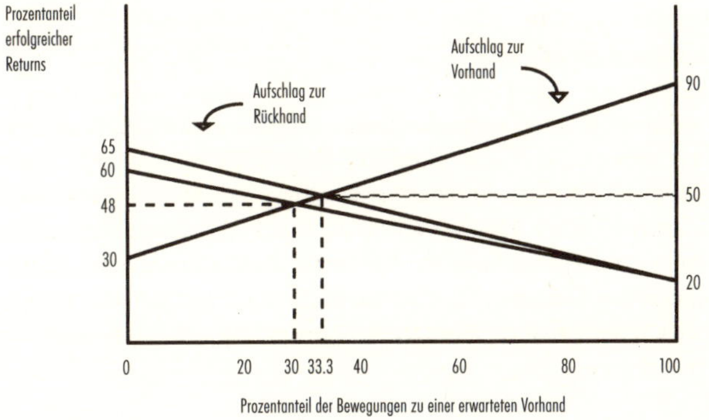

Es ist nur natürlich, daß die Erfolgsquote des Spielers steigt, wenn seine Fähigkeiten sich verbessern. Aber es ist ziemlich überraschend, daß der Erfolg darauf beruht, daß die verbesserte Rückhand *weniger oft* benutzt wird. In der Geschichte von der »Hot Hand« in Kapitel 1 sagten wir bereits, daß so etwas passieren kann. Jetzt wollen wir erklären, wie es passiert.

Der Grund besteht in der Interaktion der Strategien der beiden Spieler. Wenn sein Gegner mit der Rückhand besser retourniert, dann setzt der Server häufiger auf die Vorhand (43 Prozent statt 40 Prozent). Als Antwort darauf geht auch der Gegner häufiger zur Vorhand. Eine stärkere Rückhand setzt die Kräfte der starken Vorhand frei. Im Beispiel des Basketballers Larry Bird veränderte eine stärkere linke Hand das Verhalten der Verteidiger und erlaubte ihm damit, häufiger mit rechts zu werfen.

Um ein weiteres Beispiel für dieses Phänomen zu geben, nehmen wir an, daß der Spieler trainiert, um flexibler zu werden. Er kann also präziser aus einer anfänglichen Vorhand-Position in einen Rückhand-Return umschalten. Seine Erfolgsquote steigt bei diesem Schlag von 20 Prozent auf 25 Prozent. Erneut steigt der Anteil seiner Bewegungen zur Vorhand von 30 auf 31,6 Prozent (wenn wir Williams' Methode verwenden, dann steigt das Verhältnis von Vorhand- zu Rückhand-Bewegungen von 30-70 auf 30-65) Der Spieler bewegt sich also öfter zur Vorhand, weil hier die Quelle seiner verbesserten Fähigkeiten liegt. In Reaktion darauf verringert der Server diesen Vorteil wieder, indem er weniger oft auf die Vorhand spielt.

6. Wie man zufällig handelt

Was sollten Sie tun, wenn Sie beim Fußball regelmäßig als Elfmeterschütze antreten, und man empfiehlt Ihnen, Sie sollten Ihre Schüsse zufällig aber in gleichen Anteilen in die linke und in die rechte Ecke des Tores setzen? Eine Möglichkeit ist, jeweils einfach zufällig eine Zahl zwischen 1 und 10 zu wählen. Wenn die Zahl kleiner oder gleich 5 ist, dann schießen Sie ins linke Eck; wenn die Zahl größer oder gleich 6 ist, schießen Sie ins rechte. Aber natürlich wird das Problem damit nur um eine Ebene verschoben: Wie wählen Sie jetzt eine Zufallszahl zwischen 1 und 10?

Fangen wir mit dem einfacheren Problem an, einmal aufzuschreiben, wie eine zufällige Folge von Münzwürfen aussehen wird. Wenn die Sequenz wirklich völlig zufällig ist, dann wird jeder, der versucht, zu erraten was Sie aufschreiben, im Durchschnitt in nicht mehr als 50 Prozent der Fälle richtig liegen. Aber es ist viel schwieriger, eine solche Zufallsfolge aufzuschreiben, als Sie sich vielleicht vorstellen.

Psychologen haben festgestellt, daß die Menschen eines gern vergessen: auf Kopf folgt im Durchschnitt genauso oft Kopf wie Zahl; sie wechseln deshalb zu oft und haben in ihren sukzessiven Schätzungen zu wenige Wiederholungen von Kopf. Wenn eine faire Münze geworfen wird, und dreißigmal Kopf kommt, dann kommt beim nächsten Wurf Kopf oder Zahl immer noch mit gleicher Wahrscheinlichkeit. Zahl ist niemals in irgendeinem Sinne »überfällig«. Auch beim Lotto hat die Zahlenkombination der letzten Woche genau die gleiche Erfolgswahrscheinlichkeit wie jede andere Kombination. Damit Sie sich nicht selbst ein Bein stellen und Ordnung in die Zufälligkeit bringen, brauchen Sie also einen objektiveren und unabhängigen Mechanismus.

Ein möglicher Trick besteht darin, eine feste Regel zu wählen. Sie muß aber zum einen geheim sein, zum anderen auch kompliziert genug, um nicht entdeckt zu werden. Betrachten Sie zum Beispiel die Länge unserer Sätze: Wenn ein Satz aus einer ungeraden Anzahl von Wörtern besteht, nennen Sie es Kopf; wenn er aus einer geraden Anzahl besteht, nennen Sie es Zahl. Das sollte ein guter Zufallsgenerator sein. Wenn Ihnen unser Buch nicht handlich genug ist, dann machen Sie sich keine Sorgen: Wir alle tragen ständig zufällige Zahlenfolgen mit uns herum. Nehmen Sie etwa eine Abfolge von Geburtsdaten Ihrer Freunde und Verwandten. Bei geradem Datum wählen Sie Kopf; bei ungeradem Datum Zahl. Oder betrachten Sie den Sekundenzeiger Ihrer Armbanduhr: Vorausgesetzt Ihre Uhr ist nicht allzu exakt, dann kennt keiner die gegenwärtige Position des Zeigers. Dem Elfmeterschützen, der im Verhältnis 50-50 mischen muß, empfehlen wir, kurz vorher auf die Armbanduhr zu schielen. Wenn der Zeiger auf eine gerade Ziffer zeigt, schießen Sie ins linke Eck; bei einer ungeraden Ziffer, schießen Sie nach rechts. Der Sekundenzeiger läßt sich für jede Mischung verwenden. Um in 40 Prozent der Fälle ins linke, in 60 Prozent der Fälle ins rechte Eck zu schießen, wählen Sie links wenn sich der Zeiger zwischen 1 und 24 befindet, wählen Sie rechts, wenn er zwischen 25 und 60 steht.

7. Einmalige Situationen

Diese ganze Argumentation leuchtet ein bei Spielen wie Fußball, Baseball oder Tennis, in denen dieselbe Situation immer wieder auftaucht und sich dieselben Spieler immer wieder begegnen. Es besteht ausreichend Zeit und Gelegenheit, systematisches Verhalten zu beobachten und darauf zu antworten. Umgekehrt ist es wichtig, Verhaltensmuster zu vermeiden, die ausgenutzt werden könnten, und beim besten Mix zu bleiben. Aber was ist mit Spielen, die nur einmal gespielt werden?

Nehmen Sie zum Beispiel die Auswahl der Angriffs- und Verteidigungspunkte in einer Schlacht. Die Situation ist hier meist so einmalig, daß die andere Seite aus Ihren vorherigen Aktionen kein System erschließen kann. Eine zufällige Auswahl kann dennoch sinnvoll sein, wenn man die Möglichkeit der Spionage berücksichtigt: Wenn Sie einen endgültigen Aktionsplan festlegen, und der Feind findet heraus, was Sie planen, dann wird er seinen eigenen Plan anpassen und zwar zu Ihrem größtmöglichen Nachteil. *Sie wollen den anderen überraschen; der si-*

cherste Weg, das zu tun, ist, sich selber zu überraschen. Sie sollten sich also alle Optionen so lange wie möglich offen halten und erst im letzten Moment entscheiden; die Entscheidung selbst sollte dann mit Hilfe eines unberechenbaren und spionagesicheren Mechanismus erfolgen. Die relativen Anteile in diesem Mechanismus sollten so festgesetzt sein, daß der Feind aus ihrer Kenntnis keinen Vorteil ziehen kann - eben gerade wie bei jenem besten Mix, den wir oben ausführlich berechnet haben.

Zum Schluß noch eine *Warnung*: Auch wenn Sie Ihren besten Mix verwenden, dann werden Sie gelegentlich sehr schlecht abschneiden. Selbst wenn Dave Smith unberechenbar ist, dann wird Len Dykstra manchmal doch genau richtig liegen und den Ball aus dem Stadion schmettern. Ein anderes Beispiel aus dem Sport kann diesen Punkt vielleicht noch weiter verdeutlichen. Beim American Football gibt es eine Situation, bei der ein Angriff in der Mitte die größten Erfolgsaussichten hat; trotzdem ist es wichtig, hier gelegentlich einen riskanten langen Paß zu versuchen. Wenn solch ein Paß gelingt, dann sind Fans und Reporter begeistert über den raffinierten Zug und feiern den Coach (der die Strategie festgelegt hat) als Genie. Wenn es nicht klappt, kriegt der Coach allerdings eine Menge Kritik zu hören: Wie konnte er nur auf den langen Paß setzen, anstatt auf Nummer Sicher zu gehen?

Der Moment, in dem Spieler oder Trainer ihre Strategie rechtfertigen müssen, ist allerdings *vor* ihrem konkreten Auftritt. Ein Trainer sollte deshalb in der Öffentlichkeit immer wieder darauf hinweisen, daß es wichtig ist zu mischen; der einfache Angriff ist gerade deshalb eine so verläßliche Strategie, weil die Verteidigung Ressourcen abziehen muß, um für den gelegentlichen, riskanten Überraschungscoup gerüstet zu sein. Ein Coach, der diese Botschaft vor dem Spiel auf allen Kanälen verkündet, dann auf einen Überraschungscoup setzt und damit scheitert, dürfte allerdings wenig Gnade finden. Man wird ihn wohl mindestens ebenso scharf kritisieren wie denjenigen, der die Öffentlichkeit nicht über die Grundbegriffe der Spieltheorie aufklärt.

8. Ein Schutzschild aus Lügen

Wenn Sie Ihren besten Mix verwenden, dann spielt es keine Rolle, ob ihr Gegner das herausfindet; schädlich wäre es nur, wenn er im Voraus die konkrete Aktion kennen würde, die Ihnen Ihr Zufallsgenerator in einer Situation vorgibt. Aus Ihrer zufallsgesteuerten Gleichgewichtsstrategie an sich kann der andere keinen Vorteil ziehen: Sie ist ja gerade so gewählt, daß sie nicht ausgebeutet werden kann. Wenn Sie allerdings aus irgendeinem Grund von Ihrem besten Mix abweichen, dann wird Geheimhaltung ganz entscheidend. Sickert darüber etwas heraus, dann schlägt es auf Sie zurück. Umgekehrt können Sie selber allerdings auch einen Vorteil erlangen, wenn Sie Ihren Rivalen dazu verleiten können, falsche Annahmen über Ihren Plan zu machen.

Bei der Vorbereitung ihrer Landung in der Normandie im Juni 1944 benutzten die Alliierten zahlreiche Mittel, um die Deutschen glauben zu machen, die Invasion werde in Calais stattfinden. Einer Ihrer genialsten Züge bestand darin, einen Spion der Deutschen zum Doppelagenten umzudrehen - allerdings zu einem Doppelagenten besonderen Typs: Die Engländer sorgten dafür, daß die Deutschen erfuhren, daß ihr Agent umgedreht worden war; sie ließen die Deutschen aber nicht wissen, daß die Engländer diese Information absichtlich weitergegeben hatten. Um seine (fehlende) Glaubwürdigkeit als Doppelagent aufzubauen, lieferte der Spion nun die denkbar schlechtesten Informationen in die Heimat. Die Deutschen fanden diese Informationen weiterhin nützlich, denn sie nahmen einfach immer das Gegenteil von dem an, was er ihnen erzählte. Die Falle für den großen Coup war damit aufgestellt: Als der Doppelagent die wahre Nachricht überbrachte, daß die alliierte Landung in der Normandie erfolgen werde, betrachteten die Deutschen das als weiteren Beweis dafür, daß Calais der auserwählte Ort sein werde.

Die englische Strategie hatte den weiteren Vorteil, daß die Deutschen nach der Landung nicht mehr so sicher waren, ob ihr Spion wirklich ein Doppelagent war. Er war schließlich eine der wenigen Quellen mit zutreffender Information gewesen. Nachdem die Glaubwürdigkeit des Agenten wiederhergestellt war, konnten die Engländer nun falsche Informationen senden, die geglaubt wurden.(4)

Das Problem an dieser Geschichte ist allerdings, daß die Deutschen die englische Strategie hätten vorhersehen müssen. Wenn man gemischte Strategien spielt, dann kann man den Gegner weder ständig noch in einer konkreten Situation hereinlegen. Bestenfalls kann man hoffen, daß der Gegner jedesmal rät und dabei gelegentlich hereingelegt wird. Wenn Sie also (wie die deutschen Verteidiger) wissen, daß Ihr Gesprächspartner ein Interesse daran haben muß, Sie in die Irre zu führen, dann kann es das Beste sein, seine Aussagen einfach zu *ignorieren* - anstatt sie unbesehen zu übernehmen oder zu unterstellen, daß immer das genaue Gegenteil richtig ist.

Es gibt dazu eine nette Geschichte von zwei konkurrierenden Geschäftsleuten, die sich im Bahnhof von Warschau treffen:(5)

»Wohin fahren Sie?«, sagt der Erste.
»Nach Minsk«, sagt der Zweite.
»Nach Minsk, ja? Sie haben Nerven! Ich weiß doch, daß Sie mir erzählen, Sie führen nach Minsk, weil Sie wollen, daß ich glaube, Sie führen nach Pinsk. Aber es trifft sich nun mal, daß ich weiß, daß Sie wirklich nach Minsk fahren. *Warum lügen Sie mich also an?*«

Taten sagen schon etwas mehr als Worte. Wenn Sie beobachten, was Ihr Rivale tut, dann können Sie daraus Schlüsse über die relative Wahrscheinlichkeit der Dinge ziehen, die er vor Ihnen verheimlichen will. Unser Beispiel macht deutlich, daß Sie die Aussagen Ihres Rivalen nicht einfach zum Nennwert nehmen können. Aber das bedeutet nicht, daß Sie sein Handeln ignorieren sollten, wenn Sie herausfinden wollen, wo seine wahren Interessen liegen. Die richtigen Proportionen für die Mischung eines Gleichgewichtsspiels hängen entscheidend von den Payoffs eines Spielers ab. Wenn man also seine Züge beobachtet, dann erhält man eine gewisse Information über den Mix, den er verfolgt. Mit Hilfe dieses Materials kann man dann auch die Payoffs des Rivalen erschließen. Bietstrategien beim Poker sind ein Beispiel dafür.

Pokerspieler wissen nur zu gut, wie wichtig es ist, das eigene Spiel zu mischen. John McDonald gibt etwa folgenden Rat: »Das Blatt des Pokerspielers muß jederzeit hinter einer Maske aus widersprüchlichem Verhalten verborgen bleiben. Der gute Pokerspieler muß es vermeiden, eingespielte Verhaltensregeln zu entwickeln und muß stattdessen nach dem Zufallsprinzip handeln. Gelegentlich muß er dabei sogar so weit gehen, elementare Prinzipien des korrekten Spielens zu verletzen.« (6) Ein »konservativer« Spieler, der niemals blufft, gewinnt selten den großen Pott; denn niemand wird je gegen ihn den Einsatz erhöhen. Er wird also viele kleine Pötte gewinnen, aber er endet unausweichlich als Verlierer. Ein »lässiger« Spieler, der zu oft blufft, wird regelmäßig seine Karten aufdecken müssen und deshalb ebenfalls abstürzen. Die beste Strategie verlangt einen Mix von beidem.

Angenommen, Sie wissen, daß ein regelmäßiger Pokerspieler bei guten Blättern in zwei von drei Fällen den Einsatz erhöht, in einem von drei Fällen hält er mit und will die Karten des anderen sehen. Bei schlechten Blättern legt er in zwei von drei Fällen die Karten nieder, im verbleibenden Drittel erhöht er den Einsatz. (Im allgemeinen ist es unklug, Aufdecken zu fordern, wenn Sie selber bluffen; Sie werden ja nicht erwarten, das bessere Blatt zu haben.) Sie können dann folgende Tabelle mit den Wahrscheinlichkeiten seiner Spielzüge aufstellen:

		Qualität des Blatts	
		Gut	Schlecht
Spielzug	Einsatz erhöhen	2/3	1/3
	Zeigen lassen	1/3	0
	Aussteigen	0	2/3

Bevor ihr Gegner bietet, müssen Sie davon ausgehen, daß er mit gleicher Wahrscheinlichkeit ein gutes oder ein schlechtes Blatt hat. Die Wahrscheinlichkeiten in seinem Verhaltensmix hängen jedoch vom Blatt ab. Aus seinem Gebot erhalten Sie deshalb zusätzliche Information: Wenn er zum Beispiel die Karten niederlegt und paßt, dann können Sie sicher sein, daß er ein schlechtes Blatt hatte. Wenn er Aufdecken fordert, dann wissen Sie, daß sein Blatt gut ist. In beiden Fällen ist das Spiel allerdings vorbei. Wenn er den Einsatz erhöht, dann stehen die Chancen 2 zu 1, daß er ein gutes Blatt hat. Sein Verhalten verrät sein Blatt nicht, aber Sie wissen jetzt mehr als zu Anfang. Wenn er wieder erhöht, dann steigt die Chance, daß sein Blatt gut ist, von 1/2 auf 2/3.*

* Die Schätzung von Wahrscheinlichkeiten in Abhängigkeit von dem beobachteten Verhalten erfolgt mit einer mathematischen Technik, die als Bayes'sche Regel bezeichnet wird. Die Wahrscheinlichkeit, daß der andere Spieler ein gutes Blatt hat, wenn er einen Einsatz »X« wählt, entspricht danach der Wahrscheinlichkeit, daß er ein gutes Blatt hat und zugleich auch X bietet, dividiert durch die Wahrscheinlichkeit, daß er überhaupt einmal X bietet. Wenn er also die Karten niederlegt, dann muß er ein schlechtes Blatt haben, denn eine Person mit gutem Blatt legt niemals nieder. Wenn er Aufdecken fordert, dann muß sein Blatt gut sein, denn ein Spieler tut das grundsätzlich nur dann, wenn sein Blatt gut ist. Wenn er den Einsatz erhöht, dann werden die Berechnungen nur wenig komplizierter: Die Chance,

9. Überraschung

Bislang haben wir zufallsgesteuerte (oder technischer gesprochen: randomisierte) Strategien ausschließlich in Spielen angewendet, bei denen die Interessen der Spieler strikt gegensätzlich sind. Etwas überraschender ist es, wenn wir ein Gleichgewicht mit zufallsgesteuertem Verhalten auch in Situationen finden, in denen die Spieler gemeinsame Interessen haben. Die gemischten Strategien führen in diesem Fall zu einem schlechteren Ergebnis für alle Beteiligten. Doch dies schlechtere Ergebnis bedeutet keineswegs, daß die Strategien kein Gleichgewicht sein könnten: Das Gleichgewichtskonzept ist deskriptiv, nicht präskriptiv; es ist eine Beschreibung, kein Patentrezept.

Manchmal mischt man seine Züge, weil die Koordination mit anderen versagt hat. Ein solches Problem entsteht nur dann, wenn es kein eindeutiges Gleichgewicht gibt. Beispielsweise könnte während eines Telefongesprächs die Leitung unterbrochen worden sein; die beiden Gesprächspartner wissen dann nicht in jedem Fall, wer wen zurückrufen soll. Ohne die Möglichkeit zur Kommunikation wissen die Spieler einfach nicht, welches Gleichgewicht sie erwarten sollen. Ein Gleichgewicht mit Randomisierung kann man dann lose gesprochen als einen Weg betrachten, bei dem die Spieler einen Kompromiß zwischen den beiden koordinierten Gleichgewichten spielen.

Della und Jim sind das wundervolle Traumpaar, von dem man in Romanen liest - in O.Henrys Geschichte »The Gift of the Magi« um genau zu sein: »Niemand konnte ihre Liebe füreinander zählen«, und beide waren bereit, ja sie brannten darauf, jedes erdenkliche Opfer zu bringen, um ein wirklich angemessenes Weihnachtsgeschenk für den anderen zu finden. Della war bereit, ihr Haar zu verkaufen, um Jim eine Kette für seine geerbte Taschenuhr zu besorgen, und Jim war bereit, das Erbstück zu verkaufen, um einen Kamm für Dellas wunderbares Haar zu kaufen.

daß ein Spieler ein gutes Blatt hat und zugleich den Einsatz erhöht, liegt bei $(1/2)\times(2/3) = (1/3)$. Die Chance, daß er ein schlechtes Blatt hat und den Einsatz erhöht (also blufft), ist $(1/2)\times(1/3) = (1/6)$. Die Gesamtwahrscheinlichkeit für einen höheren Einsatz ist also $1/3 + 1/6 = 1/2$. Nach der Bayes'schen Regel entspricht die Wahrscheinlichkeit, daß das Blatt gut ist, wenn der Einsatz erhöht wird, demjenigen Anteil an der Gesamtwahrscheinlichkeit eines höheren Einsatzes, der auf den Fall »gutes Blatt« zurückzuführen ist. In unserem Fall beträgt dieser Anteil $(1/3)/(1/2) = 2/3$.

Wenn die beiden einander gut genug kennen, dann sollten sie die drohende Gefahr bemerken: Jeder opfert womöglich sein Allerliebstes, um dem anderen ein Geschenk zu kaufen, und am Ende steht nur ein tragischer Fehler. Della sollte also einen Moment innehalten und sich fragen, ob es nicht besser wäre, das Haar zu behalten und Jims Geschenk abzuwarten. Ebenso sollte Jim darüber nachdenken, die Uhr nicht zu verkaufen. Wenn sie allerdings beide abwarten, dann bekommt keiner ein Geschenk - was ein anderer Fehler wäre.

Die Geschichte läßt sich als Spiel abbilden:

Payoffs für (Della, Jim)

Dellas Entschluß \ Jims Entschluß	Uhr verkaufen	Uhr behalten
Haar behalten	1, 2	0, 0
Haar verkaufen	0, 0	2, 1

Die Strategien des Paares interagieren, obwohl ihre Interessen weitgehend zusammenfallen. Jeder der möglichen Fehler wäre für beide Partner ein schlechtes Ergebnis; um es konkret zu machen, setzen wir dafür jeweils 0 Punkte ein. Was die Fälle betrifft, bei denen einer ein Geschenk macht, und der andere es erhält, so nehmen wir an, daß beide lieber geben (2 Punkte) als nehmen (1 Punkt).

Die Situation, in der Della ihr Haar behält und Jim seine Uhr verkauft, ist ein mögliches Gleichgewicht; die Strategie beider Partner ist jeweils die beste Antwort auf die des anderen. Aber die Situation, in der Della ihr Haar verkauft und Jim seine Uhr behält, ist ebenfalls ein Gleichgewicht. Gibt es eine Konvention, die beide kennen und nach der ein Gleichgewicht dem anderen vorgezogen wird? Überraschung ist ein wichtiger Aspekt bei einem Geschenk; Jim und Della können deshalb vorab nicht kommunizieren, um eine Konvention festzulegen.

Durch Mischung der Strategien kann die Überraschung bewahrt bleiben - allerdings um einen Preis. Es läßt sich leicht überprüfen, daß auch die Strategien ein Gleichgewicht bilden, bei denen jeder mit einer Wahrscheinlichkeit von 2/3 ein Geschenk macht und mit einer Wahrscheinlichkeit von 1/3 eines erhält. Angenommen Della wählt eine solche Mischung. Wenn Jim seine Uhr verkauft, dann ist die Chance 1/3, daß Della ihr Haar behält (2 Punkte), und sie ist 2/3, daß sie es verkauft hat (0 Punkte) Das durchschnittliche Ergebnis ist 2/3 Punkte. Eine ähnliche Berechnung zeigt, daß das durchschnittliche Ergebnis auch dann 2/3 beträgt, wenn Jim seine Uhr behält. Für Jim gibt es also keinen guten Grund, eine Strategie der anderen oder irgendeinem Mix vorzuziehen. Beachten Sie auch hier wieder, daß die Funktion von Dellas bestem Mix darin besteht, Jims Interesse am Mischen aufrechtzuerhalten und umgekehrt.

Die Wahrscheinlichkeit eines Fehlers ist ziemlich groß: In 4 von 9 Fällen stellt das Paar fest, daß jeder das Objekt verkauft hat, für das der andere ein Geschenk gekauft hatte (wie in der O. Henry-Geschichte), in einem von 9 Fällen erhält keiner ein Geschenk. Wegen dieser Fehler ist der durchschnittliche Punktwert (2/3 für jeden) geringer als der Wert in den beiden Gleichgewichten, bei denen einer schenkt, und der andere etwas bekommt (2 Punkte für den Schenkenden, 1 Punkt für den Beschenkten). Dies ist anders als beim Tennis-Beispiel, in dem jeder durch Mischen tatsächlich seine Erfolgsquote erhöhen konnte.

Woher dieser Unterschied? Tennis ist ein Nullsummenspiel, in dem die Interessen der Spieler strikt entgegengesetzt sind. Beide stellen sich besser, wenn sie die Wahrscheinlichkeiten für ihren Mix unabhängig voneinander wählen. In unserer Darstellung von *»The Gift of the Magi«* sind die Interessen des Paares weitgehend gleichartig. Sie müssen ihre Mischung daher koordinieren. Sie sollten *eine* Münze werfen, und je nach dem Ergebnis entscheiden, wer schenkt und wer beschenkt wird. Das Paar hat einen kleinen Interessenkonflikt; Jim präferiert das Ergebnis oben links, Della unten rechts. Koordiniertes Mixen kann ihnen einen Kompromiß eröffnen, bei dem die Differenz aufgeteilt wird. Wenn ein gemeinsamer Münzwurf entscheidet, wer gibt und wer empfängt, dann ist das durchschnittliche Ergebnis für beide 1,5. Das Element der Überraschung geht dann natürlich verloren.

10. Catch As Catch Can

Bislang gab es nur wenige Beispiele für gemischte Strategien, die außerhalb des Sports angesiedelt waren. Warum gibt es in der Realität sowenige Beispiele dafür, daß Unternehmen zufallsgesteuertes Verhalten benutzen? Erstens mag es schwierig sein, in der Wirtschaft die Vorstellung einzupflanzen, Ergebnisse sollten dem Zufall überlassen werden; man möchte eben lieber die Kontrolle über Ergebnisse behalten. Das gilt erst recht, wenn die Dinge schief laufen, was unvermeidlich ab und zu der Fall sein muß, wenn Züge zufällig gewählt werden. Manche Leute verstehen vielleicht noch, daß ein Footballtrainer gelegentlich riskante Manöver einstreuen muß, um die Ressourcen der gegnerischen Verteidiger dauerhaft zu zerstreuen; ähnlich riskante Strategien können Sie aber in der Wirtschaft Ihren Job kosten. Dabei ist der Punkt nicht, daß das Riskante immer funktionieren wird. Entscheidend ist, daß damit die Gefahr vermieden wird, Verhaltensmuster zu bilden und dadurch ausrechenbar zu sein.

Ein Anwendungsbereich, in dem gemischte Strategien den Geschäftserfolg durchaus verbessern können, sind die in vielen Ländern verbreiteten Discount-Coupons: Gutscheine in Zeitungen oder Wurfsendungen, die im Laden zu einem Preisnachlaß berechtigen. Unternehmen nutzen Coupons, um ihren Marktanteil auszubauen. Die Idee besteht darin, neue Kunden anzuziehen, und nicht bloß den schon vorhandenen Kunden eine allgemeine Preissenkung zu verschaffen. Wenn mehrere Wettbewerber gleichzeitig Coupons anbieten, dann gibt es für die Kunden allerdings keinen Grund, die Marke zu wechseln. Sie bleiben einfach bei ihrer alten Marke und nehmen den Preisnachlaß mit. Neue Kunden werden nur gewonnen, wenn ein Unternehmen Coupons anbietet und seine Konkurrenten nicht.

Das strategische Spiel mit Preiscoupons, das beispielsweise Coke und Pepsi spielen, ist insofern dem Koordinationsproblem von Jim und Della sehr ähnlich: Beide Unternehmen wollen diejenigen sein, die Coupons anbieten. Aber wenn sie das gleichzeitig versuchen, dann heben sich die Effekte auf und beide stellen sich schlechter. Eine Lösung wäre es, einem vorhersagbaren Muster zu folgen, also zum Beispiel alle sechs Monate Coupons anzubieten. Die Konkurrenten könnten dann abwechselnd agieren. Das Problem bei diesem Ansatz ist jedoch klar: Wenn Coke erwartet, daß Pepsi kurz davor steht, Coupons anzubieten, dann sollte Coke dem zuvorkommen und als Erster handeln. Die einzige Methode zu verhindern, daß der andere zuvorkommt, besteht darin, das Überraschungsmoment zu behalten, das sich aus der Verwendung einer zufallsgesteuerten oder randomisierten Strategie ergibt.*

* Es gibt starke statistische Indizien dafür, daß Coke und Pepsi eine kooperative Lösung für ihre Couponpolitik gefunden haben. Nach einem Fernsehbericht gab

Es gibt andere Fälle, in denen es Firmen vermeiden müssen, Verhaltensmuster zu etablieren und ausrechenbar zu werden. Einige Fluglinien bieten Discount-Tickets für Reisende an, die bereit sind, das Ticket erst Last Minute, also buchstäblich in letzter Minute zu kaufen. Die Airlines werden Ihnen allerdings nicht sagen, wieviele Sitze noch frei sind, so daß Sie ihre Erfolgschancen besser berechnen könnten. Wenn die Verfügbarkeit von Last-Minute-Tickets besser berechenbar wäre, dann gäbe es viel größere Möglichkeiten, dieses System auszubeuten. Die Fluglinien würden mehr Kunden verlieren, die sonst den regulären Preis zahlen.

Aus wirtschaftlichen Gründen am weitesten verbreitet sind randomisierte Strategien, die das Ziel haben, mit geringen Überwachungskosten Regeltreue zu sichern. Das Spektrum reicht hier von Steuerprüfungen über Alkohol- und Dopingtests bis hin zu Parkuhren. Der verwendete Mechanismus macht einsichtig, warum eine Strafe nicht immer »dem Verbrechen entsprechen« muß.

Die typische Strafzahlung für zu langes Parken an einer abgelaufenen Parkuhr beträgt ein Mehrfaches der Parkgebühr. Aber wenn die Gebühr 1 Dollar pro Stunde beträgt - würde dann nicht eine Strafe von 1,01 ausreichen, damit die Leute ehrlich sind? Ja, wenn die Kontrolleure Sie mit *Sicherheit* jedes Mal erwischten, wenn Sie parken, ohne Geld einzuwerfen. Doch eine solche Verkehrsüberwachung wäre sehr teuer. Die Gehälter der Kontrolleure wären der größte Posten, aber es entstünden auch erhebliche Kosten für die konsequente Einziehung der Strafgelder, die erforderlich ist, damit die Politik glaubwürdig bleibt.

Die Behörden haben nun eine genauso effektive und billigere Strategie, nämlich höhere Strafen und eine laschere Überwachung. Wenn die Strafe 25 Dollar beträgt, dann reicht ein Risiko von 1 zu 25, damit Sie ehrlich bleiben. Eine viel kleinere Truppe von Kontrolleuren erreicht das Ziel, und die eingenommenen Strafgelder decken eher die Verwaltungskosten.

es einen Zeitraum von 52 Wochen, in dem Coke und Pepsi jeweils für 26 Wochen Sonderpreise anboten, ohne daß es zu irgendeiner Überschneidung kam. Die Wahrscheinlichkeit, daß dies rein zufällig geschieht, wenn beide unabhängig handeln, und jeder in 26 Wochen Coupons anbietet, beträgt 1/495.918.532.948.104 - oder weniger als 1 zu 1 Trillion.

Dies ist ein weiteres Beispiel dafür, wie gemischte Strategien von Nutzen sein können. Es ist in mancher Hinsicht dem Tennis-Beispiel ähnlich, unterscheidet sich aber auch in einigen Punkten. Auch hier wählen die Behörden eine Zufallsstrategie, weil sie besser ist als jede systematische Aktion: Ohne Überwachung käme es zur falschen Nutzung knappen Parkraums, hundertprozentige Überwachung wäre zu teuer. Die andere Seite, die parkende Öffentlichkeit also, hat allerdings nicht unbedingt eine Zufallsstrategie. Die Behörden wollen die Entdeckungswahrscheinlichkeit und die Strafe ja gerade so hoch ansetzen, daß die Autofahrer sich stets an die Parkregeln halten.

Zufällige Alkoholkontrollen oder Dopingtests haben ähnliche Eigenschaften. Es wäre zu zeitaufwendig und zu teuer, jeden Sportler nach jedem Wettkampf auf Doping zu überprüfen. Es ist auch nicht nötig. Zufällige Tests können diejenigen identifizieren, deren Leistung auf verbotenen Hilfsmitteln beruht, gleichzeitig schrecken sie andere ab. Die Entdeckungswahrscheinlichkeit ist klein, aber die Sanktion kann sehr schwer sein, etwa die Rückgabe erreichter Titel und Medaillen. Finanz- oder Umweltämter haben damit oft ein Problem: Die Strafen in ihren Bereichen sind relativ gering, gemessen an der Wahrscheinlichkeit, bei Vergehen auch erwischt zu werden. Wenn die Überwachung zufällig erfolgt, dann muß die Strafe jedoch schwerer als das Verbrechen sein. Die Regel sollte sein, daß die *im Durchschnitt zu erwartende* Strafe dem Verbrechen entsprechen sollte, wobei dieser Erwartungswert auch die Chance mitberücksichtigt, daß man überhaupt nicht erwischt wird.

Auch wer der Überwachung entgehen will, kann allerdings Zufallsstrategien zu seinem Vorteil nutzen. So kann er das wahre Vergehen inmitten von Ködern und falschem Alarm verstecken. Die Ressourcen der anderen Seite müssen dann so dünn verteilt werden, daß sie nicht mehr wirksam sind. Eine Luftabwehr zum Beispiel muß fast 100 Prozent der anfliegenden Raketen zerstören können. Der Angreifer kann die Abwehr deshalb kostengünstig ausschalten, indem er die wirkliche Rakete mit einem Schutzschild von Attrappen umgibt. Eine solche Attrappe ist wesentlich billiger zu bauen als die echte Rakete. Wenn der Verteidiger beide nicht perfekt auseinanderhalten kann, dann muß er alle anfliegenden Raketen stoppen, die echten und die falschen.

Der Einsatz von Blindgängern begann im Zweiten Weltkrieg, allerdings nicht, weil man absichtlich Köderziele entworfen hätte, sondern als Folge von Problemen bei der Qualitätskontrolle. John McDonald erklärt das in seinem Buch *»Strategy in Poker, Business and War«*: »Es ist sehr teuer, fehlerhafte Granaten bei der Produktion herauszusortieren. Jemand hatte daher die Idee, auch Blindgänger zu produzieren und sie nach dem Zufallsprinzip zu veschießen. Ein gegnerischer Befehlshaber kann es sich nicht leisten, eine Zeitbombe unter seiner Stellung zu haben, und er wußte nie, was ist jetzt was. Mit jedem Blindgänger, der herüberkam, brachte ihn der Bluff also ins Schwitzen.«

Wenn die Kosten der Verteidigung proportional zur Zahl der Raketen sind, die abgeschossen werden können, dann kann der Angreifer die Kosten der Verteidigung untragbar werden lassen. Dieses Problem ist eine der zentralen Herausforderungen für alle, die an einem »Star Wars«-Schutzschirm gegen Raketen arbeiten; möglicherweise gibt es dafür keine Lösung.

11. Fallstudie Nr. 7: Operation Overlord

1944 planten die Alliierten eine Operation zur Befreiung Europas, während die Nazis ihre Verteidigung dagegen planten. Es gab zwei Möglichkeiten für die anfängliche Landung – die Strände der Normandie und Pas de Calais. Es war klar, daß eine Landung bei schwachen Verteidigungskräften erfolgreich sein würde, die Deutschen mußten ihre Aufmerksamkeit also auf einen der beiden Orte konzentrieren. Calais war schwieriger zu erobern, aber es war wertvoller, weil es näher an den eigentlichen Zielen der Alliierten in Frankreich, Belgien und Deutschland selbst lag.

Nehmen Sie an, die Erfolgswahrscheinlichkeiten sind wie folgt:

Wahrscheinlichkeiten eines Erfolgs der Alliierten

		Deutsche Verteidigung	
		Normandie	Calais
Alliierte Landung	Normandie	75%	100%
	Calais	100%	20%

Die Payoffs sind in einer Skala von 1 bis 100 ausgedrückt. Die Alliierten bewerten eine erfolgreiche Landung in Calais mit 100, eine erfolgreiche

Landung in der Normandie mit 80, ein Scheitern an beiden Orten mit 0. Die Deutschen erhalten jeweils den negativen Wert dieser Payoffs.

Versetzen Sie sich gleichzeitig in die Uniform von General Eisenhower, dem Oberkommandierenden der Alliierten, und Feldmarschall Rommel, dem deutschen Befehlshaber der Küstenverteidigung in Frankreich. Welche Strategien würden Sie wählen?

Diskussion

Kombinieren Sie zunächst die Erfolgswahrscheinlichkeiten und die Punktwerte um eine Tabelle mit den durchschnittlichen Punktwerten aus alliierter Perspektive zu erstellen; da die Interessen der Parteien strikt entgegengesetzt sind, entsprechen die Punktwerte der Deutschen dem negativen Wert der alliierten Punkte.

Punktwerte für die Alliierten

		Deutsche Verteidigung	
		Normandie	Calais
Alliierte Landung	Normandie	60	80
	Calais	100	20

Es gibt kein Gleichgewicht der einfachen Strategien, und wir müssen nach Mischungen suchen. Wenn wir Williams' Methode anwenden, dann sollten die Alliierten die Landungen in der Normandie und in Calais im Verhältnis von (100-20) / (80-60) oder von 4 zu 1 auswählen. Die Deutschen sollten ihre Verteidigung an beiden Orten nach dem Verhältnis (80-20) / (100-60) oder 3 zu 2 zufällig bestimmen. Wenn beide Seiten ihren besten Mix wählen, dann ist der durchschnittliche Punktwert für die Alliierten 68.

Die Wahrscheinlichkeiten und Punktwerte, die wir gewählt haben, sind plausibel; aber es ist schwer, in solchen Fragen präzise oder dogmatisch zu sein. Vergleichen wir unser Ergebnis daher mit dem tatsächlichen Geschehen. Aus der Rückschau wissen wir, daß die Normandie im Mix der Alliierten in der Tat sehr stark übergewichtet war, letztlich entschieden sie sich ja auch dafür. Für die Deutschen war die Sache weniger klar. Es ist daher auch weniger überraschend, daß ihre Entscheidung durch solche Faktoren beeinflußt werden konnte wie den Doppelagenten-Trick, Meinungsverschiedenheiten in der militärischen Führung oder auch durch einfaches Pech, als etwa Rommel zum entscheidenden Zeitpunkt nicht an der Front war. Als die Landung der Alliierten am Nachmittag des D-Day ein Erfolg zu werden schien, setzten die Deutschen ihre Reserven zunächst gar nicht ein, weil sie eine noch größere Landung in Calais erwarteten. Trotzdem hing das Schicksal von Omaha Beach für eine Weile in der Schwebe, ehe die Alliierten ihren Brückenkopf in der Normandie eroberten und konsolidierten. Den Rest kennen Sie.

Epilog zu Teil II

1. Zur Geschichte der Spieltheorie

Der Pionier der Spieltheorie war das Mathematikgenie John von Neumann aus Princeton. In den ersten Jahren beschäftigte man sich vor allem mit Spielen des reinen Konflikts, Nullsummenspielen also. Andere Spiele wurden in kooperativer Form betrachtet: hier wurde unterstellt, daß die Teilnehmer ihre Aktionen zusammen auswählen und umsetzen. Beide Ansätze konnten aber die meisten Spiele der Realität nicht abbilden. Denn im wirklichen Leben wählen die Leute ihre Aktionen oft getrennt. Andererseits sind ihre Verbindungen zu anderen nicht nur durch Konflikt geprägt. Für die allgemeineren Spiele, die Konflikt und Kooperation verbinden, wurde unser Gleichgewichtskonzept von John Nash entwickelt. Thomas Schelling erweiterte die Analyse auf Spiele mit sequentiellen Zügen und entwickelte die Ideen strategischer Züge.

2. Weiterführende Literatur

Die grundlegenden Bücher, mit denen neue Forschungszweige ihren Anfang genommen haben, kann man oft mit Vergnügen lesen. In diesem Sinne empfehlen wir John von Neumann und Oskar Morgensterns *»Theory of Games and Economic Behavior«*, Princeton University Press 1947, obwohl die Mathematik stellenweise schwierig sein kann. Schellings *»The Strategy of Conflict«*, Harvard University Press 1960, ist mehr als eine Pionierarbeit; das Buch ist auch heute noch lehrreich und erhellend.

Als unterhaltsame Darstellung von Nullsummenspielen ist J.D.Williams *»The Compleat Strategyst«*, McGraw-Hill 1966, nach wie vor unschlagbar. Die sorgfältigste und hoch mathematische Behandlung der Spieltheorie vor Schelling findet sich bei Duncan Luce und Howard Raiffa; Games and Decisions, Wiley 1957.

Unter den allgemeinen Darstellungen der Spieltheorie ist Morton Davis; *»Game Theory: A Nontechnical Introduction«*, Basic Books 1983, wahrscheinlich am einfachsten zu lesen. Wesentlich detaillierter und mathematisch anspruchsvoller behandelt das Thema Martin Shubik; *»Game Theory in the Social Sciences«*, MIT Press 1982.

Es gibt außerdem eine Reihe nützlicher Bücher, die die Spieltheorie auf bestimmte Bereiche anwenden. Zu den beachtenswerten Büchern über Politik zählen Steven Brams; *»Game Theory and Politics«*, Free Press 1979, und William Riker; *»The Art of Political Manipulation«*, Yale University Press 1989, außerdem die etwas technischere Darstellung bei Peter Ordeshook; *»Game Theory and Political Theory«*, Cambridge University Press 1986. Zwei ausgezeichnete Bücher zu Anwendungen im Unternehmensbereich sind Michael Porter; *»Competitive Strategy«*, Free Press 1982, und Howard Raiffa, *»The Art and Science of Negotiation«*, Harvard University Press 1982.*

3. Was wir weggelassen haben

Wir haben den Unterschied zwischen Nullsummenspielen und Nicht-Nullsummenspielen verwischt. Gleichgewichte von Nullsummenspielen haben einige spezielle Eigenschaften, die sich nicht auf Nicht-Nullsummenspiele übertragen lassen; technisch strengere Abhandlungen teilen das Thema deshalb entsprechend auf.

Wir haben viele Situationen so weit vereinfacht, daß jeder Spieler nur jeweils zwei Strategien hat. Das geschah dann, wenn die entscheidenden Grundgedanken ohne schwerwiegende inhaltliche Verluste vermittelt werden konnten. In den meisten Fällen führen die Komplikationen bei der Einführung weiterer Strategien lediglich zu größerem Rechenaufwand. Die Randomisierung von drei oder mehr einfachen Strategien läßt sich zum Beispiel über ein einfaches Computerprogramm berechnen. Es gibt einen zusätzlichen Aspekt: Möglicherweise ist nur ein Teil der Strategien im Gleichgewicht aktiv (wird also mit positiver Wahrscheinlichkeit gespielt). Siehe dazu Luce und Raiffa.

* Anmerkung zur deutschen Ausgabe: Das grundlegende Werk von Neumann und Morgenstern erschien 1961 auch auf deutsch als »Theorie der Spiele und des wirtschaftlichen Verhaltens«. Deutschsprachige Lehrbücher sind Werner Güth; »Spieltheorie und ökonomische (Bei) spiele«, Springer Verlag 1992; Manfred Holler/Gerhard Illing; »Einführung in die Spieltheorie«, 2. Auflage, Springer Verlag 1993, sowie Christian Rieck; »Spieltheorie. Einführung für Wirtschafts- und Sozialwissenschaftler«, Gabler Verlag 1993. Ein allgemeinverständlicher Überblick vom Nobelpreisträger ist Reinhard Selten; »Was ist eigentlich aus der Spieltheorie geworden?«, in: IHS-Journal Vol. 4, 1980, Seite 147 ff.

Wir haben die sogenannten »kooperativen Spiele« außer Betracht gelassen, in denen Spieler ihre Aktionen zusammen auswählen und umsetzen, und die zu Gleichgewichten wie dem sogenannten Kern oder dem Shapley-Wert führen. Wir haben sie weggelassen, weil wir meinen, daß jede Kooperation als Gleichgewicht eines nicht-kooperativen Spiels entstehen sollte, bei dem die Aktionen unabhängig voneinander festgelegt werden. Der Anreiz für jeden Einzelnen, eine Vereinbarung zum eigenen Vorteil zu brechen, sollte dabei anerkannt werden und in die Wahl der Strategien einfließen. Interessierte Leser finden eine Behandlung der kooperativen Spieltheorie in den Büchern von Davis, Luce und Raiffa, und Shubik.

4. Der Blick nach vorn

Teil III wendet die Konzepte und Techniken, die bis hierhin entwickelt worden sind, auf verschiedene Typen strategischer Interaktion an. Dazu zählen Verhandlungen, Wahlen, das Spiel mit dem Abgrund (Brinkmanship) und die Ausgestaltung von Anreizen. Wiederum werden wir die strategischen Prinzipien in Beispielen und Fallstudien illustrieren; in den Fußnoten schlagen wir dann weiterführende Literatur für diejenigen vor, die einzelnen Themen detaillierter nachgehen wollen.

TEIL III

Kapitel 8
Das Spiel mit dem Abgrund - Brinkmanship

Im Oktober 1962 brachte die Kuba-Krise die Welt an den Rande eines Atomkriegs. Die Sowjetunion unter Führung des sprunghaften Nikita Chruschtschow hatte damit begonnen, Atomraketen in Kuba zu stationieren, 90 Meilen vor der amerikanischen Küste. Am 14. Oktober kehrten amerikanische Aufklärungsflugzeuge mit Fotos von im Bau befindlichen Raketensilos zurück. Nach einer Woche angespannter Diskussion innerhalb der Regierung verkündete Präsident John F. Kennedy daraufhin eine Seeblockade gegen Kuba. Hätte die Sowjetunion diese Herausforderung aufgenommen, dann hätte die Krise bis zum Punkt eines totalen Atomkriegs der beiden Supermächte eskalieren können: Kennedy selbst schätzte die Wahrscheinlichkeit, daß es dazu kommen würde, auf »zwischen eins zu drei und eins zu zwei«. Aber nach einigen angsterfüllten Tagen mit öffentlichen Drohgebärden und geheimen Verhandlungen wich Chruschtschow schließlich der Konfrontation aus. Als Gegenleistung für einen gesichtswahrenden Kompromiß, der den Abzug amerikanischer Raketen aus der Türkei vorsah, gab er den Befehl zum Abbau und zum Rücktransport der Raketen in Kuba.(1)

Chruschtschow blickte in den nuklearen Abgrund, was er sah, gefiel ihm nicht, und so zog er sich zurück. Der Begriff des »Spiels mit dem Abgrund« - im Englischen als »Brinkmanship« eingeführt - erscheint als eine passende Charakterisierung dieser Strategie; der Gegner wird an den Rand einer Katastrophe geführt und so gezwungen, sich zurückzuziehen.* Kennedys Handeln in der Kuba-Krise wird allgemein als ein Fall erfolgreich praktizierter Brinkmanship angesehen.

Auch wir selbst praktizieren das Spiel mit dem Abgrund, selbst wenn es nicht immer um den möglichen Weltuntergang geht: Arbeitgeber und Gewerkschaften stehen vielleicht vor einem verheerenden Streik, starrsinnige Eheleute können sich nicht verständigen und riskieren die

* Thomas Schelling hat Begriff und Konzept mehr oder weniger eingeführt, mit Sicherheit hat er die wichtigen Pionierbeiträge zu seiner Analyse geleistet. Dieses gesamte Kapitel schuldet seinen Büchern *»The Strategy of Conflict«* (Kapitel 7 und 8) und *»Arms and Influence«* mehr als wir hier sagen können.

Scheidung, ein gespaltenes Parlament riskiert die Zahlungsunfähigkeit der Regierung, weil es sich nicht auf die Verabschiedung eines Haushaltsplans einigen kann. In all diesen Fällen geht es um Brinkmanship: Die Beteiligten schaffen und manipulieren absichtlich das Risiko, daß es zu einem für beide Parteien ungünstigen Ergebnis kommt. Damit versuchen sie, die andere Seite zum Einlenken zu bringen.

Brinkmanship ist eine subtile Strategie voller Gefahren. Wenn Sie sie anwenden wollen, müssen Sie sie zunächst gut verstanden haben. Wir wollen versuchen, Ihnen die subtilen Punkte deutlicher zu machen, indem wir die Kuba-Krise als Beispiel betrachten.

Nachdem die US-Regierung festgestellt hatte, daß die Sowjets heimlich Raketen in Kuba stationiert hatten, erwog sie eine ganze Palette von Optionen: nichts zu tun; eine Beschwerde bei den Vereinten Nationen einzureichen (in der Praxis beinahe dasselbe, wie nichts zu tun); eine Blockade zu verhängen (der tatsächlich eingeschlagene Kurs); einen Luftangriff gegen die kubanischen Stellungen zu unternehmen; oder - als extremste Möglichkeit - einen sofortigen nuklearen Präventivschlag gegen die Sowjetunion zu führen.

Nachdem die USA eine Blockade verhängt hatten, gab es für die Sowjets viele mögliche Antworten. Sie konnten: einlenken und die Raketen abziehen; die Raketentransporter mitten im Atlantik erst einmal stoppen (was tatsächlich geschah); versuchen, die Blockade mit oder ohne militärische Unterstützung zu brechen; oder den extremen Schritt tun und einen Präventivschlag gegen die USA führen.

Einige der möglichen Aktionen aus dem Spektrum der Züge und Gegenzüge waren offenkundig sicher (etwa amerikanisches Nichtstun oder ein sowjetischer Abbau der Raketen), andere waren offenkundig gefährlich (etwa ein amerikanischer Luftangriff auf Kuba). Aber wo im breiten mittleren Bereich endet die Sicherheit und beginnt die Gefahr? Mit anderen Worten, wo genau fing der Abgrund in der Kuba-Krise an? Gab es eine Grenze, so daß man sagen konnte: diesseits der Linie ist die Welt sicher, jenseits der Linie folgt mit Gewißheit der Weltuntergang?

Die Antwort ist natürlich, daß es eine derartig präzise Linie nicht gab, nur ein graduell zunehmendes Risiko unkontrollierbarer künftiger Eskalation. Hätten die Sowjets zum Beispiel versucht, die Blockade zu brechen, dann wäre es unwahrscheinlich gewesen, daß die USA sofort ihre Interkontinentalraketen losgeschickt hätten. Aber die Ereignisse und die Atmosphäre hätten sich um eine weitere Stufe aufgeheizt, und das Risiko des nuklearen Armageddon wäre sichtbar angestiegen. Der

Schlüssel zum Verständnis der Brinkmanship besteht darin, zu erkennen, daß der Abgrund hier keine scharfe Kante hat. Er besteht aus einer abschüssigen Bahn, die immer steiler abfällt.

Kennedy führte die Welt auf dieser Bahn ein stückweit nach unten; Chruschtschow riskierte nicht, noch weiter zu gehen, und die beiden arrangierten schließlich einen Rückzug nach oben auf den sicheren Grund. Das war jedenfalls das Ergebnis von Kennedys Handeln; es ist zumindest plausibel, daß es auch seiner Absicht entsprach.* Betrachten wir Brinkmanship in diesem Licht.

Der Kern der Brinkmanship besteht im absichtlichen Herbeiführen eines Risikos. Dieses Risiko sollte für Ihren Gegner hinreichend unerträglich sein, um ihn dazu zu bewegen, die Gefahr auszuschalten, indem er Ihren Wünschen Folge leistet. Brinkmanship ist daher ein strategischer Zug in dem Sinne, wie wir ihn in Kapitel 5 eingeführt haben; sie ist, wie jeder strategische Zug, darauf angelegt, die Aktionen des anderen zu beeinflussen, indem seine Erwartungen verändert werden. Brinkmanship ist eine Drohung, aber es ist eine ganz besondere Drohung: Um sie erfolgreich einsetzen zu können, müssen Sie ihre speziellen Eigenschaften verstehen. Wir wollen uns diesen Eigenschaften über drei Fragen nähern. Erstens, warum sollten Sie Ihren Gegner nicht einfach mit der *Gewißheit* eines finsteren Endes bedrohen, anstatt mit dem bloßen *Risiko,* daß so etwas passieren könnte? Zweitens, was ist der Mechanismus, der bestimmt, ob der Katastrophenfall eintritt? Drittens, was ist der richtige Grad des Risikos? Wir versuchen, die Fragen der Reihe nach zu beantworten.

* Es wäre allerdings ein Fehler, die Kuba-Krise als Spiel mit nur zwei Beteiligten, Kennedy und Chruschtschow, zu analysieren. Auf beiden Seiten gab es ein weiteres »innenpolitisches Spiel«, in dem die zivilen und die militärischen Behörden jeweils intern und untereinander uneins waren. Graham Allisons *»Essence of Decision«* (siehe Anmerkung 2) argumentiert überzeugend, daß man die Krise als eben so ein kompliziertes Mehrpersonenspiel betrachten muß. Wir werden später sehen, wie die Beteiligung weiterer Spieler (und Institutionen) ein essentieller Bestandteil der Brinkmanship sein kann.

1. Warum Unsicherheit?

Die USA wollten den Abzug der sowjetischen Raketen aus Kuba. Warum konnte Kennedy nicht einfach damit drohen, er werde Moskau ausradieren, wenn Chruschtschow die Raketen nicht beseitige? In der Terminologie, die wir oben (Kapitel 5) eingeführt haben, wäre dieses eine erzwingende Drohung; sie muß die genauen Bedingungen spezifizieren, die erfüllt werden sollen (Raketen zurück nach Rußland oder bloß in Kisten im Hafen von Havanna?) und eine Frist für die Erfüllung setzen.

Das Problem besteht darin, daß in der Praxis eine solche Drohung weder von Chruschtschow noch von irgendjemand sonst ernst genommen werden würde. Der angedrohte Schritt, der mit Sicherheit zum globalen Atomkrieg führen würde, ist zu drastisch, um glaubwürdig zu sein. Sind die Raketen nach Ablauf der Frist nämlich nicht abgezogen, dann wäre Kennedy sicherlich versucht, die Welt doch noch nicht auszuradieren, sondern die Frist um einen Tag zu verlängern, und um noch einen Tag und so weiter.

Im Kapitel 6 sahen wir mehrere Möglichkeiten, eine Drohung glaubwürdig zu machen. Der Einsatz eines automatischen Mechanismus scheint hier am erfolgversprechendsten.* Dieser Ansatz liefert die Grundlage für Filme wie *»Failsafe«* oder *»Dr. Strangelove«*. In *»Dr. Strangelove«* haben die Sowjets eine »Weltuntergangsmaschine« installiert, die amerikanische Übergriffe feststellt; in einem manipulationsgeschützten Computerprogramm sind zugleich die Bedingungen festgelegt, unter denen die Maschine automatisch einen sowjetischen Vergeltungsschlag ausführt. In *»Failsafe«* sind es die Amerikaner, die eine Weltuntergangsmaschine besitzen. Wer diese Filme gesehen hat (wir können sie nur empfehlen), der wird wissen, warum Kennedy ein solches Gerät nicht benutzen sollte, um seine Drohung glaubwürdig zu machen.

Theoretisch und unter idealen Bedingungen funktioniert alles wie geplant. Allein das Wissen, daß ein automatisches Gerät installiert worden ist, macht die Drohung glaubwürdig. Chruschtschow lenkt ein, die Drohung muß nicht wahrgemacht werden und alles ist gut. Wenn die Drohung mit Sicherheit erfolgreich ist, dann muß sie nie ausgeführt wer-

* Reputation funktioniert nicht, denn nachdem die Drohung wahr gemacht worden ist, gibt es kein Morgen mehr. Verträge funktionieren nicht, weil jeder der überwältigenden Versuchung ausgesetzt ist, neu zu verhandeln und so weiter.

den, es ist also auch egal, wie groß oder finster sie ist oder wie sehr es Ihnen selber schaden würde, sie auszuführen. Aber in der Praxis können Sie nicht *absolut* sicher sein, daß es funktioniert wie geplant.

Tatsächlich gibt es zwei mögliche Arten von Fehlern, die passieren können. Erstens könnte Ihre Drohung versagen. Nehmen Sie an, Kennedy hat Chruschtschows Gedanken völlig falsch eingeschätzt. Dann lenkt Chruschtschow nicht ein, und die Weltuntergangsmaschine radiert die Welt aus, kaum daß Kennedy ihre Installation bereut. Zweitens könnte die Drohung auch dann wahr gemacht werden, wenn das eigentlich nicht geschehen sollte. Nehmen Sie an, die Sowjets lenken ein, aber die Nachricht erreicht den Weltuntergangs-Computer zu spät.

Weil solche Irrtümer immer vorkommen können, möchte sich Kennedy nicht auf Drohungen verlassen, deren Ausführung zu kostspielig wäre. Weil Chruschtschow das weiß, wird er den Drohungen keinen Glauben schenken, und sie werden ihn nicht abschrecken oder zum Einlenken zwingen. Kennedy könnte zwar behaupten, daß ein automatischer Auslöser die alleinige Macht erhalten habe, auf Moskau zu schießen, wenn die Raketen nicht bis Montag aus Kuba verschwunden seien. Aber Chruschtschow kann sicher sein, daß Kennedy heimlich über einen Abschaltknopf verfügt.

Obwohl die Drohung mit einem *sicheren* Krieg nicht glaubwürdig ist, kann die Drohung mit dem *Risiko* oder der statistischen *Wahrscheinlichkeit* eines Krieges durchaus glaubwürdig sein. Falls Chruschtschow den Forderungen nicht nachkommt, besteht das Risiko, aber nicht die Gewißheit, daß die Raketen starten. Die Unsicherheit verkleinert die Drohung. Diese Verkleinerung macht die Drohung aus Sicht der USA tragbarer, aus Sicht der Sowjets glaubwürdiger.

Dieses Vorgehen kommt einem anderen Mechanismus zur Schaffung von Glaubwürdigkeit sehr nahe, den wir in Kapitel 6 erwähnten: das Vorgehen in kleinen Schritten. Dort betrachteten wir das Aufspalten eines großen in eine Abfolge von kleinen Versprechen. Wenn ich versuche, Ihnen eine wertvolle Information für 1.000 Dollar zu verkaufen, dann bin ich vielleicht nicht bereit, alles auszubreiten, ehe Sie gezahlt haben; aber ich bin bereit, einzelne Bruchstücke »ratenweise« preiszugeben, wenn Sie im Gegenzug jeweils entsprechend zahlen. Ein ähnliches Prinzip ist auf Drohungen anwendbar. Hier bestehen die Schritte jedoch in unterschiedlichen Abstufungen von Risiko. Jede Stufe der Eskalation durch die USA und die Sowjetunion erhöht das Risiko eines Weltkriegs; jede kleine Konzession vermindert das Risiko. Jede Seite rechnet aus, wie weit sie sich auf diesem Weg vorwagen oder zurückziehen soll. Wenn Kennedy bereit ist, weiter zu gehen als Chruschtschow, dann wird Kennedys Brinkmanship erfolgreich sein.

Kennedy kann nicht glaubwürdig mit einem sofortigen umfassenden Atomschlag drohen, aber er kann das Risiko glaubwürdig um einige Stufen steigern, indem er einige Konfrontationsschritte unternimmt. Zum Beispiel könnte er bereit sein, mit einer statistischen Wahrscheinlichkeit von eins zu sechs einen Atomkrieg zu riskieren, um auf diese Weise den Rückzug der Raketen sicherzustellen. Chruschtschow kann dann nicht länger schließen, daß Kennedys Drohung hohl ist; es ist in Kennedys Interesse, sich selber diesem Risiko auszusetzen, wenn er damit die Sowjets zum Abzug ihrer Raketen bringen kann. Wenn Chruschtschow diesen Grad des Risikos als untragbar empfindet, dann hat die Brinkmanship ihr Ziel erreicht: Kennedy war es möglich, eine Drohung angemessenerer Größe zu wählen, groß genug, um zu funktionieren, aber klein genug, um geglaubt zu werden.

Wir müssen immer noch fragen, wie Kennedy ein Kriegs*risiko* unterhalb der absoluten *Gewißheit* androhen kann. Hier kommt die abschüssige Bahn ins Spiel.

2. Der Mechanismus des Risikos

Wie erzeugt man eine Drohung, die ein Risiko beinhaltet? In Kapitel 7 hatten wir die Idee studiert, die eigenen Züge zu durchmischen; wir hatten dort mehrere Zufallsmechanismen vorgeschlagen, die man verwenden kann, wenn man aus einer Palette von zu mischenden Handlungsalternativen auswählt. Wir könnten dieselbe Idee auch hier ausprobieren. Unterstellen wir zum Beispiel, daß 1 zu 6 das richtige Kriegsrisiko ist, mit dem Kennedy während der Kuba-Krise drohen sollte. Er könnte dann Chruschtschow mitteilen, daß er würfeln werde, wenn die Raketen nicht bis Montag abgezogen seien. Werfe er eine Sechs, dann werde er den amerikanischen Raketenangriff anordnen.

Einmal ganz abgesehen von der Horrorvorstellung, die ein solches Szenario heraufbeschwört - es würde auch nicht funktionieren. Wenn Chruschtschow sich weigert einzulenken, Kennedy daraufhin würfelt, und es kommt die Sechs, dann liegt die eigentliche Entscheidung immer noch in Kennedys Händen. Er verspürt immer noch den dringenden Wunsch, Chruschtschow noch einen zusätzlichen Wurf zuzugestehen

(»Sagen wir, die Sechs in zwei von drei Würfen«), ehe es zum Armageddon kommt. Chruschtschow weiß das, und er weiß, daß auch Kennedy es weiß. Die Glaubwürdigkeit der Drohung bricht genauso sicher zusammen, als wenn der ausgefeilte Mechanismus des Würfelns nie erwähnt worden wäre.

Hier liegt eine zentrale Einsicht: Wenn eine scharfe Kante durch eine abschüssige Bahn ersetzt wird, dann weiß auch Kennedy nicht, wo der sichere Bereich liegt. Es ist als spiele er Russisches Roulette, anstatt zu würfeln. Eine der Zahlen wird in die Katastrophe führen, aber er weiß nicht, welche es ist. Wenn die Zahl kommt, dann kann er sich nicht umentscheiden und noch einmal würfeln.

Rationale Spieler würden niemals den Schritt in den nuklearen Abgrund tun. Aber es ist möglich, daß sie irrtümlich eine abschüssige Bahn herunterrutschen. Brinkmanship verdeckt absichtlich den Abhang, um eine Situation zu schaffen, die ein wenig außer Kontrolle ist.

Das Risiko bei Brinkmanship unterscheidet sich daher fundamental von dem Zufallselement, das bei der Mischung von Zügen mitspielt: Angenommen beim Tennis beträgt das günstigste Verhältnis Ihrer Aufschläge auf Vor- und Rückhand 50-50 und Sie werfen vor jedem Aufschlag eine Münze, um sich zu entscheiden. Kommt dabei Zahl, dann muß Sie das weder freuen, noch muß es Ihnen leid tun. Es ist Ihnen schlicht *egal*, welche Aktion Sie in einer konkreten Situation wählen. Was zählt ist allein, daß Sie jedesmal unberechenbar sind und daß Sie Ihre Züge in den richtigen Proportionen wählen. Im Falle von Brinkmanship ist dies anders: Sie sind zwar im Vorhinein bereit, das Risiko einzugehen; kommt es aber zum Schwur, dann führen Sie die Drohung immer noch gegen Ihren Willen aus. Um den Gegner zu überzeugen, daß die Konsequenzen trotzdem eintreten werden, benötigen Sie immer noch andere Mittel.

Das verbreiteste Mittel besteht darin, Ihre Kontrolle über die eigentliche Aktion aus den Händen zu geben. Der Punkt ist nicht: »Wenn du mir nicht gehorchst, dann besteht das Risiko, daß ich die und die Aktion wählen werde.« Stattdessen heißt es: »Wenn du mir nicht gehorchst, dann besteht das Risiko, daß dies und dies geschieht, wie sehr wir das auch beide hinterher bedauern werden.« Um glaubwürdig zu sein, braucht Brinkmanship also immer noch ein Instrument der Selbstbindung. Dieses Instrument selber enthält dann in sich einen Zufallsmechanismus wie einen Münzwurf oder einen Würfel, der entscheidet, was geschieht.

Man sieht hier vielleicht das Bild eines Roboters oder eines Computers vor sich, der auf das Würfeln reagiert und handelt - ein unwahrscheinliches Szenario. Aber ein allgemeines Gefühl, die »Dinge könnten außer Kontrolle geraten«, kann oft denselben Zweck erfüllen. Kennedy muß nicht exakt erklären, wie die Möglichkeit des Armageddon geschaffen wird.

Soldaten und Militärexperten sprechen vom »Nebel des Krieges« - einer Situation, in der das Handeln beider Seiten geprägt ist durch unterbrochene Kommunikationslinien, durch mutige oder ängstliche Einzelaktionen und vor allem durch ein hohes Maß allgemeiner Unsicherheit. Es passiert einfach zu viel, um alles unter Kontrolle zu behalten. Der Zweck, Risiko zu erzeugen, wird dadurch zum Teil erfüllt. Die Kuba-Krise lieferte Fälle dieser Art: Selbst für den Präsidenten erwies es sich zum Beispiel als sehr schwierig, die Operationen der Seeblockade zu kontrollieren, nachdem sie einmal angesetzt war. Kennedy versuchte, die Blockade von 500 Meilen auf 800 Meilen vor der Küste zu verschieben, um Chruschtschow mehr Zeit zu geben. Betrachtet man allerdings den Fall des ersten Schiffs, das aufgebracht wurde (die »Marcula«, ein libanesischer Frachter den die Sowjets gechartert hatten), dann deutet einiges darauf hin, daß die Blockadegrenze nie verschoben wurde.(2)

Auch Verteidigungsminister McNamara gelang es nicht, den zuständigen Chef der Seeoperationen, Anderson, dazu zu überreden, die Standardvorschriften für die Durchführung einer Seeblockade abzuändern. Wie Graham Allison in seinem Buch *»Essence of Decision«* berichtet, argumentierte McNamara gegenüber Anderson wie folgt:

»Nach herkömmlichen Regeln war eine Blockade ein kriegerischer Akt, und das erste sowjetische Schiff, das sich weigerte, die Amerikaner an Bord zu lassen und eine Durchsuchung zu akzeptieren, lief Gefahr, auf den Meeresgrund versenkt zu werden. Aber hier handelte es sich um eine militärische Aktion mit politischem Ziel. Man mußte Chruschtschow irgendwie zum Rückzug bewegen, statt ihn zur Vergeltung aufzustacheln.«(3)

Allison fährt mit seiner Schilderung der Sitzung fort: »Als er merkte, daß Anderson von dieser Argumentation nicht beeindruckt war, kehrte McNamara zu seiner Linie zurück, detaillierte Fragen zu stellen. Wer würde als erster den Weg versperren? Gab es Offiziere an Bord, die Russisch sprachen? Wie würde man mit U-Booten umgehen? ... Was würde er tun, wenn ein sowjetischer Kapitän sich weigerte, Fragen zu seiner Fracht zu beantworten? An diesem Punkt griff sich der Navy-

Mann sein einschlägiges Handbuch, das »Manual of Naval Regulations«, wedelte damit vor McNamaras Gesicht herum und rief: ›Das steht alles hier drin!‹ Worauf McNamara antwortete: ›Es ist mir verdammt noch mal egal, was John Paul Jones getan hätte. Ich will wissen, was Sie jetzt tun werden.‹ Die Begegnung endete mit der Bemerkung Andersons: ›Herr Minister, wenn Sie und Ihr Stellvertreter jetzt bitte in Ihr Büro zurückgehen, dann wird die Navy die Blockade erledigen.‹

Die Standard-Verfahrensvorschriften für eine Seeblockade hätten womöglich ein viel größeres Risiko geschaffen als es Kennedy wünschte. Gerade an diesem Punkt ist es wichtig zu erkennen, daß die Krise kein Zwei-Personen-Spiel war. Weder die USA noch die Sowjetunion waren ein einzelner Spieler. Die Tatsache, daß Kennedys Befehle von Leuten ausgeführt werden mußten, die sich an ihre eigenen Verfahren (und manchmal auch ihre eigenen Interessen) halten, verschaffte Kennedy eine Methode, mit der er sich glaubwürdig verpflichten konnte, einen Teil der Kontrolle aus den Händen zu geben. Bürokratien bekommen ein Eigenleben, einmal in Gang gesetzte Verfahren entwickeln Eigendynamik, innerhalb einer Organisation gibt es widerstreitende Ziele. Vor diesem Hintergrund konnte Kennedy damit drohen, einen Prozeß in Gang zu setzen, den er nicht mit völliger Sicherheit wieder würde stoppen können.

3. Die Kontrolle des Risikos

Wenn Sie versuchen, von jemandem eine exklusive Information zu erhalten, dann ist Ihre Drohung, ihn umzubringen, wenn er das Geheimnis nicht verrät, nicht glaubwürdig. Denn Ihr Gegenspieler weiß: Kommt es zum Schwur, dann werden Sie erkennen, daß das Geheimnis mit ihm sterben würde; folglich werden Sie keinen Anreiz haben, Ihre Drohung wahr zu machen. Zwei Hollywood-Filme liefern hervorragende Beispiele für dieses Problem und wie man damit umgeht. Schelling verwendet eine Szene aus dem Film *»High Wind in Jamaica«*(4): »Der Piratenkapitän Chavez will von seinem Gefangenen erfahren, wo das Geld versteckt ist, und hält ihm das Messer an die Gurgel, um ihn zum Sprechen zu bringen. Doch nach einem kurzen Moment, in dem der Mann schweigt, fängt der Maat an zu lachen: ›Wenn Sie ihm die Kehle durchschneiden, dann kann er es Ihnen nicht mehr sagen. Und er weiß das. Und er weiß, daß Sie es wissen.‹ Chavez steckt das Messer weg, und versucht etwas anderes.«

Chavez hätte das Messer draußen lassen und Brinkmanship versuchen können, wenn er *»The Maltese Falcon«* gesehen hätte. Dort hat Spade (Humphrey Bogart) den wertvollen Vogel versteckt, und Gutman (Sydney Greenstreet) versucht herauszufinden, wo er ist.

> »Spade lächelte den Levantiner an und antwortete ruhig: ›Sie wollen den Vogel. Ich habe ihn...Wenn Sie mich töten, wie wollen Sie dann an den Vogel kommen? Wenn ich weiß, daß Sie es sich nicht leisten können, mich zu töten, ehe Sie ihn haben, wie wollen Sie mich dann so in Angst versetzen, daß ich ihn herausrücke?‹«

In der Antwort erklärt Gutman, wie er seine Drohung glaubwürdig machen will:

> » ›Ich verstehe, was Sie meinen.‹ Gutman gluckste. ›Das ist eine Einstellung, Sir, die auf beiden Seiten das allerfeinste Urteil erfordert. Denn wie Sie wissen, Sir, neigen die Menschen in der Hitze des Gefechts dazu, zu vergessen, wo ihre Interessen liegen, sie lassen sich von ihren Gefühlen davontragen.‹«(5)

Gutman räumt ein, daß er Spade nicht mit dem sicheren Tod drohen kann. Stattdessen kann er Spade allerdings einem Risiko aussetzen, einer gewissen Wahrscheinlichkeit, daß die Situation in der Hitze des Augenblicks außer Kontrolle gerät. Das Ergebnis wird dem Zufall überlassen. Gutman will Spade nicht wirklich töten, aber es passieren eben Unfälle. Und der Tod ist unumkehrbar. Gutman kann sich nicht verpflichten, Spade auf alle Fälle zu töten, wenn der sich weigert auszupakken. Aber er kann damit drohen, Spade in eine Lage zu bringen, in der Gutman nicht garantieren kann, daß es ihm gelingt zu verhindern, daß Spade getötet wird.* Diese Fähigkeit, jemanden der statistischen Wahrscheinlichkeit einer Strafe auszusetzen, kann ausreichen, die Drohung wirksam zu machen, wenn die Strafe schlimm genug ist.

Je größer das Risiko ist, daß Spade auf diese Weise getötet wird, desto wirkungsvoller ist die Drohung. Gleichzeitig wird das Risiko allerdings für Gutman immer weniger tragbar; die Drohung wird immer unglaub-

* Dies kann als die strategische Rationalität einer irrationalen Handlung gesehen werden, ein anderes Instrument, das wir in Kapitel 6 diskutiert haben. Hier ist der entscheidende Punkt allerdings die statistische Wahrscheinlichkeit und nicht die Gewißheit einer irrationalen Handlung.

würdiger. Gutmans Brinkmanship wird dann und nur dann funktionieren, wenn es einen mittleren Bereich von Wahrscheinlichkeiten gibt, in dem das Risiko groß genug ist, um Spade zu zwingen, das Versteck des Vogels preiszugeben, und doch klein genug, um für Gutman noch akzeptabel zu sein. Einen solchen Bereich gibt es nur, wenn der Wert, den das eigene Leben für Spade hat, größer ist als der Wert, den der Vogel für Gutman hat; die Todeswahrscheinlichkeit, die Spade zum Sprechen bringt, ist dann kleiner als die Wahrscheinlichkeit, bei der der drohende Verlust seiner Information Gutman innehalten läßt. Brinkmanship verlangt also nicht nur das Schaffen von Risiko, sondern auch die sorgfältige Kontrolle der Abstufungen dieses Risikos.

Jetzt haben wir ein Problem. Viele der Mechanismen, die ein Risiko erzeugen, verhindern gleichzeitig, daß der Grad dieses Risikos angemessen genau kontrolliert werden kann. Wir haben gesehen, wie Kennedy interne Streitigkeiten und Verfahrensvorschriften ausnutzen konnte um sicherzustellen, daß die Situation ein wenig unkontrollierbar wurde - und also auch nicht von der Versuchung Kennedys beeinflußt werden konnte, selber nachzugeben. Aber genau diese Faktoren machen es ihm sehr schwer sicherzustellen, daß das Risiko nicht ein Ausmaß annimmt, das für die USA unerträglich ist. Kennedys eigene Risikoschätzung - zwischen 1 zu 3 und 1 zu 2 - deckt einen sehr weiten Bereich ab, so weit, daß man sich fragt, ob das Risiko überhaupt noch kontrolliert wird. Wir haben keine perfekte oder allgemein gültige Antwort auf dieses Dilemma. Brinkmanship ist oft ein wirkungsvolles Instrument, aber genauso oft bleibt es ein gewisses Abenteuer.

4. Wie man vom Abgrund wieder wegkommt

Es gibt einen letzten Aspekt der Kontrolle, der für wirkungsvolle Brinkmanship entscheidend ist. Die bedrohte Partei muß in der Lage sein, durch ihre Zustimmung zu den Bedingungen des Hasardeurs das Risiko hinreichend zu drücken, oftmals bis auf Null. Spade muß sich darauf verlassen können, daß Gutmans Temperamentsausbrüche schnell genug abkühlen, wenn Gutman das Geheimnis erst einmal erfahren hat; Chruschtschow muß sicher sein können, daß die amerikanische Streitmacht sich zurückzieht, sobald er die Bedingungen erfüllt hat. Andernfalls steckt er nämlich in einer Zwickmühle, in der er so oder so verlieren wird; es gibt keinen Anreiz mehr zu gehorchen.

Die amerikanische Handelspolitik ist ein Beispiel für Brinkmanship ohne solch einen Kontrollmechanismus. Die amerikanischen Handelsbehörden versuchen, die Japaner und die Koreaner zu zwingen, ihre Märkte für amerikanische Exporte zu öffnen (und außerdem selber weniger in die USA zu exportieren). Zu diesem Zweck verweisen sie auf das Risiko, daß der Kongreß andernfalls weitreichendere protektionistische Maßnahmen ergreifen könnte. »Wenn wir keine moderate Übereinkunft erreichen können, dann wird der Kongreß Restriktionen beschließen, die für euch wesentlich schlimmer sein werden.« Die sogenannten Freiwilligen Selbstbeschränkungen bei Autoexporten, denen Japan 1981 zustimmte, waren das Ergebnis eines solchen Prozesses. Verwendet man die Taktik in Handelsgesprächen allerdings regelmäßig, dann entsteht ein Problem: Man kann zwar ein Risiko erzeugen, kann es aber im erforderlichen Bereich nicht steuern. Wenn die Aufmerksamkeit der Abgeordneten gerade durch andere Themen absorbiert ist, dann ist das Risiko protektionistischer Schritte des Kongresses zu gering. Regt sich der Kongreß dagegen gerade über die Handelsdefizite auf, dann ist das Risiko zu hoch, um für die amerikanischen Handelsbehörden noch akzeptabel zu sein. Zudem läßt es sich durch geringfügige Selbstbeschränkung des Auslands auch nicht mehr beeinflussen, so daß eine Drohung wirkungslos wird. Mit anderen Worten: Das amerikanische System der Gewaltenteilung kann Risiko zwar erzeugen, aber es kann dieses Risiko nicht effektiv kontrollieren.

5. Der Sturz in den Abgrund

Bei jeder Ausübung von Brinkmanship besteht die Gefahr, daß man tatsächlich in den Abgrund stürzt. Strategen betrachten die Kuba-Krise zwar heute als einen Fall erfolgreicher Anwendung von Brinkmanship, aber unsere Bewertung sähe sehr anders aus, wenn das Risiko eines Atomkriegs der Supermächte Realität geworden wäre.(6) Die Überlebenden hätten Kennedy verflucht, weil er die Krise rücksichtslos und unnötig bis zu einem Inferno angefacht habe. Aber wenn Brinkmanship angewendet wird, kommt es eben manchmal auch zum Absturz. Das Massaker an den chinesischen Studenten im Juni 1989 ist dafür ein trauriges Beispiel: Die Studenten, die in Peking den Tiananmen-Platz besetzt hielten, befanden sich auf einem Kollisionskurs mit den Hardlinern in ihrer Regierung. Eine Seite mußte verlieren; entweder würden die Hardliner ihre Macht verlieren oder die Studenten mußten bei ihren Forderungen Kompromisse machen. Während der Konfrontation bestand ständig das Risiko, daß die Hardliner überreagieren und Gewalt anwenden würden, um die Demokratiebewegung zu zerschlagen. Wenn beide Seiten ein Spiel am Abgrund spielen, und keine von beiden einlenkt, dann besteht die Möglichkeit, daß die Situation mit tragischen Konsequenzen außer Kontrolle gerät.

Durch die Ereignisse vom Tiananmen-Platz wurde vielen Regierungen sehr viel bewußter, welche Gefahren - für beide Seiten - in der Brinkmanship stecken. Als es in der DDR und in der Tschechoslowakei zu ähnlichen demokratischen Protesten kam, entschieden sich die dortigen kommunistischen Führer, den Forderungen des Volkes nachzugeben. In Rumänien versuchte die Regierung, gegenüber einer Reformbewegung hart zu bleiben, und setzte auf gewaltsame Unterdrückung, um an der Macht zu bleiben. Die Gewalt eskalierte fast bis zum Punkt des Bürgerkriegs, und Präsident Nicolae Ceaucescu wurde am Ende wegen der Verbrechen gegen das eigene Volk hingerichtet.

6. Nukleare Brinkmanship

Fügen wir einige dieser Ideen zusammen und betrachten wir, wie die USA nukleare Brinkmanship als wirkungsvolle Abschreckung eingesetzt haben. Nachdem der Kalte Krieg vorbei ist und das Wettrüsten wieder zurückgedreht wird, können wir diese Brinkmanship so kühl und analytisch betrachten, wie das früher nur schwer möglich war.

Es wird oft argumentiert, es gebe bei Atomwaffen ein Paradox, weil die Drohung damit einfach zu massiv ist, als daß sie je wahr gemacht werden könnte. Wenn ihr Einsatz nicht rational ist, dann kann auch die Drohung mit ihnen nicht rational sein. Wir haben hier gewissermaßen den Wortwechsel zwischen Spade und Gutman in gigantischer Vergrößerung. Ohne einen Drohwert sind Atomwaffen zur Abschreckung kleinerer Konflikte wirkungslos.

Die Europäer fürchteten aus diesem Grund stets, daß der nukleare Schirm der NATO sich als schwacher Schutz gegen den Regen überlegener konventioneller Kräfte der Sowjetunion erweisen könnte. Selbst wenn die USA entschlossen sind, Europa zu verteidigen, so lautete das Argument, dann ist die Drohung einer nuklearen Antwort auf kleinere sowjetische Übergriffe nicht glaubwürdig. Die Sowjets könnten das ausnutzen, indem sie eine Salami-Taktik anwenden und scheibchenweise vorgehen: Man stelle sich etwa vor, es gibt Unruhen in West-Berlin, und es brechen Feuer aus. DDR-Feuerwehren treffen ein, um zu helfen. Drückt der amerikanische Präsident auf den roten Knopf? Natürlich nicht. DDR-Volkspolizei kommt zur Unterstützung. Der rote Knopf? Nein. Die Volkspolizei bleibt und wird nach ein paar Tagen durch die DDR-Volksarmee ersetzt. An jedem Punkt ist der zusätzliche Aggressionsschritt zu gering, um eine drastische Antwort zu verdienen. Die NATO zieht ihre Toleranzgrenze immer wieder neu. Am Ende stünden die Sowjets auf dem Trafalgar Square in London, und im NATO-Hauptquartier würde man sich fragen, an welchem Punkt genau man eigentlich die eigene Chance verschlafen habe? (7)

Die Schlußfolgerung, Atomwaffen seien zur Abschreckung ungeeignet, war dennoch falsch. Denn die Drohung mit einer nuklearen Antwort der Amerikaner auf eine konventionelle Aggression der Sowjets in Europa bestand in Brinkmanship. Es gibt zwei Möglichkeiten, um um das Problem herumzukommen, daß die Toleranzgrenze immer neu gezogen wird. Brinkmanship verwendet beide. Erstens arrangieren Sie alles so, daß Ihnen die Kontrolle über die Bestrafung aus der Hand genommen ist. Sie nehmen sich also selber die Möglichkeit, die Grenze neu zu ziehen. Zweitens verwandeln Sie den scharfen Vorsprung in eine abschüssige Bahn. Mit jedem weiteren Schritt auf dieser Bahn erhöht sich das Risiko, daß alles außer Kontrolle gerät und beide in den Abgrund stürzen. Ein Gegner, der Ihre Drohung durch eine Salami-Taktik unterlaufen will, sieht sich damit ständig mit der kleinen Gefahr einer Katastrophe konfrontiert. Jedes kleine Scheibchen, das er sich nimmt, egal wie klein es auch sei, *könnte* die Sache sprichwörtlich zum Überkochen bringen. Jeder kleine Tropfen könnte für sich schon das Faß überlaufen lassen. *Das entscheidende Element, das diese Drohung glaubwürdig macht, besteht darin, daß weder Sie noch Ihr Rivale wissen, wo genau der Bruchpunkt liegt.*

Ein kleines Risiko einer Katastrophe kann denselben Drohwert haben wie die Gewißheit einer kleineren Bestrafung. Die USA haben die nukleare Drohung eingesetzt, indem sie das Risiko geschaffen haben, daß die Raketen starten, obwohl die Regierung im selben Moment alles Menschenmögliche versucht, um den Angriff zu verhindern. Die Drohung von Atomwaffen besteht also darin, daß sie unbeabsichtigt benutzt werden könnten. Nukleare Abschreckung wird glaubwürdig, wenn die Möglichkeit besteht, daß ein konventioneller Konflikt eskaliert und außer Kontrolle gerät. Die Drohung besteht nicht in der Gewißheit sondern in einer gewissen Wahrscheinlichkeit, daß beide Seiten sich vernichten.

Wenn der Konflikt eskaliert, dann steigt auch die Wahrscheinlichkeit einer Kette von Ereignissen, die zu einer nuklearen Konfrontation führen. Schließlich ist diese Wahrscheinlichkeit des Kriegs so hoch, daß eine der beiden Seiten sich zum Einlenken gezwungen sieht. Aber die Räder des Krieges gewinnen ihre Eigendynamik, wenn sie erst einmal in Bewegung gesetzt worden sind, und die Konzessionen könnten zu spät kommen. Unvorhergesehene, unbeabsichtigte, vielleicht zufällige oder irrationale Handlungen außerhalb der Kontrolle der Führer ebnen für Atomwaffen den Pfad der Eskalation. Der Politikwissenschaftler Barry Posen vom Massachusetts Institute for Technology (MIT) hat dies gut formuliert:

»Unter Eskalation stellt man sich im allgemeinen folgendes vor: Entweder eine rationale Politikentscheidung, bei der die Führung sich entschließt, angesichts einer drohenden konventionellen Niederlage präventiv zu handeln oder zu eskalieren. Oder aber das Ergebnis eines mechanischen Fehlers, eines unbefugten Einsatzes oder einer Wahnsinnstat. Aber die Eskalation, die sich aus der normalen Führung eines intensiven konventionellen Konfliktes ergibt, fällt zwischen diese beiden Kategorien: Sie ist weder ein gezielter Akt noch ein Unfall. Was man als ›unbeabsichtigte Eskalation‹ bezeichnen könnte ist vielmehr die *ungewollte* Konsequenz der Entscheidung, einen *konventionellen* Krieg zu führen.«(8)

Nukleare Abschreckung erfordert eine fundamentale Abwägung: Die Fähigkeit, mit der wechselseitigen Vernichtung zu drohen, hat einen positiven Wert. Im Nuklearzeitalter ist ein Weltkrieg über vierzig Jahre lang verhindert worden. Aber es hat einen Preis, wenn wir unser Schicksal dem Zufall überlassen. Nukleare Abschreckung erfordert, daß ein gewisses Risiko der wechselseitigen Vernichtung akzeptiert wird. Was können wir tun, um die Wahrscheinlichkeit eines Atomkriegs zu verringern, ohne den Wert der Abschreckung zu verlieren?

Der Trick besteht, wie immer, darin, ein so generalisiertes Risiko innerhalb der Grenzen von Wirksamkeit und Tragbarkeit zu halten. Wir haben in diesem Kapitel einige Fingerzeige gegeben, wie das erreicht werden kann. Letztlich hat das erfolgreiche Spiel mit dem Abgrund allerdings immer etwas von einer Mischung aus Kunst und Abenteuer.

7. Fallstudie Nr. 8 : Brinkmanship im Atlantik

»Bei Ausbruch des Krieges würde die Navy zunächst aggressiv in die Norwegische See vorstoßen, zunächst mit U-Booten, dann mit mehreren Flugzeugträgern. Sie würde die sowjetische Flotte zurückdrängen und ihre Basen angreifen, Häfen und andere Bastionen angreifen, die sich innerhalb der Reichweite der Flugzeuge auf den Trägern befänden.« - John Lehman, US-Marineminister (1981 - 87)

»Sowjetische U-Boote zu bedrohen, die Atomraketen führen, das bedeutet, Atomkrieg zu führen. Es trägt sehr stark zur Eskalation bei.« - Barry Posen, Professor für Politikwissenschaft, MIT (9)

Posen argumentiert, daß die amerikanische Navy im Atlantik eine sehr gefährliche und eskalatorische Politik verfolgt. Im Falle eines konventionellen Konflikts mit der UdSSR wird die Navy versuchen, alle sowjetischen U-Boote im Atlantik zu versenken. Das Problem an dieser Strategie ist, daß die USA derzeit U-Boote, die Atomwaffen führen, nicht von konventionell bewaffneten U-Booten unterscheiden können. Es besteht also das Risiko, daß die USA ohne es zu wissen die nukleare Schwelle überschreiten, indem sie unbeabsichtigt ein sowjetisches U-Boot mit Atomwaffen an Bord versenken. Daraufhin werden sich die Sowjets berechtigt fühlen, amerikanische Atomwaffen anzugreifen, und die Welt gerät einen Schritt zu nahe an einen totalen Schlagabtausch.

Der Marineminister John Lehman verteidigt diese Politik ebenso vehement, wie Posen sie angreift. Er erkennt zwar, daß es wahrscheinlicher wird, daß ein konventioneller Krieg in einen nuklearen Konflikt eskaliert. Aber sein Argument ist, daß die Sowjets das ebenfalls erkennen sollten! Die gestiegene Wahrscheinlichkeit einer Eskalation lasse sich rechtfertigen, weil sie ja bereits die Wahrscheinlichkeit eines konventionellen Krieges reduziere. Wer von beiden betreibt hier Brinkmanship?

Diskussion

Unser Verständnis von Brinkmanship wird keinem der beiden gefallen. Wenn das Ziel darin besteht, den Atomkrieg zu verhindern, dann sollte die Politik keinerlei Wirkungen haben. Denn die gestiegene Eskalationswahrscheinlichkeit eines konventionellen Konflikts sollte *exakt* aufgewogen werden durch eine Verringerung der Wahrscheinlichkeit, daß ein konventioneller Konflikt ausgelöst wird.

Eine Analogie ist vielleicht hilfreich. Angenommen, wir machen Duelle sicherer, indem wir die Zielgenauigkeit von Pistolen verringern. Wahrscheinlich führt das dazu, daß die Gegner aufeinander zugehen, ehe sie schießen. Nehmen Sie an, daß die beiden Gegner gleich gute Schützen sind, und daß es eine Belohnung von 1 bedeutet, wenn der andere erschossen wird. Wird man selber erschossen, bedeutet das eine Strafe von -1. Dann ist es für beide eine optimale Strategie, aufeinander zuzugehen, und genau in dem Moment zu schießen, wenn die statistische Wahrscheinlichkeit, den anderen zu treffen, (1/2) beträgt, Die Wahrscheinlichkeit, daß es zu mindestens einem tödlichen Schuß kommt, ist dann weiterhin (3/4), unabhängig von der Zielgenauigkeit der Pistolen. Eine Veränderung der Regeln braucht das Ergebnis nicht zu verändern. Alle Spieler können ihre Strategien anpassen und die Regeländerung dadurch ausgleichen.

Um die Sowjets davon abzuschrecken, einen konventionellen Angriff zu beginnen, müssen die USA sie einem gewissen Risiko aussetzen, daß der Konflikt in einen nuklearen Schlagabtausch eskaliert. Wenn das Risiko auf diesem Weg immer größer wird, dann werden die Sowjets den Weg langsamer beschreiten. Und die Amerikaner werden (ebenso wie auch die Sowjets) eher bereit sein, Konzessionen zu machen, weil sie wissen, daß beide Seiten diesem größeren Risiko ausgesetzt sind.

Beide Seiten, Amerikaner und Sowjets, sollten ihre Strategien nach den Konsequenzen bewerten, nicht die Handlungen per se. Nehmen Sie eine andere hilfreiche Analogie, um über das Problem nachzudenken: Stellen Sie sich vor, beide Seiten nehmen an einer Auktion teil. Anstatt ihre Gebote in Dollar oder Rubeln abzugeben, bieten sie jedoch in den statistischen Wahrscheinlichkeiten einer Katastrophe. An einem bestimmten Punkt wird das Bieten dann zu teuer; eine Seite beschließt einzulenken, anstatt die Wahrscheinlichkeit eines gemeinsamen Verlustes auf 23 Prozent zu eskalieren. Aber vielleicht hat sie zu lange gewartet, und aus der statistischen Wahrscheinlichkeit eines Verlustes ist längst die Realität eines schlimmen Endes geworden.

In einem Konflikt zwischen den USA und der Sowjetunion entsprechen die Gebote der Wahrscheinlichkeit, daß der Konflikt eskalieren wird. Wie die beiden Seiten einander ihre Gebote mitteilen hängt entscheidend von den Regeln des Spiels ab. Aber das Spiel mit dem Abgrund wird nicht allein dadurch sicherer, daß man die Regeln ändert. Wenn die USA ihre Politik im Atlantik änderten, dann könnten die Sowjets einfach ihre Bietstrategie anpassen, um den früheren Druck auf die USA wiederherzustellen. Wenn die Welt sicherer ist, dann können beide Seiten mehr eskalierende Schritte unternehmen. Besteht die Drohung in einer statistischen Wahrscheinlichkeit, dann können die Sowjets ihr Verhalten stets so ändern, daß diese Wahrscheinlichkeit gleich bleibt.

Diese Schlußfolgerung bedeutet nun nicht, daß wir aufgeben und das Risiko eines Atomkriegs hinnehmen müßten. Um das Risiko zu verringern muß das Problem aber auf einer grundsätzlicheren Ebene angegangen werden - das Spiel selbst muß verändert werden. Wenn französische und deutsche Adlige weniger exakte Pistolen verwendet hätten, dann hätte ihnen das auch nicht geholfen, länger zu leben. Sie hätten vielmehr den Ehrenkodex ändern müssen, der ein Duell erforderte, sobald auch nur ein Handschuh gefallen war. Seit die USA und die frühere Sowjetunion begonnen haben, teilweise gemeinsame Ziele zu verfolgen, hat sich das Spiel selbst verändert - nicht nur seine Regeln.

Kapitel 9
Koordination und Kooperation

»Nicht vom Wohlwollen des Metzgers, Brauers und Bäckers erwarten wir das, was wir zum Essen brauchen, sondern davon, daß sie ihre eigenen Interessen wahrnehmen ... [Jeder Einzelne] denkt eigentlich nur an die eigene Sicherheit und strebt nach dem eigenen Gewinn. Und er wird [dabei] von einer unsichtbaren Hand geleitet, um einen Zweck zu fördern, den zu erfüllen er in keiner Weise beabsichtigt hat ... Ja, gerade dadurch, daß er das eigene Interesse verfolgt, fördert er häufig das der Gesellschaft nachhaltiger, als wenn er wirklich beabsichtigt, das zu tun.«

Adam Smith schrieb dies im Jahre 1776, in seinem Klassiker *»The Wealth of Nations«*. Seither sind seine Worte stets Musik in den Ohren der Verfechter des freien Marktes gewesen. Die Effizienz des Marktes wird so interpretiert, daß der Staat sich nicht in das Bemühen der Individuen einmischen sollte, ihren Eigennutz zu maximieren. Manche Anhänger des freien Markts neigen dazu, diese Idee auch auf Bereiche außerhalb der Wirtschaft auszudehnen und wie der Dr. Pangloss in Voltaires *»Candide«* zu behaupten, daß »hier alles zum Besten steht, in dieser besten aller möglichen Welten«.

Die traurige Wirklichkeit ist allerdings, daß die unsichtbare Hand des Adam Smith nur einen relativ kleinen Bereich abdeckt. Es kann nicht grundsätzlich angenommen werden, daß immer dann, wenn jeder nur seine eigenen Interessen verfolgt, das Ergebnis die beste aller Welten sein wird. Selbst im engeren wirtschaftlichen Bereich gibt es wichtige Einschränkungen und Ausnahmen zur Regel von der unsichtbaren Hand.

Die Spieltheorie liefert einen naheliegenden Rahmen, um über das soziale Miteinander von Individuen nachzudenken. Jeder Einzelne hat seine eigenen Ziele und Strategien. Wir führen sie zusammen und untersuchen das Gleichgewicht des Spiels, in dem diese Strategien interagieren. Erinnern Sie sich, daß nicht grundsätzlich angenommen werden kann, daß ein Gleichgewicht gut sein muß; wir müssen in jeder einzelnen Situation herausfinden, ob das Ergebnis ein Krieg aller gegen alle ist, oder die beste aller möglichen Welten, oder irgend etwas zwischen diesen Extremen.

Warum glaubte Adam Smith, daß die unsichtbare Hand zu guten ökonomischen Resultaten für die Gesellschaft führen werde? Sehr kurz gesagt lief sein Argument wie folgt: Wenn ich einen Laib Brot kaufe, dann verbrauche ich Ressourcen, die für die Gesellschaft einen Wert haben, und die in die Herstellung des Brotes eingehen - Weizen, Brennstoff, die Leistungen des Ofens, die Arbeitskraft und so weiter. Was mich an der Überbeanspruchung dieser Ressourcen hindert, ist der Preis des Brotlaibs. Ich werde den Laib nämlich nur kaufen, wenn sein Wert für mich den Preis übersteigt, den ich zu zahlen habe. In einem gut funktionierenden Markt entspricht der Preis genau den Kosten aller eingesetzten Ressourcen - der Bäcker wird mir das Brot nicht verkaufen, wenn der Preis nicht seine gesamten Kosten deckt; gleichzeitig wird ihn der Wettbewerb daran hindern, mir einen höheren Preis zu berechnen. Also kaufe ich den Brotlaib nur, wenn sein Wert für mich größer ist als die Kosten des Ressourcenverbrauchs für die Gesellschaft. Der Marktmechanismus kontrolliert meinen Wunsch, mehr Brot zu kaufen, gerade im richtigen Umfang. Es ist, als sei der Preis das »Bußgeld«, das ich der Gesellschaft zahlen muß, um sie für den Verbrauch ihrer Ressourcen zu entschädigen. Auf der anderen Seite des Geschehens wird der Bäcker, als Vertreter der Gesellschaft, für die Kosten entschädigt, die ihm entstehen, wenn er das Brot herstellt und anbietet. Auch der Bäcker hat also die richtigen Anreize für seine Produktion.

Die Einfachheit, die Klarheit, ja wir wagen zu behaupten, die Schönheit dieses Arguments erklären seine Attraktivität. Gerade seine Klarheit führt allerdings auch zu einer ebenso klaren Botschaft über seine Grenzen. Die unsichtbare Hand ist am besten anwendbar auf Situationen, in denen alles einen Preis hat. In vielen Situationen außerhalb des Wirtschaftslebens und in einigen Fällen sogar im ökonomischen Bereich wird den Menschen dagegen kein Bußgeld berechnet, wenn sie der Gesellschaft schaden. Sie erhalten auch keine Belohnung dafür, wenn sie anderen Gutes tun. Industrieunternehmen beispielsweise wird selten ein angemessener Preis in Rechnung gestellt, wenn sie saubere Luft verbrauchen. Sie erhalten auch keine Entschädigung, wenn sie einen Mitarbeiter ausbilden, der anschließend kündigt und sich eine neue Beschäftigung sucht. Umweltverschmutzung ist in diesem Fall ein Gut (oder besser ein Un-Gut) ohne Preis, und es entsteht das Problem, daß es keinen wirtschaftlichen Anreiz gibt, der das eigennützige Bestreben des Unternehmens dämpft, in großem Umfang Umweltverschmutzung zu betreiben. Wenn das Unternehmen einen Mitarbeiter ausbildet, dann wird dieses Gut nicht auf einem Markt gehandelt, es gibt also keinen Preis, der seinen Handel steuern könnte; das Unternehmen muß seine eigenen Kosten und Nutzen zum Ausgleich bringen und ist nicht in der Lage, die Zahlungsbereitschaft anzuzapfen, die bei anderen für die Leistung vielleicht besteht. Wenn ein Gefangener im Gefangenendilemma gesteht, dann schadet er seinem Komplizen, ohne daß er ein entsprechendes Strafgeld zahlen müßte. Weil viele Aktivitäten, die keinen Preis haben oder die nicht auf Märkten gehandelt werden, trotzdem eine wichtige Rolle spielen, ist es kein Wunder, daß eigennützig handelnde Individuen einander oft zuviel Schaden zufügen und zuwenig Gutes tun.

Im Rahmen dieses Grundmotivs kann die unsichtbare Hand auf vielerlei Arten versagen. Jeder Einzelne mag das tun, was für ihn am besten ist, aber aus der gemeinschaftlichen Perspektive kommt es zum schlechtesten Ergebnis, wie im Gefangenendilemma. Vielleicht tun zu viele Menschen das Falsche, oder vielleicht tun alle zuviel Falsches. Einige der so entstehenden Probleme lassen sich mit politischen Eingriffen lösen, bei anderen ist das schwieriger. Die Abschnitte dieses Kapitels diskutieren der Reihe nach die verschiedenen Formen des Versagens. In jedem Abschnitt entwickeln wir dabei ein zentrales Beispiel und zeigen anschließend, inwiefern das jeweilige Grundproblem weit verbreitet sein kann, und wie man es vielleicht lösen kann.

1. Die Tücken der Glockenkurve

Die amerikanischen Colleges, die mit ihren Football-Teams in der sogenannten Ivy League spielen, standen in den fünfziger Jahren vor einem Problem: Jeder wollte gerne ein siegreiches Team haben. Die Colleges sahen sich bald in der Situation, daß überall zuviel Wert auf Sport gelegt wurde, und Abstriche bei den akademischen Ansprüchen gemacht wurden, nur damit ein Meister-Team aufgebaut werden konnte. Wieviel sie allerdings auch trainierten und wieviel Geld sie auch ausgaben, am Ende der Saison standen alle immer noch ungefähr da, wo sie vorher auch schon gewesen waren. Das durchschnittliche Verhältnis von Siegen zu Niederlagen betrug immer noch 50-50. Es blieb bei der unausweichlichen mathematischen Tatsache, daß jedem Sieger automatisch ein Verlierer gegenüberstehen muß. Der ganze Zusatzaufwand hob sich gegenseitig auf.

Die Spannung beim College-Sport hängt einerseits vom spielerischen Niveau, andererseits aber auch davon ab, wie dicht die Teams beieinander liegen und wie intensiv der Wettbewerb ist. Viele Fans bevorzugen deshalb den College Basketball und Football gegenüber dem jeweiligen Profisport: Das spielerische Niveau ist zwar niedriger, dafür ist die Konkurrenz aber oft intensiver und aufregender. Mit dieser Einsicht im Hinterkopf entschlossen sich die Colleges zu einem cleveren Zug. Sie schlossen sich zusammen und vereinbarten, daß das Frühjahrstraining auf einen einzigen Tag begrenzt wird. Obwohl jetzt öfter mal ein Spielzug verstolpert wurde, waren die Spiele nicht weniger spannend. Die Sportler hatten mehr Zeit, sich auf ihr Studium zu konzentrieren, und alle hatten sich besser gestellt - bis auf ein paar Ehemalige, die es lieber gesehen hätten, wenn ihre Alma Mater die akademische Arbeit links liegen gelassen und stattdessen im Football geglänzt hätte.

Viele Schüler und Studenten würden mit ihren Klassenkameraden gerne ähnliche Abmachungen treffen. Wenn die Noten entsprechend einer Normalverteilung, also der klassischen Glockenkurve, vergeben werden, dann ist die relative Position in der Klasse oder im Kurs wichtiger als das absolute Wissensniveau. Was zählt ist nicht, daß man etwas weiß, entscheidend ist, daß andere (noch) weniger wissen. Einen Vorteil gegenüber den anderen gewinnt man, indem man intensiver büffelt. Doch wenn das alle tun, dann haben sie am Ende zwar ein größeres Wissen, aber die relativen Positionen sind im Großen und Ganzen unverändert - ebenso wie die Noten. Wenn sich doch alle nur darauf einigen könnten, das Lernen auf einen (vorzugsweise regnerischen) Tag im Frühjahr zu begrenzen. Sie bekämen dieselben Noten mit weniger Anstrengung.

Die Situationen gleichen sich, weil der Erfolg von der *relativen* anstatt von der *absoluten* Leistung abhängt. Wenn ein Teilnehmer seine eigene Position verbessert, dann verschlechtert er notwendigerweise die Position aller anderen. Aber auch wenn der Sieg des einen die Niederlage des anderen erfordert, ist das Spiel deswegen noch kein Nullsummenspiel. In einem Nullsummenspiel ist es unmöglich, alle besser zu stellen. Hier ist es möglich: Indem sie ihren Einsatz verringern, können sich alle Teilnehmer potentiell besser stellen. Die Zahl der Sieger und Verlierer mag immer gleich bleiben; doch es kann billiger für alle werden, das Spiel überhaupt zu spielen.

Die Ursache des Problems, daß (einige) Studenten zuviel büffeln, liegt darin, daß sie den anderen keinen Preis oder keine entsprechende Entschädigung dafür zahlen müssen. Das Büffeln jedes einzelnen Studenten gleicht insofern der Umweltverschmutzung: Für alle anderen Studenten wird das Aufatmen immer schwieriger. Weil es keinen Markt gibt, auf dem man Zeit zum Lernen kaufen oder verkaufen kann, ist das Ergebnis ein »Rat Race« oder »Rattenrennen«: Jeder Teilnehmer strengt sich zu sehr an, und seine Mühen zahlen sich zuwenig aus. Dabei ist weder eine kleine Gruppe noch ein einzelner Student bereit, die Rolle des isolierten Anführers zu spielen, der seine Anstrengungen als erster zurückschraubt. Es handelt sich um ein Gefangenendilemma mit mehr als nur zwei Gefangenen. Um aus diesem tückischen Dilemma herauszukommen, ist eine gemeinsame Vereinbarung erforderlich, die auch durchgesetzt werden kann.

Wie wir bei der OPEC und der Ivy League gesehen haben, besteht der Trick darin, ein Kartell zu bilden und den Wettbewerb zu begrenzen. Das Problem für Schüler und Studenten besteht darin, daß das Kartell mögliche Ausreißer oder Schummler nicht leicht identifizieren kann. Aus Sicht der Kursgemeinschaft ist ein Schummler jemand, der eifriger lernt, um sich heimlich einen Vorteil gegenüber den anderen zu verschaffen. Ob jemand heimlich lernt läßt sich solange kaum feststellen, bis er die Eins einkassiert hat. Aber dann ist es zu spät. In einigen amerikanischen Kleinstädten kann man allerdings eine Methode beobachten, mit deren Hilfe Schüler ihr »Anti-Lern-Kartell« überwachen. Abends treffen sich alle und fahren die Hauptstraße rauf und runter. Wer fehlt, weil er zuhause lernt, fällt auf. Die Strafe kann in sozialer Ächtung oder Schlimmerem bestehen.

Es ist schwierig ein Kartell zu organisieren, das sich von selbst überwacht. Umso besser ist es, wenn es einen Außenseiter gibt, der die kollektive Vereinbarung zur Beschränkung des Wettbewerbs überwacht. Bei der Zigarettenwerbung ist in den USA genau das passiert - wenn auch unabsichtlich. Früher gaben die Zigarettenfirmen viel Geld dafür aus, die Raucher davon zu überzeugen, für ein bestimmtes Produkt »meilenweit zu gehen«. Die zahlreichen Kampagnen machten Werbeagenturen reich, aber ihre eigentliche Aufgabe war rein defensiv: Jede Firma machte Werbung, weil die anderen das auch taten. 1968 wurde Zigarettenreklame gesetzlich aus dem Fernsehen verbannt. Die Firmen dachten zunächst, daß ihnen das schaden werde und wehrten sich heftig. Aber nachdem sich der Rauch verzogen hatte, merkten sie, daß das Verbot ihnen half, teure und wechselseitig schädliche Kampagnen zu vermeiden und damit ihre Gewinne zu steigern.

2. Schleichwege

Es gibt zwei Hauptwege, auf denen man von Berkeley nach San Francisco pendeln kann. Die eine Möglichkeit besteht darin, mit dem Auto über die Bay Bridge zu fahren, die andere ist die Benutzung des öffentlichen Nahverkehrs, des Bay Area Rapid Transit Train, genannt BART. Mit dem Auto über die Brücke zu fahren ist der kürzeste Weg, und wenn gerade kein Verkehr ist, schafft man es in zwanzig Minuten. Aber das kommt selten vor: Die Brücke hat nur vier Spuren, und der Verkehr staut sich leicht.* Wir nehmen an, daß 2.000 zusätzliche Autos (pro Stunde) für jeden Autofahrer eine zusätzliche Verzögerung von 10 Minuten bedeuten. Bei 2.000 Autos erhöht sich die Fahrtdauer also auf 30 Minuten, bei 4.000 Autos auf 40 Minuten und so weiter.

Der BART hält an einer Reihe von Haltestellen, und man muß erst zum Bahnhof gehen und auf den Zug warten. Nach fairer Schätzung beträgt die Fahrtdauer auf diesem Weg ungefähr 40 Minuten, aber dafür gibt es kein Problem mit Staus. Wenn die Zahl der Fahrgäste steigt, dann werden zusätzliche Wagen angehängt, und die Fahrtzeit bleibt ungefähr konstant.

Wenn nun während der Hauptverkehrszeit 10.000 Pendler von Berkeley nach San Francisco wollen, wie werden sich diese Pendler dann auf die beiden Alternativen verteilen? Jeder Pendler wird eigennützig handeln und die Alternative wählen, die seine eigene Fahrtzeit minimiert. Wenn man die Pendler sich selbst überläßt, dann werden 40 Prozent mit dem Auto fahren und 60 Prozent den Zug nehmen. Die Fahrtzeit wird für alle 40 Minuten betragen. Dieses Ergebnis ist das Gleichgewicht eines Spiels.

Wir können zu diesem Resultat gelangen, indem wir uns fragen, was geschehen würde, wenn die Aufteilung anders wäre. Nehmen Sie an, nur 2.000 Pendler fahren über die Brücke. Bei dem geringeren Verkehr würde die Fahrtzeit 30 Minuten betragen. Einige der 8.000 Zugpendler würden herausfinden, daß sie mit dem Auto Zeit sparen können, und würden wechseln. Gäbe es umgekehrt 8.000 Autofahrer auf der Bay Bridge, dann bräuchte jeder 60 Minuten, und einige würden auf den Zug umsteigen, um schneller am Ziel zu sein. Aber wenn 4.000 Autofahrer die Brücke benutzen und 6.000 mit dem Zug fahren, dann kann

* Nach einem Erdbeben ist sie auch schon mal ganz geschlossen.

niemand sich besser stellen, indem er wechselt: Die Pendler haben ein Gleichgewicht erreicht.

Wir können dieses Gleichgewicht aufzeichnen, indem wir ein einfaches Schaubild verwenden, das einem ähnlichen Grundprinzip folgt wie das Schaubild in Kapitel 4, als wir das Experiment des texanischen Professors zum Gefangenendilemma beschrieben. Die Linie AB stellt die 10.000 Pendler dar; die Zahl der Autofahrer ist von A her aufgetragen, die Zahl der Zugpendler von B her. Die vertikalen Abstände messen die Fahrtzeit. Die steigende Linie DEF zeigt, wie die Fahrtzeit über die Brücke ansteigt, wenn mehr und mehr Pendler das Auto benutzen. Die flache Linie zeigt die konstante Fahrtzeit des Zuges von 40 Minuten. Die beiden Linien schneiden sich im Punkt E. Hier sind die Fahrtzeiten für beide Verkehrsmittel gleich, die Zahl der Autofahrer auf der Brücke entspricht der Strecke AC, beträgt also 4.000. Diese graphische Gleichgewichts-Darstellung ist ein sehr nützliches Instrument, um das Gleichgewicht zu beschreiben. Wir werden sie in diesem Kapitel noch oft verwenden.

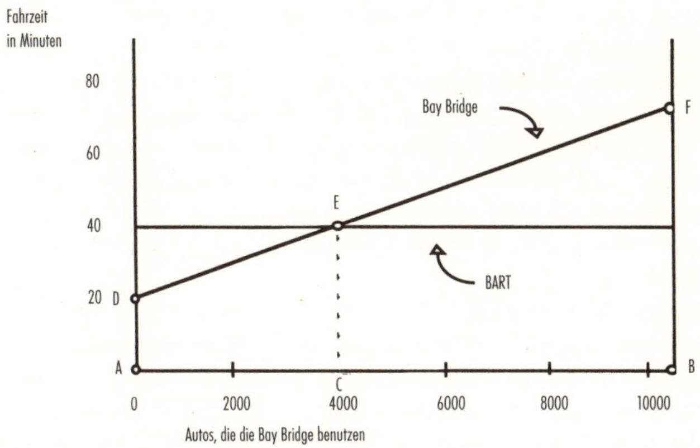

Ist dieses Gleichgewicht für die Pendler insgesamt günstig? Eigentlich nicht. Es ist einfach, ein besseres Verhaltensmuster zu finden. Nehmen Sie an, nur 2.000 Autofahrer benutzen die Brücke. Jeder von ihnen spart 10 Minuten. Die 2.000, die auf den Zug umgestiegen sind, brauchen immer noch 40 Minuten. Das gleiche gilt für die 6.000 bisherigen Zugpendler. Soeben haben wir damit 20.000 Personenminuten (oder fast zwei Wochen) der gesamten Fahrtzeit eingespart.

Warum ist eine solche Einsparung möglich? Oder anders gesagt, warum wurden die Pendler, die sich selbst überlassen waren, nicht von einer unsichtbaren Hand zur besten Mischung der Transportmittel geführt? Die Antwort liegt wieder in den Kosten, die jeder einzelne Autofahrer den anderen auferlegt. Wenn ein zusätzlicher Pendler die Brücke benutzt, dann verlängert sich die Fahrtzeit für alle anderen um ein kleines Quentchen. Aber der Neue muß keinen Preis bezahlen, der diese Kosten spiegeln würde. Er berücksichtigt nur seine eigene Fahrtzeit.

Welche Struktur des Verkehrs ist für die Gruppe der Autofahrer insgesamt am besten? Unser eben entworfener Vorschlag mit 2.000 Autofahrern auf der Brücke und einer Zeitersparnis von insgesamt 20.000 Minuten ist in der Tat am besten. Um das zu erkennen, probieren Sie ein paar andere Kombinationen: Bei 3.000 Autos auf der Brücke beträgt die Fahrtzeit 35 Minuten, und es werden jeweils 5 Minuten gespart, zusammen also 15.000 Minuten. Bei nur 1.000 Autos beträgt die Fahrtzeit 25 Minuten, jeder spart 15 Minuten, und die gesamte Zeitersparnis liegt erneut nur bei 15.000 Minuten. Der Punkt in der Mitte, bei 2.000 Fahrern, von denen jeder 10 Minuten spart, ist der beste.

Wie kann man diese optimale Struktur erreichen? Anhänger der zentralen Planung werden daran denken, 2.000 Lizenzen für die Benutzung der Bay Bridge auszugeben. Wenn sie sich Sorgen darum machen, daß es ungerecht ist, der Gruppe mit den Lizenzen eine Fahrtzeit von 30 Minuten zu verschaffen, während die anderen 8.000 mit dem Zug fahren müssen und 40 Minuten brauchen, dann werden sie ein geniales System erfinden, bei dem die Lizenzen Monat für Monat unter den Pendlern rotieren.

Eine Marktlösung stellt den Pendlern den Schaden in Rechnung, den sie anderen zufügen. Nehmen Sie an, jeder bewertet seine Zeit mit 12 Dollar pro Stunde, das heißt jeder wäre bereit, 12 Dollar zu zahlen, um eine Stunde Fahrtzeit zu sparen. Dann sollte eine Maut auf der Bay Bridge erhoben werden; diese sollte 2 Dollar oberhalb des Preises für eine Zugfahrkarte festgesetzt werden. Nach unseren Annahmen entsprechen diese 2 Dollar in der Bewertung der Pendler genau einer Zeitersparnis von 10 Minuten. Die gleichgewichtige Verkehrsstruktur besteht jetzt aus 2.000 Autofahrern auf der Bay Bridge und 8.000 Fahrgästen im BART. Jeder Benutzer der Brücke wendet für seine Fahrt 30 Minuten plus 2 Dollar Maut auf; jeder BART-Fahrgast wendet 40 Minuten auf. Die effektiven Gesamtkosten sind identisch, und keiner will auf das andere Verkehrsmittel umsteigen. Gleichzeitig haben wir auf diesem Weg 4.000 Dollar Einnahmen aus der Maut (und 2.000 zusätzlich verkaufte BART-Tickets) erzielt, die in den kommunalen Haushalt fließen können. Das nützt allen, denn die Steuern können niedriger sein, als sie es sonst sein müßten.

Eine Lösung, die dem Geist des freien Unternehmertums noch verwandter wäre, bestünde darin, die Brücke zu privatisieren. Der Besitzer würde feststellen, daß die Leute bereit sind zu zahlen, um auf einer weniger verstopften Straße schneller voranzukommen. Er berechnet ihnen deshalb für dieses Privileg einen Preis. Wie kann er seine Einnahmen maximieren? Natürlich indem er den Gesamtwert der eingesparten Zeit maximiert.

Die unsichtbare Hand führt die Pendler nur dann zu einer optimalen Verkehrsstruktur, wenn das Gut »Fahrtzeit« einen Preis erhält. Wenn eine gewinnmaximierende Maut für die Brücke festgelegt wird, dann ist Zeit wirklich Geld. Die Pendler, die mit dem Zug fahren, verkaufen ihre Zeit an diejenigen, die die Brücke benutzen.

Wir erkennen schließlich auch, daß die Kosten der Erhebung einer Maut manchmal den Vorteil übersteigen, der daraus entsteht, daß die Leute Zeit sparen. Ein Markt läßt sich nicht kostenlos aufbauen. Die Kassenhäuschen an der Mautstation können die Hauptursache des Staus sein. Wenn das so ist, dann mag es am besten sein, die Ineffizienz der anfänglichen Verkehrsstruktur zu ertragen.

3. Catch-22?

In Kapitel 3 haben wir erste Beispiele dafür präsentiert, daß Spiele mehrere Gleichgewichte haben können. Wir schilderten die beiden Fälle, in denen Konventionen festlegen, auf welcher Straßenseite wir fahren, oder wer nach einem unterbrochenen Telefongespräch zurückrufen soll. In beiden Fällen war es nicht wichtig, welche der Konventionen gewählt wurde, so lange nur alle sich auf dieselbe Konvention einigten. Manchmal ist eine Konvention aber viel besser als eine andere. Trotzdem heißt das nicht, daß sie in jedem Fall eingeführt wird. Wenn sich eine bestimmte Konvention einmal durchgesetzt hat und eine Änderung der Umstände eine neue Konvention vorteilhafter machen würde, dann ist es ganz besonders schwer, eine entsprechende Veränderung herbeizuführen.

Die Anordnung der Tasten auf einer Schreibmaschine ist dafür ein klassisches Beispiel. Im späten 19. Jahrhundert gab es kein Standardmuster für die Verteilung der Buchstaben auf der Tastatur. Im Jahre 1873 entwarf Christopher Scholes jedoch eine »neue verbesserte« Anordnung, die unter dem Namen QWERTY (beziehungsweise im Deutschen: QWERTZ) bekannt wurde. Diese Buchstabenfolge entspricht der Reihenfolge der ersten sechs Buchstaben in der oberen Reihe links. QWERTY beziehungsweise QWERTZ war so ausgelegt, daß der Abstand zwischen den am häufigsten benutzten Buchstaben *maximiert* wurde. Das war damals eine gute Lösung, weil es die Schreibkraft absichtlich bremste. Die Tastenhebel der mechanischen Schreibmaschinen verhakten sich dadurch weniger oft. Im Jahre 1904 stellte die Remington Sewing Machine Company aus New York Schreibmaschinen mit dieser Anordnung bereits in Massenproduktion her. QWERTY wurde damit de facto zum Industriestandard. Das Problem verhakter Tastenhebel ist allerdings bei den heutigen elektrischen Schreibmaschinen und Textverarbeitungsprogrammen vollkommen irrelevant. Ingenieure haben neue Tastenanordnungen entworfen, beispielsweise DSK (Dvorak's Simplified Keyboard), die die Abstände, die von den Fingern der Schreibkraft zurückgelegt werden müssen, um über 50 Prozent reduzieren. Mit DSK kann dieselbe Textmenge in 5 bis 10 Prozent kürzerer Zeit getippt werden als mit QWERTY.(1) Aber QWERTY ist die Anordnung, die sich durchgesetzt hat. Fast alle Schreibkräfte verwenden sie, deshalb lernen wir sie alle und zögern, eine zweite Tastatur zu erlernen. Hersteller von Schreibmaschinen und Tastaturen bleiben daher bei QWERTY. Der Teufelskreis ist komplett.(2)

Wenn die Geschichte anders verlaufen und der DSK-Standard von Anfang an verwendet worden wäre, dann wäre das für die heutige Technologie besser. Da wir nun aber einmal da sind, wo wir sind, muß man bei der Frage, ob wir den Standard wechseln sollten, einen weiteren Punkt berücksichtigen: Es gibt hinter QWERTY eine große Trägheit in Form der vorhandenen Schreibmaschinen, Tastaturen und ausgebildeten Schreibkräfte. Lohnt sich eine Umstellung?

Aus Sicht der Gesellschaft insgesamt scheint die Antwort »ja« zu lauten. Während des Zweiten Weltkriegs benutzte die US Navy DSK-Schreibmaschinen in großem Stil und schulte Schreibkräfte auf das neue System um. Es stellte sich heraus, daß die Kosten der Umschulung innerhalb von 10 Arbeitstagen wieder hereingeholt werden konnten.

Würden private Arbeitgeber eine solche Umschulung bezahlen? Vielleicht, wenn Sie sicher wären, daß es die Kosten lohnt. Aber es ist eine aufwendige Sache, die Informationen über die Effektivität von DSK zu beschaffen. Kein Wunder, daß sehr wenige private Arbeitgeber diesen

Dienst auf sich nehmen wollen und daß es eine so große Organisation wie die Navy brauchte, um es zum ersten Mal auszuprobieren.

In dem Maße, wie mechanische Schreibmaschinen durch elektronische Maschinen und durch Computer-Tastaturen abgelöst werden, verliert auch der vorhandene Bestand an QWERTY-Tastaturen seine Bedeutung als wichtige Barriere gegen einen Wechsel; um die Tasten neu zuzuordnen, muß nur ein Chip ausgewechselt oder eine Software neu geschrieben werden. Trotzdem hat es sich als nahezu unmöglich erwiesen, aus dem Teufelskreis auszubrechen. Kein einzelner Anwender würde die Kosten tragen wollen, die entstehen, wenn die soziale Konvention geändert wird. Unkoordinierte Entscheidungen der einzelnen fesseln uns an QWERTY.

Das Problem wird oft auch als »Bandwagon«-Effekt bezeichnet, ein Begriff in Anlehnung an den Wagen mit der Kapelle, der als »Bandwagon« das Publikum bei Festumzügen hinter sich herzieht. Der Bandwagon-Effekt kann mit folgendem Schaubild illustriert werden. Auf der horizontalen Achse tragen wir den Anteil der Schreibkräfte ab, der QWERTY benutzt. Die vertikale Achse zeigt die Wahrscheinlichkeit, daß eine neue Schreibkraft QWERTY statt DSK lernt. So wie wir es hier eingezeichnet haben, ergibt sich zum Beispiel folgendes: Wenn 85 Prozent der Schreibkräfte QWERTY benutzen, dann stehen die Chancen 95 Prozent, daß eine neue Schreibkraft ebenfalls QWERTY erlernt, die Chance für DSK ist nur 5 Prozent. Unsere Zeichnung soll die Überlegenheit von DSK betonen. Eine Mehrheit der neuen Schreibkräfte wird deshalb DSK statt QWERTY schon dann lernen, wenn der Verbreitungsgrad von QWERTY unter 70 Prozent fällt. Trotz dieses Handicaps ist es möglich, daß QWERTY im Gleichgewicht dominiert.

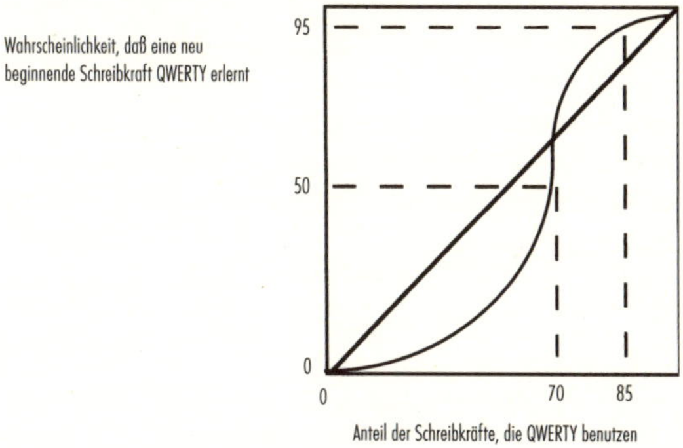

Die Wahl einer Tastatur ist eine Strategie. Wenn der Anteil der Benutzer für beide Technologien im Zeitablauf konstant bleibt, dann sind wir in einem Gleichgewicht des Spiels. Es ist nicht leicht zu zeigen, daß dieses Spiel zu einem Gleichgewicht konvergiert. Die zufällige Entscheidung jeder neuen Schreibkraft wirbelt das System ständig durcheinander. Anspruchsvolle neuere mathematische Verfahren wie die Theorie der stochastischen Approximation haben Ökonomen und Statistiker in die Lage versetzt zu beweisen, daß dieses dynamische Spiel zu einem Gleichgewicht konvergiert.(3) Wir beschreiben im folgenden die möglichen Ergebnisse.

Wenn der Anteil der Schreibkräfte, die QWERTY verwenden, größer als 72 Prozent ist, dann ist zu erwarten, daß ein noch größerer Anteil QWERTY erlernen wird. Die Verbreitung von QWERTY wächst, bis sie 98 Prozent erreicht. An diesem Punkt entspricht die Wahrscheinlichkeit, daß eine neue Schreibkraft QWERTY lernen wird, genau dessen Verbreitung in der Population, 98 Prozent, und es gibt keinen weiteren Druck nach oben mehr.*

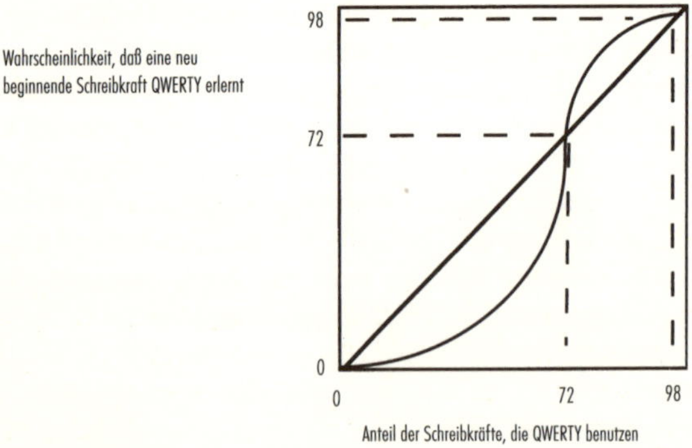

Fällt umgekehrt der Anteil der Schreibkräfte, die QWERTY benutzen, unter 72 Prozent, dann ist zu erwarten, daß DSK sich durchsetzt. Weniger als 72 Prozent der neuen Schreibkräfte lernen QWERTY und der an-

* Wenn die Zahl der Schreibkräfte, die QWERTY benutzen, oberhalb von 98 Prozent liegt, dann ist zu erwarten, daß sie auf 98 Prozent zurückfallen wird. Es wird immer eine kleine Zahl von bis zu 2 Prozent der neuen Schreibkräfte geben, die sich für DSK entscheiden, weil sie sich für die neue Technologie interessieren und die Frage der Kompatibilität für sie keine Rolle spielt.

schließende Rückgang seiner Benutzung schafft für neue Schreibkräfte einen noch größeren Anreiz, die überlegene Tastatur von DSK zu erlernen. Verwenden erst einmal alle Schreibkräfte DSK, dann gibt es keinen Grund mehr, QWERTY zu lernen, und QWERTY wird ganz aussterben.

Die Mathematik sagt uns nur, daß wir eines von zwei möglichen Ergebnissen erhalten werden: entweder benutzen alle DSK, oder 98 Prozent benutzen QWERTY. Sie sagt uns nicht, welches Ergebnis eintreten wird. Wenn wir ganz von vorn anfangen, dann stehen die Chancen gut, daß DSK zur dominierenden Tastatur wird. Aber wir fangen eben nicht ganz von vorn an. Die Geschichte ist wichtig: Der historische Zufall, der dazu führte, daß QWERTY nahezu 100 Prozent Marktanteil unter den Schreibkräften erringen konnte, perpetuiert sich selbst, obwohl der ursprüngliche Grund für den Einsatz von QWERTY längst überholt ist.

Da Pech oder die Konvergenz zu einem schlechten Gleichgewicht sich selbst perpetuieren, gibt es eine Möglichkeit, alle besser zu stellen. Aber das erfordert koordiniertes Handeln. Wenn die wichtigsten Computerhersteller sich auf eine neue Tastatur verständigen, oder wenn ein wichtiger Arbeitgeber wie der Öffentliche Dienst seine Beschäftigten umschult, dann kann das Gleichgewicht dadurch von einem zum anderen Extrem umschlagen. Der wichtige Punkt ist, daß man nicht alle umstimmen muß, sondern nur eine kritische Masse. Wenn die neue Technik erst einmal hinreichend Fuß gefaßt hat, dann schafft sie es von dort aus selber.

Das QWERTY ist nur ein kleines und eher nachrangiges Beispiel für ein viel weiter verbreitetes Problem. Wenn wir Benzin- und nicht Dampfmotoren verwenden, Leichtwasser- und nicht gasgekühlte Atomreaktoren, dann läßt sich das besser mit historischem Zufall als durch die Überlegenheit der verwendeten Technik erklären. Brian Arthur, Ökonom aus Stanford und einer derjenigen, die das mathematische Werkzeug entwickelt haben, mit dem sich Bandwagon-Effekte studieren lassen, erzählt die Geschichte, wie wir bei benzinbetriebenen Autos gelandet sind: (4)

»1890 gab es drei Methoden, Automobile anzutreiben – Dampf, Benzin und Elektrizität –, und eine dieser Methoden war den anderen ganz offensichtlich *unterlegen*: Benzin...(Ein Wendepunkt zugunsten des Benzins war) ein Wettbewerb pferdeloser Kutschen, der 1895 vom ›Times Herald‹ in Chicago ausgerichtet wurde. Dieser Wettbewerb wurde von einem benzinbetriebenen Duryea gewonnen – eines der zwei von sechs angetretenen Fahrzeugen, die das Ziel erreichten. Dieser Wettbewerb ist oft als mögliche Quelle der Inspiration für R. E. Olds zitiert worden, der sich 1896 einen Benzinmotor patentieren ließ. Später verwendete er diesen für sein in Massenproduktion hergestelltes Modell ›Curved-Dash Olds‹. Nach seinem

> schlechten Start holte das Benzin so auf. Dampf konnte als automobile Antriebsquelle bis zum Jahre 1914 verwendet werden, als es in Nordamerika zum Ausbruch der Maul- und Klauenseuche kam. Diese Seuche führte dazu, daß überall die Pferdetränken abgebaut wurden – an denen die Dampfautos bis dahin ihr Wasser getankt hatten. Die Stanley-Brüder brauchten rund drei Jahre, ehe es ihnen gelang, ein Kondensator- und Kesselsystem zu bauen, das nicht alle 30 bis 40 Meilen neu befüllt werden mußte. Aber da war es schon zu spät. Die Dampfmaschine erholte sich von dem Schlag nicht mehr.«

Obwohl es kaum Zweifel gibt, daß unsere heutige Benzintechnik besser ist als die Dampftechnik, ist das doch der falsche Vergleichsmaßstab. Wie gut wäre die Dampftechnik geworden, wenn auch sie von fünfundsiebzig Jahren Forschung und Entwicklung profitiert hätte? Wir werden das nie erfahren, aber einige Ingenieure glauben heute, daß man besser auf Dampf gesetzt hätte.(5)

In den USA wird der gesamte Atomstrom mit Leichtwasser-Reaktoren produziert. Trotzdem gibt es Gründe für die Annahme, daß die Schwerwasser- oder die gasgekühlte Technik überlegen gewesen wären, insbesondere wenn man vergleichbare Lern- und Erfahrungsvorteile unterstellt. Die Erfahrung mit Schwerwasser-Reaktoren erlaubt es zum Beispiel Kanada, Energie zu Kosten zu produzieren, die 25 Prozent unter denen der amerikanischen Leichtwasser-Reaktoren vergleichbarer Größe liegen. Schwerwasser-Reaktoren werden mit Natururan betrieben, so daß der teure Anreicherungsprozeß entfällt. Vielleicht noch wichtiger ist der Sicherheits-Vergleich: Sowohl bei Schwerwasser- als auch bei gasgekühlten Reaktoren ist das Risiko einer Kernschmelze wesentlich geringer. Bei schwerem Wasser wird der Druck auf viele Röhren verteilt und konzentriert sich nicht auf ein einziges Gefäß; bei Gaskühlung steigt die Temperatur wesentlich langsamer an, wenn es zu Kühlmittelverlusten kommt.(6)

Die Frage, wie Leichtwasserreaktoren sich durchgesetzt haben, hat Robin Cowen 1987 in seiner Doktorarbeit in Stanford untersucht. Der erste Anwender von Atomenergie war die US Navy. 1949 entschied sich der damalige Captain Rickover pragmatisch für Leichtwasser-Reaktoren. Er hatte zwei gute Gründe: Es war damals die kompakteste Technologie, was bei U-Booten eine wichtige Rolle spielte, und sie war am fortgeschrittensten, was den Schluß nahelegte, daß sie am schnellsten zur konkreten Anwendung weiterentwickelt werden konnte. 1954 lief das erste atomgetriebene U-Boot vom Stapel, die ›Nautilus‹. Die Ergebnisse sahen sehr erfreulich aus.

Zur selben Zeit wurde die zivile Nutzung der Atomenergie zu einer vorrangigen Aufgabe. Die Sowjets hatten ihre erste Atombombe 1949 gezündet, und der Chef der Atomic Energy Commission, T. Murray, warnte: »Wenn wir uns erst einmal richtig bewußt werden, daß (energiearme) Staaten zur UdSSR neigen werden, wenn diese das nukleare Rennen gewinnt, dann wird auch sehr deutlich, daß dieses Rennen kein Wettstreit um die Erstbesteigung des Mount Everest ist, in dem sich bloß Beifall gewinnen läßt.«(7) General Electric und Westinghouse, die bei der Produktion von Leichtwasser-Reaktoren für U-Boote bereits über Erfahrung verfügten, waren die naheliegenden Kandidaten, um zivile Kraftwerke zu entwickeln.

Kriterien wie nachgewiesene Verläßlichkeit und Fähigkeit zur schnellen Umsetzung wurden wichtiger als die Frage, wie die sicherste und kostengünstigste Technik entwickelt werden könnte. Obwohl die Leichtwasser-Technik zunächst als Zwischenlösung gewählt worden war, verschaffte ihr das einen ausreichenden Vorsprung entlang der Lernkurve, so daß die anderen Optionen nie mehr eine Chance hatten aufzuschließen.

QWERTY, Benzinmotoren und Leichtwasser-Reaktoren sind nur drei Beispiele dafür, welche Rolle die Geschichte bei der heutigen Technikwahl spielt. Aber die historischen Argumente können in der Gegenwart bedeutungslos geworden sein. Verklemmte Tastenhebel, die Maul- und Klauenseuche und der Platzmangel in U-Booten spielen für die heutige Abwägung zwischen rivalisierenden technischen Verfahren keine Rolle. Die wichtige Einsicht aus der Spieltheorie besteht darin, frühzeitig zu erkennen, daß eine Technik möglicherweise unwiderruflich für die Zukunft festgeschrieben wird. Hat eine Option erst einmal einen ausreichenden Vorsprung erreicht, dann erhält eine vielleicht überlegene Technik nie mehr die Chance, sich zu entwickeln. Es können also große Gewinne damit verbunden sein, in der Anfangsphase nicht nur herauszufinden, welche Technik den heutigen Bedürfnissen entspricht, sondern mehr Zeit auf die Frage zu verwenden, welche Optionen für die Zukunft am besten sind.

4. Schneller als die Polizei erlaubt

Wie schnell sollten Sie fahren? Vor allem, sollten Sie sich an ein Tempolimit halten? Wiederum läßt sich die Antwort finden, indem man ein Spiel betrachtet, bei dem Ihre Entscheidung mit den Entscheidungen aller anderen Autofahrer in Wechselbeziehung steht.

Wenn keiner sich an das Gesetz hält, dann gibt es für Sie zwei Gründe, es ebenfalls zu brechen: Erstens argumentieren einige Experten, daß es sicherer ist, sich dem allgemeinen Verkehrsfluß anzupassen.(8) Auf den meisten Highways oder Autobahnen wird ein Langsamfahrer zu einem gefährlichen Hindernis, das alle anderen umfahren müssen. Zweitens ist die Chance beinahe Null, daß Sie erwischt werden, wenn Sie sich den anderen Rasern einfach anschließen. Die Polizei kann nur einen kleinen Prozentsatz von Fahrern herauswinken. Solange Sie dem allgemeinen Verkehrsfluß folgen, sind Sie in der Masse geschützt.

Wenn die Zahl der gesetzestreuen Fahrer allerdings zunimmt, dann verschwinden beide Gründe, schnell zu fahren. Schnellfahren wird gefährlich, weil Sie im Verkehr hin- und herspringen müssen; gleichzeitig steigt die Wahrscheinlichkeit dramatisch, daß Sie erwischt werden.

Wir zeigen dies anhand eines ähnlichen Schaubilds wie im Falle der Pendler zwischen Berkeley und San Francisco. Die horizontale Achse mißt den Prozentsatz der Fahrer, die sich an das Tempolimit halten. Die Linien A und B zeigen den Vorteil, den sich ein einzelner Fahrer ausrechnen kann, wenn er (A) angepaßt fährt oder das Gesetz (B) bricht. Unser Argument besagt nun folgendes: Wenn sich niemand sonst an das Limit hält (linke Seite des Schaubilds), dann sollten Sie das auch nicht tun (Linie B verläuft oberhalb von A). Wenn sich dagegen alle dem Limit anpassen, dann sollten Sie das ebenfalls tun (Linie A verläuft oberhalb von B). Wiederum gibt es drei mögliche Gleichgewichte. Nur die beiden Extremfälle können sich aus dem dynamischen sozialen Prozeß ergeben, bei dem sich die Fahrer wechselseitig auf das Verhalten der anderen einstellen.

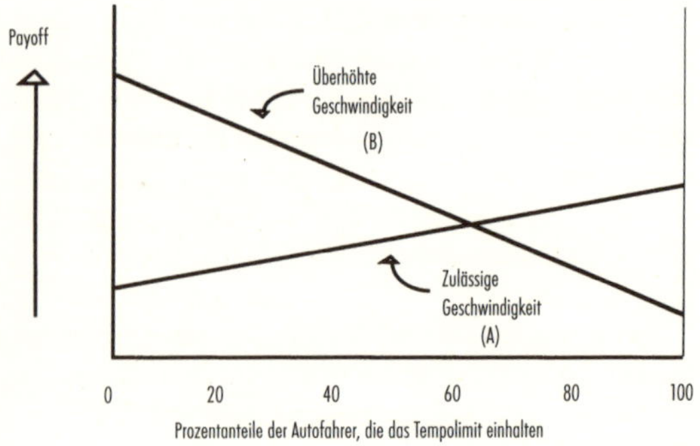

Im Falle der Pendler, die zwischen den beiden Verkehrsmitteln entscheiden mußten, konvergierte die Dynamik zum Gleichgewicht in der Mitte. Hier hingegen geht die Tendenz zu den Extremen. Der Unterschied ergibt sich aus der Art und Weise der Interaktion: Bei den Pendlern wurde jede Alternative umso *unattraktiver*, je mehr Menschen sich für sie entschieden; beim Tempolimit sorgt zusätzliche Gesellschaft dafür, daß eine Strategie umso *attraktiver* wird.

Das Grundmotiv, daß die Entscheidung der einen Person die Entscheidungen der anderen beeinflußt, läßt sich auch hier anwenden. Wenn ein Fahrer beschleunigt, dann macht er es für alle anderen etwas sicherer, ebenfalls Gas zu geben. Wenn keiner zu schnell fährt, dann ist auch keiner bereit, als erster zu beschleunigen und den anderen einen entsprechenden »Nutzen« zu verschaffen, ohne dafür eine gesonderte »Belohnung« zu erhalten. Aber es gibt noch einen neuen Dreh. Wenn alle zu schnell fahren, dann will auch keiner abbremsen.

Kann man diese Situation beeinflussen, indem man das Tempolimit verändert? Wir haben die Kurven für ein spezielles Tempolimit gezeichnet, sagen wir, für die 55 Meilen pro Stunde (rund 90 km/h), die auf amerikanischen Autobahnen in der Regel gelten. Nehmen wir an, dieses Limit wird auf 65 Meilen (knapp 110 km/h) erhöht. Der Vorteil aus einer Überschreitung des Limits sinkt, weil hohe Geschwindigkeiten jenseits eines bestimmten Punktes gefährlich werden. Der zusätzliche Vorteil, 75 statt 65 Meilen zu fahren, ist geringer als der zusätzliche Vorteil, 65 statt 55 Meilen zu fahren. Außerdem steigt der Spritverbrauch jenseits von 55 Meilen exponentiell mit der Geschwindigkeit. Es mag 20 Prozent teurer sein, 65 statt 55 zu fahren, aber es könnte leicht 40 Prozent teurer sein, 75 statt 65 zu fahren,

Was kann der Gesetzgeber daraus lernen, wenn er die Leute dazu bringen will, sich an das Tempolimit zu halten? Es ist nicht nötig, das Limit so hoch anzusetzen, daß jeder es gerne einhält. Der Schlüssel liegt darin, eine kritische Masse von Fahrern zu erreichen, die sich an das Limit halten. Eine kurze Phase äußerst harter Überwachung und scharfer Strafen kann das Verhalten bei einer ausreichenden Zahl von Autofahrern so verändern, daß genügend Eigendynamik bis zur vollständigen Gesetzestreue entsteht. Das Gleichgewicht schlägt vom einen Extrem (bei dem alle zu schnell fahren) in das andere Extrem (bei dem sich alle ans Limit halten) um. Ist das neue Gleichgewicht erreicht, dann kann die Polizei die Überwachungsmaßnahmen wieder zurücknehmen, das gesetzestreue Verhalten erhält sich von selber aufrecht. Was dies ganz generell nahelegt ist, daß eine Phase kurzer aber harter Überwachung wesentlich wirksamer sein kann als derselbe Gesamtaufwand, wenn er auf niedrigerem Niveau über längere Zeit verteilt wird.(9)

5. Warum ziehen sie aus?

In amerikanischen Städten gibt es nur wenige Stadtteile, in denen Weiße und Schwarze gemischt zusammenleben. Wenn der Anteil schwarzer Einwohner eine kritische Schwelle übersteigt, dann steigt er sehr rasch auf fast hundert Prozent. Wenn der Anteil unter eine bestimmte Schwelle sinkt, dann wird der Stadtteil wahrscheinlich rasch vollständig weiß. Es erfordert ausgeklügelte politische Maßnahmen, um eine Balance der beiden Rassen aufrechtzuerhalten.

Ist die faktische Rassentrennung in den meisten Stadtteilen das Ergebnis weitverbreiteten Rassismus? Eine große Mehrheit der amerikanischen Stadtbevölkerung würde heutzutage gemischte Stadtteile wohl für wünschenswert halten.* Die wahrscheinlichere Schwierigkeit ist, daß die Rassentrennung sich als Gleichgewicht in einem Spiel ergibt, bei dem jeder Haushalt seinen Wohnort wählt und dabei bis zu einem gewissen Grad durchaus gegenüber der anderen Rasse tolerant ist. Diese Idee geht zurück auf Tom Schelling.(10) Wir werden sie hier vorstellen und mit ihrer Hilfe erklären, wie es in Oak Park, einem Vorort von Chicago, gelingen konnte, einen integrierten Stadtteil zu erhalten.

Toleranz gegenüber der anderen Rasse ist keine Frage von schwarz und weiß; es gibt viele Grauschattierungen. Unterschiedliche Leute, ob schwarz oder weiß, haben unterschiedliche Vorstellungen von der besten Mischung in ihrem Wohnumfeld. So werden zum Beispiel sehr wenige Weiße auf einer Nachbarschaft bestehen, die zu 99 oder auch nur 95 Prozent aus Weißen besteht. Trotzdem werden sich die meisten fehl an einem Platze vorkommen, wenn dort nur 1 oder 5 Prozent Weiße wohnen. Die Mehrheit wäre mit einer Mischung irgendwo zwischendrin zufrieden.

Wir können die Dynamik in einem Viertel mit einem ähnlichen Schaubild illustrieren wie die QWERTY-Geschichte. Auf der vertikalen Achse

* Natürlich ist auch die Tatsache, daß die Leute *irgendeine* Präferenz bezüglich der rassischen Zusammensetzung ihrer Nachbarschaft haben, eine Art von Rassismus, wenn auch eine weniger extreme als die totale Intoleranz.

markieren wir die Wahrscheinlichkeit, daß eine neu hinzuziehende Person weiß ist. Auf der Horizontalen zeichnen wir den derzeitigen Mix der beiden Rassen ein. Das obere rechte Ende der Kurve zeigt etwa folgendes: Wohnen in einem Viertel erst einmal ausschließlich Weiße, dann wird die nächste Person, die hinzuzieht, mit allergrößter Wahrscheinlichkeit ebenfalls weiß sein. Wenn der Anteil der Weißen auf 95 oder 90 Prozent sinkt, dann sind die Chancen immer noch sehr groß, daß der nächste Neuankömmling weiß ist. Wenn sich der Mix aber noch wesentlich stärker verändert, dann fällt die Wahrscheinlichkeit scharf ab, daß die nächste hinzukommende Person weiß ist; in ihrem mittleren Bereich ist die Kurve sehr steil. Sinkt der Anteil der Weißen schließlich gegen Null, dann herrscht Rassentrennung nach dem anderen Extrem, und die Wahrscheinlichkeit ist sehr hoch, daß der Nächste, der einzieht, schwarz ist.

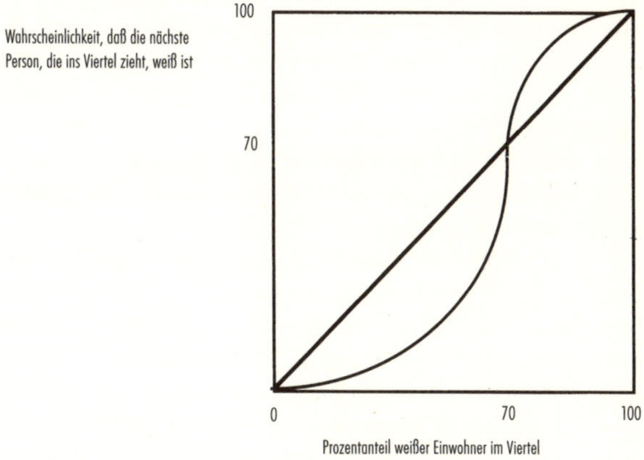

In dieser Situation befindet sich das Gleichgewicht dort, wo der Mix der Rassen in der Bevölkerung genau dem Mix unter den Neuankömmlingen entspricht. Nur in diesem Fall ist der Verlauf über die Zeit stabil. Es gibt drei mögliche Gleichgewichte: zwei an den Extrempunkten, wo ein Viertel entweder nur von Weißen oder aber nur von Schwarzen bewohnt wird, und eines in der Mitte, wo eine Mischung existiert. Die Theorie verrät uns bis hierhin nichts darüber, welches dieser Gleichgewichte am wahrscheinlichsten ist. Um diese Frage beantworten zu können, müssen wir die Kräfte untersuchen, die das System zum Gleichgewicht hin oder davon weg bewegen, das heißt also, die soziale Dynamik der Situation.

Die soziale Dynamik wird das Viertel immer in eines der beiden extremen Gleichgewichte drängen. Schelling hat dieses Phänomen als »Tipping«, also eine Art Kippeffekt bezeichnet. Schauen wir uns an, wie es dazu kommt.

Nehmen Sie an, im mittleren Gleichgewicht gibt es 70 Prozent Weiße und 30 Prozent Schwarze. Durch Zufall zieht nun eine schwarze Familie aus und dafür eine weiße Familie ein. Der Anteil der Weißen im Viertel steigt dann leicht über 70 Prozent. Diese Tendenz nach oben wird jetzt durch Neuankömmlinge weiter verstärkt. Nehmen wir an, die Proportionen verschieben sich auf 75 zu 25. Der Druck in Richtung eines Kippeffekts setzt sich fort. Die Wahrscheinlichkeit, daß ein Neuankömmling weiß ist, liegt bei über 75 Prozent, es ist also zu erwarten, daß das Viertel immer homogener wird. Der Prozeß setzt sich fort, bis der Mix der Neuankömmlinge dem Mix im Viertel entspricht. So wie wir es aufgezeichnet haben, geschieht das erst, wenn das Viertel nur noch von Weißen bewohnt wird. Hätte der Prozeß damit angefangen, daß eine weiße Familie aus- und dafür eine schwarze Familie eingezogen wäre, dann hätte es eine Kettenreaktion in umgekehrter Richtung gegeben, und das Viertel wäre wahrscheinlich am Ende nur noch von Schwarzen bewohnt gewesen.

Das Problem liegt darin, daß die Mischung von 70 zu 30 Prozent kein stabiles Gleichgewicht ist. Wenn sie irgendwie gestört wird - und dafür wird der Zufall ganz sicher sorgen - dann entsteht eine Tendenz, sich zu den Extrempunkten zu bewegen. Bedauerlicherweise gibt es keine ähnliche Tendenz, sich von den Extrempunkten wieder zur Mitte zu bewegen. Obwohl Rassentrennung das vorhersagbare Gleichgewicht ist, heißt das nicht, daß die Leute sich bei diesem Ergebnis besser stellen. Es ist möglich, daß alle am liebsten in gemischter Nachbarschaft wohnen wollen. Aber solche Stadtteile sind selten, und selbst wenn man sie aufspürt, sind sie meistens nicht von Dauer.

Wieder ist die Ursache des Problems, daß das Handeln des einen Haushalts Auswirkungen auf die anderen hat. Wenn wir bei der Mischung von 70 zu 30 Prozent anfangen, und eine schwarze durch eine weiße Familie ersetzt wird, dann kann das Viertel dadurch in Zukunft für schwarze Interessenten weniger attraktiv werden. Aber die Familie wird dafür nicht zur Kasse gebeten. In Analogie zu unserer Straßenmaut sollte vielleicht eine »Wegzugs-Steuer« eingeführt werden. Aber damit wäre ein grundsätzlicheres Prinzip verletzt, die Freiheit nämlich, zu wohnen, wo man möchte. Wenn die Gesellschaft Kippeffekte verhindern will, dann muß sie sich nach anderen Steuerungsinstrumenten umsehen.

Wenn wir die wegziehende Familie nicht für den Schaden heranziehen können, der sowohl für die Zurückbleibenden als auch für diejenigen entsteht, die in Zukunft vielleicht nicht mehr zuwandern wollen, dann müssen wir den Anreiz für die Zurückbleibenden verringern, ebenfalls wegzuziehen. Wenn eine weiße Familie fortzieht, dann sollte das Viertel für eine andere weiße Familie nicht unattraktiver werden. Wenn eine schwarze Familie fortzieht, sollte das Viertel für eine andere schwarze Familie nicht unattraktiver werden. Die Politik kann dazu beitragen, daß der Prozeß des Umkippens nicht an Eigendynamik gewinnt.

Oak Park ist ein rassisch gemischter Vorort von Chicago und ein ingeniöses Beispiel erfolgreicher Politik. Der Ort setzt auf zwei Instrumente: Erstens ist es untersagt, die üblichen Schilder mit der Aufschrift »For Sale - Zu Verkaufen« im Vorgarten aufzustellen. Zweitens bietet die Stadt den Hausbesitzern eine Versicherung an, die sie davor schützt, daß der Wert von Haus und Grundstück fällt, weil sich die rassische Zusammensetzung der Bevölkerung ändert.

Wenn zufällig zwei Häuser in der gleichen Straße zur gleichen Zeit zu verkaufen sind, dann würde diese Nachricht durch die üblichen »For Sale«-Schilder schnell allen Nachbarn und möglichen Käufern bekannt. Indem diese Schilder verboten werden, wird es möglich, eine Nachricht zu unterdrücken, die als schlecht interpretiert werden würde; bis nach Abschluß des Verkaufs braucht niemand zu wissen, daß das Haus überhaupt angeboten worden war. Eine Panik oder ein Run werden so vermieden. (Es sei denn, es gibt dafür einen guten Grund, dann werden sie nur verzögert.) Für sich genommen reicht die erste Maßnahme jedoch nicht aus. Die Hausbesitzer könnten immer noch überlegen, ob sie ihr Haus nicht verkaufen sollten, solange der Markt noch gut aussieht. Wenn man wartet, bis der nächste Stadtteil kippt, dann hat man zu lange gewartet, und der Hauswert, der für die meisten Leute einen Großteil ihres Vermögens ausmacht, ist dahingeschmolzen. Wenn die Gemeinde eine entsprechende Versicherung anbietet, ist das kein Thema mehr. Die Versicherung beseitigt mit anderen Worten die *wirtschaftliche* Angst, die einen Kippeffekt beschleunigt. Wenn die Garantie ein Umkippen verhindern kann, dann werden die Immobilienwerte auch nicht fallen, und die Politik ist für den Steuerzahler kostenlos.

Das Umkippen in ein Gleichgewicht, bei dem nur noch Schwarze in einem Viertel wohnen, ist in Amerikas Städten das verbreitetere Problem gewesen. In den vergangenen Jahren gibt es allerdings auch eine Zunahme sogenannter »Gentrification«, bei dem Viertel in ein Gleichgewicht mit auschließlich wohlhabenden Bewohnern kippen. Wenn der freie Markt sich selbst überlassen bleibt, dann wird er oft zu solch unbefriedigenden Ergebnissen tendieren. Politische Maßnahmen, kombiniert mit einem geschärften Bewußtsein dafür, wie Kippeffekte funktionieren, können aber dazu beitragen, die Eigendynamik des Umkippens aufzuhalten und eine empfindliche Balance zu bewahren.

6. Es ist einsam an der Spitze

Der krönende Karriere-Schritt in einer Anwaltskanzlei ist der Aufstieg zum gewinnbeteiligten Partner. Die amerikanischen Top-Kanzleien wählen ihre Partner in der Regel aus den Reihen der Junior Associates; wer nicht auserwählt wird, der muß die Firma verlassen und in der Regel zu einer weniger gut angesehenen Firma wechseln. Bei der legendären Kanzlei Justin-Case waren die Ansprüche aber so hoch, daß schon seit Jahren keine neuen Partner mehr ausgewählt worden waren. Die Junior Associates beschwerten sich über diesen Karrierestau. Die Partner antworteten mit einem neuen System, das sehr demokratisch aussah.

Sie taten folgendes: Wenn die jährliche Entscheidung über die Beförderungen zum Partner anstand, wurden die Fähigkeiten der zehn Junior Associates in eine Rangordnung von 1 bis 10 gebracht; 10 war das beste. Den Junior Associates wurde ihre Einstufung einzeln mitgeteilt. Dann wurden sie gemeinsam in einen Sitzungsraum gebracht, wo sie per Mehrheitsbeschluß festlegen sollten, bei welchem Rang die Abschneidegrenze für die Beförderung liegen solle. Die jungen Anwälte waren sich schnell einig, daß es eine gute Sache wäre, jeden zum Partner zu ernennen. Das wäre sicherlich besser als die frühere Praxis, niemanden zu befördern. Sie fingen also mit einer Abschneidegrenze von 1 an. Doch da erhob sich einer der besser beurteilten Junior Associates und schlug vor, die Grenze auf 2 zu verlegen. Er argumentierte, daß dann die durchschnittliche Qualität der Partner höher sei. Neun der Anwesenden stimmten zu, die einzige Gegenstimme kam von dem Teilnehmer mit der schlechtesten Beurteilung, der den Sprung zum Partner nun verpassen würde.

Als nächstes schlug jemand vor, die Grenze von 2 auf 3 zu verschieben. Acht Leute lagen immer noch darüber, und sie alle stimmten für diese Verbesserung der Qualität der Partner. Die Person mit Rang 2 war dagegen, weil ihm die Beförderung nun entging. Überraschenderweise war die Person mit Rang 1 diesmal für den Vorschlag, die Anforderungen zu verschärfen. Partner würde er so oder so nicht mehr werden; er würde sich jedoch bei dem neuen Vorschlag in einer Gruppe mit einem Junior Associate finden, dessen Fähigkeiten mit 2 bewertet worden waren. Anderen Kanzleien wäre es dann nicht mehr möglich, seine Fähigkeiten exakt abzulesen. Sie müßten mutmaßen, daß er entweder die 1 oder die 2 erhalten hatte, und diese Unsicherheit konnte ihm nur nützen. Der Vorschlag, den Standard auf 3 zu erhöhen wurde mit 9 zu 1 angenommen.

Bei jeder neuen Grenze schlug nun einer vor, das Abschneidekriterium um einen weiteren Platz nach oben zu verschieben. Alle, die darüber plaziert waren, unterstützten den Vorschlag, weil er die Qualität der Partner verbesserte (ohne ihre eigene Position zu opfern); alle die ohnehin unter der Grenze lagen, stimmten für die Anhebung der Anforderungen, um so die Folgen ihres Scheiterns zu mildern. Es gab jedesmal nur eine Gegenstimme, nämlich von demjenigen, der sich gerade auf der Grenze befand und nun nicht mehr Partner werden würde. Aber er wurde stets 9 zu 1 überstimmt.

So ging es weiter bis die Grenze schließlich bis auf 10 angehoben worden war. Da schlug jemand vor, sie doch bis auf 11 anzuheben, so daß *gar keiner* Partner werden würde. Alle, die auf Rang 9 oder schlechter lagen, fanden das eine gute Idee, weil auch das die Durchschnittsqualität der abgelehnten Kandidaten heben würde. Von außen würde es niemand als schlechtes Zeichen interpretieren, daß sie kein Partner geworden waren, denn bei dieser Kanzlei wurde man ja grundsätzlich nicht Partner. Die einzige Gegenstimme kam von dem talentiertesten Junior Associate, der seine Chance verlor, zum Partner aufzusteigen. Aber er wurde 9 zu 1 überstimmt.

Die Folge von Abstimmungen bringt die Gruppe zu dem alten System zurück, das doch jeder für noch schlechter gehalten hatte als die Alternative, einfach alle zu befördern. Trotzdem wurde jeder einzelne Beschluß jeweils mit 9 zu 1 gefaßt. Zwei Einsichten lassen sich aus dieser Geschichte gewinnen.

Wenn Handlungen schrittweise vorgenommen werden, dann kann jeder einzelne Schritt für die große Mehrheit der Beteiligten attraktiv sein. Aber am Ende kann die Lage für alle schlimmer sein als zu Beginn.

Der Grund liegt darin, daß bei Abstimmungen die Intensität der Präferenzen ignoriert wird. In unserem Beispiel gewinnen alle, die den erhöhten Anforderungen zustimmen, ein kleines bißchen. Aber derjenige, der dagegen stimmt, verliert sehr viel. In der Abstimmungsreihe der Junior Associates trägt jeder 9 kleine Siege davon, aber er erleidet einen großen Verlust, der die kombinierten Gewinne mehr als aufwiegt. Wir haben in Kapitel 1 bereits ähnliche Beispiele gesehen, als es um Zölle und die Ergänzungen der Steuerreform ging.

Wenn ein Einzelner den Prozeß durchschaut, kann er ihn deswegen noch lange nicht stoppen. Es lauert eine abschüssige Bahn, die zu gefährlich ist, um sie zu betreten. Die Gruppe als Ganze muß vorausschauen und von dort in koordinierter Weise zurückschließen, um zu verhindern, daß sie mit ihren ersten Schritten auf diese Bahn gerät. Sicherer Grund wird dann erreicht, wenn die Einzelnen sich darauf verständigen, Reformen nur im Paket und nicht als Folge von Einzelschritten zu beschließen. Denn bei einer Paketlösung weiß jeder, was ihn erwartet. Eine Serie kleiner Schritte kann zunächst attraktiv aussehen. Aber ein einziger unvorteilhafter Zug kann eine ganze Reihe von Vorteilen mit einem Strich wieder mehr als entwerten.

1989 mußte der amerikanische Kongreß diese bittere Erfahrung machen, als er vergeblich versuchte, sich eine 50prozentige Gehaltserhöhung zu genehmigen. Zunächst sah es so aus, als habe der Plan breite Zustimmung in beiden Häusern. Aber als die Wähler merkten, was passieren sollte, protestierten sie heftig bei den Abgeordneten ihres Wahlkreises. Jeder einzelne Abgeordnete hatte daraufhin einen privaten Anreiz, gegen die Erhöhung zu stimmen, wenn er glaubte, sie würde trotzdem verabschiedet. Das beste Szenario wäre für jeden gewesen, die Gehaltserhöhung zu bekommen, obwohl man selber dagegen gestimmt hatte. Unglücklicherweise (wenigstens aus ihrer Sicht) wählten zuviele Abgeordnete diesen Ansatz, und plötzlich erschien die Erhöhung nicht mehr so sicher. Weil jeder Abgeordnete, der absprang, die ganze Gruppe ein Stück weiter auf die abschüssige Bahn brachte, gab es umso mehr Grund, gegen das strittige Vorhaben zu stimmen. Wenn die Erhöhung schon scheiterte, dann wäre die ungünstigste Position natürlich die gewesen, für mehr Gehalt einzustehen, den politischen Preis dafür zu zahlen, und doch kein zusätzliches Geld zu bekommen. Zunächst gab es die Möglichkeit für einige Individuen, ihre Position eigennützig zu verbessern; aber jeder Abtrünnige verstärkte den Anreiz, es ihm gleich zu tun, und am Ende war der Vorschlag tot.

Es gibt noch eine zweite, ganz anders geartete Moral der Justin-Case-Geschichte: Wenn Sie schon scheitern, dann können Sie auch gleich an einer schwierigen Aufgabe scheitern. Ein Scheitern veranlaßt andere, die Einschätzung ihrer Leistungsfähigkeit für die Zukunft nach unten zu korrigieren. Wie schwerwiegend dieses Problem ist, hängt davon ab, was Sie versucht haben. Ein gescheiterter Versuch, den Mount Everest zu besteigen, ist weniger rufschädigend, als ein gescheiterter Versuch, einen 10.000 Meter-Lauf durchzustehen. Der Punkt ist: Spielt es eine Rolle, wie andere Leute Ihre Fähigkeiten einschätzen, dann kann es für Sie vorteilhafter sein, Dinge in Angriff zu nehmen, die die *Chance* eines Scheiterns *erhöhen*, um auf diese Weise die Konsequenzen des Scheiterns abzumildern. Menschen, die sich in Harvard anstatt bei ihrer örtlichen Universität bewerben, und die einem fernen Traumidol ein Rendezvous anbieten, anstatt die realistischeren Kandidaten anzusprechen, folgen solchen Strategien.

Psychologen beobachten ein solches Verhalten auch in anderen Zusammenhängen. Manche Menschen fürchten sich, selber die Grenzen ihrer Leistungsfähigkeit zu erkennen. Sie handeln dann so, daß die Wahrscheinlichkeit eines Scheiterns steigt, damit sie sich mit ihren wahren Fähigkeiten nicht auseinandersetzen müssen. Ein Student, der nur gerade so eben mitkommt, lernt vielleicht nicht für eine Klausur; wenn er dann durchfällt, wird sein Scheitern auf seine Faulheit und nicht auf seine persönlichen Fähigkeiten geschoben. Obwohl solche Strategien pervers und kontraproduktiv sind, gibt es keine unsichtbare Hand, die Sie in Spielen gegen sich selbst schützt.

7. Politiker und Apfelcidre

Zwei Politiker versuchen, ihre Position im ideologischen Links-Rechts-Spektrum abzustecken. Zunächst legt sich der Herausforderer fest, dann antwortet der Amtsinhaber.

Nehmen Sie an, die Wähler sind gleichmäßig über das Spektrum verteilt. Um es konkret zu machen, numerieren wir die Positionen von 0 bis 100 durch, wobei 0 die radikale Linke und 100 die erzkonservative Rechte darstellt. Wenn der Herausforderer eine Position wie 48 bezieht, also leicht links von der Mitte, dann wird der Amtsinhaber eine Position genau zwischen dieser und der Mitte wählen – in diesem Fall also 49. Wähler mit einer Vorliebe für 48 und weniger werden dann für den Herausforderer stimmen; alle anderen, also genau 51 Prozent der Bevölkerung, werden den Amtsinhaber wählen. Der Amtsinhaber gewinnt.

Wenn der Herausforderer eine Position oberhalb (oder rechts) von 50 bezieht, dann wird sich der Amtsinhaber zwischen dieser Position und der Mitte ansiedeln. Wieder erhält er damit mehr als die Hälfte aller Stimmen.

Nach dem Prinzip des Vorausschauens und Zurückschließens kann der Herausforderer erkennen, daß seine Chance am größten ist, wenn er genau die Mitte wählt.* Bei dieser Position sind die Kräfte, die nach links und nach rechts ziehen, genau gleich stark. Das Beste, was der Amtsinhaber dann machen kann, ist, den Herausforderer zu imitieren. Beide beziehen so die gleiche Position und jeder erhält 50 Prozent, wenn allein die Sachthemen zählen. Die Verlierer in diesem Prozeß sind die Wähler, die ein Echo anstelle einer Auswahl bekommen.

In der Praxis nehmen Parteien nicht exakt identische Positionen ein, aber jeder drängelt sich um die Mitte herum. Harold Hotelling, ein Ökonom von der New Yorker Columbia Universität, hat dieses Phänomen 1929 als Erster erkannt. Er wies auf ähnliche Beipiele aus dem wirtschaftlichen und gesellschaftlichen Leben hin: »Unsere Städte werden unwirtschaftlich groß und die Geschäftsviertel darin sind zu verdichtet. Die Kirchen der Methodisten und der Presbyterianer gleichen einander zu sehr; Apfelcidre schmeckt überall gleich.«(11)

Würde diese übertriebene Homogenität auch Bestand haben, wenn es drei Parteien gäbe? Nehmen Sie an, die drei Parteien legen sich abwechselnd fest und passen ihre Positionen an; sie schleppen kein ideologisches Gepäck mit sich herum, das sie bindet. Eine Partei, die sich am äußeren Rand befindet, wird dann nach innen zu ihrem Nachbarn rükken, um diesem einen Teil der Anhängerschaft abzuwerben. Damit wird es für die Partei in der Mitte so eng, daß sie bei ihrem nächsten Zug nach außen springt, um dort eine ganz neue, breitere Wählerschaft zu gewinnen. Dieser Prozeß wird sich fortsetzen und es gibt *kein* Gleichge-

* Diese Position in der Mitte nennt man Median. Wenn die Präferenzen der Wähler einmal nicht gleichverteilt sind, dann plaziert sich der Herausforderer wiederum so, daß sich links und rechts jeweils fünfzig Prozent der Wähler befinden. Der Median ist nicht notwendigerweise die durchschnittliche Position; er bestimmt sich vielmehr so, daß sich auf beiden Seiten eine gleiche Anzahl von Stimmen findet. Für den Durchschnitt spielt es hingegen auch eine Rolle, wie weit die Stimmen entfernt sind.

wicht. In der Praxis haben die Parteien allerdings genügend ideologisches Gepäck und die Wähler genügend Loyalität gegenüber einer Partei, so daß derartig schnelle Veränderungen verhindert werden.

In anderen Fällen sind die Standorte nicht festgelegt. Stellen Sie sich drei Leute vor, die in Berlin Unter den Linden auf ein Taxi warten. Derjenige, der am weitesten Richtung Westen steht, wird das erste Taxi kriegen, das nach Osten fährt. Derjenige, der im Osten steht, kriegt das erste Taxi nach Westen. Der dritte in der Mitte bleibt im Regen stehen. Wenn die Person in der Mitte nicht länger warten will, dann wird sie sich auf eine der beiden äußeren Positionen begeben. Bis das erste Taxi kommt, gibt es kein Gleichgewicht; denn niemand wird sich damit zufrieden geben, die schlechte Mittelposition zu übernehmen. Hier treffen wir auf eine weitere, ganz anders geartete Möglichkeit des Versagens unkoordinierter Entscheidungsprozesse: Unter Umständen gibt es überhaupt kein determiniertes Ergebnis. In einer solchen Situation muß die Gesellschaft einen anderen, koordinierten Weg finden, um ein stabiles Ergebnis zu erreichen.

8. Aktienbörsen und Schönheitswettbewerbe

In einer oft zitierten Passage verglich John Maynard Keynes einmal die Aktienbörse mit den Schönheitswettbewerben, zu denen die Zeitungen seiner Zeit aufriefen:

> »Professionelles Investieren kann man mit den Zeitungswettbewerben vergleichen, bei denen man aus hundert Fotos die sechs hübschesten Gesichter auswählen muß, und der Preis an den Teilnehmer geht, dessen Auswahl am nächsten an der durchschnittlichen Präferenz aller Teilnehmer liegt; jeder Teilnehmer muß also nicht die Gesichter wählen, die er selbst am hübschesten findet, sondern die, von denen er meint, daß sie am ehesten die Aufmerksamkeit der anderen Teilnehmer erregen, die das Problem ebenfalls alle aus diesem selben Blickwinkel betrachten. Es geht nicht darum, diejenigen zu finden, die nach dem eigenen besten Urteil wirklich die hübschesten sind, noch nicht einmal diejenigen, die nach der wirklichen durchschnittlichen Meinung die hübschesten sind. Wir haben den dritten Grad erreicht, bei dem wir unsere Intelligenz daran setzen vorwegzunehmen, welche durchschnittliche Meinung die durchschnittliche Meinung erwartet.«(12)

Es spielt keine Rolle, welche Frau in Wahrheit die hübscheste ist. Was Sie versuchen, ist vorherzusagen, wen alle anderen für die Schönste halten, oder von wem alle anderen glauben, daß alle anderen glauben, sie sei die Schönste...

Wenn man Keynes' Vergleich der Börse mit einem Schönheitswettbewerb hört, dann muß man betonen, daß der von ihm angesprochene Schönheitswettbewerb keine normale Mißwahl war. Bei einer normalen Mißwahl sollte die schönste Teilnehmerin gewinnen; die Juroren müssen nicht strategisch handeln. In ähnlicher Weise stellt man sich vor, daß an der Börse die Aktie mit dem höchsten Gewinn auch den höchsten Kurs haben sollte. Keynes große Einsicht lag darin zu erklären, wie strategisches Spiel die Realität überflügeln kann, wenn an der Börse oder beim Schönheitswettbewerb der Zeitung die Gewinner festgelegt werden.

Im Zeitungswettbewerb müssen sich alle Leser gleichzeitig in die Haut aller anderen Leser versetzen. Die Auswahl des hübschesten Fotos hat dabei viel weniger mit einem wahren oder absoluten Schönheitsideal zu tun, als vielmehr damit, einen gemeinsamen Orientierungs- oder Treffpunkt zu finden, bei dem die Erwartungen zusammenlaufen. In der Spieltheorie wird ein solcher Treffpunkt der Erwartungen auch als »focal point« bezeichnet, ein Begriff, der auf Tom Schelling zurückgeht. Wenn eine der abgebildeten Personen deutlich hübscher ist als alle anderen, dann könnte das den notwendigen Orientierungspunkt bilden. Aber die Aufgabe für den Leser war selten so einfach. Stellen Sie sich vor, daß die Finalisten praktisch ununterscheidbar sind und nur die Haarfarbe wechselt. Unter hundert Finalisten ist nur ein Rotschopf. Würden Sie den Rotschopf wählen?

Die Aufgabe für den Leser besteht darin, die Konvention herauszufinden, ohne den Vorteil der Kommunikation nutzen zu können. »Wähle die hübscheste Person« ist vielleicht die erklärte Regel, aber das könnte erheblich schwieriger sein, als nur die dünnste oder die rothaarige auszuwählen, oder die, mit der interessanten Lücke zwischen den Schneidezähnen. Alles, was abhebt, wird zu einem Orientierungspunkt, zu dem die Erwartungen konvergieren. Wir sollten also nicht überrascht sein, daß viele der schönsten und weltbekanntesten Fotomodelle nicht absolut makellos sind; stattdessen ist ihr Aussehen nur beinahe perfekt, es gibt einen interessanten kleinen Fehler, der ihrem Aussehen Persönlichkeit und einen »focal point« verleiht.

Das Investieren an der Aktienbörse hat viele vergleichbare Eigenschaften. Ein Kurs steigt, wenn die Nachfrage *zum alten Preis* das Angebot übersteigt.* Um im Markt Geld zu verdienen, müssen Sie herausfinden, welche Aktien nach Ansicht der anderen Leute steigen werden.

Wie immer folgen auch die anderen einem solchen Kalkül, indem sie sich gleichzeitig in die Haut aller anderen Leute versetzen. Wenn das passiert, dann ist alles möglich.

Aktienkurse können absurde Höhen erreichen und dann steil in die Realität zurückstürzen. Der Crash vom Oktober 1987 war nur ein kleines Rumpeln im Vergleich mit einigen Zusammenbrüchen spekulativer Blasen, die es in der Geschichte bereits gegeben hat. Von 1634 bis 1638 stieg zum Beispiel der Preis für Tulpenzwiebeln in Holland um mehrere tausend Prozent, um danach allerdings noch schneller zu verwelken. Diese Episode ist bis heute als die Tulpenmanie bekannt.(13)

Der Punkt ist in all diesen Fällen, daß das Gleichgewicht ohne weiteres durch eine vorübergehende Laune oder Mode bestimmt sein kann. Es gibt keine Fundamentalfaktoren, die sicherstellen, daß die hübscheste Person den Schönheitswettbewerb gewinnt und der Kurs der besten Aktie am schnellsten steigt. Es gibt Kräfte, die in die richtige Richtung wirken. Hohe Gewinnprognosen ähneln insofern dem Teint der Kandidatin im Schönheitswettbewerb - sie sind eine der vielen notwendigen, aber noch lange nicht hinreichenden Bedingungen, damit die ansonsten völlig willkürlichen Launen und Moden irgendwo einhaken können.

9. Wir rekapitulieren

In diesem Kapitel haben wir zahlreiche Fälle beschrieben, in denen Spiele mehr Verlierer als Gewinner haben. Unkoordinierte Entscheidungen wirken zusammen und produzieren ein schlechtes Ergebnis für die Gesellschaft insgesamt. Fassen wir die Probleme noch einmal kurz zusammen. Sie können die Ideen anschließend in der Fallstudie ausprobieren.

Zunächst haben wir Spiele betrachtet, in denen jede Person vor einer Entweder-Oder-Entscheidung stand. Eines der Probleme war das vertraute Mehrpersonen-Gefangenendilemma: alle treffen die gleiche Wahl, und das ist genau die falsche. Danach sahen wir Beispiele, in denen einige Leute sich für eine Alternative entschieden, ihre Kollegen sich für eine andere. Aus Sicht der Gruppe insgesamt waren die relati-

* Der abendliche Kommentar in den Nachrichten, daß die Kurse aufgrund starker Verkäufe fielen, läßt diese Bedingung oft aus. Denken Sie daran: jedem Verkäufer muß ein Käufer gegenüberstehen.

ven Anteile der Alternativen nicht optimal. Der Grund lag darin, daß eine der Alternativen größere Spillover-Effekte mit sich brachte, also Konsequenzen für andere, die die Entscheidungsträger nicht angemessen berücksichtigten. Dann hatten wir Situationen, in denen jedes der beiden Extreme - alle wählen geschlossen entweder das eine oder das andere - ein Gleichgewicht darstellt. Um eines auszuwählen oder um sicherzustellen, daß das richtige gewählt wurde, brauchten wir soziale Konventionen, Strafen oder Beschränkungen für das Verhalten des Einzelnen. Selbst dann konnte es aber zu einem Lock-in-Effekt kommen: die machtvolle Kraft der Geschichte hält die Gruppe im falschen Gleichgewicht eingeschlossen.

Wir wandten uns dann Situationen mit mehreren Alternativen zu und sahen, wie eine Gruppe freiwillig einen abschüssigen Weg hinunterrutscht, der zu einem Ergebnis führt, das sie kollektiv bedauert. In anderen Beispielen stießen wir auf eine Tendenz zu übertriebener Homogenität. Manchmal gibt es ein Gleichgewicht, das die Beteiligten durch sich wechselseitig verstärkende Erwartungen darüber, was die anderen denken, selber stabilisieren. In wieder anderen Fällen gibt es vielleicht überhaupt kein Gleichgewicht, und man müßte andere Wege finden, um zu einem stabilen Ergebnis zu gelangen.

Der Punkt hinter all diesen Beispielen ist der, daß der freie Markt es nicht immer automatisch zum Besten richtet. Es gibt zwei grundlegende Probleme. Das eine besteht darin, daß Geschichte wichtig ist. Unsere größere Erfahrung mit Benzinmotoren, QWERTY-Tastaturen und Leichtwasser-Reaktoren kann dazu führen, daß wir in der fortgesetzten Nutzung einer schlechteren Technik gefangen sind. Die Zufälle der Geschichte können durch den heutigen Markt nicht unbedingt korrigiert werden. Wenn man vorausschaut und erkennt, daß Lock-In-Effekte ein potentielles Problem sind, dann ist das ein Grund für die Politik, mehr Vielfalt zu fördern, ehe ein Standard festgelegt wird.

Wenn wir dagegen von einem unterlegenen Standard gefangengehalten werden, dann kann die Politik einen koordinierten Übergang von einem Standard zum anderen herbeiführen. Die amerikanischen Bestrebungen, von Inches und Feet zum metrischen Maß überzugehen, sind ein solches Beispiel; die Koordination einer Sommerzeit-Regelung ist ein anderes.

Unterlegene Standards kann es nicht nur in der Technik, sondern auch bei gesellschaftlichen Verhaltensweisen geben. Stellen Sie sich ein Gleichgewicht vor, in dem jeder seine Steuern hinterzieht, Tempolimits mißachtet oder einfach auf Parties immer eine Stunde zu spät kommt.

Der Übergang von einem Gleichgewicht zum anderen kann am besten durch eine kurze und intensive Kampagne erreicht werden. Der Trick besteht darin, eine kritische Masse von Leuten zum Wechsel zu bewegen. Der Bandwagon-Effekt sorgt dann dafür, daß das neue Gleichgewicht sich selber stabilisiert. Im Gegensatz dazu hätte geringer Druck, der über lange Zeit aufrechterhalten wird, nicht dieselbe Wirkung.

Das andere grundsätzliche Problem des Laissez-faire besteht darin, daß so viele Dinge, die im Leben zählen, sich außerhalb des Marktes abspielen. Von der allgemeinen Höflichkeit bis hin zur sauberen Luft haben zahlreiche Güter in der Regel keinen Preis, so daß es keine unsichtbare Hand gibt, die das eigennützige Verhalten in die richtigen Bahnen lenken könnte. Manchmal läßt sich das Problem lösen, indem ein Preis geschaffen wird, wie etwa im Falle des Staus auf der Bay Bridge. In anderen Fällen verändert das Gut seinen Charakter, wenn es mit einem Preis versehen wird. Gespendetes Blut ist typischerweise besser als solches, das eingekauft wird, denn Menschen, die ihr Blut gegen Geld abgeben, sind wahrscheinlich in schlechterem Gesundheitszustand. Die Koordinationsfehler, die wir in diesem Kapitel illustriert haben, sollen also eine Rolle für staatliches Handeln aufzeigen. Aber ehe es Sie davonträgt, sollten Sie erst einmal unsere Fallstudie ansehen.

10. Fallstudie Nr. 9 : Ein Rezept für die Aufteilung von Zahnärzten

In dieser Fallstudie betrachten wir das Koordinationsproblem, wie die unsichtbare Hand das Angebot von Zahnärzten richtig (oder auch falsch) zwischen Stadt und Land aufteilt. Das Problem wird in mancherlei Hinsicht unserer Analyse der Pendlerströme ähneln, bei der es darum ging, ob man mit dem Auto fahren oder den Zug nehmen sollte. Führt die unsichtbare Hand die richtige Zahl an die richtige Stelle?

Es wird in den USA oft argumentiert, daß es zwar nicht zuwenig Zahnärzte gebe, wohl aber ein Problem ihrer richtigen Aufteilung zwischen Stadt und Land. Genauso, wie zuviele Autofahrer die Bay Bridge nehmen würden, wenn man sie ganz alleine ihre Entscheidung treffen ließe, so würden zuviele Zahnärzte die Städte gegenüber den ländlichen Gebieten bevorzugen. Stimmt das? Und wenn ja, bedeutet es, daß die Gesellschaft Zahnärzte mit einer Sondersteuer belegen sollte, wenn sie in der Stadt praktizieren wollen?

Für die Zwecke dieser Fallstudie vereinfachen wir das Entscheidungsproblem des Zahnarztes sehr stark. Wir nehmen an, daß es gleichermaßen attraktiv ist, auf dem Land und in der Stadt zu leben. Die Entscheidung hängt ausschließlich von finanziellen Erwägungen ab - Zahnärzte gehen dorthin, wo sie am meisten Geld verdienen können. Wie im Falle der Pendler zwischen Berkeley und San Francisco erfolgt die Entscheidung nur nach dem Eigennutz; die Zahnärzte maximieren ihren persönlichen Payoff.

Da es in den USA viele ländliche Gegenden ohne eine ausreichende Versorgung mit Zahnärzten gibt, liegt die Vermutung nahe, daß dort noch Platz für zusätzliche Praxen ist, ohne daß es zu Überfüllungsproblemen kommt. Die ländliche Zahnarztpraxis entspricht also unserer Zugstrecke im Pendlerbeispiel. Eine Praxis auf dem Lande ist auch im günstigsten Fall nicht ganz so lukrativ wie eine große städtische Praxis, aber es ist ein sicherer Weg zu einem überdurchschnittlichen Einkommen. Sowohl das Einkommen als auch der gesellschaftliche Nutzen der Land-Zahnärzte bleiben ungefähr konstant, wenn ihre Anzahl steigt.

Die Eröffnung einer städtischen Praxis gleicht eher der Fahrt über die Bay Bridge - es ist wundervoll, wenn man alleine ist, und nicht mehr so gut, wenn es in der Stadt zu voll wird. Der erste Zahnarzt in einer Region kann höchst wertvoll sein und eine sehr große Praxis unterhalten. Aber wenn es zuviele Zahnärzte gibt, dann besteht die Gefahr der Überfüllung und des Preiswettbewerbs. Wenn die Zahl zu hoch wird, dann konkurrieren die Zahnärzte um denselben Patientenpool, und ihre Fähigkeiten sind nicht ausgelastet. Wenn die Population der Stadt-Zahnärzte noch weiter ansteigt, dann verdienen sie vielleicht sogar weniger als ihre Kollegen auf dem Lande. Kurz gesagt, in dem Maße, wie die Zahl der städtischen Praxen steigt, sinken die Grenznutzen zusätzlicher Leistungen und die Einkommen der Zahnärzte.

Wir zeichnen diese Geschichte in einem einfachen Schaubild auf, das wiederum dem Auto-versus-Zug-Fall sehr stark ähnelt. Angenommen, es gibt 100.000 neue Zahnärzte, die sich jeweils zwischen Stadt und Land entscheiden. Die Strecke AB stellt diese 100.000 dar. Die Zahl der neuen städtischen Zahnärzte entspricht der Strecke rechts von A, und die Zahl der Zahnärzte auf dem Lande entspricht der Strecke links von B. Betrachten Sie zum Beispiel Punkt C: Da die Strecke AC ein Viertel der Strecke AB ausmacht, entspricht sie 25.000 neuen Zahnärzten in der Stadt und 75.000 neuen Zahnärzten auf dem Land.

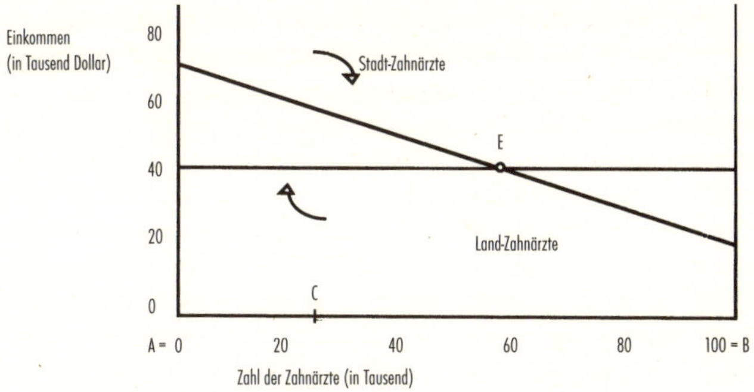

Die fallende Linie (Stadt) und die flache Linie (Land) repräsentieren die finanziellen Einkünfte, die auf beiden Wegen erzielbar sind. Im Punkt A, wo alle aufs Land gehen, liegt das Einkommen städtischer Zahnärzte über dem der Landpraxen. Im Punkt B ist es genau umgekehrt, wenn nämlich alle Zahnärzte in die Stadt gehen.

Das Gleichgewicht der Karriereentscheidungen liegt im Punkt E, wo beide Optionen finanziell gleichwertig sind. Um das zu überprüfen, nehmen Sie an, daß die Verteilung der Karriereentscheidungen zu einem Punkt C links von E führt. Da im Punkt C die Einkommen der Stadt-Zahnärzte höher sind als die der Land-Zahnärzte, erwarten wir, daß mehr Zahnärzte in die Stadt statt aufs Land ziehen. Die Verteilung zwischen Stadt und Land verschiebt sich damit von C aus nach rechts. Eine umgekehrte Anpassung fände statt, wenn wir an einem Punkt rechts von E anfingen, so daß die Stadt-Zahnärzte zunächst schlechter bezahlt wären. Nur wenn E erreicht wird, dann werden die Karriereentscheidungen im nächsten Jahr ungefähr so aussehen wie in diesem Jahr, und das System wird zu einem Gleichgewicht finden.

Ist dieses Ergebnis für die Gesellschaft insgesamt am günstigsten?

Diskussion

Wie im Falle der Pendler maximiert das Gleichgewicht auch hier das gemeinsame Einkommen der Zahnärzte nicht. *Aber der Gesellschaft sind die Konsumenten zahnärztlicher Leistungen genauso wichtig, wie die Produzenten.* Tatsächlich ist die ungestörte Marktlösung im Punkt E für die Gesellschaft insgesamt die beste.

Der Grund besteht darin, daß zwei Nebeneffekte entstehen, wenn sich ein zusätzlicher Zahnarzt in der Stadt niederläßt. Der zusätzliche Kollege vermindert das Einkommen aller städtischen Zahnärzte und verursacht damit eine Belastung für alteingesessene Praxen. Aber die ausgelöste Preissenkung ist ein Vorteil für die Patienten. Die beiden Nebeneffekte heben einander gerade auf. Der Unterschied zwischen dieser Geschichte und dem Pendler-Fall ist der, daß niemand etwas von der zusätzlichen Fahrtzeit hatte, wenn die Brücke verstopfte. Wenn der Nebeneffekt eine Veränderung des Preises (oder des Einkommens) ist, dann profitieren die Nachfrager auf Kosten der Produzenten. Der Nettoeffekt ist Null.

Aus Sicht der Gesellschaft sollte sich ein Zahnarzt den Kopf nicht zerbrechen, wenn er das Einkommen seiner Kollegen verringert. Jeder Zahnarzt sollte seine Praxis dort eröffnen, wo er persönlich am meisten verdienen kann. Indem jeder seine eigennützige Entscheidung fällt, werden wir unsichtbar zur richtigen Verteilung von Zahnärzten zwischen Stadt und Land geführt. Beide Karrierewege versprechen gleiches Einkommen.*

Die Bundesvereinigung Amerikanischer Zahnärzte mag das natürlich anders sehen. Sie mag die Einkommensverluste der städtischen Zahnärzte höher bewerten als die Ersparnisse der Konsumenten. Aus Sicht ihres Berufsstandes gibt es tatsächlich eine falsche Aufteilung und zuviele Zahnärzte in der Stadt. Wenn mehr Zahnärzte Landpraxen eröffnen würden, dann würden die möglichen Vorteile einer Stadtpraxis nicht durch Wettbewerb und Überfüllung »verschwendet«. Das Einkommen der Zahnärzte in ihrer Gesamtheit würde steigen, wenn es möglich wäre, die Zahl städtischer Zahnärzte unterhalb des Niveaus zu halten, das sich bei freiem Markt ergibt. Obwohl die Zahnärzte den neuen Kollegen, die in der Stadt praktizieren wollen, keine Sondersteuer auferlegen können, ist es im Interesse ihres Berufsstands, einen Förderfonds für Zahnmedizin-Studenten einzurichten, die sich verpflichten, eine Landpraxis zu eröffnen.

* Ist das Leben in der Stadt attraktiver als auf dem Land, dann wird sich dieses Differential in entsprechenden Einkommensunterschieden widerspiegeln.

Kapitel 10
Die Strategie des Wählens

Grundprinzip eines demokratischen Regierungssystems ist der Respekt vor dem Willen des Volkes, so wie er sich über die Wahlurne ausdrückt. Doch dieses etwas unscharfe Ideal ist leider nicht so einfach in die Praxis umzusetzen. Bei Abstimmungen stellen sich dieselben Strategieprobleme wie in anderen Mehrpersonen-Spielen auch. Weder das einfache Mehrheitsprinzip noch irgendein anderes Wahlverfahren kann das Problem lösen: es gibt kein perfektes System, mit dessen Hilfe sich die Präferenzen von Individuen zu einem Volkswillen aggregieren ließen.*

Die Struktur des Spiels spielt damit eine wichtige Rolle. Wenn sich ein Parlament zum Beispiel zwischen verschiedenen konkurrierenden Gesetzesentwürfen entscheiden muß, dann kann die Reihenfolge, in der die Abstimmungen erfolgen, einen großen Einfluß auf das schließliche Ergebnis haben. Wir beginnen damit, daß wir den Abstimmungsprozeß genauer betrachten, und uns fragen, wann genau die Stimme eines Einzelnen den Ausschlag geben kann.

1. Das Machtpatt

In den zurückliegenden Präsidentschaftswahlen ist die Bedeutung des US-Vizepräsidenten wiederholt betont worden. Nur ein Herzschlag

* Diese weitreichende Einsicht geht zurück auf den Ökonomen Kenneth Arrow aus Stanford. Sein berühmtes »Unmöglichkeits-Theorem« zeigt, daß es kein System gibt, das unbeschränkte Präferenzen über drei oder mehr Alternativen in eine Gruppenentscheidung überführt und dabei gleichzeitig die folgenden wünschenswerten Mindestanforderungen erfüllt: (1) Transitivität, (2) Einstimmigkeit, (3) Unabhängigkeit von irrelevanten Alternativen (4) kein Diktator. Transitivität verlangt, daß immer dann, wenn A gegenüber B vorgezogen wird, und B gegenüber C vorgezogen wird, A auch gegenüber C vorgezogen wird. Einstimmigkeit verlangt, daß A gegenüber B vorgezogen wird, wenn alle Individuen A gegenüber B vorziehen. Unabhängigkeit von irrelevanten Alternativen bedeutet, daß die Wahl zwischen A und B nicht davon abhängen darf, ob eine Alternative C verfügbar ist oder nicht. Schließlich darf es kein Individuum geben, das sich immer durchsetzt und insofern diktatorische Macht hat.

trennt diese Person schließlich vom Präsidentenamt. Aber die meisten Präsidentschaftskandidaten verschmähen den zweiten Platz auf dem Ticket, und die meisten Vizepräsidenten scheinen ihren Job nicht zu genießen. Die Aussicht, vier oder acht Jahre lang Däumchen zu drehen und darauf zu warten, daß der Boß stirbt, ist wohl für kaum jemanden attraktiv.* John Nance Garner, der erste Vizepräsident Franklin Delano Roosevelts, formulierte das knapp und präzise: »Die Vizepräsidentschaft ist keinen Becher warme Spucke wert.«

Nur eine einzige Klausel der Verfassung sieht eine konkrete Aktivität für den Vizepräsidenten vor. Artikel I, Abschnitt 3.4 besagt: »Der Vizepräsident der Vereinigten Staaten ist der Präsident des Senats, aber er hat keine Stimme, es sei denn, die Stimmen spalten sich zu gleichen Teilen«. Die Vizepräsidentschaft besteht aus »Zeremoniell, tatenlosem Zeremoniell«, und meist delegiert der Vizepräsident seine Verantwortung an eine rotierende Gruppe jüngerer Senatoren, die vom Führer der Mehrheitsfraktion ausgewählt werden. Ist wenigstens die Stimme wichtig, die bei einem Patt den Ausschlag gibt, oder ist auch sie nur ein weiteres Stück Zeremoniell?

Auf den ersten Blick scheinen sowohl die Logik wie auch die Erfahrung für die zeremonielle Sicht zu sprechen. Die Stimme des Vizepräsidenten scheint einfach nicht besonders wichtig zu sein. Die Chancen sind gering, daß es einmal zum Patt kommt. Die Umstände sind noch am günstigsten, wenn die Wahrscheinlichkeit, daß ein Senator mit Ja oder Nein stimmt, bei allen jeweils 50-50 beträgt, und wenn zugleich die Zahl der Teilnehmer an der Abstimmung gerade ist. Auf zwölf Abstimmungen kommt dann ungefähr ein Patt.** Natürlich ist das Abstimmungsverhalten der Senatoren keineswegs zufällig. Nur wenn die beiden Parteien annähernd gleich stark sind, oder wenn ein besonders kontroverses Thema ansteht, bei dem Partei-Fronten etwas aufbrechen, kommt es dazu, daß die Stimme des Vizepräsidenten gezählt wird.

* Zweifellos trösten sie sich mit dem Gedanken an das noch viel größere Elend des britischen Prinzen Charles.

** Die größte Wahrscheinlichkeit, daß eine gegebene Gruppe von 50 Senatoren mit Ja stimmt, während die übrigen 50 mit Nein stimmen ist (1/2) [hoch 50] × (1/2)[hoch fünfzig]. Multiplizieren wir diesen Wert mit der Zahl der Möglichkeiten, 50 Befürworter aus den 100 Mitgliedern zusammenzustellen, dann erhalten wir ungefähr (1/12).

Der erste Vizepräsident, John Adams, war zugleich auch der aktivste in Pattsituationen. In seinen acht Amtsjahren entschied er mit seiner Stimme 29 mal ein Patt. Das erstaunt insofern nicht, als sein Senat damals nur 20 Mitglieder hatte, so daß ein Patt fast dreimal wahrscheinlicher war als heute bei 100 Senatoren. In den ersten 200 Jahren der Verfassung gab es nur 222 Gelegenheiten, bei denen der Vizepräsident mit abstimmte. In neuerer Zeit war Richard Nixon während seiner Vizepräsidentschaft unter Eisenhower der aktivste; er stimmte insgesamt achtmal ab - bei insgesamt 1.229 Senatsentscheidungen während der Jahre 1953-1961. Der Rückgang der Stimmabgaben des Vizepräsidenten spiegelt daher auch die Tatsache, daß das Zweiparteiensystem sich inzwischen verhärtet hat; es gibt weniger Fragen, die quer zu den Parteifronten liegen.

Aber dieses rein zeremonielle Bild von der Stimme des Vizepräsidenten führt in die Irre. Wichtiger als die Frage, wie oft der Vizepräsident seine Stimme einsetzt, ist die Frage nach den Auswirkungen seines grundsätzlichen Stimmrechts. Richtig gemessen ist die Stimme des Vizepräsidenten ungefähr genauso wichtig wie die eines jeden Senators.

Ein Grund für die Bedeutung seiner Stimme besteht darin, daß sie tendenziell bei besonders wichtigen und umstrittenen Fragen den Ausschlag gibt. George Bush rettete als Vizepräsident sowohl das Chemiewaffenprogramm der Regierung (zweimal), als auch das MX-Raketen-Programm. Wir sollten also näher betrachten, wann genau eine Stimme den Ausschlag gibt.

Eine Stimme kann in zweierlei Form Wirkung entfalten: Sie kann entscheidend für das Ergebnis sein, oder sie kann eine »Meinungsäußerung« darstellen, die die Marge von Sieg oder Niederlage verändert, ohne das Ergebnis zu beeinflussen. In einem Entscheidungsgremium wie dem Senat ist der erste Aspekt der wichtigere.

Um die Bedeutung der gegenwärtigen Position des Vizepräsidenten zu verdeutlichen, *unterstellen wir einmal, der Vizepräsident erhalte eine reguläre Stimme als Präsident des Senats.* Wann hat das einen zusätzlichen Einfluß? Bei wichtigen Fragen werden alle 100 Senatoren versuchen, anwesend zu sein * Wenn die Senatoren 51-49 oder deutlicher über eine Frage gespalten sind, dann ist das Ergebnis ganz unabhängig

* Oder Senatoren der gegnerischen Lager werden versuchen, ihre Abwesenheit paarweise zu koordinieren.

davon, auf welcher Seite der Vizepräsident abstimmt. *Der einzige Fall, in dem das Ergebnis von der 101. Stimme des Vizepräsidenten abhängt, ist der, wenn der Senat 50-50 gespalten ist. Das entspricht aber genau der aktuellen Verfassungslage, nach der der Vizepräsident nur bei einem Patt abstimmen darf.*

Wir geben zu, daß unsere Darstellung der Abstimmungsmacht des Vizepräsidenten wichtige Aspekte der Wirklichkeit ausläßt. Einige dieser Aspekte bedeuten weniger Macht für den Vizepräsidenten; andere bedeuten mehr Macht. Ein großer Teil der Macht eines Senators ergibt sich zum Beispiel aus seiner Mitarbeit in den Ausschüssen, an denen der Vizepräsident nicht teilnimmt. Andererseits hat der Vizepräsident die Veto-Macht des Präsidenten auf seiner Seite.

Das Beispiel der Stimme des Vizepräsidenten führt zu einer Einsicht, die sich breiter anwenden läßt: Jede Stimme beeinflußt das Ergebnis immer nur dann, wenn sie ein Patt entscheidet. Überlegen Sie, wie wichtig Ihre Stimme in unterschiedlichen Bereichen ist. Wieviel Einfluß haben Sie bei einer landesweiten Parlamentswahl? Bei einer Kommunalwahl? Bei einer Wahl in Ihrem Sportverein?

Die Chance, daß die übrigen Wähler ein Patt erreichen, und Ihre Stimme den Ausschlag gibt, berechnet sich wie im Falle des Senats: Sie ist dann am größten, wenn die Wahrscheinlichkeit, daß die eine oder die andere Alternative gewählt wird, bei allen Wählern 50-50 beträgt. Mathematische Berechnungen zeigen, daß die Wahrscheinlichkeit eines Patts sich proportional zur Wurzel der Gesamtzahl der Wähler entwickelt. Wir sahen, daß die Chance eines Patts im Senat mit seinen 100 Mitgliedern unter den günstigsten Umständen 1 zu 12 beträgt. Bei einer US-Präsidentschaftswahl mit 100 Millionen Wählern fällt sie also auf 1 zu 12.000. Formal wird der Präsident allerdings erst durch ein Wahlmänner-Kollegium bestimmt, für das die Wähler bei der Präsidentschaftswahl die Delegierten ihres Bundesstaats wählen. Die Chance, daß ein einzelner Wähler auf der Ebene seines Bundesstaats den Ausschlag gibt, ist insofern etwas höher. Die Tatsache, daß die Wähler selten in gleich große Lager gespalten sind, wirkt allerdings in die umgekehrte Richtung. Schon ein kleiner Vorteil des einen oder anderen Kandidaten reduziert die Chancen eines Patts dramatisch. 1 zu 12.000 ist daher noch eine optimistische Schätzung des Einflusses, den ein Wähler bei der Präsidentschaftswahl hat. Wenn man diese Zahlen betrachtet, lohnt es sich dann überhaupt noch, zur Wahl zu gehen?

Um diese Frage zu untersuchen, betrachten wir ein konkretes Beispiel. Nehmen Sie an, im amerikanischen Präsidentschaftswahlkampf hat ein Kandidat, der mitfühlende Mr. Soft Heart, versprochen, daß er den Mindestlohn von 3,50 Dollar auf 5,00 Dollar erhöhen wird. Der andere Kandidat, der nüchterne Mr. Hard Head, ist gegen die Erhöhung. Für einen Wähler, dem sein Arbeitgeber derzeit gerade den Mindestlohn zahlt, und der seinen Job auch nach der Lohnerhöhung behalten wird, bedeutet Mr. Heart also 3.000 Dollar zusätzliches Jahreseinkommen. Während der gesamten Amtszeit von vier Jahren macht das 12.000 Dollar. Aber die Chance, daß gerade seine Stimme den Ausschlag gibt, ist 1/12.000; der erwartete Vorteil für den Mann ist also gerade 1 Dollar. Die Teilnahme an der Wahl lohnt sich für ihn schon dann nicht mehr, wenn er dafür mehr als 20 Minuten seiner bezahlten Arbeitszeit opfern muß. Umfragen zufolge bewerten die meisten Leute ihre Freizeit mit etwa der Hälfte des Lohnsatzes; die Teilnahme an der Wahl dürfte unseren Wähler demnach maximal 40 Minuten Freizeit kosten, wenn sie sich noch lohnen soll.

Selbst wenn Sie den Ausgang der Wahl nicht beeinflussen, können Sie Ihre Stimme immer noch als eine Art Meinungsäußerung im Chor der anderen betrachten. Aber wird die gehört? Sicher ist ein Ergebnis von 100 Millionen zu Null ein Erdrutsch. Doch es gibt keine klare Linie, unterhalb derer ein Erdrutsch zu einem einfachen Sieg wird. Aus dem einfachen Sieg wird auch ein Patt, wenn genügend Leute ihr Verhalten ändern. Aus dem Patt wird eine einfache Niederlage und daraus ein Erdrutsch in die andere Richtung. Das Fehlen einer »klaren Linie« läßt sich bis zu dem griechischen Philosophen Zenon zurückverfolgen, der über das Paradox spricht, einen Hügel so zu bauen, daß man Sandkorn auf Sandkorn häuft. Es scheint offensichtlich, daß kein einzelnes Sandkorn einen Nicht-Hügel in einen Hügel verwandeln kann. Und doch können genügend Körner einen Maulwurfshügel in einen Berg verwandeln. Eine Wählerstimme ähnelt dem Sandkorn. Man kann sich schwer vorstellen, wie eine einzige zusätzliche Stimme das Ergebnis verändert.*

Das Beispiel zeigt uns, daß individuelle Kalküle über Kosten und Nutzen nicht ausschlaggebend dafür sein können, daß Leute zur Wahl ge-

* Obwohl jeder einzelne seine Einschätzung des mutmaßlichen Ergebnisses nur minimal verändert, kann dieser winzige Effekt vielleicht doch relevant werden, wenn er bei einer sehr großen Zahl von Wählern gleichzeitig auftritt.

hen. Trotzdem müssen sie das aber tun, wenn eine Demokratie richtig funktionieren soll. Wir brauchen also soziale Konditionierungen. Demokratische Gesellschaften geben sich denn auch viel Mühe, die Wahlbeteiligung zu erhöhen. Die Mittel reichen von der Staatsbürgerkunde in der Schule bis hin zum Appell an die »Bürgerpflicht« am Wahltag. Der einzelne Wähler hat dabei gleichwohl keinen nennenswerten Einfluß auf das Wahlergebnis.* Wo der Bürgersinn nicht ausreicht, werden die Wähler zum Teil sogar per Gesetz zum Urnengang verpflichtet. Wahlpflicht besteht in mehreren Ländern, unter anderem beispielsweise in Australien.

2. Der Median-Wähler

Bislang haben wir uns auf paarweise Abstimmungen konzentriert. In diesen Fällen gibt es kaum andere strategische Probleme als die Frage, ob man an der Wahl teilnehmen soll oder nicht. Wenn Sie teilnehmen, dann sollten Sie immer den Kandidaten wählen, den Sie auch wirklich bevorzugen. Weil Ihre Stimme dann am meisten zählt, wenn sie ein Patt entscheidet, sollten Sie Ihre Präferenzen aufrichtig angeben.** Bei Wahlen mit mehr als zwei Alternativen müssen Sie jedoch zweimal entscheiden: ob Sie wählen, und wen Sie wählen. Es ist nicht mehr so, daß Sie automatisch für Ihren Lieblingskandidaten stimmen sollten.

* Ein billigeres und potentiell repräsentativeres Verfahren, um eine Wahl zu entscheiden, bestünde in einer Meinungsumfrage. Die derzeitige Praxis ist eine glorifizierte Meinungsumfrage; jeder, der teilnehmen will, nimmt teil. Die statistische Theorie ermöglicht uns aber Aussagen wie diese: Wenn ein Kandidat in einer zufällig ausgewählten Stichprobe von 10.000 Befragten einen Vorsprung von 5 Prozent gegenüber seinem Gegenkandidaten erreicht, dann ist die Chance, daß dieses Ergebnis sich noch umkehrt, weniger als 1 zu einer Million, *selbst wenn 100 Millionen Leute wählen gehen.* Wenn das Ergebnis knapper ausfällt, dann müssen wir die Stichprobe vergrößern. Ein solcher Befragungsprozeß könnte die Kosten einer Wahl erheblich reduzieren, aber die Gefahr von Mißbrauch ist ebenfalls sehr groß. Eine echte Zufallsauswahl der Befragten bringt einen Albtraum von Problemen mit sich.

** Wiederum gilt die Einschränkung, daß Ihnen vielleicht auch die Marge des Sieges oder der Niederlage am Herzen liegt. Sie wollen vielleicht, daß Ihr Kandidat gewinnt, aber er sollte nur knapp vorn liegen (zum Beispiel damit sein Hang zum Größenwahn gedämpft wird). In diesem Fall würden Sie vielleicht auch gegen Ihren Kandidaten stimmen, vorausgesetzt, Sie sind sicher, daß er gewinnt.

Die amerikanischen Parteien beispielsweise stellen Ihre Präsidentschaftskandidaten nach parteiinternen Vorwahlen auf, den sogenannten Primaries. Die Bewerber ziehen von Bundesstaat zu Bundesstaat und stellen sich den Wählern. Der Bewerber, der an der Basis die meisten Delegiertenstimmen gewinnt, wird dann auf dem Parteitag nominiert. Die Anhänger des schwarzen Kandidaten Jesse Jackson standen 1984 während der Primary der Demokraten vor einem Problem: welches Signal sollten sie mit Ihrer Stimmabgabe setzen? Es war absehbar, daß Jackson kaum gewinnen würde, die Umfragen besagten, daß Gary Hart und Walter Mondale klar in Führung lagen. Es gab also für die Jackson-Anhänger einen großen Anreiz, für einen aus der Spitze des Feldes zu stimmen, um die eigene Stimme nicht zu verschenken. Dieses Problem verschärfte sich 1988, als bei den Demokraten sogar sieben Kandidaten um die Nominierung konkurrierten. (Spötter sprachen von den Sieben Zwergen. Tatsächlich verlor der schließlich gewählte Kandidat, der hölzern-intellektuell wirkende Dukakis, die Präsidentschaftswahl glatt gegen George Bush). Die jeweiligen Anhänger wollten ihre Stimme und ihre Spendengelder nicht für einen chancenlosen Kandidaten verschwenden. Umfragen und Medienberichte, in denen Spitzenreiter ausgemacht wurden, konnten daher leicht zu sich selbst erfüllenden Prophezeiungen werden.

Es gibt einen weiteren Grund, weshalb die abgegebenen Stimmen vielleicht nicht den wahren Präferenzen entsprechen. Eine Möglichkeit zu verhindern, daß Ihre Stimme in der Masse untergeht, besteht darin, sie deutlich hervorstechen zu lassen: Vertreten Sie eine Extremposition abseits der Masse! Wer glaubt, das Land driftet nach links, könnte für einen moderat konservativen Kandidaten stimmen. Er könnte aber auch nach ganz rechtsaußen gehen und einen Lyndon LaRouche oder einen Schönhuber wählen. In dem Maße, wie Kandidaten oder Parteien Kompromisse eingehen und Positionen der Mitte beziehen, kann es sich für einige Wähler lohnen, sich extremer zu geben, als sie eigentlich sind. Diese Taktik wirkt allerdings nur bis zu einem bestimmten Punkt. Wenn Sie zu weit abdriften, dann gelten Sie als Spinner, und Ihre Meinung wird fortan ignoriert. Der Trick besteht darin, die extremste Position zu vertreten, die gerade noch als vernünftig erscheint.

Um das ein wenig zu konkretisieren, stellen Sie sich vor, daß wir alle Kandidaten oder Parteien auf einer Links-Rechts-Skala von 1 bis 100 einordnen können. In den USA wäre dann etwa die Junge Spartakusliga ganz links außen nahe 0, der Millionär Lyndon LaRouche (der über seine Frau auch in Deutschland aktiv ist) steht irgendwo nahe 100.

Die Wähler drücken ihre Präferenzen aus, indem sie einen Punkt auf der Skala auswählen. Nehmen Sie an, der Gewinner der Wahl ist derjenige, dessen Position am nächsten an der durchschnittlichen Position aller Wähler ist. Sie können sich den Prozeß so vorstellen, daß die Position des führenden Kandidaten nach Verhandlungen und Kompromissen so bestimmt wird, daß sie der Durchschnittsposition des Wahlvolks entspricht. Die Parallele im Bereich der Verhandlungen besteht in dem Angebot, »sich in der Mitte zu treffen.«

Nehmen Sie an, Sie seien »ein Mann/eine Frau der Mitte«: Wenn es nach Ihnen ginge, dann würden Sie einen Kandidaten bevorzugen, der genau bei 50 auf unserer Skala steht. Aber es kann sich herausstellen, daß die Nation etwas konservativer ist. Ohne Ihre Stimme liegt der Durchschnittswert bei 60. Um es erneut konkret zu machen, nehmen Sie an, Sie seien einer von 100 Wählern, die man befragt, um die Durchschnittsposition zu ermitteln.

Wenn Sie Ihre tatsächliche Präferenz angeben, dann bewegt sich der Kandidat auf $[99 \times 60 + 50]/100 = 59{,}9$. Wenn Sie stattdessen übertreiben und behaupten, sie wollten 0, dann wird das Ergebnis bei 59,4 liegen. Durch die Übertreibung schlägt Ihre Meinung bei der Position des Kandidaten also sechsmal stärker zu Buche. Extremismus zur Verteidigung der Linken ist hier keine Sünde.

Natürlich sind Sie nicht der einzige, der so handelt. Alle, die links von 60 stehen, werden behaupten, sie wären für 0; alle rechts von 60 werden für 100 plädieren. Am Ende scheint das Wahlvolk scharf polarisiert, obwohl der Kandidat immer noch eine mittlere Position einnimmt. Das Ausmaß des Kompromisses hängt von der relativen zahlenmäßigen Stärke der Wählergruppen ab, die in beide Richtungen zerren.

Das Problem bei der Durchschnittsbildung besteht darin, daß Intensität und Richtung der Präferenzen gleichermaßen berücksichtigt werden. Die Leute haben einen Anreiz, die wahre Richtung anzugeben, aber zugleich die Intensität ihrer Wünsche zu übertreiben. Dasselbe Problem ergibt sich, wenn man sich »in der Mitte trifft«: Wenn das die Regel ist, nach der Auseinandersetzungen beigelegt werden, dann fängt jeder bei einer Extremposition an.

Eine der möglichen Lösungen dieses Problems stammt aus den zwanziger Jahren und wurde von dem Ökonomen Harold Hotelling an der Columbia Universität in New York entwickelt. Statt die durchschnittliche Position zu beziehen, wählt der Kandidat den *Median*, also das Programm, bei dem es links und rechts jeweils gleich viele Wähler gibt, die ihn in ihre Richtung ziehen wollen. Anders als ein Durchschnitt hängt der Median nicht von der Intensität der Wählerpräferenzen ab, es zählt nur die Richtung. Um den Median zu finden, sollte der Kandidat bei 0 anfangen und sich solange nach rechts bewegen, wie eine Mehrheit diesen Wechsel unterstützt. Am Median wird die Unterstützung für einen weiteren Rechtsruck exakt aufgewogen durch eine gleiche Stimmenzahl für einen Linksruck.

Wenn ein Kandidat diese Medianposition bezieht, dann hat kein Wähler einen Anreiz, seine Präferenzen verzerrt wiederzugeben. Warum? Es gibt nur drei mögliche Fälle: 1. Den Wähler links vom Median 2. Den Wähler auf dem Median 3. Den Wähler rechts vom Median. Im ersten Fall verändert sich der Median nicht im geringsten, wenn die Präferenz nach links übertrieben wird. Dieser Wähler kann das Ergebnis nur beeinflussen, wenn er einen Rechtsruck befürwortet, aber das ist natürlich das genaue Gegenteil dessen, was er will. Im zweiten Fall ist die Idealposition des Wählers ohnehin schon erreicht, durch Verzerrung der Präferenzen gibt es nichts zu gewinnen. Der dritte Fall ist das Spiegelbild des ersten. Eine Rechtsbewegung verändert den Median nicht, eine Linksbewegung läuft den Interessen des Wählers zuwider.

Wenn das Argument so formuliert wird, dann klingt es vielleicht, als kenne jeder Wähler den Median des Wahlvolks und wisse deshalb auch, ob er rechts oder links davon steht. Der Anreiz, die Wahrheit zu sagen, hatte aber nichts mit der konkreten Situation des Wählers zu tun. Man kann alle drei Fälle als gleichwertige Möglichkeiten betrachten und dann feststellen, daß der Wähler bei jedem der möglichen Ergebnisse seine Position aufrichtig angeben sollte. Der Vorteil einer Regel, nach der die Median-Position eingenommen wird, besteht darin, daß kein Wähler einen Anreiz hat, seine Präferenz verzerrt darzustellen; aufrichtiges Wahlverhalten ist die dominante Strategie.

Das einzige Problem bei der Übernahme der Medianwähler-Position besteht darin, daß sie nur begrenzt anwendbar ist. Die Option steht überhaupt nur dann zur Verfügung, wenn alles auf eine eindimensionale Entscheidung reduziert werden kann, etwa in Form einer Links-Rechts-Skala. Aber nicht alle Themen lassen sich so einfach einordnen. Wenn die Präferenzen der Wähler mehr als nur eine Dimension haben, dann gibt es keinen Median. An diesem Punkt beginnt die Möglichkeit, das System zu manipulieren.

3. Naives Abstimmen

Das verbreitetste Wahlverfahren ist die einfache Mehrheitswahl. Gleichwohl haben die Ergebnisse der Mehrheitswahl paradoxe Eigenschaften, wie ein Held der Französischen Revolution, der Marquis de Condorcet, schon vor mehr als 200 Jahren feststellte.

Zu Ehren Condorcets illustrieren wir sein fundamentales Paradox der Mehrheitswahl anhand eines Beispiels, das zu Zeiten der Französischen Revolution spielt. Nach dem Fall der Bastille wird ein neuer populistischer Führer Frankreichs gesucht - wer soll es werden? Nehmen wir an, drei Kandidaten konkurrieren um den Posten: Monsieur Robespierre, Monsieur Danton und Madame Lafarge. Das Volk ist in drei gleich große Lager gespalten, die Linke, die Rechte und die Mitte. Das sind ihre Präferenzen:

Präferenzordnung der...

Rang	Linken	Mitte	Rechten
1	Danton	Lafarge	Robespierre
2	Lafarge	Robespierre	Danton
3	Robespierre	Danton	Lafarge

Bei einer Wahl zwischen Robespierre und Danton gewinnt Robespierre zwei zu eins. Bei einer Wahl zwischen Robespierre und Lafarge besiegt Lafarge Robespierre zwei zu eins. Aber in einer weiteren Wahl zwischen Lafarge und Danton siegt Danton zwei zu eins. Es gibt also keinen eindeutigen Sieger. Wer an der Spitze landet, hängt davon ab, welches Paar zuletzt zur Abstimmung gestellt wurde. Allgemeiner gesagt führt die Möglichkeit endloser Zirkel dazu, daß sich keine der Alternativen als Volkes Wille identifizieren läßt.

Die Dinge werden noch heimtückischer, wenn die Wahlzirkel in ein größeres Problem eingebettet sind. Der Wille der Mehrheit kann am Ende alle schlechter stellen. Um dieses Problem zu illustrieren, erneuern und erweitern wir die Präferenzen von oben. Nehmen Sie (ohne politische Hintergedanken) an, die Sieben Zwerge stehen als Kandidaten zur Wahl. Die Wähler sind wieder in drei gleich große Lager gespalten - Rechts, Links, Mitte. Ihre Präferenzen sind in folgenden Ranglisten zusammengefaßt:

Präferenzordnung der...

Rang	Linken	Mitte	Rechten
1	Happy	Grumpy	Dopey
2	Sneezy	Dopey	Happy
3	Grumpy	Happy	Sleepy
4	Dopey	Bashful	Sneezy
5	Doc	Sleepy	Grumpy
6	Bashful	Sneezy	Doc
7	Sleepy	Doc	Bashful

Wie Sie sehen, entspricht die zyklische Anordnung von Happy, Dopey und Grumpy der zyklischen Anordnung von Robespierre, Danton und Madame Lafarge.

Wenn wir mit der Entscheidung zwischen Happy und Dopey anfangen, dann gewinnt Dopey. Und Sneezy schlägt Grumpy. Dann siegt Sleepy gegen Sneezy. Bashful schlägt Sleepy, und Doc besiegt Bashful. Dieses Ergebnis ist bemerkenswert. Eine Folge von Mehrheitsentscheidungen hat uns von Happy über Dopey und Grumpy bis hin zu Doc geführt, obwohl alle Wähler sich einig sind, daß Happy, Dopey und Grumpy sämtlich besser sind als Doc.

Wie konnte das passieren? Die Abstimmungen wurden alle mit Zweidrittel-Mehrheit entschieden. Die siegreichen Wähler konnten auf ihren Kandidatenlisten stets eine Position nach oben rücken, während die Verlierer im Durchschnitt auf ihrer Liste um vier Rangplätze abrutschten. Alle Wähler waren viermal bei den Siegern und zweimal bei den Verlierern. Per Saldo landeten sie also am Ende vier Plätze unterhalb der Ausgangsposition.

Sie haben recht, wenn Sie an dieser Stelle einwenden, daß die Wähler an ihrem Unglück selber schuld sind; sie haben kurzsichtig gewählt. Jede paarweise Entscheidung wurde so behandelt, als sei sie die einzige - und nicht Teil einer Kette von Abstimmungen. Wenn die Wähler vorausgeschaut und von dort zurückgeschlossen hätten, dann hätten sie nie zugelassen, daß sie am Ende mit Doc dastehen. Das ist richtig. Aber wenn es einen Wahlzirkel gibt, dann können Verfahrensfragen das Ergebnis sehr stark beeinflussen. Der nächste Abschnitt zeigt, wie man über die Kontrolle der Tagesordnung das Ergebnis bestimmen kann.

4. Ordnung vor Gericht

Im amerikanischen Rechtssystem wird in einem Strafverfahren zunächst festgestellt, ob ein Angeklagter schuldig oder unschuldig ist. Das Strafmaß wird erst festgesetzt, nachdem der Angeklagte zuvor für schuldig befunden worden ist. Man könnte meinen, das sei eine relativ nachrangige Frage des Verfahrens. Gleichwohl kann diese Reihenfolge der Entscheidungen den Unterschied zwischen Leben und Tod ausmachen, ja sogar den Unterschied zwischen Freispruch und Schuldspruch. Um unser Argument zu verdeutlichen, wählen wir das Beispiel eines Angeklagten, dem ein Kapitalverbrechen vorgeworfen wird.

Es gibt drei alternative Verfahren, nach denen das Ergebnis eines Strafprozesses bestimmt werden kann. Jedes hat seine Vorzüge, und es erscheint uns ratsam, nach einigen grundlegenden Prinzipien zwischen den Alternativen auszuwählen.

1. Bestimme zunächst Schuld oder Unschuld; falls Schuld, dann lege die angemessene Strafe fest. Dieses ist der amerikanische Status Quo.

2. Höre den Fall, beginne dann zunächst mit der strengsten Strafe und arbeite die Liste herunter. Prüfe also zunächst, ob die Todesstrafe angemessen ist. Falls nicht, dann prüfe, ob lebenslange Haft angemessen ist. Fahre so fort. Wenn die Liste abgearbeitet ist, und keine Strafe verhängt wurde, dann wird der Angeklagte freigesprochen. Dieses Vorgehen läßt sich der römischen Rechtstradition zuordnen.

3. Lege zunächst die Strafe für das Verbrechen fest. Dann entscheide, ob der Angeklagte verurteilt werden sollte. Etliche amerikanische Bundesstaaten verfolgen diese Alternative inzwischen durch sogenannte Mandatory Sentencing Laws für ausgewählte Delikte.

Der Unterschied zwischen diesen Systemen besteht nur in der Tagesordnung. Um zu illustrieren, wie wichtig er sein kann, betrachten wir einen Fall mit nur drei möglichen Ergebnissen: der Todesstrafe, lebenslanger Haft und Freispruch.* Die Geschichte basiert auf einem wahren Fall; sie ist eine moderne Version des Dilemmas, mit dem schon Plinius der Jüngere zu kämpfen hatte, ein römischer Anwalt zur Zeit von Kaiser Trajan um 100 n.Chr.(1)

* Ähnliche Schlußfolgerungen lassen sich auch bei einer größeren Anzahl möglicher Ergebnisse herleiten.

Das Schicksal des Angeklagten liegt in den Händen von drei Richtern. Ihre Entscheidung wird durch Mehrheitsvotum bestimmt. Das ist sehr hilfreich, denn die Richter sind tief zerstritten.

Nur Richter A ist der Meinung, daß der Angeklagte schuldig ist und die Höchststrafe erhalten soll. Er will ein Todesurteil verhängen. Lebenslange Haft ist seine zweite Präferenz, Freispruch wäre das Schlimmste.

Der zweite Richter (B) glaubt ebenfalls, daß der Angeklagte schuldig ist. Aber er ist ein vehementer Gegner der Todesstrafe. Er präferiert die Verurteilung zu lebenslanger Haft; der Gedanke, mit einem Todesurteil einen Präzedenzfall zu schaffen, ist ihm so zuwider, daß er den Angeklagten lieber freisprechen würde, statt ihn vom Staat hinrichten zu lassen.

Der dritte Richter (C) ist der einzige, der an die Unschuld des Angeklagten glaubt und einen Freispruch anstrebt. Er sieht die Dinge jedoch anders als Richter B und glaubt, daß ein Leben in Haft schlimmer ist als der Tod. (Der Angeklagte sieht das genauso.) Wenn ein Freispruch nicht gelingt, dann plädiert er folglich als zweitbeste Lösung für die Todesstrafe. Ein Leben im Gefängnis wäre das schlechteste aller Ergebnisse.

Präferenzordnung von Richter...

Rang	A	B	C
1	Todesstrafe	Lebenslange Haft	Freispruch
2	Lebenslange Haft	Freispruch	Todesstrafe
3	Freispruch	Todesstrafe	Lebenslange Haft

Nach amerikanischem Status Quo muß zunächst die Schuld oder Unschuld festgestellt werden. Aber diese Richter sind geschulte Entscheider; sie schauen voraus und schließen zurück. Sie sehen daher, daß im Falle eines Schuldspruchs das Votum zwei zu eins zugunsten der Todesstrafe ausfallen wird. Damit ist die ursprüngliche Wahl faktisch die zwischen Freispruch und Todesstrafe. Freispruch gewinnt zwei zu eins, Richter B gibt den Ausschlag.

Es mußte nicht so kommen. Die Richter hätten auch der römischen Tradition folgen und sich auf der Liste der Verbrechen herunterarbeiten können. Sie entscheiden dann zuerst, ob sie die Todesstrafe verhängen sollen. Wenn ja, dann gibt es nichts weiteres zu entscheiden. Wenn die

Todesstrafe verworfen wird, dann bleiben als Optionen die lebenslange Haft und der Freispruch. Durch Vorausschauen erkennen die Richter, daß die Haftstrafe das Ergebnis auf der zweiten Stufe sein wird. Durch Zurückschließen erkennen sie, daß die erste Frage sich faktisch verkürzt auf die Alternativen Haft- oder Todesstrafe. Die Todesstrafe gewinnt zwei zu eins, nur Richter B stimmt dagegen.

Eine dritte plausible Alternative besteht darin, zunächst per Gesetz die angemessene Strafe für das vorliegende Verbrechen zu bestimmen. Wir denken hier aus eigener Erfahrung vor allem an die Mandatory Sentencing Codes. Die Richter müssen dann entscheiden, ob der Angeklagte des vorgeworfenen Verbrechens schuldig ist. Wenn die gesetzliche Strafe dabei lebenslänglich lautet, dann wird der Angeklagte in unserem Fall verurteilt, weil die Richter A und B für einen Schuldspruch stimmen. Aber wenn die Todesstrafe vorgesehen ist, dann sehen wir einen Freispruch, weil die Richter B und C nicht schuldig sprechen mögen. Die Wahl des Strafmaßes läuft also auf die Wahl zwischen lebenslanger Haft und Freispruch hinaus. Das Votum lautet auf Haft, Richter C stimmt alleine dagegen.

Sie mögen es bemerkenswert und vielleicht auch besorgniserregend finden, daß allein aufgrund der Abstimmungsfolge jedes der drei Ergebnisse zustande kommen kann. Ihre Entscheidung für ein Rechtssystem hängt dann wahrscheinlich eher von seinen Ergebnissen als von den zugrundeliegenden Prinzipien ab.

5. Die wahren Kenner

Die Probleme der Mehrheitsregel hören bei der Manipulation von Ergebnissen durch Kontrolle der Tagesordnung noch lange nicht auf. Selbst bestens geschulte Wähler, die sich vorausschauend verhalten, können sich kollektiv selber aufs Kreuz legen. Wir wählen hier ein Beispiel, das sich frei an die dramatische Geschichte der Reagan'schen Kandidaten für das Amt eines Verfassungsrichters anlehnt.

Richter für das amerikanische Verfassungsgericht werden vom Präsidenten nominiert und müssen anschließend zunächst von einem Senatsausschuß bestätigt werden. In unserer Geschichte war Richter Bork der erste Kandidat, den Präsident Reagan zur Bestätigung vorschlug. Es war bekannt, daß die Richter Ginsberg und Kennedy oben auf der Reserveliste standen und wahrscheinlich nominiert werden würden, falls der Senat Bork ablehnen sollte. Sollte der Senat alle drei ablehnen, dann standen die Chancen gut, daß der Richterstuhl so lange vakant bleiben würde, daß erst der nächste Präsident ihn mit einem Kandidaten seiner Wahl besetzen könnte.

Stellen Sie sich vor, die Entscheidung liege in der Hand von drei mächtigen Senatoren. Um keine Rufschädigung zu treiben, nennen wir sie A, B und C. Ihre jeweilige Rangordnung der vier möglichen Ergebnisse sah wie folgt aus:

Präferenzordnung von Senator...

Rang	A	B	C
1	Kennedy	Ginsberg	unbesetzt
2	unbesetzt	Kennedy	Bork
3	Bork	unbesetzt	Ginsberg
4	Ginsberg	Bork	Kennedy

Als erstes stellen wir fest, daß alle drei *einstimmig* der Meinung sind, daß es besser ist, den Sitz vakant zu lassen, als Richter Bork zu ernennen. Wenn die Präferenzen allerdings so verteilt sind wie beschrieben, und die Senatoren zu Recht erwarten, daß die Kandidaten in der Reihenfolge Bork, Ginsberg und Kennedy vorgschlagen werden, dann wird das Ergebnis sein, daß Bork bestätigt wird.

Wir ermitteln das Abstimmungsmuster, indem wir uns entlang des Baumes zurückarbeiten.

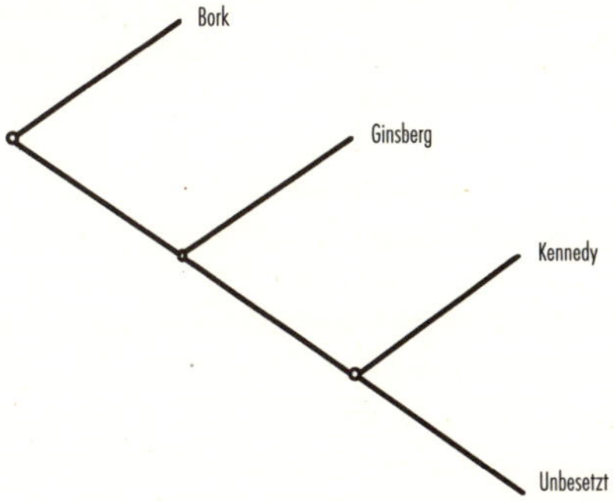

Wenn die Abstimmung darauf hinausläuft, Kennedy zu ernennen oder den Sitz offen zu lassen, dann wird Kennedy gewinnen. Indem sie vorausschauen und von dort zurückschließen, können die Senatoren vorhersagen, daß Kennedy gewählt wird, wenn Ginsberg scheitert. Wenn Bork also abgelehnt wird, dann liegt die eigentliche Wahl zwischen Ginsberg und Kennedy. Bei dieser Entscheidung gewinnt Ginsberg zwei zu eins.

Wenn sie erneut rückwärts schließen, dann sollten die Senatoren gleich zu Beginn erkennen, daß die eigentliche Wahl eine zwischen Ginsberg und Bork ist. Hier gewinnt Bork zwei zu eins. Jeder schaut voraus und ermittelt korrekt die Konsequenzen seiner Entscheidung. Trotzdem stehen sie am Ende gemeinsam mit einem Kandidaten da, dessen Nominierung - da sind sich alle einig - schlimmer ist, als wenn man den Sitz vakant gelassen hätte.

Tatsächlich entwickelte sich die Geschichte anders, Bork wurde nicht gewählt, und es gibt dafür mehrere Gründe. Niemand war recht sicher, wer der nächste Kandidat wirklich sein würde. Die Präferenzen veränderten sich, als im Laufe der Anhörungen im Senat weitere Informationen über die Kandidaten bekannt wurden. Vielleicht waren die Präferenzen der Senatoren auch andere als die, die wir hier unterstellten. Mindestens ebenso wichtig ist allerdings, daß wir jede Möglichkeit eines Tauschgeschäfts außer Acht gelassen hatten.

Hier war eine perfekte Gelegenheit für Tauschgeschäfte: Es gab theoretisch drei 2 zu 1 Entscheidungen; alle Senatoren waren jeweils zweimal auf der Siegerseite und einmal auf der Verliererseite. Der Vorteil aus jedem Abstimmungssieg entsprach jeweils einem Punkt in ihren Ranglisten, aber der Verlust warf sie um drei Punkte zurück. Es hilft also nicht, zwei kleine Schlachten zu gewinnen und den großen Krieg zu verlieren. Die Möglichkeit gemeinsamer Vorteile öffnet die Tür für Tauschgeschäfte, und angesichts der vorhandenen Präferenzen würden wir erwarten, daß Bork unterliegt.

6. Die Größten Helden Aller Zeiten

Nach dem Weißen Haus ist die Wahl nach Cooperstown vielleicht die begehrteste Ehre in den USA - denn in Cooperstown steht die Ruhmeshalle der Baseball-Stars, die Baseball Hall of Fame. Wer in diese Ruhmeshalle aufgenommen wird, das entscheidet sich durch eine Wahl. Es gibt eine Gruppe von wählbaren Kandidaten - ein Spieler mit einer zehnjährigen Karriere zum Beispiel ist fünf Jahre nach seinem Abschied erstmals wählbar.* Die Wähler sind Sportjournalisten, die Mitglieder der Baseball Writers Association. Jeder Wähler kann für bis zu zehn Kandidaten stimmen; alle Kandidaten, die mehr als 75 Prozent aller Stimmen erhalten, gelten als gewählt.

Ein Problem bei diesem System ist, daß die Wähler nicht die richtigen Anreize haben, entsprechend ihren wahren Präferenzen abzustimmen. Weil jeder Wähler sich auf zehn Vorschläge beschränken muß, ist er gezwungen, nicht nur Verdienste sondern auch die Erfolgschancen, also die »Wählbarkeit« eines Kandidaten zu berücksichtigen. Einige Sportjournalisten glauben vielleicht, daß ein Kandidat es verdient hätte, aber sie wollen ihre Stimme nicht wegwerfen, wenn der Spieler an der 75-Prozent-Klausel scheitern könnte. Wir waren auf das Problem bereits im Zusammenhang mit den Primaries gestoßen, und es taucht immer dann auf, wenn der Wähler eine begrenzte Zahl von Stimmen auf die Kandidaten aufteilen muß.

Zwei Experten der Spieltheorie schlagen deshalb ein alternatives Verfahren für Wahlen vor. Steven Brams und Peter Fishburn, der eine Politikwissenschaftler, der andere Ökonom, empfehlen das sogenannte »Approval Voting«, eine Wahl, bei der allein die positiv geäußerte Zustimmung den Ausschlag gibt. Damit werde den Wählern erlaubt, ihren wahren Präferenzen zu folgen und sich nicht von Fragen der Wählbarkeit stören zu lassen.(2) Beim Approval Voting erhält jeder Wähler soviele Stimmen, wie er möchte. Wer für eine Person (oder Partei) stimmt, ist nicht gehindert, auch noch für eine beliebige Zahl anderer Personen (Parteien) zu stimmen. Niemand schadet sich also, wenn er für einen Kandidaten stimmt, der keine Aussicht auf den Sieg hat. Aber wenn die Leute soviele Kandidaten wählen können, wie sie nur wollen, wer wird dann gewählt? Wie bei der Cooperstown-Regel würde auch hier eine Wahlregel vorab den Prozentsatz der Stimmen festlegen, der erforderlich ist, um zu gewinnen. Alternativ könnte die Zahl der zu besetzenden Plätze festgelegt werden; diese würden dann von den Kandidaten mit den meisten Stimmen aufgefüllt.

* Wenn ein Spieler allerdings 15 Jahre lang auf der Liste stand und nicht gewählt wurde, dann ist er nicht länger wählbar. Spieler, die eigentlich nicht wählbar sind, können auch auf anderem Wege in die Auswahl kommen: Ein Komitee aus Old Timern untersucht Sonderfälle und wählt manchmal ein oder zwei Kandidaten pro Jahr aus.

Approval Voting beginnt, sich durchzusetzen; es wird inzwischen in vielen berufsständischen Vereinigungen verwendet. Wie würde es sich für die Baseball Hall of Fame auswirken? Könnte ein Parlament bessere Entscheidungen treffen, wenn es das Approval Voting einsetzte, um darüber zu entscheiden, welche Ausgabenposten in den Haushaltsplan aufgenommen werden? Wir betrachten hier zunächst die strategischen Probleme eines Approval Voting, das mit einer Prozenthürde arbeitet.

Stellen Sie sich vor, daß die Wahl in die Ruhmeshalle mit einem Approval Voting entschieden würde, bei dem alle Kandidaten mit Stimmanteilen oberhalb einer bestimmten Prozenthürde aufgenommen werden. Die Kandidaten konkurrieren dann nicht mehr untereinander, sondern nur noch gegen einen absoluten Qualitätsstandard, der implizit in der Regel steckt, die den erforderlichen Stimmenanteil festlegt. Wenn ich glaube, daß mein Lieblingsspieler in die Hall of Fame gehört, dann kann ich seine Chancen nicht mehr gleichsam versehentlich dadurch mindern, daß ich mich an seiner Wählbarkeit orientiere. Ich müßte ihm bewußt meine Zustimmung verweigern. Wenn ich glaube, jemand gehört nicht hinein, kann ich seine Wahl allenfalls dadurch fördern, daß ich bewußt gegen meine Meinung wähle.

Allerdings können die Kandidaten in den Köpfen der Wähler auch dann noch gegeneinander konkurrieren, wenn die Regeln das nicht erzwingen. Das passiert in der Regel deshalb, weil die Wähler Präferenzen für eine bestimmte Größe oder Struktur des erlauchten Kreises haben. Nehmen wir zum Beispiel an, eine Ruhmeshalle des deutschen Sports würde eingerichtet, und auch die Tennisspieler Boris Becker und Michael Stich stünden dieses Jahr zur Wahl. Die Argumentation könnte dann wie folgt laufen: Ich persönlich glaube zwar, daß Stich der bessere Tennisspieler ist, aber ich gebe zu, daß auch Becker die Standards für eine Ecke in der Halle erfüllt. Trotzdem denke ich, daß es von übergeordneter Bedeutung ist, daß nicht zwei Tennisspieler im gleichen Jahr gewählt werden. Ich vermute, daß der Rest der Wähler Becker höher einschätzt, er also gewählt wird, egal was ich tue. Bei Stich könnte es dagegen knapp werden, und meine Zustimmung würde ihn erst hineinbringen. Wenn ich ehrlich wähle, benenne ich Stich, was aber dazu führt, daß beide hineinkommen. Ich habe also einen Anreiz, meine Präferenzen falsch anzugeben, und wähle Becker.

Statt zu konkurrieren, können zwei Kandidaten einander im Urteil der Wähler auch ergänzen. Als eher traditioneller Leser glaube ich etwa, daß weder der Zeichner der Asterix-Comics, Uderzo, noch deren

Texter, Goscinny, in eine Ruhmeshalle der modernen französischen Literatur gehören. Aber es wäre eine große Ungerechtigkeit, wenn der eine hineinkäme und der andere nicht. Wenn der Rest der Wähler nach meiner Einschätzung Goscinny auch dann ernennen wird, wenn ich ihn nicht wähle, meine Stimme im Falle von Uderzo aber den Ausschlag geben könnte, dann habe ich einen Anreiz, meine Präferenz falsch wiederzugeben und für Uderzo zu stimmen.

Eine Quotenvorgabe bringt die Kandidaten demgegenüber ausdrücklich in Konkurrenz zueinander. Nehmen Sie an, die Baseball Hall of Fame begrenzt die Zahl der Neuzugänge auf zwei pro Jahr. Jeder Wähler erhält zwei Stimmen, die er entweder auf zwei Kandidaten aufteilen oder auf einen konzentrieren kann. Die Stimmen für die Kandidaten werden jeweils zusammengezählt, und die ersten zwei werden zugelassen. Jetzt nehmen Sie an, es gibt drei Kandidaten: Den legendären Joe DiMaggio, die ebenso legendäre Niete Marv Throneberry und Bob Uekker, an den man sich vor allem wegen seiner Auftritte in der Bierwerbung noch gut erinnert. Jeder setzt DiMaggio auf Platz 1, aber bei den beiden anderen Spielern sind die Wähler in gleiche Lager geteilt. Ich weiß, daß DiMaggio sicher hineinkommt; als echter Marv Throneberry-Fan gebe ich deshalb lieber meine beiden Stimmen für mein Idol ab, um seine Chancen gegen Uecker zu verbessern. Natürlich sind alle anderen auch so raffiniert. Resultat: Throneberry und Uecker werden gewählt, DiMaggio erhält keine einzige Stimme.

Einzelne Ausgabenposten im Staatshaushalt stehen in natürlicher Konkurrenz zueinander, solange das Budget insgesamt begrenzt ist, oder solange die Abgeordneten starke Präferenzen bezüglich der Größe des Budgets haben. Wir überlassen es Ihnen, sich zu überlegen, welche Posten (wenn überhaupt) DiMaggio-Klasse haben, und was die Thronebcrrys und Ueckers im Haushaltsplan des Finanzministers sind.

7. »Liebe deine Feinde«

Anreize, die eigenen Präferenzen verzerrt wiederzugeben, gibt es auch in anderen Bereichen. Eine dieser Situationen entsteht dann, wenn Sie als erster Ihren Zug machen und diese Gelegenheit dazu nutzen können, andere zu beeinflussen.(3) Nehmen Sie etwa den Fall der Mittelvergabe durch große gemeinnützige Stiftungen. Unterstellen Sie, es gebe zwei Stiftungen, die jeweils über ein Budget von 250.000 Dollar verfügen. Ihnen werden jeweils drei Anträge auf Fördermittel vorgelegt: Ein Antrag von einer Obdachlosenhilfe, einer von der Universität von Michigan und einer von der Yale Universität. Beide Stiftungen sind sich einig, daß ein 200.000 Dollar Zuschuß für die Obdachlosen oberste Priorität haben sollte. Beim Vergleich der anderen beiden Anträge möchte die eine Stiftung ihr Geld lieber nach Michigan, die andere es lieber nach Yale geben. Nehmen wir nun an, die zweite Stiftung kommt der ersten zuvor und schickt einen Scheck über ihr gesamtes Budget von 250.000 Dollar nach Yale. Der ersten Stiftung bleibt dann nichts anderes übrig, als 200.000 Dollar an die Obdachlosen zu geben, so daß nur noch 50.000 Dollar für Michigan übrigbleiben. Wenn sich die beiden Stiftungen dagegen die Förderung der Obdachlosen geteilt hätten, dann hätte Michigan genau wie Yale 150.000 Dollar erhalten. Die zweite Stiftung hat also über die Obdachlosen einen Transfer von 100.000 Dollar aus Michigan nach Yale bewerkstelligt. In gewisser Weise hat sie ihre Präferenzen verzerrt angegeben - sie hat für ihre oberste Priorität überhaupt keine Mittel ausgegeben. Aber diese strategische Selbstbindung dient ihren Interessen. Tatsächlich ist dieses Spiel um Fördermittel sehr verbreitet.* Indem sie zuerst handeln, haben die kleinen Stiftungen einen größeren Einfluß darauf, welche sekundären Aufgaben gefördert werden. Großen Stiftungen und dem Staat bleibt es dann vorbehalten, Gelder für die drängendsten Probleme bereitzustellen.

Diese strategische Neuordnung der Prioritäten hat eine direkte Parallele bei Abstimmungen. Vor einer Reform im Jahre 1974 wurde derselbe Trick im US-Kongreß oft angewendet. Unwichtige Ausgaben wurden zuerst auf die Tagesordnung gesetzt und beschlossen. Wenn es später finanziell eng wurde, waren die verbleibenden Posten zu wichtig, um abgelehnt zu werden. Um dieses Problem zu lösen, legt der Kongreß heute zunächst den Haushaltsumfang fest und füllt ihn erst anschließend konkret aus.

* Ein explizites Beispiel ist das strategische Spiel der beiden Fonds, die die prestigeträchtigsten amerikanischen Stipendien für ein Studium in England vergeben. Das Ziel des Marshall Funds besteht darin, den größtmöglichen Einfluß darauf zu haben, wer ein Stipendium für England erhält. Wenn ein Kandidat Aussichten hätte, sowohl das Marshall- als auch das Rhodes-Stipendium zu gewinnen, dann ist es Marshall lieber, daß die Person Rhodes-Stipendiat wird; sie fährt dann nach England, ohne daß Marshall etwas zahlen müßte, und Marshall kann eine zusätzliche Person auswählen. Der Marshall Fund wartet deshalb ab, bis die Rhodes-Stipendiaten benannt sind, ehe er seine eigene Endauswahl trifft.

Wenn Sie sich darauf verlassen können, daß andere Sie später retten werden, dann haben Sie einen Anreiz, Ihre Präferenzen falsch anzugeben und eigene Ansprüche so überzogen darzustellen, daß Sie die Präferenzen der anderen ausnutzen können. Sie sind dann vielleicht bereit, etwas aufs Spiel zu setzen, das Ihnen am Herzen liegt, wenn Sie sicher sein können, daß jemand anders die Kosten der Rettungsaktion tragen wird.

Das Prinzip, andere zu zwingen, Sie zu retten, kann ein Ergebnis vollkommen auf den Kopf stellen, aus ihrer schlechtesten die beste Alternative machen. Wir zeigen Ihnen hier, wie das funktioniert, indem wir die Abstimmungen im Board of Trustees einer amerikanischen Aktiengesellschaft betrachten, die durch einen feindlichen Übernahmeversuch bedroht ist. Ein angreifender Raider versucht, die Mehrheit am Unternehmen zu erwerben; vermutlich wird er es anschließend in Einzelteile zerlegen wollen, um auf diese Weise einen guten Schnitt zu machen. Vier Optionen sind im Board vorgeschlagen worden, jede hat einen Verfechter.

Der Gründer und Chef möchte das Unternehmen intakt halten. Seine Präferenz ist daher, eine sogenannte »Poison Pill« in die Unternehmensverfassung einzubauen, eine juristische Klausel, die dem Angreifer die Übernahme erschwert. Nach seinem Vorschlag könnte kein Außenseiter die Kontrolle über das Unternehmen gewinnen, ohne daß der Vorstand zustimmt.

Die beiden jungen Mitglieder des Board haben eher den Eindruck, die Situation sei aussichtslos. Sie glauben, daß es zu einer Übernahme kommen wird und konzentrieren sich darauf, Wege zu finden, wie der Vorgang akzeptabler gestaltet werden kann. Ihre bevorzugte Alternative besteht darin, einen »White Knight« zu finden, also einen rettenden anderen Käufer, der für das Management und den Vorstand akzeptabel wäre. Der Vertreter des Managements schlägt eine dritte Möglichkeit vor: Die Manager würden das Unternehmen gerne selber kaufen, also einen sogenannten Management Buyout oder MBO versuchen.

Das fünfte Mitglied im Board kommt von außen. Er hat ein vorsichtig optimistisches Bild vom Raider und argumentiert, daß Zeit genug sei, um abzuwarten, wie die Dinge sich entwickeln.

Nachdem diese vier Optionen diskutiert worden sind, hat jeder ein klares Bild davon, wie die anderen zu den einzelnen Vorschlägen stehen. Der Gründer etwa ist ein Mann der Tat, Abwarten und Teetrinken hält er für die schlechteste Variante. Die beiden jungen Mitglieder sind sich mit dem Außenseiter einig, daß ein MBO unattraktiv ist: Wann immer das Management mit einem Außenseiter konkurriert, sind Interessenkonflikten und Insider-Geschäften Tür und Tor geöffnet, da die Manager die Insider schlechthin sind. Das gesamte Spektrum der Präferenzen ist in folgender Tabelle zusammengefaßt:

Präferenzordnung der Board-Mitglieder

Rang	Gründer	Junge Mitglieder	Management-Vertreter	Außenseiter
1	Poison Pill	White Night	MBO	Abwarten
2	MBO	Poison Pill	Poison Pill	White Knight
3	White Night	Abwarten	Abwarten	Poison Pill
4	Abwarten	MBO	White Knight	MBO

Zwischen diesen Optionen muß sich das Board nun entscheiden. Jeder weiß, daß die Reihenfolge der Abstimmungen das Ergebnis durchaus beeinflussen kann. Gleichwohl beschließt man, daß es gleichsam eine natürliche Abfolge im Entscheidungsprozeß gibt: Man sollte zunächst die Alternativen für ein aktives Vorgehen vergleichen und sollte dann entscheiden, ob die beste Alternative es wert ist, verfolgt zu werden. Sie vergleichen zunächst einen MBO mit dem »White Knight«. Die bevorzugte Alternative wird dann mit der »Poison Pill« verglichen. Wenn so die beste aktive Antwort ermittelt worden ist, dann vergleichen sie diese mit »Abwarten«.

Das Abstimmungsproblem ist in folgendem Baum aufgezeichnet:

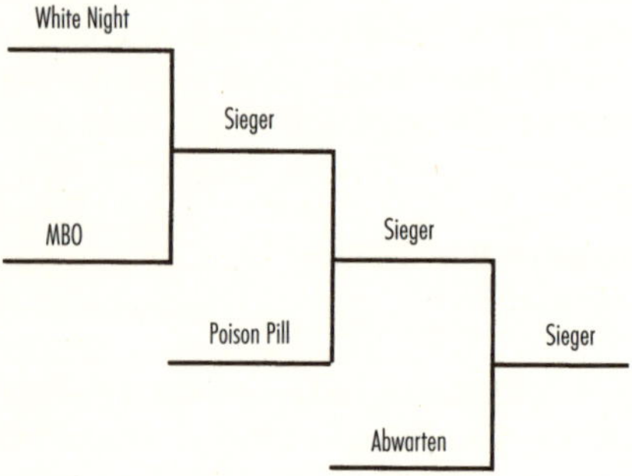

Dieser Baum sollte Sie an ein Tennisturnier erinnern, bei dem einige Spieler gesetzt sind. Wir setzen »Abwarten« so, daß es mit Sicherheit ins Finale kommt, die »Poison Pill« ins Halbfinale. MBO und »White Knight« werden nicht gesetzt.

Auch beim Boxen oder beim Schach geht man so vor. Es gibt eine Abfolge von Ausscheidungskämpfen, die man gewinnen muß, um gegen den amtierenden Weltmeister antreten zu können. Die amerikanische Präsidentschaftswahl funktioniert ebenfalls so. Wenn ein Amtsinhaber noch einmal antreten will, dann hat er die Nominierung seiner Partei normalerweise in der Tasche. Die Oppositionspartei veranstaltet dagegen stark umkämpfte Primaries, um zu entscheiden, wer gegen den Amtsinhaber antreten soll. Der Prozeß der Primaries, die Nominierung auf dem Parteitag und die schließliche Wahl können als eine Abfolge von Ausscheidungskämpfen gesehen werden. Doch zurück ins Board.

Wir nehmen an, daß die fünf Mitglieder genügend Voraussicht haben, um die Konsequenzen ihrer Entscheidungen in den sukzessiven Runden abzusehen, und daß sie entsprechend ihren Präferenzen abstimmen. Durch die Methode des Zurückschließens kann dieses Problem leicht gelöst werden. Sie können die Lösung selber ermitteln und werden feststellen, daß die »White Knight«-Option gewinnt (oder Sie können zum nächsten Absatz vorspringen), aber das ist gar nicht der Punkt dieser Geschichte. Wir wollen vielmehr zeigen, daß der Gründer das Ergebnis aus seiner Sicht verbessern kann, indem er sich auf verzerrte Präferenzen festlegt.

Wie kommt es, daß die »White Knight«-Option sich bei vorausschauendem Wahlverhalten durchsetzt? Die letzte Abstimmung entscheidet zwischen »Abwarten« und einer anderen Option. In dieser letzten Abstimmung hat jeder einen Anreiz, ehrlich abzustimmen, weil hier das endgültige Ergebnis festgelegt wird. Die drei Möglichkeiten lassen sich leicht berechnen

- »Abwarten« gegen »Poison Pill«: 4 zu 1 für »Poison Pill«
- »Abwarten« gegen MBO: 3 zu 2 für »Abwarten«
- »Abwarten« gegen »White Knight«: 3 zu 2 für »White Knight«

Jetzt gehen wir in die vorhergegangene Runde. Die Abstimmung wird entweder »Poison Pill« gegen »White Knight« oder »Poison Pill« gegen MBO lauten. Im ersten Fall werden sich sowohl »Poison Pill« als auch »White Knight« anschließend gegen »Abwarten« durchsetzen. Wer immer die zweite Runde gewinnt, setzt sich also durch. Das Board stimmt 3 zu 2 für »White Knight« gegen »Poison Pill«.

Im zweiten Fall ist eine Entscheidung für MBO in Wahrheit eine Entscheidung für »Abwarten«. Die Mitglieder des Board können vorhersehen, daß MBO bei einem Sieg über »Poison Pill« in der nächsten Runde gegen »Abwarten« verlieren wird. Bei der Entscheidung »Poison Pill« gegen MBO werden sie also entscheiden wie bei der Entscheidung »Poison Pill« gegen »Abwarten«, mit dem Ergebnis eines 4 zu 1 Siegs für »Poison Pill«. Der Vergleich in der ersten Runde ist also tatsächlich einer zwischen »White Knight« und »Poison Pill«. »White Knight« wird mit 3 zu 2 gewählt und anschließend in jeder Runde bestätigt.

Wenn der Gründer merkt, was passieren wird, dann gibt es eine Strategie, mit der er seine bevorzugte Alternative »Poison Pill« doch noch bekommen kann. Schauen wir uns an, was geschieht, wenn der Gründer die Präferenzen des Außenseiters »übernimmt«. Natürlich ist es entscheidend, daß dieser Sinneswandel glaubwürdig ist und allen anderen Beteiligten bekannt gemacht wird. Nehmen wir an, der Gründer überträgt seine Stimme einfach auf den Außenseiter und verläßt die Sitzung.

Auf den ersten Blick scheint das nur verrückt; die Präferenzen des Außenseiters sind fast das genaue Gegenteil der Wünsche des Gründers. Aber betrachten wir den Effekt. Die Abstimmungen gehen jetzt wie folgt aus:

- »Abwarten« gegen »Poison Pill«: 3 zu 2 für »Poison Pill«
- »Abwarten« gegen MBO: 4 zu 1 für »Abwarten«
- »Abwarten« gegen »White Knight«: 3 zu 2 für »Abwarten«

Die einzige aktive Option, die »Abwarten« noch schlagen kann, ist jetzt »Poison Pill«. Die Mitglieder sollten von Anfang an erwarten, daß das Ergebnis »Abwarten« sein wird, sobald »Poison Pill« einmal verliert. Trotzdem ist den Anhängern von MBO und »White Knight« die Option »Poison Pill« immer noch lieber als »Abwarten«. Sie sind gezwungen, für »Poison Pill« zu stimmen, weil es ihre einzige tragfähige Alternative ist. Also gewinnt »Poison Pill«.

Indem er sich der Opposition anschließt, kann der Gründer die Drohung glaubwürdig machen, daß es nur die Wahl zwischen »Poison Pill« und »White Knight« gibt. In der Folge geben alle bis auf den harten Kern der »Abwarten«-Anhänger ihre Unterstützung für die Option »White Knight« auf (die sich gegen »Abwarten« ja nicht mehr durchsetzen kann) und unterstützen nun »Poison Pill« . Oberflächlich betrachtet verdoppelt die Übertragung des Stimmrechts die Stärke der »Abwarten«-Fraktion. Tatsächlich führt sie jedoch zu einem Ergebnis, das aus deren Sicht schlechter ist - »Poison Pill« statt »White Knight«. Bei Abstimmungen kann Stärke auch Schwäche sein. Wenn der Außenseiter das Spiel des Gründers durchschaut, dann sollte er es natürlich ablehnen, dessen Stimme einfach auf sich selbst zu übertragen.

Wenn Sie diese Geschichte für weit hergeholt halten, dann möchten wir auch noch die 1988er Primary der Demokraten in Wisconsin anführen, bei der etwas sehr Ähnliches geschah. Der republikanische Gouverneur des Staates sagte, daß der linke Jesse Jackson der interessanteste unter den Kandidaten sei. Viele Kommentatoren argumentierten damals, dies sei ein machiavellistischer Versuch, republikanische Wähler dazu zu bewegen, bei der Primary der Demokraten zugunsten von Jackson mitzustimmen, damit der Republikaner George Bush dann im November einen noch leichter zu schlagenden Gegenkandidaten bekäme. Es stellte sich aber heraus, daß der tatsächliche Kandidat Michael Dukakis auch ohne solche Hilfe leicht von George Bush zu schlagen war.

8. Fallstudie Nr. 10 : Alles oder Nichts

Gin und Wermut - manche mögen sie pur, andere trinken sie nur gemischt, zum Beispiel in einem Martini. Wir haben Beispiele für beide Arten von Präferenzen gesehen. Bei der Wahl zur imaginären Sportruhmeshalle können manche vielleicht mit jedem einzelnen der beiden Kandidaten gut leben, wollen aber keinesfalls Becker und Stich gleichzeitig. Im Kulturbereich finden einige vielleicht nur die Martini-Kombination von Uderzo und Goscinny erträglich.

Bei der Verabschiedung des Haushalts stehen der amerikanische Kongreß und der Präsident vor einem verwandten Problem: Der Präsident kann den Haushalt insgesamt mit seinem Veto zurückweisen, aber er kann nicht in einzelne Positionen eingreifen. Ein seit langem kontrovers diskutierter Vorschlag besteht darin, dem Präsidenten ein sogenanntes Line Item Veto zu geben, mit dem er spezifische Einzelelemente der Vorlage ablehnen kann.

»Wir fordern den Kongreß noch einmal auf: Gebt uns dasselbe Instrument, das 43 Gouverneure der Bundesstaaten haben, ein Line Item Veto, damit

> wir endlich all die fetten Wahlkreisgeschenke und die teuren politischen Steckenpferde herausschneiden können, alle diese Posten, die für sich genommen niemals überleben würden.«
> Ronald Reagan – State of The Union Address, 27. Januar 1987

Trotzdem ist es möglich, daß der Präsident sich ohne dieses Instrument besser stellt. Wie das?

Diskussion

Ein Grund besteht darin, daß der Präsident ohne Line Item Veto gebunden ist, das zu nehmen, was der Kongreß ihm schickt; er kann es nicht schrittweise verändern, um es seinen Präferenzen besser anzupassen. Folglich werden Kompromisse, die im Kongreß geschlossen werden, von den Beteiligten akzeptiert, ohne daß jemand fürchten muß, daß erst der Präsident entscheidet, welche Elemente erhalten bleiben. Wenn damit zu rechnen ist, daß der Kongreß alle Elemente verlieren wird, die »für sich genommen nicht überleben könnten«, dann wird der Haushaltsprozeß dort wesentlich konfliktträchtiger, und es wird womöglich kein Kompromiß mehr gefunden. Der Kongreß könnte viel weniger dazu bereit sein, dem Präsidenten einen Martini zu servieren, wenn dieser den Drink nach Belieben neu mixen kann, ehe er ihn der Nation präsentiert.

Ein Präsident mit einem Line Item Veto könnte also am Ende einfach deshalb weniger Macht haben, weil der Kongreß nicht mehr wie bisher willens (oder in der Lage) ist, Vorschläge auf den Tisch zu legen. Ein einfaches Beispiel kann den Punkt verdeutlichen: Präsident Reagan wollte Mittel für sein Star Wars Programm erhalten, doch unglücklicherweise (aus seiner Sicht) waren die Republikaner im Kongreß in der Minderheit. Die Zustimmung der Demokraten mußte also erkauft werden. Das Haushaltspaket bot den Demokraten dazu ein Bündel von Sozialprogrammen, das die Verteidigungsausgaben akzeptabel machte. Die Demokraten waren nur mit Blick auf das Gesamtpaket bereit, dem Haushalt zuzustimmen. Wenn sie damit gerechnet hätten, daß Reagan ein Line Item Veto einsetzen würde, um die Sozialprogramme (als fette Wahlkreisgeschenke) herauszuschneiden, dann hätten sie ihm die Star Wars Gelder auch nicht bewilligt.

Die Debatte um die Wirksamkeit des Line Item Veto läßt sich am besten entscheiden, indem man die Erfahrungen der Bundesstaaten betrachtet. Douglas Holtz-Eakin, ein Ökonom an der New Yorker Columbia Universität hat die historischen Erfahrungen studiert:

» Die Macht der Gouverneure ist recht alt. Der Präsident der [Südstaaten-] Konföderation hatte während des Bürgerkriegs ein Item Veto (nutzte es aber nicht) und 28 (von 45) Bundesstaaten führten zwischen 1860 und 1900 ein solches Veto ein. Bis zum Jahre 1930 hatten 41 der 48 Staaten eine entsprechende rechtliche Vorkehrung. Die Gouverneure von Iowa und West Virginia erhielten sie 1969.«(4)

Auch nach dem Studium all dieser Fälle konnte Professor Holtz-Eakin allerdings keinerlei Rückgang des Haushaltsdefizits in den Staaten feststellen, deren Gouverneur das Line Item Veto besaß.

Kapitel 11
Verhandlungen

Ein frischgebackener Gewerkschaftsführer ging in seine erste Verhandlungsrunde in den großen Sitzungssaal. Er war nervös, die ungewohnte Umgebung verunsicherte ihn etwas, und so knallte er seine Forderung auf den Tisch: »Wir wollen sieben Prozent mehr Lohn, andernfalls...« »Was andernfalls?«, fragte der Führer der Arbeitgeber. Darauf der Gewerkschaftsmann: »Dreieinhalb Prozent.«

Wenige Gewerkschaftsführer geben so schnell nach, und normalerweise muß die Arbeitgeberseite statt eigener Stärke erst die drohende japanische Konkurrenz beschwören, um Konzessionen für sich zu erreichen. Aber die Situation wirft mehrere wichtige Fragen zum Verhandlungsprozeß auf: Kommt es zu einer Vereinbarung? Wird sie in friedlicher Atmosphäre erreicht oder kommt es zum Streik? Wer bekommt wieviel von dem Kuchen, um den hier gefeilscht wird?

Im Kapitel 2 skizzierten wir eine einfache Geschichte von zwei Herren, die sich um die Aufteilung einer Eistorte stritten. Weil die Torte stetig hinwegschmolz, während Angebote und Gegenangebote ausgetauscht wurden, hatten beide Parteien einen Anreiz, sich sofort zu einigen. Die vereinbarte Aufteilung beruhte gleichwohl darauf, was passieren würde, falls jede der Parteien die Eistorte schmelzen ließe. Das Beispiel illustrierte das strategische Prinzip des Vorausschauens und Zurückschließens, und viele Aspekte eines realen Verhandlungsprozesses wurden weggelassen, um dieses Prinzip deutlich herauszuarbeiten. In diesem Kapitel verwenden wir dasselbe Prinzip, aber dieses Mal richten wir größere Aufmerksamkeit auf die Probleme, die sich während einer Verhandlung stellen, sei es im Geschäftsleben, in der Politik oder anderswo.

Wir beginnen damit, die Grundidee noch einmal anhand einer Lohnverhandlung zu rekapitulieren. Um vorauszuschauen und von dort zurückzuschließen, ist es hilfreich, mit einem fixen Punkt in der Zukunft zu beginnen. Betrachten wir also eine Unternehmung, die einen natürlichen Endpunkt besitzt, zum Beispiel ein Hotel in einem Sommerbadeort. Die Saison dauert 101 Tage. An jedem Tag, an dem das Hotel in Betrieb ist, macht es einen Gewinn von 1.000 Dollar. Am Anfang der

Saison richtet die Betriebsgewerkschaft der Angestellten ihre Lohnforderung an das Hotelmanagement; das Management akzeptiert die Forderung oder es lehnt sie ab und macht am nächsten Tag ein Gegenangebot. Das Hotel kann erst dann eröffnen, wenn eine Vereinbarung erreicht ist.

Nehmen Sie nun zunächst an, die Verhandlungen hätten sich so lange hingezogen, daß das Hotel auch bei einer Einigung in der nächsten Runde nur noch für einen Tag - den letzten der Saison - geöffnet werden kann. Tatsächlich werden die Verhandlungen sich nicht so lange hinziehen, aber nach der Logik des Vorausschauens und Zurückschließens wird das wirkliche Geschehen davon bestimmt, was an diesem logischen Extrempunkt passiert. Nehmen Sie an, die Gewerkschaft ist mit einer neuen Forderung an der Reihe. An diesem Punkt sollte das Management nach der Devise »etwas ist besser als gar nichts« jeden Vorschlag akzeptieren. Die Gewerkschaft kann also den gesamten Gewinn von 1.000 Dollar einstreichen.*

Betrachten Sie nun den vorletzten Tag, an dem das Management ein Angebot vorlegt. Es weiß, daß die Gewerkschaft dieses Angebot immer ablehnen und bis zum letzten Tag warten kann, an dem dann die Beschäftigten die verbleibenden 1.000 Dollar sicher hätten. Das Management kann also keinesfalls weniger anbieten. Umgekehrt kann die Gewerkschaft am letzten Tag auch nicht mehr als diese 1.000 Dollar erreichen; das Management muß am vorletzten Tag also auch nicht mehr anbieten. Das Angebot des Managements am vorletzten Tag ist klar: es verlangt die Hälfte des verbleibenden Gewinns von 2.000 Dollar. Jede Seite erhält 500 Dollar pro Tag.

Verschieben wir die Argumentation einen weiteren Tag zurück. Die Gewerkschaft wird dem Management nach derselben Logik einen Gewinn von 1.000 Dollar überlassen und für sich selbst 2.000 Dollar verlangen. Die Gewerkschaft erhält also 667 Dollar pro Tag, das Management 333. Wir zeichnen den vollständigen Prozeß in der folgenden Tabelle nach.

* Wir könnten die etwas realistischere Annahme treffen, daß das Management einen bestimmten Mindestanteil braucht, zum Beispiel 100 Dollar, aber das würde die Sache nur rechnerisch komplizieren. Die Grundidee der Geschichte ist dadurch nicht berührt.

Tabelle 1: Sukzessive Runden der Lohnverhandlung

		Anteil der Gewerkschaft		Anteil des Management	
verbleibende Tage	Angebot durch	insgesamt	pro Tag	insgesamt	pro Tag
1	Gewerkschaft	$ 1000	$ 1000	$ 0	$ 0
2	Management	1000	500	1000	500
3	Gewerkschaft	2000	667	1000	333
4	Management	2000	500	2000	500
5	Gewerkschaft	3000	600	2000	400
...					
100	Management	50000	500	50000	500
101	Gewerkschaft	51000	505	50000	495

Jedesmal wenn die Gewerkschaft ein Angebot macht, hat sie den Vorteil, in der letzten Runde das Alles-oder-Nichts-Angebot machen zu können. Aber dieser Vorteil wird umso kleiner, je mehr Verhandlungsrunden bis dahin noch verbleiben. Am Anfang der Saison mit ihren 101 Tagen sind die beiden Positionen fast identisch: 505 zu 495 Dollar. Fast die gleiche Aufteilung würde sich ergeben, wenn das Management das letzte Angebot machen könnte oder selbst dann, wenn es überhaupt keine strengen Regeln gäbe, die vorschreiben, daß jeden Tag ein Angebot zu machen ist, daß abgewechselt wird und so weiter.(1) Im Anhang zu diesem Kapitel wird gezeigt, wie der Analyserahmen sich so verallgemeinern läßt, daß es auch keine vorher festgelegte letzte Periode gibt. Unsere Restriktionen - abwechselnde Angebote, ein bekannter, endlicher Zeithorizont - sollten uns lediglich dabei helfen vorauszuschauen. Sie spielen keine Rolle mehr, wenn die Zeitspanne zwischen den Angeboten sehr klein und der Zeithorizont für die Verhandlungen sehr lang wird. In diesen Fällen führt das Prinzip des Vorausschauens und Zurückschließens zu einer sehr einfachen und attraktiven Regel: Teile den Gesamtbetrag in gleiche Hälften.

Mehr noch: Die Vereinbarung kommt schon am ersten Tag der Verhandlungen zustande. Weil die beiden Seiten vorausschauen und dasselbe Ergebnis vorhersagen können, gibt es keinen Grund, weshalb sie sich nicht sofort einigen sollten; schließlich verlieren sie gemeinsam 1.000 Dollar pro Verhandlungstag. Nicht alle Lohnverhandlungen haben allerdings so einen erfreulichen Anfang. In der Praxis kommt es zum Abbruch von Verhandlungen, zu Streiks und Aussperrungen und zu Vereinbarungen, die die eine oder andere Seite begünstigen. Wir können diese Phänomene erklären, indem wir unser Beispiel verfeinern und einige Variationen der Annahmen durchspielen.

1. Handicaps in Verhandlungen

Ein wichtiger Faktor, der darüber entscheidet, wie der Kuchen aufgeteilt wird, sind die Kosten des Zuwartens für jede Seite. Selbst wenn beide Seiten einen gleichen Gewinnbetrag verlieren, dann hat eine Seite vielleicht Alternativen zur Verfügung, die ihr helfen, den Verlust teilweise wieder auszugleichen. Nehmen Sie zum Beispiel an, die Gewerkschaftsmitglieder könnten anderswo 300 Dollar am Tag verdienen, solange sich die Verhandlungen mit dem Hotelmanagement hinziehen. Wenn das Management nun ein Angebot macht, dann muß es der Gewerkschaft jedesmal nicht nur das anbieten, was diese am nächsten Tag erhalten könnte, sondern dazu noch mindestens 300 Dollar für den laufenden Tag. Die Einträge in unserer Tabelle verändern sich zugunsten der Gewerkschaft. Wir zeigen das in einer neuen Tabelle. Wiederum kommt es gleich zu Beginn der Saison ohne Streik zur Einigung, aber die Gewerkschaft stellt sich wesentlich besser.

Tabelle 2: Sukzessive Runden der Lohnverhandlung

		Anteil der Gewerkschaft		Anteil des Management	
verbleibende Tage	Angebot durch	insgesamt	pro Tag	insgesamt	pro Tag
1	Gewerkschaft	$ 1000	$ 1000	$ 0	$ 0
2	Management	1300	650	700	350
3	Gewerkschaft	2300	767	700	233
4	Management	2600	650	1400	350
5	Gewerkschaft	3600	720	1400	280
...					
100	Management	65000	650	35000	350
101	Gewerkschaft	66000	653	35000	347

Das Resultat läßt sich als eine naheliegende Modifikation des Prinzips der gleichmäßigen Aufteilung verstehen. Wir lassen die Möglichkeit zu, daß die Parteien den Prozeß mit unterschiedlichen »Handicaps« beginnen, wie zum Beispiel beim Golf. Die Gewerkschaft beginnt bei 300 Dollar, dem Betrag, den ihre Mitglieder anderswo verdienen könnten. Damit bleiben 700 Dollar, über die verhandelt werden kann, und das Prinzip besagt, diese gleich aufzuteilen - 350 Dollar für jeden also. Die Gewerkschaft erhält damit 650 Dollar, das Managemant 350 Dollar pro Tag.

Unter anderen Bedingungen könnte das Management einen Vorteil haben. Vielleicht ist es theoretisch auch in der Lage, das Hotel mit Streikbrechern zu betreiben, solange die Verhandlungen mit der Gewerkschaft andauern. Aber weil diese Arbeitskräfte weniger effizient sind, oder weil ihnen mehr gezahlt werden muß, oder weil sich einige Hotelgäste nicht durch Reihen demonstrierender Gewerkschafter schlängeln wollen, fällt der Gewinn unter diesen Umständen auf 500 Dollar pro Tag. Nehmen Sie an, die Gewerkschaftsmitglieder könnten diesmal anderswo keine Jobs finden. Wiederum gibt es dann eine sofortige Einigung mit der Gewerkschaft, ohne daß es wirklich zum Streik kommt. Aber die Aussicht auf den Einsatz von Streikbrechern verschafft dem Management einen Verhandlungsvorteil. Es erhält 750 Dollar pro Tag, während die Gewerkschaft nur 250 Dollar bekommt.

Wenn die Gewerkschaftsmitglieder anderweitige Verdienstmöglichkeiten haben *und* das Management das Hotel während der Verhandlungen mit einem Tagesgewinn von 500 Dollar betreiben könnte, dann bleibt nur eine Spanne von 200 Dollar, innerhalb derer frei verhandelt werden kann. Hier trifft man sich dann in der Mitte: Das Management erhält 600 Dollar, die Gewerkschaft 400 Dollar. Die allgemeine Einsicht ist damit folgende: Das Stück des Kuchens, das eine Partei in Verhandlungen für sich herausschlagen kann, ist umso größer, je besser diese Partei auch ohne eine Einigung leben kann.

2. »Das wird dir mehr schaden als mir«

Wenn ein strategisch geschulter Händler beobachtet, daß die bessere Alternative zu einer Einigung gleichbedeutend ist mit einem größeren Stück des Kuchens, dann wird er nach einem strategischen Zug suchen, der seine Alternativen verbessert. Er wird außerdem erkennen, daß der entscheidende Punkt die *relative* Attraktivität seiner eigenen Alternativen im Vergleich mit denen seines Verhandlungspartners ist. Er kann sich also selbst dann in den Verhandlungen besser stellen, wenn er eine Selbstbindung eingeht oder eine Drohung verkündet, die die Alternativen für beide Seiten verschlechtern. Entscheidend ist, daß sein Rivale schwerer geschädigt wird als er selbst.

Als die Gewerkschaftsmitglieder in unserem Beispiel anderswo 300 Dollar verdienen konnten, und das Management mit dem Einsatz von Streikbrechern 500 Dollar Tagesgewinn erzielen konnte, da führten die Verhandlungen zu 400 Dollar für die Gewerkschaft und 600 Dollar für das Management. Nehmen Sie nun an, die Gewerkschaftsmitglieder verzichten pro Tag auf 100 Dollar ihres alternativen Einkommens und verstärken stattdessen die Aktionen vor dem Hotel. Der Gewinn für das Management, das Streikbrecher einsetzt, verringert sich daraufhin um 200 Dollar pro Tag. Im Verhandlungsprozeß verschafft sich die Gewerkschaft damit eine Ausgangsbasis von 200 Dollar (300 minus 100), das Management steht jetzt bei 300 Dollar (500 minus 200). Die beiden Ausgangspunkte addieren sich auf 500 Dollar, und die verbleibenden 500 Dollar Tagesgewinn aus regulärem Hotelbetrieb werden gleichmäßig aufgeteilt. Die Gewerkschaft erhält also 450 Dollar, das Management 550 Dollar pro Tag. Die Drohung der Gewerkschaft, beiden Parteien zu schaden (dem Management jedoch stärker) hat ihr 50 Dollar mehr gebracht.

Die amerikanischen Major League Baseball-Profis verwendeten diese Taktik in ihren Lohnverhandlungen 1980. Sie traten während der Vorsaison in den Streik, nahmen die Arbeit zur normalen Spielsaison wieder auf und drohten dann zum Memorial Day-Wochende Ende Mai mit einer Wiederaufnahme des Streiks. Diese Taktik hat den Eigentümern der Profiteams »mehr geschadet«: Während der Vorsaison, der sogenannten Exhibition Season, erhalten die Spieler nämlich keine Gehälter, während die Teambesitzer durch Urlauber und örtliche Fans gewisse Einnahmen haben. In der normalen Saison erhalten die Spieler jede Woche das gleiche Gehalt; die Einnahmen der Teambesitzer aus dem Verkauf von Karten und Fernsehrechten sind zunächst gering, steigen dann aber während des Memorial Day-Wochenendes und danach deutlich an. Der Verlust der Teambesitzer *im Vergleich* zu den Einbußen der Spieler ist also während der Vorsaison und im Anschluß an das Memorial Day-Wochenende am höchsten. Es scheint so, als hätten die Spieler die richtige Strategie gekannt.(2)

Die Teambesitzer gaben kurz vor der zweiten Hälfte des angedrohten Baseball-Streiks nach. Aber in der ersten Hälfte wurde tatsächlich gestreikt. Unsere Theorie des Vorausschauens und Zurückschließens ist also offensichtlich unvollständig. Warum kommt es nicht immer zu einer Einigung, bevor Schäden entstehen - warum gibt es überhaupt Streiks?

3. Brinkmanship und Streiks

Noch bevor ein alter Vertrag ausläuft, nehmen die Gewerkschaft und die Arbeitgeber Verhandlungen über einen neuen Tarifvertrag auf. Aber in dieser Phase hat es niemand besonders eilig. Es wird weiter gearbeitet, es gibt keine Produktionsausfälle, und es besteht kein erkennbarer Vorteil darin, sich möglichst schnell zu einigen. Es sieht so aus, als sollte jede Seite bis zum letzten Moment warten und ihre Forderungen erst genau dann stellen, wenn der alte Vertrag ausläuft und ein Streik droht. Das geschieht, aber oft wird eine Einigung auch wesentlich früher erzielt.

Es kann nämlich auch in der ruhigen Phase, in der der alte Vertrag noch gilt, teuer sein, eine neue Vereinbarung aufzuschieben. Der Verhandlungsprozeß hat seine eigenen Risiken. Es kann Fehleinschätzungen darüber geben, wie ungeduldig die andere Seite sein wird und wie gut sie ohne Vereinbarung leben kann, Spannungen sind denkbar, persönliche Konflikte und der Verdacht, daß die andere Seite keine aufrichtigen Verhandlungen führt. Der Prozeß kann zusammenbrechen, obwohl beide Seiten an seinem Erfolg interessiert sind.

Obwohl beide Seiten an einer erfolgreichen Vereinbarung interessiert sind, haben sie vielleicht unterschiedliche Vorstellungen davon, was einen Erfolg darstellen würde. Die beiden Parteien sehen nicht stets das gleiche Ziel, wenn sie vorausschauen. Vielleicht haben sie unterschiedliche Informationen oder einen jeweils anderen Blickwinkel, so daß sie die Dinge unterschiedlich sehen. Jede Seite muß abschätzen, welche Kosten der anderen bei einem Zuwarten entstehen, bei dem ein Stück des gemeinsamen Kuchens verloren geht. Da die Seite mit den geringeren Kosten in der Verhandlung besser abschneiden wird, ist es für jede Seite von Vorteil zu behaupten, die Kosten des Zuwartens seien für sie gering. Aber diese Behauptungen werden nicht zum Nennwert genommen; sie müssen bewiesen werden. Eine Möglichkeit zu beweisen, daß die eigenen Kosten des Zuwartens gering sind, besteht darin, sie zunächst einmal auf sich zu nehmen und vorzuführen, daß man den längeren Atem hat. Eine andere Möglichkeit besteht darin, ein größeres Risiko einzugehen, daß man die Kosten wirklich tragen muß: Wer niedrigere Kosten hat, kann sich das höhere Risiko leisten. Es kommt also zum Streik, weil es keine gemeinsame Vorstellung davon gibt, wo die Verhandlungen enden werden.

Diese Situation ist maßgeschneidert für ein Spiel mit dem Feuer, den Einsatz von Brinkmanship, wie wir ihn in Kapitel 8 diskutiert haben. Die Gewerkschaft könnte damit drohen, die Verhandlungen sofort abzubrechen und zu streiken. Aber Streiks sind auch für die Gewerkschaftsmitglieder teuer. Solange noch Zeit für weitere Verhandlungen bleibt, ist eine so finstere Drohung nicht glaubwürdig. Doch eine kleinere Drohung kann glaubwürdig bleiben: die Spannungen steigen und die Gemüter erhitzen sich allmählich; die Verhandlungen könnten zusammenbrechen, obwohl die Gewerkschaft dies eigentlich nicht will. Wenn das die Arbeitgeber stärker irritiert als die Gewerkschaft, dann ist es aus Gewerkschaftssicht eine gute Strategie. Das Argument funktioniert auch in umgekehrter Richtung; Brinkmanship ist eine Waffe für die stärkere Partei, also für die, die einen Zusammenbruch der Kooperation weniger fürchten muß.

Manchmal werden Lohnverhandlungen weitergeführt, nachdem der alte Vertrag bereits ausgelaufen ist. Es kommt nicht zum Streik, die Arbeit wird unter den alten Bedingungen fortgesetzt. Dies scheint die bessere Lösung zu sein, weil die Maschinen und die Arbeiter nicht untätig herumstehen, und weil keine Produktion ausfällt. Aber eine der beiden Parteien, in der Regel die Gewerkschaft, strebt eine Neuverhandlung des Vertrages zu ihren Gunsten an. Aus ihrer Sicht sind die alten Bedingungen eindeutig ein Nachteil. Warum sollten die Arbeitgeber überhaupt nachgeben? Warum sollten sie die Verhandlungen nicht ewig weiterlaufen lassen, während de facto der alte Vertrag weiterhin gilt?

Wiederum besteht die Drohung in dieser Situation darin, daß die Verhandlungen zusammenbrechen, und ein Streik folgt. Die Gewerkschaft setzt Brinkmanship ein, aber sie tut das jetzt, nachdem der alte Vertrag bereits ausgelaufen ist. Die Zeit der Routineverhandlungen ist abgelaufen. Wenn unter den alten Bedingungen weiterhin gearbeitet wird und nur Verhandlungen laufen, dann ist das für viele ein Zeichen gewerkschaftlicher Schwäche. Es muß das Risiko eines Streiks geben, damit die Arbeitgeberseite einen Anreiz hat, die Gewerkschaftsforderungen zu erfüllen.

Wenn es zum Streik kommt, was sorgt dann dafür, daß er weitergeht? Der Schlüssel zur glaubwürdigen Selbstbindung besteht darin, die Drohung abzuschwächen, damit sie glaubwürdiger wird. Die Strategie der Brinkmanship lautet, über die Fortsetzung des Streiks von Tag zu Tag neu zu entscheiden. Die Drohung, niemals an die Arbeit zurückzukehren, wäre nicht glaubwürdig, vor allem wenn die Arbeitgeber den Gewerkschaftsforderungen weit entgegenkommen. Aber die Drohung, noch einen Tag oder eine Woche weiterzustreiken, ist glaubwürdig. Die Verluste für die Arbeitnehmer sind geringer als ihre möglichen Vorteile. Wenn sie glauben, daß sie sich durchsetzen werden (und zwar bald), dann lohnt es sich für sie, mit der Aufnahme der Arbeit noch zu warten. Ist die Einschätzung der Arbeitnehmer richtig, dann ist es für die Arbeitgeber billiger nachzugeben, ja sie sollten das im Grunde sofort tun. Die Drohung würde die Arbeitnehmer dann nichts kosten. Das Problem besteht allerdings darin, daß die Arbeitgeber die Situation nicht unbedingt in der gleichen Weise sehen. Wenn sie damit rechnen, daß die Arbeitnehmer kurz davor sind einzulenken, dann ist es für die Arbeitgeber besser, noch einen Tag oder eine Woche die Kosten des Zuwartens zu tragen, um schließlich einen besseren Vertrag zu schließen. Beide Seiten beharren auf ihrer Position und der Streik geht weiter.

In Kapitel 8 sagten wir, daß das Risiko der Brinkmanship darin besteht, daß beide Seiten auf einer abschüssigen Bahn ins Rutschen kommen und schließlich in den Abgrund stürzen: Wenn sich der Konflikt hinzieht, dann riskieren beide Seiten einen großen Verlust. Die Wahrscheinlichkeit, daß es dazu kommt, ist zunächst klein, aber sie wird immer größer. Es war das stetig steigende Risiko, das bei Brinkmanship eine Partei schließlich zum Einlenken bewegte. Brinkmanship in Form eines Streiks verursacht die Kosten in anderer Form, aber der Effekt ist derselbe. Anstelle der kleinen Wahrscheinlichkeit eines großen Verlustes gibt es zu Beginn eines Streiks die große Wahrscheinlichkeit, ja die Gewißheit, eines kleinen Verlustes. Wenn sich der Streik hinzieht, dann wächst dieser kleine Verlust, so wie die Chance steigt, in den Abgrund zu stürzen. Man demonstriert Entschlossenheit, indem man ein größeres Risiko akzeptiert, oder indem man zuschaut, wie die Verluste aus dem Streik ansteigen. Erst wenn eine Seite feststellt, daß die andere wirklich die stärkere ist, beschließt sie, einzulenken. Stärke kann viele Formen annehmen: Eine Seite mag weniger unter dem Zuwarten leiden, weil sie attraktive Alternativen anderswo hat; ein Sieg mag sehr wichtig sein, vielleicht weil weitere Lohnverhandlungen mit anderen

Gewerkschaften anstehen; eine Niederlage kann sehr teuer sein, so daß die Streikverluste kleiner erscheinen.

Diese Anwendung von Brinkmanship läßt sich auch auf Verhandlungen zwischen Staaten oder zwischen Unternehmen anwenden. Wenn die USA versuchen, ihre Verbündeten dazu zu bewegen, einen größeren Teil der Verteidigungslasten zu übernehmen, dann befinden sie sich in der schwachen Position desjenigen, der verhandelt, während er unter den Regeln eines abgelaufenen Vertrages arbeitet. Das alte Arrangement, in dem die USA die Hauptlast tragen, läuft in der Zwischenzeit weiter, und die Verbündeten der USA haben nichts dagegen einzuwenden, daß sich die Verhandlungen endlos hinziehen. Können - und sollten - die USA in diesem Fall auf ein Spiel mit dem Abgrund zurückgreifen?

Risiko und Brinkmanship verändern den Verhandlungsprozeß grundlegend. In unserer bisherigen Darstellung der Abfolge von Angeboten war es die Aussicht darauf, was später kommen würde, die die Parteien zu einer Einigung schon in der ersten Runde führte. Ein integraler Aspekt von Brinkmanship besteht darin, daß die Parteien manchmal auch wirklich in den Abgrund stürzen. Verhandlungen scheitern und es kommt zu Streiks. Beide Parteien mögen sie aufrichtig bedauern, aber sie können eine Eigendynamik gewinnen und überraschend lange dauern.

4. Simultanes Verhandeln über viele Themen

Unsere Darstellung von Verhandlungen hat sich bislang auf nur eine Dimension beschränkt, einen insgesamt verfügbaren Geldbetrag und seine Aufteilung auf die beiden Parteien. Tatsächlich gibt es aber viele Dimensionen des Verhandelns: Die Gewerkschaft und die Arbeitgeber verhandeln nicht nur über Löhne, sondern auch über Urlaub, Altersversorgung, Arbeitsbedingungen und so weiter. Die USA und ihre NATO-Verbündeten sorgen sich nicht nur um die Summe der Verteidigungsausgaben sondern auch darum, wofür sie eingesetzt werden. Im Prinzip lassen sich viele dieser Aspekte auf äquivalente Geldbeträge reduzieren, allerdings mit einem entscheidenden Unterschied - jede Seite bewertet diese Posten womöglich anders.

Solche Unterschiede eröffnen neue Möglichkeiten für Verhandlungen zum wechselseitigen Vorteil. Nehmen wir an, ein Unternehmen kann seinen Beschäftigten aufgrund der guten Mitgliederstruktur eine besonders günstige betriebliche Krankenversicherung anbieten. Während die Beschäftigten normalerweise 2.000 Dollar pro Jahr zahlen müßten, bietet das Unternehmen eine betriebliche Versicherung für 1.000 Dollar an. Die Beschäftigten hätten nun lieber diese Versicherung als ein zusätzliches Jahreseinkommen von 1.500 Dollar. Auch das Unternehmen bietet lieber den betrieblichen Versicherungsschutz an, als die Löhne um 1.500 Dollar zu erhöhen.(3)

Es sieht so aus, als sollten die Unterhändler alle Themen von gemeinsamem Interesse in einen Verhandlungstopf werfen und dann die Unterschiede in der relativen Bewertung einzelner Punkte ausnutzen, um zu Ergebnissen zu kommen, die für alle besser sind. Das funktioniert in einigen Fällen; breit angelegte Verhandlungen in Richtung auf mehr Freihandel im Rahmen des GATT beispielsweise waren erfolgreicher als Verhandlungen, die sich eng auf einzelne Branchen oder Handelsgüter konzentrierten.

Aber wenn Themen zusammen verhandelt werden, dann wird damit auch die Möglichkeit eröffnet, ein Verhandlungsspiel auszunutzen, um Drohungen für ein anderes zu erzeugen. In den Verhandlungen zur Öffnung des japanischen Marktes für amerikanische Exporte wären die USA vielleicht erfolgreicher gewesen, wenn sie mit einem Abbruch der militärischen Zusammenarbeit gedroht hätten. Japan wäre in diesem Fall dem Risiko einer sowjetischen oder chinesischen Aggression ausgeliefert gewesen. Eine solche Aggression ist natürlich nicht im Interesse der USA. Es hätte sich also nur um eine strategische Drohung gehandelt, die Japan zu wirtschaftlichen Zugeständnissen hätte bewegen sollen. Japan wird deshalb wohl darauf bestehen, daß militärische und wirtschaftliche Fragen getrennt verhandelt werden.

5. Fallstudie Nr. 11: Geben ist seliger denn Nehmen?

Erinnern Sie sich an unser Verhandlungsproblem, in dem ein Hotelmanagement mit seinen Beschäftigten darüber verhandelte, wie der Gewinn der Sommersaison verteilt werden sollte. Hier betrachten wir nun den Fall, in dem nur das Management Angebote vorlegt. Die Beschäftigten können nur zustimmen oder ablehnen.

Wie schon zuvor dauert die Saison 101 Tage. Jeder Tag Hotelbetrieb bringt einen Gewinn von 1.000 Dollar. Die Verhandlungen beginnen am Anfang der Saison. Das Management legt an jedem Tag ein Angebot vor, das die Beschäftigten entweder annehmen oder ablehnen. Wenn das Angebot angenommen wird, dann öffnet das Hotel und beginnt, Geld zu verdienen. Wenn das Angebot abgelehnt wird, dann werden die Verhandlungen so lange fortgesetzt, bis entweder ein Angebot angenommen wird, oder aber die Saison vorüber und der gesamte Gewinn verloren ist.

Tabelle 3 illustriert die abnehmenden potentiellen Gewinne während die Saison langsam abläuft. Wenn sowohl die Beschäftigten als auch das Management nur daran interessiert sind, ihren eigenen Payoff zu maximieren, was wird dann Ihrer Meinung nach geschehen (und wann)?

Tabelle 3: Lohnverhandlung – nur das Management macht Angebote

Verbleibende Tage	Angebot durch...	Verteilbarer Gesamtgewinn	Angebot an die Gewerkschaft
1	Management	$ 1000	?
2	Management	2000	?
3	Management	3000	?
4	Management	4000	?
5	Management	5000	?
...			
100	Management	100000	?
101	Management	101000	?

Diskussion

In diesem Fall rechnen wir damit, daß das Ergebnis radikal anders ausfallen wird als 50-50. Weil allein das Management Vorschläge machen kann, ist es in der wesentlich stärkeren Verhandlungsposition. Das Management sollte fast den gesamten Betrag einstreichen und die entsprechende Vereinbarung schon am ersten Tag schließen können.

Um das Verhandlungsergebnis vorherzusagen, fangen wir am Ende an und arbeiten uns von dort zurück. Am letzten Tag lohnt es sich nicht mehr weiterzumachen, die Beschäftigten akzeptieren also jeden positiven Betrag, sagen wir 1 Dollar. Am vorletzten Tag merken sie, daß es ihnen nur 1 Dollar am nächsten Tag bringt, wenn sie das Angebot ablehnen. Also akzeptieren sie lieber 2 Dollar heute. Das Argument setzt sich fort bis zum ersten Tag. Das Management schlägt 101 Dollar vor, und die Beschäftigten, die für die Zukunft keine bessere Alternative sehen, akzeptieren das Angebot.

Tabelle 4: Lohnverhandlung - nur das Management macht Angebote

Verbleibende Tage	Angebot durch...	Verteilbarer Gesamtgewinn	Angebot an die Gewerkschaft
1	Management	$ 1000	1
2	Management	2000	2
3	Management	3000	3
4	Management	4000	4
5	Management	5000	5
...			
100	Management	100000	100
101	Management	101000	101

Diese Geschichte überzeichnet offensichtlich die Verhandlungsmacht des Managements. Wenn die Vereinbarung auch nur einen Tag aufgeschoben wird, dann verliert das Management 999 Dollar, die Beschäftigten 1 Dollar. In dem Maße, wie die Beschäftigten nicht nur an ihrem eigenen Verdienst interessiert sind sondern auch daran, wie dieser sich zum Einkommen des Managements verhält, ist eine so radikal ungleiche Aufteilung nicht möglich. Aber das heißt nicht, daß wir zum ursprünglichen 50-50 zurückkehren. Das Management verfügt immer noch über alle Verhandlungsmacht. Sein Ziel sollte darin bestehen, den akzeptablen Mindestbetrag für die Beschäftigten herauszufinden, den Betrag also, der den Beschäftigten immer noch lieber ist als gar nichts, selbst wenn das Management deutlich mehr erhält. In der letzten Periode geben sich die Beschäftigten vielleicht mit 334 Dollar zufrieden und überlassen dem Management 666 Dollar, wenn ihre Alternative Null beträgt. Wenn das Management die Aufteilung im Verhältnis 1 zu 2 für jeden der 101 Sommertage durchsetzen kann, dann erhält es zwei Drittel des Gewinns. Der Wert dieser Methode zur Lösung von Verhandlungsproblemen besteht darin, daß sie einige der verschiedenen Quellen von Verhandlungsmacht deutlich werden läßt. Es ist eine verbreitete, aber keineswegs allgemeingültige Lösung von Verhandlungsproblemen, daß man sich »in der Mitte trifft« oder »Halbe-Halbe« macht. Wenn man vorausschaut und von dort zurückschließt, dann wird ein Grund deutlich, warum wir vielleicht mit einer ungleicheren Verteilung rechnen müssen. Im besonderen wird erkennbar, daß bei der Unterbreitung eines Angebots »Geben seliger denn nehmen ist.«

6. Anhang: Geduld lohnt sich

Es ist möglich, die Technik des Zurückschließens auch dann anzuwenden, wenn ein Problem keinen festen Endpunkt hat.* Dies ist eine wichtige Eigenschaft in vielen Verhandlungsproblemen. Betrachten wir also eine solche Situation in einem Unternehmen der Stahlbranche. Es wird gestreikt. Wenn man sich einigt, dann kann das Unternehmen pro Woche 3 Millionen Dollar Gewinn erwirtschaften. Die Gewerkschaft und die Arbeitgeber verhandeln über die Aufteilung dieser Summe. Verhandlungen finden einmal wöchentlich statt und beide Seiten machen abwechselnd ein Angebot.

Jede Woche ohne Einigung kostet beide Seiten 3 Millionen Dollar. Wie immer ist Zeit Geld. Eine sofortige Einigung ist im beiderseitigen Interesse. Aber auf welche Bedingungen soll man sich einigen? Intuitiv würde man sagen, daß die Seite, die ungeduldiger auf die Einigung wartet das erste oder das größere Zugständnis machen wird. Eine detailliertere Betrachtung des Prozesses bestätigt diese Intuition und überführt sie in eine präzisere Vorhersage über die Anteile der beiden Parteien.

Zeit ist in vieler Hinsicht Geld. In der einfachsten Form ist ein Dollar heute mehr wert als ein Dollar morgen, denn er könnte heute investiert werden und in der Zwischenzeit Zinsen oder eine Dividende abwerfen. Wenn eine Investition sich mit 5 Prozent verzinst, dann ist ein Dollar, den man heute erhält, so viel wert wie 1,05 Dollar, die man in einem Jahr bekommt.

Dieselbe Idee gilt auch bei unseren beiden Verhandlungspartnern, aber es gibt noch ein paar zusätzliche Aspekte, die den Faktor Ungeduld

* Dieser Ansatz wurde erstmals von dem Ökonomen Ariel Rubinstein entwickelt, und die Lösung, die wir diskutieren, wird ihm zu Ehren oft als Rubinstein-Verhandlungslösung bezeichnet. Ein Beispiel dafür, wie sie ermittelt wird, findet sich in der Fallstudie »Die Grenzen der Spendenbereitschaft« in Kapitel 13

verschärfen. In jeder Woche, um die sich die Übereinkunft verschiebt, besteht auch das Risiko, daß alte, loyale Kunden langfristige Beziehungen mit anderen Lieferanten aufbauen, so daß unserem Unternehmen die endgültige Schließung droht. Arbeiter und Manager müßten sich neue Jobs suchen, die schlechter bezahlt wären, die Reputation der Gewerkschaftsführer nähme Schaden, und die Aktienoptionen des Managements würden wertlos. Der Vorteil einer sofortigen Einigung gegenüber einer Einigung in der nächsten Woche besteht exakt in der Wahrscheinlichkeit, daß dieses Szenario im Verlaufe der Woche eintritt.

Natürlich können Gewerkschaft und Management diese Risiken und ihre Konsequenzen unterschiedlich beurteilen. Nur um es konkret zu machen, nehmen Sie an, für die Gewerkschaft ist 1 Dollar heute soviel wie 1,01 Dollar in der nächsten Woche. Für das Management beträgt der Wert 1,02 Dollar. Anders gesagt beträgt der Wochen-»Zinssatz« für die Gewerkschaft 1 Prozent, für das Management 2 Prozent. Das Management ist doppelt so ungeduldig wie die Gewerkschaft.

Dieser Unterschied in der Ungeduld der beiden Seiten hat dramatische Konsequenzen für ihre Einigung: die Gewinnanteile der beiden Seiten stehen im genau umgekehrten Verhältnis zu ihren Zinssätzen. Die Gewerkschaft erhält also zwei Drittel (2 Millionen Dollar pro Woche), das Management ein Drittel (1 Million Dollar pro Woche).

Daß der größere Anteil in Verhandlungen derjenigen Seite zufließt, die länger warten kann, erweist sich für die USA oft als sehr ungünstig. Denn das amerikanische Regierungssystem und die Medienberichterstattung darüber fördern die Ungeduld. Wenn wirtschaftliche oder militärische Verhandlungen mit anderen Staaten keine Fortschritte machen, dann wenden sich interessierte Lobbies an Kongreßabgeordnete, Senatoren und die Medien, die die Regierung dann drängen, schnelle Ergebnisse vorzulegen. Die rivalisierenden Staaten am Verhandlungstisch wissen das sehr gut, und können den USA daher größere Zugeständnisse abhandeln.

Kapitel 12
Anreize

Warum sind die sozialistischen Wirtschaftssysteme so kläglich gescheitert? Die besten Fünfjahrespläne Stalins und seiner Nachfolger wurden zum Flop, weil den Arbeitern und den Managern vernünftige Anreize fehlten. Der wichtigste Fehler des Systems bestand darin, daß keine Belohnung dafür geboten wurde, gute Arbeit und nicht bloß angemessene Arbeit zu leisten. Die Leute hatten keinen Grund, Initiative zu zeigen oder innovativ zu sein, stattdessen viele Gründe, es sich leicht zu machen, wo immer sie konnten - zum Beispiel indem sie Mengenvorgaben erfüllten und bei der Qualität schluderten.

Eine Marktwirtschaft verfügt über ein besseres natürliches Anreizsystem, nämlich das Profitmotiv. Ein Unternehmen, dem es gelingt, die Kosten zu senken oder ein neues Produkt einzuführen, erzielt einen größeren Gewinn. Eines, das zurückfällt, wird Geld verlieren. Aber auch das funktioniert nicht perfekt. Denn der einzelne Angestellte oder Manager in einem Unternehmen ist dem eiskalten Wind des Marktwettbewerbs nicht voll ausgesetzt. Das Topmanagement des Unternehmens muß deshalb sein eigenes internes System von Zuckerbrot und Peitsche entwickeln, um die Beschäftigten zu den erwünschten Leistungen zu motivieren. Wenn sich zwei Unternehmen für ein spezielles Projekt zusammentun, dann haben sie das zusätzliche Problem, einen Vertrag zu entwerfen, der die Anreize zwischen ihnen in der richtigen Weise aufteilt.

1. Wie man Einsatz richtig belohnt

Wir werden die Grundideen für die Konstruktion von Anreizmechanismen hier in einer Reihe von Beispielen herausarbeiten. Stellen Sie sich vor, Sie besitzen eine High Tech-Firma in Kalifornien, die versucht, ein neues Computerschachspiel namens Wizard 1.0 zu entwickeln und zu vermarkten. Wenn Sie Erfolg haben, dann werden Sie mit den Verkäufen einen Gewinn von 200.000 Dollar erzielen können. Klappt es nicht, dann verdienen Sie auch nichts. Erfolg oder Scheitern hängen nun davon ab, wie gut Ihre Programmierspezialistin für Computerspiele arbeitet. Sie kann entweder mit Leib und Seele an die Arbeit gehen, oder sie kann das Ganze als Routineauftrag behandeln. Wenn sie mit ganzem Einsatz zur Sache geht, stehen die Erfolgschancen bei 80 Prozent, arbeitet sie nur mit durchschnittlichem Engagement, dann fällt die Chance auf 60 Prozent.

Schachprogrammierer kann man für 50.000 Dollar im Jahr einstellen, aber Programmierer träumen gerne vor sich hin und werden für diese Summe lediglich Routinearbeit leisten. Um hohes Engagement zu erhalten, müssen Sie 70.000 Dollar zahlen. Was sollten Sie tun?

	Erfolgschance	durchschnittliche Einnahmen	Gehalts-zahlungen	Durchschnittlicher Gewinn Einnahmen - Gehalt
Geringes Engagement	60%	$ 120 000	$ 50 000	**$ 70 000**
Hohes Engagement	80%	$ 160 000	$ 70 000	**$ 90 000**

Eine Routinearbeit bringt Ihnen mit 60 Prozent Wahrscheinlichkeit 200.000 Dollar, im Durchschnitt also 120.000 Dollar. Ziehen Sie davon das Gehalt von 50.000 Dollar ab, dann erhalten Sie im Schnitt einen Profit von 70.000 Dollar. Die entsprechende Berechnung bei einer hochmotivierten Expertin beträgt 80 Prozent von 200.000 minus 70.000, also 90.000 Dollar Profit. Offensichtlich stellen Sie sich besser, wenn Sie eine hochmotivierte Expertin zum höheren Gehalt einstellen.

Aber es gibt ein Problem. Wenn Sie den Arbeitstag der Expertin von außen betrachten, können Sie nicht feststellen, ob sie hochmotiviert arbeitet oder lediglich Routinearbeit leistet. Der kreative Prozeß ist voller Geheimnisse. Die Zeichnungen auf dem Schreibblock Ihrer Programmiererin können der Schlüssel zu einer phantastischen Graphik sein, die den Erfolg von Wizard 1.0 garantiert. Vielleicht träumt sie aber auch nur vor sich hin und kritzelt dabei Männlein auf das Papier, die wie Bauern und Läufer aussehen. Sie weiß, daß Sie Routinearbeit nicht von hochmotivierter Arbeit unterscheiden können. Was hindert die Expertin also daran, ein Gehalt von 70.000 Dollar zu akzeptieren, das für hochmotivierte Arbeit gedacht ist, trotzdem aber nur routinemäßige Arbeit zu leisten? Selbst wenn das Projekt nicht klappt, kann sie immer noch auf Pech verweisen. Schließlich kann das Projekt auch bei hochmotivierter Arbeit in 20 Prozent der Fälle scheitern. Sie haben eben gerade dieses Quentchen Pech gehabt.

Wenn Sie die Qualität des Arbeitseinsatzes nicht beobachten können, dann müssen Sie bei Ihrem Entlohnungssystem an etwas anknüpfen, das beobachtet werden kann. In unserem Fall kann das nur das letztliche Ergebnis sein, das heißt der Erfolg oder das Scheitern der Programmierarbeit. Hier besteht eine Verbindung zum Arbeitseinsatz, auch wenn sie nicht ganz perfekt ist. Höher motivierter Arbeitseinsatz bedeutet, daß die Erfolgschancen steigen. Diese Verbindung läßt sich ausnutzen, um ein Anreizsystem aufzubauen.

Sie werden der Expertin also eine Entlohnung anbieten, die vom Ergebnis abhängt, eine größere Summe bei Erfolg und eine kleinere Summe im Fall des Scheiterns. Die Differenz oder der Erfolgsbonus sollte gerade groß genug sein, um das eigene Interesse der Angestellten daran zu wecken, hochmotivierte Arbeit zu leisten. In diesem Fall muß der Bonus also groß genug sein, damit die Expertin erwarten kann, daß höhere Anstrengung ihren Verdienst um 20.000 von 50.000 auf 70.000 Dollar anhebt. Der Erfolgsbonus muß also mindestens 100.000 betragen. Wenn die Wahrscheinlichkeit, einen 100.000 Dollar-Bonus zu erhalten, um 20 Prozent ansteigt, dann ergibt sich daraus genau die erwartete Zahlung von 20.000 Dollar, die zu hochmotivierter Arbeit führt.

Wir müssen nun noch die beiden Summen herausfinden, die im Fall von Erfolg oder Scheitern ausgezahlt werden. Dazu müssen wir ein wenig rechnen. Die Antwort lautet, daß Sie der Angestellten 90.000 Dollar für einen Erfolg zahlen sollten, und daß umgekehrt die Angestellte Ihnen 10.000 Dollar Vertragsstrafe im Falle des Scheiterns zahlen sollte. Bei diesem Anreizmechanismus beträgt die zusätzliche Belohnung für die Programmiererin im Erfolgsfall 100.000 Dollar. Das ist das Minimum, das notwendig ist, um motivierte Arbeit herbeizuführen. Im Durchschnitt erhält sie 70.000 Dollar ausbezahlt: mit 80 Prozent Wahrscheinlichkeit erhält sie 90.000 Dollar, mit 20 Prozent Wahrscheinlichkeit muß sie selber 10.000 Dollar zahlen. Damit haben Sie als Eigentümer des Unternehmens einen durchschnittlichen Gewinn von 90.000 Dollar (200.000 Dollar mit einer Wahrscheinlichkeit von 80 Prozent abzüglich des durchschnittlichen Gehalts von 70.000 Dollar). Das ist genau der Betrag, den Sie erhalten hätten, wenn Sie die Qualität des Arbeitseinsatzes durch direkte Beobachtung hätten feststellen können. Das Anreizsystem hat perfekt funktioniert. Es war egal, daß der Arbeitseinsatz nicht direkt beobachtet werden konnte.

Im Kern wird bei diesem Anreizmechanismus die Hälfte der Firma an die Programmiererin verkauft. Im Gegenzug bringt sie ihren Arbeitseinsatz und 10.000 Dollar ein. Netto verdient sie dann entweder 90.000 Dollar oder minus 10.000 Dollar. Und wenn für sie so viel vom Ergebnis des Projektes abhängt, dann liegt es in ihrem Interesse, hochmotiviert an die Arbeit zu gehen, um die Erfolgschancen zu erhöhen (und damit auch ihren Gewinnanteil von 100.000 einzustreichen). Der einzige Unterschied zwischen diesem Vertrag und dem Bonus-Malus-System liegt im Namen. Der Name kann wichtig sein, aber wir erkennen, daß es mehr als nur eine Möglichkeit gibt, denselben Effekt zu erreichen.

Vielleicht sind diese Lösungen nicht praktikabel; entweder, weil es nicht legal ist, von einer Angestellten eine Strafzahlung zu verlangen, oder weil die Angestellte nicht genügend Kapital besitzt, um die 10.000 Dollar für ihren 50prozentigen Anteil aufzubringen. Was tun Sie dann? Die Antwort besteht darin, so nahe wie nur möglich an die Lösung mit der Strafzahlung oder an die Aufteilung des Eigenkapitals heranzukommen. Weil der effektive Mindestbonus 100.000 Dollar beträgt, erhält die Angestellte im Erfolgsfall 100.000 Dollar und beim Scheitern nichts. Die durchschnittlichen Einnahmen der Angestellten sind also 80.000 Dollar, und Ihr Profit als Unternehmer fällt auf 80.000 Dollar. Wenn Sie das Eigenkapital teilen, dann hat die Programmiererin nur ihre Arbeitskraft und kein Kapital, das sie in das Projekt einbringen kann. Trotzdem müssen Sie ihr einen 50prozentigen Anteil geben, um sie zu motivieren, gute Arbeit zu leisten. Das beste, was Sie tun können, ist also, ihr die Hälfte des Unternehmens allein im Tausch für die Arbeitskraft zu verkaufen. Die fehlende Möglichkeit, eine Strafzahlung einzutreiben oder die Angestellte dazu zu bringen, ihr eigenes Kapital zu investieren, bedeutet, daß das Ergebnis aus Ihrer Sicht schlechter ist, in diesem Fall um 10.000 Dollar. Jetzt spielt es eine Rolle, daß der Arbeitseinsatz nicht direkt beobachtet werden kann.

Eine andere Schwierigkeit des Bonus-Malus-Systems oder der Eigenkapitalbeteiligung ist das Problem des Risikos. Die Anreize für die Programmiererin entstehen, weil sie im Grunde eine Wette über 100.000 Dollar eingegangen ist. Aber ein so großes Risiko wird vielleicht nicht nur nach dem Ergebnis bewertet, das im statistischen Durchschnitt zu erwarten ist. In diesem Fall muß die Programmiererin zweifach entschädigt werden: einmal für ihre hochmotivierte Arbeit und zusätzlich für die Übernahme des Risikos. Je größer das Risiko, desto größer die erforderliche Entschädigung. Diese zusätzliche Entschädigung ist ein weiterer Kostenfaktor, der daraus entsteht, daß das Unternehmen die Anstrengungen seiner Beschäftigten nicht direkt beobachten kann. Die beste Lösung ist oft ein Kompromiß. Das Risiko wird reduziert, indem den Beschäftigten ein Anreizmechanismus gegeben wird, der nicht ganz ideal ist. In der Folge werden die Beschäftigten zu einem Arbeitseinsatz motiviert, der ebenfalls nicht ganz ideal ist.

In anderen Fällen haben Sie vielleicht andere Indikatoren, die die Qualität des Arbeitseinsatzes anzeigen. Sie können und sollten diese Indikatoren benutzen, wenn Sie Ihren Anreizmechanismus konstruieren. Die vielleicht interessanteste und häufigste Situation ist die, daß gleich mehrere solcher Projekte abgewickelt werden. Obwohl der Erfolg nur ein ungenaues statistisches Maß der Qualität des Arbeitseinsatzes ist, kann dieses Maß präziser gemacht werden, wenn es mehrere Beobachtungen gibt. Es gibt zwei Möglichkeiten, das zu tun. Wenn dieselbe Expertin für Sie an mehreren Projekten arbeitet, dann können Sie Buch führen über ihre Erfolge und Mißerfolge. Sie können dann sicherer sein, wenn Sie wiederholtes Scheitern auf schlechte Arbeitsqualität zurückführen anstatt nur auf unglücklichen Zufall. Weil Ihre Schlüsse präziser sind, können Sie ein besseres Anreizsystem konstruieren. Die zweite Möglichkeit besteht darin, daß Sie mehrere Experten haben, die an ähnlichen Projekten arbeiten; zwischen Erfolg und Scheitern dieser gleichartigen Projekte wird dann eine gewisse Korrelation bestehen. Wenn die eine Expertin scheitert, während die anderen um sie herum Erfolg haben, dann können Sie mit größerer Sicherheit davon ausgehen, daß sie ein Drückeberger ist und nicht einfach nur Pech gehabt hat. Belohnungen, die an der relativen Leistung anknüpfen - man könnte auch von Auszeichnungen oder Preisen sprechen - werden hier die richtigen Motivationsanreize setzen.

Wenn ein Arbeitgeber Anreize konstruiert, um einen Beschäftigten zu motivieren, dann sind diese Probleme allerdings nur einseitig. Komplizierter und interessanter sind die Probleme von Joint-ventures, bei denen jede Seite die richtigen Incentives setzen muß, um die andere Seite zu motivieren.

2. Wie man ein Joint-Venture organisiert

In den späten 60er Jahren brachten Benson & Hedges ihre neue, mit 100 mm ungewöhnlich lange Zigarette auf den Markt. Sie setzten dabei auf einen denkwürdigen Werbespot, in dem Hedges seine Suche nach Benson beschrieb: Hedges hatte die Idee, eine besonders lange Zigarette zu produzieren; er war sicher, daß das Produkt ein Erfolg werden würde, wenn er den großartigen Tabak einer obskuren Marke namens Bensons verwenden könnte. Nach vielen Abenteuern fand er schließlich Benson. »Jetzt hab ichs«, rief er aus: »Hedges & Benson 100er«. Natürlich, so fügte er an, »sah Benson das etwas anders.«

Indem sie ihre Ressourcen kombinierten, konnten Benson und Hedges ihre Gesamtgewinne steigern. Sie mußten sich allerdings über die Aufteilung einigen. Vermutlich gewann Benson in dieser Runde. Jetzt fragen wir uns, was als nächstes geschehen wird.

Nachdem sie ihre Kooperationsvereinbarung einmal geschlossen haben und die neue Marke auf den Markt gebracht worden ist, sind beide in erheblichem Ausmaß aufeinander angewiesen und kommen nicht mehr voneinander los. Keiner von beiden kann zu der alten unabhängigen Beschäftigung zurückkehren, ohne einen Teil des Gewinns zu opfern. In den Köpfen der Öffentlichkeit ist Hedges Innovation mit einer bestimmten Tabaksorte verbunden, und Benson hat seine frühere Markenidentität und Kundenbasis verloren. Weil beide das wissen, ist jeder in der Versuchung, die Vereinbarung über die Partnerschaft noch einmal neu zu verhandeln und ein wenig mehr, auf Kosten des anderen, für sich herauszuschlagen. Dabei kann er damit drohen, aus dem ganzen Geschäft auszusteigen, wenn seine Forderungen abgewiesen werden.

Aber wenn die beiden gute Strategen sind, dann ist das keine Überraschung. Jeder kann diese Möglichkeit vorhersehen und wird deshalb schon zu Beginn sehr zurückhaltend damit sein, in ein Geschäft einzusteigen, das ihn so einer künftigen Ausbeutung aussetzen könnte. Das profitable Projekt ist insgesamt bedroht. Die Lösung besteht darin, in der ursprünglichen Kooperationsvereinbarung durchsetzbare Strafklauseln festzulegen, die die Versuchung beseitigen, nachträglich aus dem Vertrag auszusteigen. In diesem Kapitel beschäftigen wir uns mit der Konstruktion solcher Klauseln.

Die Frage stellt sich in persönlichen Partnerschaften genauso wie in geschäftlichen Beziehungen. Stellen Sie sich ein Paar vor, bei dem beide Partner arbeiten. Beiden ist das Kochen zuwider, aber sie können es sich nicht leisten, mehr als einmal pro Woche auswärts essen zu gehen. Am Anfang gibt es eine implizite oder explizite Vereinbarung, daß sie das Kochen gleichmäßig aufteilen werden, drei Tage pro Woche für jeden. Nun weiß aber zum Beispiel die Ehefrau, daß ihr Ehemann sie nicht allein deswegen verlassen wird, weil sie ihren Anteil auf zwei Tage reduziert. Sie ist also in Versuchung, unaufschiebbare Arbeiten zu entdecken, die es erfordern, daß sie an einigen Tagen eine Stunde länger im Büro ist; es ist dann unmöglich für sie, rechtzeitig nach Hause zu kommen, um das Abendessen zuzubereiten, obwohl sie eigentlich dran wäre. Der Ehemann seinerseits sollte dies voraussehen und versuchen, die anfängliche Vereinbarung so zu arrangieren, daß die Versuchung der Ehefrau in der Zukunft möglichst gering gehalten wird.

Die persönlichen und langfristigen Aspekte einer Ehe reichen natürlich oft aus, um sicherzustellen, daß beide Parteien solche Tricks nicht versuchen, oder daß sie Dispute freundschaftlich lösen, wenn sie denn entstehen. Geschäftliche Partnerschaften werden weniger von persönlichen Gefühlen beeinflußt, und die Dollarbeträge hinter der Versuchung zu tricksen sind oft höher. Deswegen sind die Verträge, die wir hier diskutieren werden, in geschäftlichen Zusammenhängen wichtiger, obwohl die Eheanalogie manchmal die beeindruckenderen oder unterhaltsameren Geschichten hergibt.

Was sind die entscheidenden Elemente in dieser Klasse von Situationen? Erstens geht es hier um Projekte, die die gleichzeitige Teilnahme von zwei oder mehr Personen oder Firmen erfordern. Jede Seite muß einige Investitionen vorab tätigen. So entsteht ein Einsatz, den sie verlieren kann, wenn die Beziehung beendet wird. Ist das nicht der Fall, dann ist es auch keine Drohung, daß die andere Seite aussteigen könnte. Zweitens muß eine gewisse Unsicherheit darüber bestehen, welche Ereignisse in der Folge eine Neuverhandlung der Vereinbarung rechtfertigen könnten. Ist das nicht der Fall, dann reicht eine einfache Klausel, die große Strafzahlungen bei jedem Vertragsbruch vorsieht.

Tatsächlich sind beide Bedingungen in vielen realen Situationen bis zu einem gewissen Grad erfüllt. Wir werden sie hier mit einem konstruierten Beispiel verdeutlichen, das auf einem wirklichen Fall beruht. Wir greifen jedoch einige Aspekte heraus, um sie besonders zu betonen.

Als IBM sich entschied, in seiner ersten Generation von Personalcomputern das Betriebssystem von Microsoft (MS-DOS) zu verwenden, war das ein wichtiger Faktor für das Wachstum und die Gewinnentwicklung bei Microsoft. Auf der anderen Seite wurde die künftige Entwicklung der IBM-Computerfamilie nun durch die Abhängigkeit von Eigenschaften des MS-DOS beschränkt. Stilisieren wir dieses Beispiel ein wenig.

Nehmen Sie an, die Entwicklung eines Computersystems besteht aus der getrennten Entwicklung eines kompatiblen Paares von Hardware-

und Softwarekomponenten. Zwei Unternehmen, von denen sich jedes in einem Bereich spezialisiert hat, denken über ein solches Projekt nach. Eine erste Sondierung der Möglichkeiten erfordert Investitionen von 2,2 Millionen Dollar auf der Hardwareseite und 1,1 Millionen Dollar auf der Softwareseite. Diese erste Investition erlaubt es dann, die zusätzlichen Kosten abzuschätzen, die der Abschluß der Entwicklung verursachen würde. Im Moment kennen die beiden möglichen Partner nur einen niedrigen, einen mittleren und einen hohen Wert für ihre wahrscheinlichen Kosten. Nehmen Sie an, diese Werte liegen bei 18, 24 und 30 Millionen Dollar auf der Hardwareseite und 9, 12 und 15 Millionen Dollar auf der Softwareseite. Für das abgeschlossene Computersystem werden Betriebsgewinne von 39 Millionen Dollar erwartet.

Die gemeinsame Entscheidung

Bevor wir fragen, auf was für einen Vertrag sich diese beiden Unternehmen einigen und welchen Regeln sie Folge leisten können, lassen Sie uns zunächst eine einfachere Frage stellen. Nehmen Sie an, daß es anstelle der beiden getrennten Firmen, die sich auf Hardware und Software spezialisieren, nur eine einzige integrierte Firma gibt. Das Management dieses Unternehmens analysiert ein Projekt mit zwei Komponenten, Hardware und Software, dessen Kosten und Erträge genauso hoch sind wie im oben beschriebenen Fall. Wie wird das Management vorgehen?

Die Entscheidung besteht aus zwei Stufen. Auf der ersten Stufe steht die Frage, ob eine Sondierung begonnen werden sollte. Je nach den Ergebnissen dieser Sondierung muß auf der zweiten Stufe entschieden werden, ob man mit der weiteren Entwicklung fortfahren soll. Wie üblich, muß das Management vorausschauen und von dort zurückschließen, das heißt zunächst über die zweite Stufe nachdenken.

Da wir drei mögliche Werte für die Kosten jeder der zwei Komponenten haben, gibt es insgesamt $3 \times 3 = 9$ mögliche Fälle. Jeder ist gleich wahrscheinlich, die Wahrscheinlichkeit jedes einzelnen Falls ist also ein Neuntel. Die Tabelle unten zeigt die Gesamtkosten für jeden einzelnen dieser Fälle. In der anfänglichen Sondierungsphase stellt sich heraus, welcher dieser Fälle eintritt. Die Sondierungskosten sind an diesem Punkt jedoch bereits entstanden; die einzige Frage ist dann, ob eine weitere Entwicklung sich lohnt, das heißt, ob die Betriebsgewinne die Kosten der Entwicklung decken werden.

Entwicklungskosten – Hardware + Software (in Millionen Dollar)

		Software		
		gering (9)	mittel (12)	hoch (15)
Hardware	gering (18)	27	30	33
	mittel (24)	33	36	39
	hoch (30)	39	42	45

In zwei der möglichen Fälle übersteigen die gesamten Entwicklungskosten die 39 Millionen Dollar Gewinn: wenn nämlich die Hardwarekosten sich als hoch und die Softwarekosten sich als entweder mittel oder hoch erweisen. Ergibt die anfängliche Sondierung, daß einer dieser beiden Fälle eintritt, dann sollte das Projekt gestrichen werden. In zwei anderen Fällen decken die Gewinne nur gerade eben die Entwicklungskosten. Es sind dies die Fälle, in denen entweder hohe Hardwarekosten und niedrige Softwarekosten, oder aber mittlere Hardwarekosten und hohe Softwarekosten vorliegen. Dem Mananagement ist es hier im Prinzip gleichgültig, ob das Projekt in Angriff genommen wird oder nicht; wir nehmen aber einmal an, daß man das Projekt auch in diesen Fällen weiterverfolgt, zum Beispiel weil das Management so zeigen kann, daß ihm an den Beschäftigten liegt, zumindest solange noch keine wirklichen Verluste entstehen.

Wir können nun auch den Nettogewinn (Betriebsgewinn weniger Entwicklungskosten) für jeden der neun Fälle aufzeichnen. Die beiden Eintragungen unten rechts sind Null, weil es möglich ist, das Projekt zu streichen. Ohne diese Option hätten die Fälle die Verluste gebracht, die in Klammern ausgewiesen sind.

Gewinne (in Millionen Dollar)

		Software		
		gering (9)	mittel (12)	hoch (15)
Hardware	gering (18)	12	9	6
	mittel (24)	6	3	0
	hoch (30)	0	0 (-3)	0 (-6)

Die neun Einträge addieren sich zu 36 Millionen Dollar; weil aber jeder nur eine Wahrscheinlichkeit von einem Neuntel hat, beträgt ihr statistischer Durchschnitt nur 36/9 = 4 Millionen Dollar.

Betrachten wir nun die erste Stufe der Entscheidung, nämlich ob eine anfängliche Sondierung durchgeführt werden sollte oder nicht. Eine Sondierung kostet 3,3 Millionen Dollar, und der erwartete Gewinn beträgt 4 Millionen Dollar. Die Entscheidung lautet daher, die Sache in Angriff zu nehmen. Ohne die Möglichkeit, das Projekt abzubrechen, wäre der statistische Durchschnitt der folgenden Profite allerdings nur 3 Millionen Dollar; das Gesamtprojekt müßte dann verworfen werden. Die Möglichkeit einer Scheidung, wenn es nicht klappt, macht es also am Anfang leichter, eine Ehe einzugehen.

Verträge

Geben wir nun die Fiktion einer integrierten Firma auf und betrachten wir, wie getrennte Software- und Hardwareunternehmen dieselbe Entscheidung angehen. Die Bandbreite der möglichen Kosten ist für das Hardwareunternehmen genau doppelt so groß wie für das Softwareunternehmen, die Antwort erscheint also einfach: Ein jeder trage seine eigenen Sondierungskosten. Die Entwicklungsarbeit sollte in Angriff genommen werden, so lange nicht einer der beiden Fälle eintritt, die wir in der Tabelle oben ausgemacht hatten. Wenn das Projekt fortgesetzt wird, dann sollte jede Firma für ihre Entwicklungskosten entschädigt werden. Die verbleibende Summe (der Nettogewinn) sollte im Verhältnis 2 (für Hardware) zu 1 (für Software) unter ihnen aufgeteilt werden.

Unglücklicherweise funktioniert das jedoch nicht. Nehmen Sie an, daß sich bei der anfänglichen Sondierung des Hardwareunternehmens herausstellt, daß seine Entwicklungskosten niedrig sind. Das Unternehmen kann sich dann besser stellen, wenn es lügt und behauptet, mittelhohe Kosten zu haben. Unabhängig davon, ob das Unternehmen lügt oder die Wahrheit sagt, wird das Projekt nämlich in jedem Falle in Angriff genommen. Wenn die Kosten aber übertrieben werden, dann erreicht das Unternehmen zusätzliche 6 Millionen Dollar an Erstattungszahlungen; die Gewinnbeteiligung verringert sich dagegen nur um 4 Millionen Dollar. Das gilt ganz unabhängig davon, was die Softwarefirma ankündigt. Es ist also eine dominante Strategie für das Hardwareunternehmen, mittelhohe Kosten zu behaupten, wenn die tatsächlichen Kosten gering sind.

Für das Softwareunternehmen gibt es eine ähnliche Versuchung. Hier behauptet man am besten, hohe Kosten zu haben. Wenn jedoch beide Partner mit solchen Scheinzahlen operieren, dann wird sich auf der Entwicklungsstufe niemals ein Betriebsgewinn zeigen; und wenn beide dies auf der Sondierungsstufe schon wissen, dann werden sie beschließen, mit dem Projekt gar nicht erst anzufangen.

Wie kann eine Firma falsche Angaben über ihre Kostensituation machen? Es ist in der Tat sehr einfach, die Kosten zu überzeichnen. Jede Firma hat vermutlich mehrere Geschäftsbereiche, für die Gemeinkosten anfallen. Sie kann leicht einen unangemessen hohen Anteil dieser Gemeinkosten auf ein bestimmtes Projekt umlegen. Eine Firma kann auch die Kosten tatsächlich steigern, zum Beispiel indem sie den Managern überzogene Gehälter zahlt und andere Ausgaben üppig dotiert. Muß man solche üppigen Kosten aus den eigenen Einnahmen zahlen, dann besteht keine Versuchung, das zu tun. Aber wenn man die Kosten aus einem gemeinsamen Pool erstattet bekommt, dann ist jede Partnerfirma in der Versuchung, die anderen zu beschummeln. Die im öffentlichen Sektor zum Teil anzutreffenden Verträge, bei denen eine »Kostenerstattung plus Gewinnaufschlag« garantiert wird, leiden aus genau diesem Grund unter starken Kostenüberschreitungen.*

* Die Konstruktion von Verträgen für militärische Beschaffungsvorhaben wäre eigentlich das beste Beispiel für dieses Kapitel. Allerdings ist es in diesen Fällen schwer, ein analoges Konzept zum Betriebsgewinn zu bestimmen, so daß sich keine Zahlenbeispiele bilden lassen. Wie bewertet man die Landesverteidigung?

Lassen Sie uns eine alternative Vertragsgestaltung durchdenken. Der Betriebsgewinn sollte einfach im Verhältnis 2 (für Hardware) zu 1 (für Software) unter beiden aufgeteilt werden, und jedes Unternehmen sollte seine eigenen Entwicklungskosten tragen. Jetzt gibt es keinen Anreiz mehr, die Kosten aufzublähen. Aber wir haben das Verfahren verloren, mit dem die richtige Entscheidung darüber getroffen werden kann, ob das Projekt gestrichen werden sollte: Das Softwareunternehmen erhält 13 Millionen Dollar aus dem Betriebsgewinn. Wenn seine Kosten hoch sind (15 Millionen), dann möchte es die Entwicklung auf jeden Fall stoppen, obwohl eine Fortsetzung für beide zusammen durchaus profitabel sein kann - wenn zu gleicher Zeit die Kosten des Hardwareunternehmens gering sind. Liegen die Kosten der Softwarefirma dagegen im mittleren Bereich (12 Millionen Dollar), dann will sie das Projekt auf jeden Fall fortführen. Ein Abbruch kann jedoch für beide zusammen besser sein, wenn nämlich gleichzeitig die Kosten des Hardwareunternehmens hoch sind. Sollte der Vertrag also die Möglichkeit vorsehen, daß das Projekt auf Antrag einer Seite gestoppt werden kann (Scheidung auf einseitigen Antrag hin), oder sollten sich beide Parteien einigen müssen (Scheidung nur im wechselseitigen Einverständnis)? Jede dieser Regeln wird in einigen Fällen zu unerwünschten Ergebnissen führen. Genau hier liegt das Dilemma bei der Konstruktion eines idealen Vertrages: Wie kombiniert man eine effiziente Entscheidung über den Fortgang des Projektes mit dem Anreiz, private Informationen über Kosten oder Erlöse wahrheitsgemäß bekanntzugeben?

Bezahlen, was es kostet

Wir beginnen damit, nur die Anreize für das Hardwareunternehmen zu betrachten. Die einfachste Lösung besteht darin, daß das Hardwareunternehmen dem Softwareunternehmen seine Kosten erstattet und den gesamten verbleibenden Gewinn für sich behält, falls es sich entscheidet, mit dem Projekt fortzufahren. Wann immer die gemeinsamen Kosten geringer als die Gewinnaussichten sind, wird das Hardwareunternehmen beschließen, das Projekt in Angriff zu nehmen. Es erhält dann die gesamten Einnahmen abzüglich seiner eigenen Entwicklungskosten abzüglich der Kostenerstattung an das Softwareunternehmen. Dieses Anreizsystem sorgt dafür, daß das Hardwareunternehmen den richtigen Anreiz hat, um eine effiziente Entscheidung zu treffen.

Woher kennt das Hardwareunternehmen die Kosten seines Softwarepartners? Beide Seiten könnten ihre Kosten gleichzeitig bekanntgeben und sich darauf verständigen, daß das Projekt nur fortgesetzt wird, wenn die Summe der angekündigten Kosten unterhalb des möglichen Gewinns liegt. Da das Hardwareunternehmen alle Gewinne behält, nachdem es dem Softwareunternehmen dessen Entwicklungskosten erstattet hat, wird es das Projekt fortsetzen wollen, wann immer die verbleibenden Gewinne seine wahren Kosten übersteigen. Das Hardwareunternehmen kann ein solches Ergebnis nur dann mit Sicherheit erreichen, wenn es die Wahrheit über die eigenen Kosten sagt: Wenn das Softwareunternehmen seine eigenen Kosten überzeichnet, dann wird die Entscheidung über den Fortgang des Projektes zwar nicht immer die richtige sein; aber das Hardwareunternehmen wird trotzdem immer eine wahrheitsgemäße Ankündigung machen wollen, ganz gleich, welche Strategie vom Softwareunternehmen verfolgt wird. Es ist die dominante Strategie des Hardwareunternehmens, die Wahrheit zu sagen.

Um das zu erkennen, betrachten Sie jeden der Fälle einzeln. Das Hardwareunternehmen weiß, daß das Softwareunternehmen eine von drei Zahlen verkünden könnte. Wenn diese Zahl 9 Millionen beträgt (der niedrige Wert), dann wird das Projekt fortgesetzt, ganz gleich, welche Kosten das Hardwareunternehmen verkündet. Seine eigenen Erträge werden 39 minus 9 = 30 Millionen Dollar betragen. Das ist genug, um die eigenen Kosten zu decken. Als nächstes nehmen Sie an, daß das Softwareunternehmen seine Kosten auf 12 Millionen Dollar beziffert. Falls die wahren Kosten des Hardwareunternehmens 18 Millionen Dollar (niedrig) oder 24 Millionen Dollar (mittelhoch) sind, dann wird eine wahrheitsgemäße Angabe dazu führen, daß das Projekt fortgesetzt wird und 27 Millionen Dollar abwirft. Das reicht immer noch, um die wahren Kosten von 18 oder 24 Millionen Dollar zu decken. Wenn das Hardwareunternehmen behaupten würde, seine Kosten seien hoch, dann würde das Projekt gestoppt, und eine Gewinnmöglichkeit ginge verloren. Wenn andererseits die Kosten des Hardwareunternehmens wirklich 30 Millionen Dollar betragen (hoch), es aber behauptet, sie seien niedrig oder mittelhoch, dann wird das Projekt fortgesetzt, und das Hardwareunternehmen erhält 27 Millionen Dollar, macht also einen Nettoverlust von 3 Millionen Dollar.

Wir stellen also zusammenfassend fest, daß eine Überzeichnung der Kosten keine Auswirkungen auf die Gewinne hat, wenn das Projekt fortgesetzt wird. Sie kann aber dazu führen, daß das Projekt abgebrochen wird und eine Gewinnmöglichkeit ungenutzt bleibt. Werden die Kosten unterzeichnet, dann spielt das so lange keine Rolle, wie das Projekt abgebrochen wird. Es kann allerdings dazu führen, daß das Projekt fortgesetzt wird, obwohl es einen Verlust mit sich bringt. Aus diesem Grunde ist es die dominante Strategie für das Hardwareunternehmen, stets die Wahrheit zu sagen. Das Anreizsystem verändert die strategische Umgebung für das Hardwareunternehmen so, daß sein moralischer Imperativ nun lautet: Du sollst Deine Kosten nicht überzeichnen und nicht unterzeichnen.

Eine andere Sichtweise des Anreizmechanismus ist ebenfalls erhellend: Wenn das Hardwareunternehmen das Projekt fortsetzen möchte, dann verlangt es im Grunde vom Softwareunternehmen, bestimmte Kosten auf sich zu nehmen. Solche Kosten, die anderen aufgebürdet werden, nennt man Externalitäten, und das Ziel eines Anreizsystems ist es, die Menschen dazu zu bewegen, die Externalitäten zu berücksichtigen, die sie anderen auferlegen. Genau dies geschieht, wenn das Hardwareunternehmen den Betriebsgewinn abzüglich der Kosten des Softwareunternehmens erhält. Wenn das Projekt durchgeführt wird, dann entspricht der gesamte Cash-Flow des Hardwareunternehmens dem Betriebsgewinn abzüglich der Kosten des Softwareunternehmens abzüglich seiner eigenen Kosten. Das Hardwareunternehmen ist deshalb gleichermaßen daran interessiert, die eigenen Kosten und auch die des Softwareunternehmen zu senken. Anders gesagt, es handelt im gemeinsamen Interesse, oder es hat die Externalität internalisiert.

Wir haben also das Anreizproblem für das Hardwareunternehmen gelöst. Genau der gleiche Trick löst das Anreizproblem des Softwareunternehmens, wenn die Situation anders herum aufgebaut wird. Das heißt also, das Softwareunternehmen erhält die gesamten Profite abzüglich seiner eigenen Kosten und der Kosten, die vom Hardwareunternehmen angegeben werden. Wie oben beschrieben, wird das Projekt fortgesetzt, sobald der Gewinn die Summe der beiden Kostenangaben übersteigt. Eine parallele Argumentation zeigt, daß es für das Softwareunternehmen die dominante Strategie ist, die Kosten wahrheitsgemäß anzugeben.

Aber noch sind nicht alle Probleme gelöst. Wir müssen immer noch beide Anreizsysteme so kombinieren, daß sie gleichzeitig wirken können. Anderenfalls wird nur eine Seite die Wahrheit sagen, und es gibt keine Garantie dafür, daß das Ergebnis effizient ist. Wenn aber beide

Anreizsysteme simultan eingesetzt werden, dann entsteht das Problem, daß in jedem Falle, in dem das Projekt durchgeführt wird, die Summe der Zahlungen die gesamten Einnahmen überschreitet. Gezahlt werden kann nur aus dem Betriebsgewinn; kombiniert man beide Anreizsysteme, dann muß der doppelte Betriebsgewinn abzüglich der Summe der beiden Kostenblöcke ausgezahlt werden. Es entsteht also eine Lücke in Höhe des Betriebsgewinns abzüglich der Summe der beiden Kostenblöcke, und dieser Wert ist positiv, sobald das Projekt fortgesetzt wird.

Eine Möglichkeit, dieses Problem zu umgehen, besteht darin, daß beide Unternehmen vorab eine angemessene Summe hinterlegen, aus der die Lücke abgedeckt werden kann. Wenn die Unternehmen den statistischen Durchschnittswert der erwarteten Lücke hinterlegen, dann werden sie in einigen Fällen mit einem Plus und in anderen Fällen mit einem Minus abschneiden, aber im Durchschnitt gleicht sich beides aus. In unserem Beispiel würde ein hinterlegter Betrag von 4 Millionen Dollar den Zweck erfüllen.

Aber es ist möglich, ein noch besseres Ergebnis zu erreichen. Wir können einen Vertrag entwickeln, der gleich mehreres tut: Erstens für beide Firmen den Anreiz zu schaffen, ihre Kosten wahrheitsgemäß bekanntzugeben; zweitens eine effiziente Entscheidung über Fortgang oder Abbruch des Projektes sicherzustellen; und drittens zu garantieren, daß der Vertrag sich in jedem Einzelfall und nicht nur im Durchschnitt ausgleicht.

Das Prinzip hinter dem effizienten Vertrag besteht darin, die Firmen dazu zu bewegen, die Kosten mit einzubeziehen, die sie anderen durch ihr Verhalten auferlegen. Wir haben oben gesehen, daß jede Firma einen Anreiz hat, die Wahrheit zu sagen und eine effiziente Entscheidung über den Fortgang des Projekts zu treffen, wenn sie die Kosten des anderen bezahlt. Dies führt jedoch zu einem Problem des Budgetausgleichs. Anstatt also die tatsächlichen Kosten des anderen Unternehmens zu erstatten, könnte jeder auch die erwarteten oder statistischen Durchschnittskosten auszahlen, die das eigene Handeln dem anderen verursacht. Wenn jedes Unternehmen niedrige Kosten ankündigt, dann erhöht das die Wahrscheinlichkeit, daß das Projekt fortgesetzt wird, und damit auch die Chance, daß das andere Unternehmen Produktionskosten tragen muß. Damit jedes Unternehmen die durchschnittliche Externalität berücksichtigt, die es dem anderen Unternehmen auferlegt, sollte es Anspruch auf folgenden Betrag haben: den statistischen Durchschnitt des Betriebsgewinns abzüglich der durchschnittlichen Kosten des anderen Unternehmens, mit dem es zusammenarbeitet, wenn das Projekt fortgesetzt wird. Wenn das Unternehmen seine eigenen Kosten überzeichnet, dann riskiert es, daß das Projekt häufiger abgebrochen wird, und es selber damit kleinere Einnahmen erhält. Wenn es seine eigenen Kosten unterzeichnet, dann wird das Projekt häufiger durchgeführt und es kommt zu höheren Zahlungen für die »Externalität« der erwarteten Kosten des anderen Unternehmens.

Zwei Beispiele können das verdeutlichen. Wenn das Hardwareunternehmen ankündigt, daß seine Kosten niedrig sind (18 Millionen Dollar), dann wird das Projekt fortgesetzt, ganz gleich, wie die Kosten des Softwareunternehmens aussehen. Diese Kosten können 9, 12 oder 15 Millionen Dollar betragen, wobei jeder der Fälle eine Wahrscheinlichkeit von einem Drittel hat. Der statistische Durchschnitt beträgt 12 Millionen Dollar. Das ist der Betrag, der vom Betriebsgewinn von 39 Millionen Dollar abgezogen wird, wenn die Einnahmen des Hardwareunternehmens berechnet werden. Wenn das Hardwareunternehmen hohe Kosten (30 Millionen Dollar) hat, dann wird das Projekt nur dann fortgesetzt, wenn das Softwareunternehmen niedrige Kosten (9 Millionen Dollar) erklärt, was nur in einem Drittel der Fälle geschieht. Das Hardwareunternehmen sollte also ein Drittel von 39 minus 9 Millionen Dollar, also 10 Millionen Dollar erhalten. Die untenstehende Übersicht zeigt die so berechneten Einnahmen. In jeder Zelle sind die Einnahmen des Hardwareunternehmens unten links eingetragen, die Einnahmen des Softwareunternehmens oben rechts.

Einnahmeberechnung – Erste Stufe (in Millionen Dollar)

		Software		
		gering (9)	mittel (12)	hoch (15)
Hardware	gering (18)	15 27	12 27	12 27
	mittel (24)	15 27	12 27	12 27
	hoch (30)	15 10	12 10	12 10

Die so berechneten Einnahmen gleichen das Budget aber nicht in jedem Einzelfall aus. Im Fall unten links zum Beispiel erreicht das Projekt Einnahmen von 39 Millionen Dollar, es zahlt 25 Millionen Dollar aus; in den beiden anderen Fällen der unteren Reihe werden jedoch überhaupt keine Einnahmen erzielt (weil das Projekt nicht fortgesetzt wird), trotzdem aber 22 Millionen Dollar ausgezahlt. Eine zweite Stufe der Berechnungen muß also die Auszahlungen anpassen und für einen Budgetausgleich sorgen. Dabei dürfen die Anreize für die Unternehmen, ihre wahren Kosten bekanntzugeben, nicht zerstört werden. Wir können nun die Einnahmen jedes Unternehmens in Reaktion auf die Ankündigung des anderen Unternehmens verändern. Die Einnahmen des Hardwareunternehmens in der ersten Spalte können wir zum Beispiel um jeden beliebigen Betrag erhöhen oder vermindern, ohne daß der Anreiz, die eine oder andere Antwort zu geben, dadurch verändert wird. Jede Spalte der Einnahmen für das Hardwareunternehmen und jede Zeile der Einnahmen für das Softwareunternehmen kann auf diese Weise angepaßt werden. Wir können außerdem die Payoffs für das Hardwareunternehmen in jeder Zeile neu anordnen, so lange der statistische Durchschnitt konstant bleibt. Das gleiche können wir für das Softwareunternehmen in jeder Spalte tun. All diese Anpassungen geben uns mehr als genug Freiheit, um in jedem Einzelfall einen Budgetausgleich sicherzustellen. Mit dem Plan Nr. 1 bieten wir eine mögliche Antwort an.

Plan Nr. 1 mit richtigen Anreizen und ausgeglichenem Budget (in Millionen Dollar)

		Software		
		gering (9)	mittel (12)	hoch (15)
Hardware	gering (18)	15 24	12 27	12 27
	mittel (24)	15 24	12 27	12 27
	hoch (30)	6 33	3 -3	3 -3

Diese Lösung hat die hübsche Eigenschaft, daß die Einnahmen des Hardwareunternehmens im Durchschnitt aller neun Möglichkeiten 20,33 Millionen Dollar betragen, während die Einnahmen des Softwareunternehmens 10 Millionen Dollar betragen. Das Verhältnis von 2 zu 1 ist fast exakt das Verhältnis ihrer allgemeinen Kostenstruktur, das System scheint daher die fairste Aufteilung der Einnahmen zwischen beiden anzubieten. In den Fällen, in denen das Projekt abgebrochen wird, muß das Hardwareunternehmen dem Softwareunternehmen jedoch 3 Millionen Dollar zahlen. Dies kann im Nachhinein zu einem Streitpunkt werden. Eine andere Lösung, der untenstehende Plan Nr. 2, führt zu Nullzahlungen, wenn das Projekt abgebrochen wird. Möglicherweise läßt sich dieses Schema leichter durchsetzen. Das Hardwareunternehmen macht allerdings insgesamt ein etwas besseres Geschäft: Im Durchschnitt verdient es 23,33 Millionen Dollar, während das Softwareunternehmen nur 7 Millionen Dollar verdient, ein Verhältnis von mehr als 3 zu 1.

Plan Nr. 2 mit richtigen Anreizen und ausgeglichenem Budget (in Millionen Dollar)

		Software		
		gering (9)	mittel (12)	hoch (15)
Hardware	gering (18)	27 / 12	30 / 9	30 / 9
	mittel (24)	27 / 12	30 / 9	30 / 9
	hoch (30)	36 / 3	0 / 0	0 / 0

Wenn eine Seite bei Beendigung der Partnerschaft verpflichtet ist, die andere Seite vollständig zu entschädigen, dann wird diese Seite gerade den richtigen Anreiz haben, die Partnerschaft fortzusetzen. Manchmal wird sie auch gelöst werden, aber der Vorteil für die eine entsteht dann nicht auf Kosten der anderen Seite.

Die Idee, daß Sie die Kosten, die Sie anderen auferlegen, zahlen sollten, ist in vielen Zusammenhängen nützlich. Sie hilft uns sogar, Bietstrategien in Auktionen zu verstehen.

3. Strategie bei Ausschreibungen und Auktionen

Viele Produktions- oder Lieferverträge, vor allem im öffentlichen, aber manchmal auch im privaten Sektor, werden im Tenderverfahren vergeben: Jedes Unternehmen reicht in einem verschlossenen Umschlag den Preis ein, zu dem es bereit ist, den Auftrag auszuführen. Dann werden alle Angebote verglichen, und der günstigste Anbieter erhält den Zuschlag. Zum angebotenen Preis kann er den Auftrag ausführen.

Stellen Sie sich vor, Sie seien ein Anbieter in einer solchen Auschreibung, sagen wir, für den Bau eines Autobahnabschnitts. Ihre Kosten (einschließlich Ihrer wie üblich kalkulierten Eigenkapitalverzinsung) betragen 10 Millionen Dollar. Sie kennen die Kosten Ihrer Wettbewerber nicht, vielleicht wissen Sie noch nicht einmal, um wen es sich handelt. Aber Sie haben Grund zu der Annahme, daß deren Kosten irgendwo zwischen 5 und 15 Millionen Dollar liegen werden. Der beste ihrer Konkurrenten wird Kosten haben, die mit gleicher Wahrscheinlichkeit irgendwo zwischen den Extremen liegen - die Wahrscheinlichkeit für jeden Millionenbetrag zwischen 5 und 15 ist also jeweils ein Zehntel. Welches Angebot sollten Sie einreichen?

Sie werden niemals ein Angebot machen, das geringer ist als ihre Kosten. Nehmen wir an, Sie böten 9 Millionen Dollar. Das ist egal, wenn Sie denn Auftrag nicht erhalten, aber wenn Sie ihn doch bekommen, dann erhalten Sie einen Preis, der Ihre Kosten nicht deckt.* Sie würden sich den Weg in den eigenen Bankrott asphaltieren.

Wie steht es mit einem Angebot, daß Ihre Kosten übersteigt? Nehmen wir an, die anderen bieten ehrlich, und betrachten wir, was geschieht, wenn Sie ein Angebot über 11 Millionen Dollar machen. Sie müssen drei mögliche Fälle getrennt durchspielen. In fünf von zehn Fällen wird ein Konkurrent weniger verlangen als Sie, Ihr überzogenes Angebot ist also ohne Folgen. In vier von zehn Fällen wird ihr bester Konkurrent mehr als 11 Millionen verlangen. Sie hätten den Auftrag dann sowohl mit einem Angebot über 11, als auch mit einem Angebot über 10 Millionen Dollar gewonnen. Das teurere Angebot verschafft Ihnen aber 1 Million Dollar zusätzlichen Gewinn. Die Chancen stehen 1 zu 10, daß das

* Wir unterstellen hier, daß das Angebot eine feste Zusicherung darstellt, und daß Sie den Preis nicht später nachverhandeln können. Im nächsten Abschnitt betrachten wir Verträge mit Nachverhandlungen.

Angebot eines Wettbewerbers zwischen 10 und 11 Millionen Dollar liegt. Jetzt verlieren Sie den Vertrag, weil Sie Ihre Kosten übertrieben haben. Aber bei 10 Millionen Dollar deckte der Preis gerade eben Ihre Kosten, es lohnte sich ohnehin kaum, den Auftrag zu gewinnen.

Wenn Sie die drei Fälle zusammenfügen, dann sehen Sie, daß es eine gute Strategie für Sie ist, ein etwas überteuertes Angebot zu machen; in der Sprache der Spieltheorie dominiert diese Strategie ein wahrheitsgemäßes Angebot. Die anderen Teilnehmer denken ähnlich. Also sind alle Angebote überteuert.

Wenn die Angebote die wahren Kosten widerspiegeln, dann kann die Gesellschaft eine korrekte Kosten-Nutzen-Analyse für den Bau der Straße durchführen; die Entscheidung, sie zu bauen, ist dann ökonomisch effizient. Gibt es andere Ausschreibungsverfahren, die die strategische Versuchung beseitigen, die Kosten zu übertreiben?

Ja. Ein einfaches Verfahren vergibt den Auftrag zwar an den günstigsten Anbieter, aber dieser erhält den Preis, den der zweitgünstigste gefordert hatte. Schauen wir uns an, wie das funktioniert. Nehmen Sie wieder an, Ihre Kosten betragen 10 Millionen Dollar und Sie überlegen, ob Sie nicht ein Angebot über 11 Millionen Dollar einreichen sollen. Wie zuvor gilt es, drei Fälle zu betrachten. Wenn das beste Angebot der Konkurrenz unter 10 Millionen liegt, dann spielt ihr eigenes Angebot keine Rolle. Wenn das beste Angebot der Konkurrenz über 11 Millionen liegt, erhalten Sie den Auftrag. Aber diesmal hat Ihnen die Überteuerung nichts gebracht, denn Sie erhalten ja den Preis, den Ihr günstigster Konkurrent gefordert hatte. Falls das beste Konkurrenzangebot zwischen 10 und 11 Millionen liegt, dann hat Sie Ihre Strategie den Auftrag gekostet, während ein wahrheitsgemäßes Angebot Ihnen wenigstens einen kleinen Profit gebracht hätte, den Unterschied nämlich zwischen 10 Millionen und dem nächstbesten Angebot.

Zusammenfassend stellen wir fest, daß Ihre Überteuerungsstrategie Ihnen in zwei von drei Fällen nichts bringt, und Sie in einem Fall sogar ein wenig kostet. Sie haben also eine dominante Strategie, nämlich ein wahres, kostengerechtes Angebot einzureichen.

Wir können das Problem auch aus einem anderen Blickwinkel betrachten und damit weitere nützliche Einsichten gewinnen. Wenn Sie Ihr Angebot von 10 auf 11 Millionen Dollar aufblähen, dann bürden Sie der Gesellschaft damit zusätzliche Kosten auf. Es entsteht nämlich die Möglichkeit, daß der Auftrag an ein Unternehmen vergeben wird, das in Wahrheit höhere Kosten hat als Sie, sprich: das mehr Ressourcen für die Aufgabe benötigt. Wiederum werden diese Kosten, die eine Person anderen aufbürdet, als Externalität bezeichnet. Ein gutes Anreizsystem muß Sie dazu bringen, die wahren sozialen Kosten Ihres Handelns zu berücksichtigen. Das läßt sich erreichen, indem Ihnen die Kosten in Rechnung gestellt werden, oder indem man Ihnen eine Belohnung zahlt, wenn Sie sie vermeiden. Bei dem beschriebenen Verfahren ist die zweite Methode am Werk: Indem Sie Ihre Kosten nicht überzeichnen, ersparen Sie der Gesellschaft das Risiko eines unnötig teuren Projekts, und Sie werden dafür mit einem Preis belohnt, der den höheren Kosten entspricht.

Dieser Mechanismus funktioniert genauso wie das Anreizsystem, das wir für das Joint Venture beschrieben haben. In diesem Fall besteht die effiziente Lösung darin, daß das Unternehmen mit den geringsten Kosten den Auftrag erhält. Indem es den Auftrag übernimmt, verhindert es, daß das Unternehmen mit den nächstgeringeren Kosten eben diese Kosten auf sich nimmt. Die entstehende Ersparnis ist eine positive Externalität. Wenn der Anbieter, der den Zuschlag erhält, für diese Externalität entschädigt wird, dann hat er einen Anreiz, die Wahrheit zu sagen, und es werden effiziente Entscheidungen getroffen. Die Möglichkeit, die wahren Kosten der Anbieter zu erfahren, ist allerdings nicht umsonst. Das Verkehrsministerium muß dem günstigsten Anbieter mehr zahlen als dessen eigentliche Kosten, nämlich die Kosten des zweitbesten Anbieters.

Man kann Objekte mit dieser Form des Tenderverfahrens sowohl kaufen als auch verkaufen. Bei einem Verkauf reicht jede Person ihr Angebot in einem verschlossenen Umschlag ein, das Objekt wird dann an denjenigen verkauft, der das beste Angebot macht, allerdings zum Preis des zweitbesten Angebots. Das Verfahren wurde von William Vickrey, einem Ökonomen an der New Yorker Columbia-Universität, entwickelt, es wird manchmal auch als Vickrey-Auktion oder Philatelisten-Auktion bezeichnet (Briefmarken-Zeitschriften verwenden das Verfahren, wenn sie Marken per Post auktionieren). Auch hier sollte jede Person ihre wahre Bewertung des Objekts offenbaren: Wenn Sie mehr bieten, als Ihnen das Objekt eigentlich wert ist, dann riskieren Sie, die Auktion zu gewinnen; wenn Sie zuwenig bieten, sparen Sie niemals Geld, aber Sie laufen Gefahr das begehrte Stück zu verpassen, obwohl Sie bereit gewesen wären, einen Preis in Höhe des zweithöchsten Gebots zu zahlen.

Dieses einstufige Verfahren sollte auch zum selben Ergebnis führen wie eine traditionelle Englische Auktion. Bei der Englischen Auktion befinden sich alle Mitbietenden in einem Raum, und ein Auktionator ruft sukzessive höhere Preise aus. Der Prozeß des Bietens setzt sich fort, bis nur noch ein Steigerer übrig ist - zum Ersten, zum Zweiten, Verkauft. Der vorletzte Bieter sollte nur dann aussteigen, wenn der Preis höher ist, als seine Bewertung des Objekts. Die Person, die das Objekt am höchsten bewertet, sollte den Zuschlag erhalten; sie zahlt dann einen Preis, der der Bewertung des vorletzten Bieters entspricht.* Genau das ist aber das Ergebnis der Vickrey-Auktion!

Vergleichen Sie die Vickrey-Auktion mit dem üblicheren Standardvorgehen bei Tenderverfahren - bei Verkäufen erhält das höchste Gebot zum angegebenen Preis den Zuschlag; bei Ausschreibungen erhält der günstigste Anbieter zum eingereichten Preis den Auftrag. Welches Vorgehen ist aus Sicht des Verkäufers (oder Käufers) besser?

Es ist bemerkenswert, aber es stimmt, daß beide Verfahren im Durchschnitt zu exakt dem gleichen Ergebnis führen. Im Falle der öffentlichen Ausschreibung eines Straßenbau-Auftrags scheint es zwar für den Staat zunächst billiger zu sein, wenn er den günstigsten Preis zahlt und nicht den zweitgünstigsten. Aber dieser Vorteil verschwindet, wenn wir erkennen, daß die Anbieter auf dieses Verfahren strategisch reagieren und ihre Angebote überteuern. Der günstigste Anbieter gewinnt und erhält den von ihm geforderten Preis, aber dieser Preis ist zu hoch. Eine vollständige mathematische Analyse des Problems zeigt, daß die Mehrkosten durch überteuerte Angebote genau den Mehrkosten entsprechen, die entstehen, wenn der zweitgünstigste Preis gezahlt wird. Das oben beschriebene Verfahren kostet also nicht mehr als ein konventionelles Vorgehen. Intuitiv läßt sich die Äquivalenz so erklären, daß beide Verfahren immer zu einem effizienten Ergebnis führen sollten: die Person mit den geringsten Kosten sollte immer gewinnen. Aber Effizienz kommt nur dann zustande, wenn die Beteiligten die Externalitäten berücksichtigen, die sie anderen aufbürden. Das optimale Angebot eines Unternehmens entspricht also den erwarteten Kosten für den nächstbesten Wettbewerber unter der Bedingung, daß die Ausschreibung gewonnen wird. Dies ist genau das gleiche wie die Anreizstruktur mit ausgegli-

* In der Realität gibt es meistens einen Mindestbetrag, um den ein Gebot erhöht werden muß. Da sich der Preis in Sprüngen nach oben bewegt, ist der erwartete Verkaufspreis in einer Englischen Auktion das Mindestgebot oberhalb der Bewertung durch den Bietenden mit dem zweithöchsten Gebot. Der Unterschied zwischen den Verkaufspreisen einer Vickrey-Auktion und einer Englischen Auktion ist daher begrenzt auf die Einheit, um die mindestens gesteigert werden muß.

chenem Budget, die wir für das Joint-Venture Problem entwickelt hatten; in diesem Fall bietet das gewinnende Unternehmen die erwartete oder durchschnittliche Externalität anstelle der tatsächlich entstehenden Externalität.

4. Fallstudie Nr. 12: Das Risiko zu gewinnen

Eine der ungewöhnlicheren Eigenschaften einer Vickrey-Auktion besteht darin, daß die meistbietende Teilnehmerin nicht weiß, wieviel sie zahlen muß, ehe die Auktion beendet ist, und sie gewonnen hat. Wie Sie sich erinnern, muß in der Vickrey-Auktion immer nur der Preis des zweithöchsten Gebots bezahlt werden. Im Gegensatz dazu gibt es bei einer Standardauktion mit verschlossen eingereichten Geboten keine Ungewißheit; der Gewinner zahlt den von ihm genannten Preis. Da alle ihr eigenes Gebot kennen, ist niemand unsicher, wieviel er zahlen muß, wenn er gewinnt.

Wenn wir es mit Unsicherheit zu tun haben, dann liegt es nahe, daß wir die Wirkungen dieses Risikos auf die Bietstrategien der Teilnehmer betrachten sollten. Die typische Reaktion auf Risiko ist negativ: die Bietenden stellen sich schlechter, weil sie nicht wissen, wieviel sie zahlen müssen, wenn sie das beste Angebot eingereicht haben. Ist es vernünftig anzunehmen, daß ein Bieter auf diese Unsicherheit oder dieses Risiko so reagieren wird, daß sein Gebot geringer ausfällt als seine wahre Bewertung des Objekts?

Diskussion

Es stimmt, daß die meisten Bieter die Unsicherheit nicht mögen, die damit verbunden ist, nicht zu wissen, wieviel man zahlen muß. Alle stellen sich schlechter. Trotz des Risikos sollten jedoch alle Teilnehmer weiterhin entsprechend ihren wahren Bewertungen bieten. Der Grund besteht darin, daß ein wahrheitsgemäßes Gebot eine dominante Strategie ist. Solange der Verkaufspreis unterhalb der eigenen Bewertung liegt, möchte der Bieter das Objekt kaufen. Die einzige Möglichkeit sicherzustellen, daß Sie die Auktion immer gewinnen, wenn der Preis unterhalb Ihrer Bewertung liegt, besteht darin, daß Sie ihre wahre Bewertung als Gebot einreichen.

Wenn Sie in einer Vickrey-Auktion ein Gebot einreichen, das Ihrer wahren Bewertung entspricht, dann müssen Sie nie einen höheren Preis zahlen - außer in dem Fall, daß jemand Sie überboten hätte, so daß Sie ihr eigenes Gebot so lange hätten anheben müssen, bis der Verkaufspreis über Ihrer eigenen Bewertung gelegen hätte. Das Risiko in einer Vickrey-Auktion ist begrenzt: Der Gewinner ist nie gezwungen, mehr zu zahlen als er geboten hatte. Obwohl es unsicher ist, wieviel der Gewinner zahlen wird, erstreckt sich diese Unsicherheit nur auf das Ausmaß der guten Nachrichten. Obwohl die guten Nachrichten unterschiedlich ausfallen können, ist es die beste Strategie, die Auktion immer dann zu gewinnen, wenn das profitabel ist. Das bedeutet, daß Sie ihre wahre Bewertung einreichen müssen. Dann verpassen Sie nie eine profitable Gelegenheit, und jedesmal wenn Sie gewinnen, zahlen Sie weniger, als es Ihrer wahren Bewertung entsprechen würde.

Kapitel 13
Fallstudien

1. Immer gewinnen die anderen

Es ist eine unausweichliche Tatsache, daß bei jeder Wette der Gewinn des einen der Verlust des anderen ist. Es ist deshalb besonders wichtig, eine Wette stets aus Sicht der anderen Seite zu betrachten, ehe man sie akzeptiert. Denn wenn der andere bereit ist zu wetten, dann muß er fest damit rechnen, daß er gewinnt, und das bedeutet umgekehrt, daß Sie verlieren werden. Einer muß falsch liegen, aber wer? Diese Fallstudie betrachtet eine Wette, die scheinbar beide Seiten begünstigt. Irgendetwas kann also nicht stimmen, aber wo ist der Haken?

Es gibt zwei Umschläge, die jeweils eine bestimmte Geldsumme enthalten; diese beträgt entweder 5, 10, 20, 40, 80 oder 160 Dollar; alle wissen das. Außerdem erfahren wir, daß ein Umschlag genau doppelt soviel enthält wie der andere. Die beiden Umschläge werden ein wenig hin und hergeschoben und anschließend ausgeteilt; einen Umschlag bekommt Ali, einen bekommt Baba. Nachdem beide verdeckt in ihre Umschläge hineingeschaut haben, erhalten sie die Gelegenheit zu tauschen. Wenn beide tauschen wollen, lassen wir das zu.

Nehmen wir an, Baba öffnet seinen Umschlag und findet 20 Dollar. Er kann jetzt folgendes überlegen: Ali hat entweder 10 oder 40 Dollar, die Chancen dafür sind genau gleich. Mein erwarteter Gewinn aus einem Tausch ist also $(10+40)/2 = 25 > 20$ Dollar. Bei Beträgen dieser Größenordnung ist das Risiko unerheblich, es liegt also in meinem Interesse zu tauschen.

Mit einer ähnlichen Argumentation wird auch Ali tauschen wollen: Wenn sie 10 Dollar findet, wird sie entweder 5 oder 20 Dollar erhalten, im Schnitt also 12,50 Dollar. Hat sie 40 Dollar, dann besteht Aussicht auf 20 oder 80 Dollar, im Schnitt also auf 50.

Irgendetwas stimmt hier nicht. Es ist nicht möglich, daß sich beide durch einen Tausch besser stellen, denn der Gesamtbetrag in den Umschlägen wird durch Herumschieben nicht größer. Wo liegt der Fehlschluß? Sollten Ali und/oder Baba einen Tausch anbieten?

Diskussion

Es sollte niemals zu einem Tausch kommen, wenn Ali und Baba beide rational handeln und zugleich annehmen, daß das auch die andere Seite tut. Der Fehlschluß oben liegt in der vorschnellen Annahme, die Tauschbereitschaft der anderen Seite enthielte keine zusätzliche Information. Wir lösen das Problem, indem wir immer tiefer und tiefer in die Gedanken einsteigen, die sich jede Seite über die andere macht. Wir fangen dabei mit Alis Sicht der Überlegungen Babas an. Diese Einsicht verwenden wir dann aus Babas Perspektive, um uns vorzustellen, was Ali über ihren Partner denkt. Schließlich gehen wir zurück zu Ali und überlegen uns, was sie darüber denken sollte, was Baba darüber denkt, was Ali über Baba denkt. Keine Sorge, das alles klingt viel komplizierter als es ist. Wenn wir das Beispiel verwenden, dann wird es leichter, den Schritten zu folgen.

Nehmen wir an, daß Ali ihren Umschlag öffnet und 160 Dollar findet. In diesem Fall weiß sie, daß sie den größeren Betrag besitzt und wird also nicht tauschen wollen. Weil Ali nicht tauschen will, wenn sie 160 Dollar besitzt, sollte Baba sich weigern zu tauschen, wenn er 80 Dollar hat; denn Ali wird ja nur dann tauschen wollen, wenn sie 40 Dollar findet, und in diesem Fall möchte Baba seine 80 Dollar natürlich behalten. Aber wenn Baba nicht tauschen will, wenn er 80 Dollar hat, dann sollte sich Ali weigern zu tauschen, wenn sie 40 Dollar hat. Denn der Tausch kommt ja nur zustande, wenn Baba 20 Dollar hat. Jetzt sind wir bei dem Fall angekommen, denn wir am Anfang geschildert hatten: Wenn Ali mit 40 Dollar nicht tauschen will, dann gibt es keine Aussicht auf einen Tauschvorteil, wenn Baba 20 Dollar im Umschlag findet; für 10 Dollar will er seine 20 Dollar natürlich nicht eintauschen. Der einzige, der zum Tausch bereit ist, ist derjenige, der die 5 Dollar im Umschlag findet. Aber mit dem will die andere Seite natürlich nicht tauschen.

2. Die Letzten werden die Ersten sein

Die amerikanische Regierung stand vor dem schwierigen Problem, mehrere Millionen unwillige Teenager dazu zu bringen, sich für den Wehrdienst registrieren zu lassen. Bei massivem zivilen Ungehorsam wäre es unmöglich geworden, jeden Gesetzesbrecher zu bestrafen. Trotzdem hatte die Regierung einen großen Vorteil: Sie legte die Regeln fest.

Um den Vorteil zu erkennen, der darin liegt, den ersten Zug zu machen, stellen Sie sich vor, daß die Regierung nur *eine* Person bestrafen darf, die sich nicht registrieren läßt. Wie kann diese eine Drohung so eingesetzt werden, daß alle sich registrieren lassen?

Diskussion

Die Regierung verkündet, daß sie die Drückeberger in alphabetischer Reihenfolge verfolgen wird. Der junge Mann mit dem Namen Aaron weiß also, daß es ihn treffen wird, wenn er sich nicht registrieren läßt, und die sichere Strafe reicht aus, ihn dazu zu bringen, sich einzuschreiben. Als nächstes merken die Abrams, daß es sie erwischen würde, weil sich alle Aarons mit Sicherheit registrieren lassen. Und so geht es fort, bis zu den Zhukovs und Zweibels.

Ein Jurist mag argumentieren, daß es verfassungswidrig ist, einzelne Personen nach ihrer alphabetischen Reihenfolge zur Bestrafung herauszugreifen. Aber mit dem Alphabet hat es nichts Besonderes auf sich. Der entscheidende Punkt ist, daß die Reihenfolge der Bestrafung vorher festgelegt wird. Eine zufällig ausgewählte und verkündete Abfolge von Geburtsdaten oder Sozialversicherungsnummern tut es genauso gut. Wenige selektive Bestrafungen reichen aus, um alle auf Linie zu halten; und das Verfahren ist wesentlich billiger als wenn Marktlöhne angeboten würden, um Rekruten in gleicher Zahl und Qualität zu gewinnen.

Wenn das Parlament Schein und Wirklichkeit verwechselt, dann könnte es der Wehrersatzbehörde zwar verbieten, die alphabetische Reihenfolge als Grundlage der Bestrafung zu verwenden. Aber äquivalente Methoden stünden dann immer noch zur Verfügung. Um die Praxis grundsätzlich zu unterbinden, müßte die *Vorankündigung* jeglicher Reihenfolge verboten werden.

Wenn die Teilnehmer eines Spiels in eine bestimmte Reihenfolge gebracht werden, dann ist es oft möglich vorherzusagen, was die Person am einen Ende tun wird. Dieses Wissen beeinflußt das Handeln der nächsten Person, was wiederum die dritte beeinflußt und so weiter, die ganze Kette entlang.

Die Geschichte, die wir hier erzählt haben, ist allerdings ein wenig zu extrem. Wenn wir erst einmal zu den Zhukovs gekommen sind, dann wird bis dahin sicherlich irgendjemand der Registrierung ausgewichen und bestraft worden sein. Die Zhukovs müssen sich also keine wirklichen Sorgen machen. Bei so vielen Individuen ist mit einem kleinen Anteil von Ausrutschern zu rechnen. Der entscheidende Punkt ist jedoch, daß die verfügbare Strafkapazität nicht annähernd der Zahl der Personen entsprechen muß, deren Verhalten beeinflußt werden soll. Die Kapazität (und die Bereitschaft), tausend Protestierer ins Gefängnis zu sperren, kann ausreichen, um Millionen andere abzuschrecken.

3. Das Dreier-Duell

Drei Gegner, Larry, Mo und Curly, stehen sich in einem ungewöhnlichen Dreier-Duell gegenüber. Es besteht aus zwei Runden. In der ersten Runde hat jeder reihum einen Schuß frei: Zunächst darf Larry schießen, danach Mo, dann Curly. Nach dieser ersten Runde erhalten die Überlebenden reihum einen zweiten Schuß. Wieder darf Larry anfangen, dann kommt Mo, dann Curly.

Für jeden der Duellanten ist es das beste Ergebnis, alleine übrig zu bleiben. Das zweitbeste wäre es, einer von zwei Überlebenden zu sein, auf Rang drei kommt ein Ergebnis, bei dem keiner getötet wird. Das buchstäblich letzte Szenario besteht natürlich darin, selber erschossen zu werden.

Larry ist ein mieser Schütze, wenn er auf jemanden zielt, liegt seine Trefferquote bei 30 Prozent. Mo schießt viel besser, seine Trefferquote ist 80 Prozent. Curly ist ein perfekter Schütze - er trifft immer.

Was ist Larrys optimale Strategie in der ersten Runde? Wer hat bei diesem Spiel die größte Überlebenschance?

Diskussion

Der sicherste Weg, dieses Problem zu lösen, besteht darin, rückwärts zu schließen. Trotzdem können wir ein wenig vorausspringen und Argumente aus einer Vorwärtsbetrachtung verwenden. Wir fangen damit an, Larrys Optionen der Reihe nach zu betrachten. Was passiert, wenn Larry in der ersten Runde auf Mo schießt? Was passiert, wenn er auf Curly schießt?

Wenn Larry auf Mo schießt und trifft, dann unterschreibt er sein eigenes Todesurteil. Curly ist als nächster dran, und er trifft immer. Curly wird auf diese Gelegenheit nicht verzichten, denn dadurch kann er sein Idealergebnis erreichen. Larrys Angriff auf Mo scheint keine besonders attraktive Option zu sein.

Wenn Larry auf Curly schießt und trifft, dann ist Mo dran. Mo wird auf Larry schießen. (Überlegen Sie, warum wir das wissen.) Wenn Larry also Curly trifft, dann beträgt seine Überlebenswahrscheinlichkeit weniger als 20 Prozent (die Wahrscheinlichkeit, daß Mo daneben schießt).

Bislang scheint keine der beiden Optionen besonders attraktiv. Tatsächlich ist es die beste Strategie für Larry, einfach in die Luft zu schießen! In diesem Fall wird Mo auf Curly schießen, und wenn er daneben schießt, wird Curly schießen und Mo töten. Dann kommt die zweite Runde und Larry ist wieder dran. Weil nur noch eine andere Person übrig ist, ist seine Überlebenschance mindestens 30 Prozent. Das ist die Wahrscheinlichkeit, mit der er den verbleibenden Gegner erwischt.

Die Moral von dieser Geschichte ist, daß es für kleine Fische besser sein kann, auf die erste Gelegenheit, ein Star zu werden, zu verzichten. Alle vier Jahre können wir dieses Phänomen zum Beispiel im amerikanischen Präsidentschaftswahlkampf beobachten. Bewerber aus beiden Parteien konkurrieren dort in einer ersten Runde zunächst jeweils untereinander um die Kandidatur. Wenn es eine große Zahl von Bewerbern gibt, dann wird der Favorit oft durch die kumulativen Angriffe der mittelgroßen Fische aus dem Tritt gebracht. Es kann vorteilhaft sein, zunächst abzuwarten und erst dann ins Rampenlicht zu treten, wenn die anderen sich schon attackiert und gegenseitig aus dem Rennen geworfen haben.

Ihre Überlebenschancen hängen also nicht nur von Ihren eigenen Fähigkeiten ab, sondern auch davon, wen Sie bedrohen. Ein schwacher Spieler, der niemanden bedroht, kann am Ende überleben, wenn die stärkeren Spieler sich gegenseitig zerstören. Obwohl Curly der beste Schütze ist, hat er die geringsten Überlebenschancen - nur 14 Prozent. Soviel zum Thema »Der Stärkste überlebt«! Mos Chance zu gewinnen beträgt 56 Prozent, Larrys beste Strategie verwandelt seine Trefferquote von 30 Prozent in eine Gewinnwahrscheinlichkeit von 41,2 Prozent.(1)

Heutzutage werden Duelle eher zwischen einem Takeover-Spezialisten wie T. Boone Pickens und dem von ihm anvisierten Management ausgefochten, und der Kampf geht darum, wer sich die Kontrolle im Unternehmensvorstand sichern kann. Unser nächster Fall erzählt die Geschichte eines Unternehmens, das einem Takeover-Duell mit einem rechtlichen Trick, einer sogenannten »Poison Pill« zuvorkommen wollte. Aber die Dinge laufen nicht immer wie geplant, vor allem, wenn man nicht weit genug vorausdenkt.

4. Die Abwehr, die nach hinten losging

In den vergangenen Jahren haben amerikanische Kapitalgesellschaften viele neue und einfallsreiche Wege entwickelt, um Investoren von außen daran zu hindern, die Gesellschaft zu übernehmen. (Bildlich spricht man dabei oft von »Shark Repellents«, Mitteln also, die den Hai verscheuchen sollen). Wir wollen hier nicht die Effizienz oder die moralische Qualität dieser Tricks kommentieren, sondern ihnen eine neue, noch nicht getestete Variante der »Poison Pill« vorstellen, und Sie bitten zu überlegen, wie man sie überwinden könnte.

Das angegriffene Unternehmen ist Piper's Pickled Peppers. Obwohl es inzwischen eine Aktiengesellschaft ist, sind die Verbindungen zur alten Familie noch eng. Der fünfköpfige Vorstand wird vollständig von fünf Enkeln des Gründers kontrolliert. Der Gründer hatte die Möglichkeit von Konflikten unter seinen Enkeln ebenso frühzeitig erkannt, wie die Gefahr eines Angriffs von außen. Um gegen Familienstreit und Attacken gleichermaßen gewappnet zu sein, verlangte er deshalb zunächst, daß die Wahlen zum Vorstand zeitlich gestaffelt erfolgen. Dieser Trick bedeutet, daß selbst jemand, der 100 Prozent des Aktienkapitals kontrolliert, nicht den gesamten Vorstand auswechseln kann - sondern nur diejenigen Mitglieder, deren Amtszeit ausläuft. Jedes der fünf Mitglieder hat einen Fünfjahresvertrag, so daß ein Außenseiter jedes Jahr nur eines der fünf Mitglieder auswechseln kann. Oberflächlich betrachtet sieht es also so aus, als bräuchte ein Angreifer drei Jahre, um die Mehrheit im Vorstand zu erreichen.

Der Gründer sorgte sich, daß die gestaffelten Amtszeiten verändert werden könnten, wenn eine feindliche Partei erst einmal die Kontrolle über die Aktien erlangt hätte. Er fügte daher eine zweite Klausel hinzu: Das Verfahren der Wahl zum Vorstand kann *nur* vom Vorstand selbst geändert werden. Jedes Vorstandsmitglied kann alleine einen Vorschlag unterbreiten, aber es gibt einen wichtigen Haken: Wer etwas vorschlägt ist verpflichtet, für seinen eigenen Vorschlag zu stimmen. Die Stimmen werden dabei im Uhrzeigersinn um den Sitzungstisch abgegeben. Um angenommen zu werden, benötigt ein Vorschlag mindestens 50 Prozent der Stimmen des Vorstands (Abwesenheit zählt als Gegenstimme). Bei fünf Mitgliedern sind also mindestens 3 von 5 Stimmen erforderlich. Und hier kommt der entscheidende Punkt: Jedes Mitglied, das vorschlägt, entweder die Zusammensetzung des Vorstands oder das Verfahren zur Wahl des Vorstands zu ändern, verliert seinen Sitz im Vorstand und seine Aktienanteile, *wenn sein Vorschlag abgelehnt wird.* Die Aktienanteile werden dann gleichmäßig auf die verbleibenden Vorstandsmitglieder aufgeteilt. Auch jedes andere Vorstandsmitglied, das dem gescheiterten Vorschlag zugestimmt hatte, verliert seinen Sitz und seine Anteile.

Eine Zeitlang wehrte diese Klausel feindliche Kaufinteressenten erfolgreich ab. Aber dann kaufte Sea Shells von Sea Shore Ltd. bei einem feindlichen Übernahmeversuch 51 Prozent des Aktienkapitals. Sea Shells verschaffte sich bei der jährlichen Wahl einen Sitz im Vorstand. Aber noch sah es nicht so aus, als stünde ein Verlust der Kontrolle unmittelbar bevor, denn Sea Shells Stimme stand allein gegen vier.

Schon bei der ersten Vorstandssitzung schlug Sea Shells einen radikalen Umbau der Mitgliedschaft im Vorstand vor. Es war der erste Vorschlag in dieser Richtung, der je zur Abstimmung gekommen war. Doch der Sea-Shells-Vorschlag wurde nicht bloß angenommen, er ging erstaunlicherweise sogar einstimmig durch. Sea Shells konnte daraufhin sofort den gesamten Vorstand auswechseln. Die alten Vorstände erhielten keinen goldenen, aber immerhin noch einen »eisernen« Handschlag, und dann zeigte man ihnen die Tür.

Wie konnte Sea Shells den Vorstand knacken? Ein Hinweis: Es war ziemlich hinterhältig. Der Schlüssel liegt darin, rückwärts zu schließen. Überlegen Sie sich zunächst einen Plan, mit dessen Hilfe der Beschluß angenommen werden kann; um die Einstimmigkeit können Sie sich später kümmern. Um sicherzustellen, daß der Sea-Shell-Vorschlag angenommen wird, sollten Sie am Ende anfangen und dafür sorgen, daß die beiden letzten Vorstandsmitglieder am Tisch einen Anreiz haben, dafür zu stimmen. Das reicht aus, um den Beschluß durchzusetzen, denn Sea Shells fängt die Reihe mit einer Ja-Stimme an.

Diskussion

Es gibt viele Vorschläge, mit denen sich der Trick bewerkstelligen läßt. Hier ist einer von ihnen. Bei Sea Shells Vorschlag sind die folgenden drei Fälle möglich:

- wenn er einstimmig angenommen wird, dann wählt Sea Shells einen ganz neuen Vorstand. Jedes ersetzte Vorstandsmitglied erhält eine kleine Entschädigung.
- wenn der Vorschlag 4 zu 1 angenommen wird, dann wird die Person, die dagegen stimmte, ohne Entschädigung aus dem Vorstand entfernt.

- wenn der Vorschlag 3 zu 2 angenommen wird, dann überträgt Sea Shells seinen gesamten Anteil von 51 Prozent zu gleichen Teilen auf die beiden Mitglieder, die mit Ja gestimmt haben. Die beiden anderen, die mit Nein stimmten, werden ohne Entschädigung aus dem Vorstand entfernt.

Von diesem Punkt an läßt sich die Geschichte durch Zurückschließen erklären. Nehmen Sie an, es steht Spitz auf Knopf, 2 zu 2, die letzte Stimme entscheidet. Wenn diese Person mit Ja stimmt, dann kommt der Vorschlag durch und sie erhält 25,5 Prozent des Aktienkapitals. Wenn der Vorschlag scheitert, dann werden die Anteile Sea Shells (und des zweiten Vorstands, der Ja stimmte) auf die übrigen drei aufgeteilt, jeder erhält also (51 + 12,25)/3 = 21,1 Prozent der Anteile. Der Letzte sagt Ja.

Jeder kann daher die Technik des Zurückschließens verwenden und vorhersehen, daß Sea Shells gewinnen wird, wenn es zum Patt kommt und die letzte Stimme entscheidet. Betrachten Sie nun das Dilemma des Vierten in der Reihe. Wenn er dran ist, dann gibt es entweder

- ein Ja (Sea Shells)
- zwei Ja's oder
- drei Ja's.

Wenn es drei Ja's gibt, ist der Vorschlag bereits angenommen; der Vierte hätte lieber etwas als gar nichts und stimmt deshalb Ja. Wenn es zwei Ja's gibt, dann kann er vorhersagen, daß die letzte Stimme auch dann ein Ja ist, wenn er Nein sagt. Er kann den Vorschlag also nicht mehr blockieren. Also ist auch er lieber bei den Gewinnern und stimmt Ja. Wenn es schließlich nur ein Ja gibt, dann wäre er bereit, ein 2 zu 2 Patt herbeizuführen. Er kann nämlich sicher sein, daß der Letzte das entscheidende Ja gibt, und die beiden haben dann sehr nett für sich gesorgt.

Die beiden ersten Vorstandsmitglieder stecken nun in einer echten Klemme. Sie wissen, daß die beiden letzten auch dann gegen sie stimmen werden, wenn sie selber mit Nein in die Vorlage gehen, der Vorschlag wird also angenommen. Da sie ihn nicht verhindern können, ist es besser für sie, sich anzuhängen und wenigstens noch etwas herauszubekommen.

Dieser Fall demonstriert, was die Technik des Zurückschließen alles leisten kann. Natürlich hilft sie auch, hinterhältig zu sein.

5. Gewinnen, ohne zu wissen wie

In Kapitel 2 haben wir Spiele eingeführt, bei denen die Spieler ihre Züge sequentiell ausführen, und die stets nach einer endlichen Zahl von Zügen enden. Theoretisch wären wir in der Lage, jede möglich Sequenz von Zügen durchzuspielen und die beste Strategie herauszufinden. Das ist bei manchen Spielen relativ einfach und unmöglich beim Schach. Im Spiel, das wir hier beschreiben, ist die beste Strategie unbekannt. Doch obwohl wir sie nicht kennen, reicht die einfache Tatsache, daß sie existieren muß, um zu zeigen, daß sie demjenigen Spieler immer den Sieg erlaubt, der den ersten Zug macht.

ZECK ist ein Pünktchen-Spiel für zwei Spieler. Das Ziel besteht darin, den Gegner zu zwingen, den letzten Punkt aufzunehmen. Das Spiel beginnt mit einer rechteckigen Anordnung von Punkten, etwa einem Feld von 7 mal 4:

```
* * * * * * *
* * * * * * *
* * * * * * *
* * * * * * *
```

Bei jedem Zug nimmt ein Spieler einen Punkt weg und entfernt damit zugleich *alle* verbleibenden Punkte nordöstlich davon. Wenn also der erste Spieler den vierten Punkt der zweiten Reihe wegnimmt, dann ergibt sich für seinen Gegner folgendes:

```
* * *
* * *
* * * * * * *
* * * * * * *
```

In jeder Periode muß zumindest ein Punkt entfernt werden. Wer den letzten Punkt aufnehmen muß, hat verloren.

Für jedes beliebige rechteckige Punktefeld mit mehr als einem Punkt muß der erste Spieler eine Strategie haben, die immer zum Sieg führt. Wir kennen diese Strategie jedoch derzeit nicht. Natürlich können wir alle Möglichkeiten betrachten, und die Lösung für jedes konkrete Spiel herausfinden, etwa für das 7 mal 4 Spiel oben – aber wir kennen nicht die beste Strategie für alle möglichen Punktkonfigurationen. Wie können wir zeigen, wer eine Strategie hat, die garantiert zum Sieg führt, wenn wir die Strategie selber nicht kennen?

Diskussion

Falls der zweite Spieler eine Strategie zum garantierten Sieg hat, dann bedeutet das, daß es auf jede mögliche Eröffnung des ersten Spielers eine Antwort des zweiten Spielers gibt, die den zweiten Spieler in eine unschlagbare Ausgangsposition bringt. Stellen Sie sich etwa vor, der erste Spieler nimmt nur den Punkt oben rechts weg:

```
* * * * * *
* * * * * * *
* * * * * * *
* * * * * * *
```

Egal wie der zweite Spieler antwortet - er wird immer eine Konfiguration schaffen, die der erste Spieler auch selber hätte erreichen können. Wenn der zweite Spieler wirklich eine unschlagbare Ausgangsposition herstellen kann, dann sollte und könnte der erste Spieler diese Position schon im ersten Zug für sich selber schaffen. Der zweite kann dem ersten Spieler nichts antun, was der sich nicht selber schon vorher antun kann.

6. Saison für alle und alles zu seiner Saison

Hier betrachten wir das Problem der ehemaligen United States Football League (USFL), die zu entscheiden hatte, ob sie ihre Spiele im Frühjahr oder im Herbst austragen sollte. Der Markt im Herbst ist der größte, und am liebsten hätte die USFL natürlich dort ein Monopol gehabt. Aber es gab die großen Rivalen von der National Football League (NFL), und die NFL hätte dann auf den Frühjahrstermin wechseln müssen. Wenn die NFL weiter im Herbst spielt, dann ist es für die USFL besser, ein Monopol im Frühjahr zu haben. Der denkbar schlechteste Fall ist der, daß beide im Frühjahr spielen.

Obwohl die NFL das größere Prestige besitzt, ist es ihr lieber, wenn die USFL während der NFL-Saisonpause spielt. Sie würde jedoch nicht allein deswegen vom Herbst zu einem Monopol im Frühjahr wechseln wollen; ihre Reputation ist gut, und der Markt im Herbst ist deutlich größer, so daß die NFL es lieber auf eine unmittelbare Konkurrenz ankommen ließe.

Um diese Ideen etwas zu konkretisieren, nehmen wir an, es gibt 100 Millionen Zuschauer, die im Herbst Football sehen wollen, 50 Millionen Zuschauer im Frühjahr. Wenn eine der Profiligen ein Monopol hat, dann bekommt sie diesen gesamten Markt; bei unmittelbarer Konkurrenz in der gleichen Jahreszeit erreicht die NFL 70 Prozent Marktanteil, die USFL 30 Prozent. Das potentielle Publikum in der anderen Jahreszeit bekommt dann gar nichts geboten.

Die folgende Tabelle enthält die Zuschauerzahlen für beide Ligen bei den vier möglichen Kombinationen ihrer Entscheidungen. Um Platz zu sparen, haben wir die Tabellen beider Veranstalter mit den jeweiligen Erträgen in einer Tabelle zusammengefaßt. In jeder Zelle ist der Eintrag unten links der Markt der USFL, oben rechts steht der NFL-Markt.

Tabelle der Marktgrößen für (USFL, NFL)

		NFL	
		Herbst	Frühjahr
USFL	Herbst	70 30	50 100
	Frühjahr	100 50	35 15

Was wird passieren?

Diskussion

Die USFL hat keine dominante Strategie. Ihr bester Zug besteht immer darin, außerhalb der NFL-Saison zu spielen. Das ist offensichtlich nicht unabhängig davon, was die NFL tut. Die NFL hat eine dominante Strategie: Sie wird in jedem Fall den Herbst vorziehen. Wie Sie sehen, sind die Zahlen in der ersten NFL-Spalte, 70 und 100, stets größer, als die parallelen Zahlen der zweiten Spalte, 50 und 35.

Was wird in diesem Spiel passieren? Die NFL sollte ihre dominante Strategie wählen und im Herbst spielen. Die USFL sollte sich schon vorab in die Trikots der NFL versetzen und damit rechnen, daß diese im Herbst spielen wird. Die USFL sollte also im Frühjahr spielen.

Diese Vorhersage bleibt auch über eine große Bandbreite möglicher Zuschauerzahlen in Frühjahr und Herbst noch zutreffend. Angesichts einer 70 zu 30 Aufteilung des Markts zwischen NFL und USFL kann der Herbstmarkt zwischen 43 und 233 Prozent größer sein als der Markt im Frühjahr - die Vorhersagen bleiben unverändert. Aus der Robustheit dieses Resultats schließen wir, daß die tatsächliche Entscheidung der USFL, im Herbst zu spielen, ein Fehler war. Es ist durchaus möglich, daß er sie die Existenz kostete.

7. Wer zuletzt lacht, lacht am besten

Manager sehen die Welt in der Regel optimistisch. Die Märkte wachsen, bessere Technologien werden verfügbar, die Information verbessert sich. Doch wo Wachstum ist, ist auch Niedergang. So entfielen etwa in den siebziger Jahren in den USA mehr als 10 Prozent der Industrieproduktion auf schrumpfende Branchen. Die Palette reichte dabei von industriellen Kernbranchen wie Stahl, Reifen und Gummi, über Fasern und Chemie bis hin zu Babynahrung und Vakuumröhren. Die Gründe dieses Niedergangs sind unterschiedlich, sie reichen von technischem Fortschritt (Transistoren statt Röhren) über bessere ausländische Konkurrenz (Stahl) und Regulierung (Chemie) bis hin zu veränderter Demographie (Babynahrung). In schrumpfenden Sektoren muß irgendjemand Kapazitäten abbauen, damit die Branche profitabel bleibt. Jedes Unternehmen hätte es dabei natürlich am liebsten, wenn seine Wettbewerber den Abbau tragen würden. Es könnte dann selber den verbleibenden Markt einnehmen. Dieses Fallbeispiel untersucht die Frage, ob die Überlebensfähigkeit mit der Größe zusammenhängt. Stutzt der David in einem schrumpfenden Markt den Goliath zurecht, oder kommt umgekehrt gerade der Kleine unter die Räder?

Wir betrachten den Wettbewerb zwischen David und Goliath, beide Produzenten in der schrumpfenden Steinschleuder-Industrie. David ist ein kleiner Hersteller, er produziert nur eine Steinschleuder pro Quartal. Goliath ist doppelt so groß, er produziert zwei Steinschleudern pro Quartal. Die beiden Wettbewerber sind bei der Wahl ihres Outputs nicht flexibel: Wenn sie dabei sind, sind sie dabei; sind sie aus dem Markt ausgeschieden, dann können sie nicht mehr zurückkehren. Jedes

Quartal entscheiden sie neu, ob sie produzieren oder ausscheiden sollen. Die Entscheidung ihres Wettbewerbers kennen sie dabei zunächst nicht. Anschließend erfahren sie jedoch von der Aktion der letzten Periode, und die Schlacht wiederholt sich im nächsten Quartal, vorausgesetzt, keiner hat den Markt verlassen. Nachstehende Preisübersicht zeigt den Marktpreis (netto aller Kosten) in Abhängigkeit von der produzierten Menge. Beginnen wir im ersten Quartal 1988. Falls David Monopolist ist, kann er damit rechnen, drei Dollar für seine eine Steinschleuder zu erzielen. Wenn David ausscheidet und Goliath als Monopolist zurückbleibt, dann erhält Goliath einen geringeren Preis, weil er eine größere Menge herstellt. Er erhält in diesem Fall 2 Dollar pro Steinschleuder (je 2 Dollar für 2 Steinschleudern sind natürlich besser als 3 Dollar für die eine, die David verkauft). Wenn sowohl David als auch Goliath produzieren, bezeichnen wir sie als Duopolisten. In diesem Fall sättigen sie den Markt, und der Nettopreis fällt auf 50 Cents. Die Tabelle macht den schrumpfenden Markt deutlich. Die erste Spalte zeigt die Nettopreise, wenn David den Markt für sich selbst behält. Die zweite Spalte zeigt die Nettopreise, falls Goliath Monopolist ist. Die dritte Spalte enthält die Nettopreise für den Fall, daß beide Firmen weiterhin im Duopol produzieren.

Ab Januar 1988 fällt der Preis in jedem Quartal um 25 Cents und zwar für jede angebotene Menge. Wie die Tabelle zeigt, beginnt der Druck, den Markt zu verlassen, im dritten Quartal 1988, wenn die Duopolisten zum erstenmal Geld verlieren. Im Januar 1990 ist Goliath selbst als Monopolist nicht mehr profitabel. Ein Jahr später kann auch David keine Gewinne mehr erwarten.

(Netto-) Preistabelle

	nur David	nur Goliath	David & Goliath
Jan. 1988	3.00	2.00	0.50
Apr.	2.75	1.75	0.25
Juli	2.50	1.50	0.00
Okt.	2.25	1.25	-0.25
Jan. 1989	2.00	1.00	-0.50
Apr.	1.75	0.75	-0.75
Juli	1.50	0.50	-1.00
Okt.	1.25	0.25	-1.25

Jan. 1990	1.00	0.00	-1.50
Apr.	0.75	-0.25	-1.75
Juli	0.50	-0.50	-2.00
Okt.	0.25	-0.75	-2.25
Jan. 1991	0.00	-1.00	-2.50
Apr.	-0.25	-1.25	-2.75
Juli	-0.50	-1.50	-3.00
Okt.	-0.75	-1.75	-3.25

In den zwölf Quartalen von 1988 bis 1991 wird die Steinschleuder-Industrie absterben. Aber wann treten die Firmen aus dem Markt aus? Wer gibt zuerst auf? Wann steigen sie aus?

Dieses Problem kann man mit der Technik der schrittweisen Eliminierung dominierter Strategien lösen. Für den Anfang stellen wir dabei zunächst einmal fest, daß es für Goliath eine dominierte Strategie ist, länger als Januar 1990 zu bleiben. Er wird fortwährend Geld verlieren, egal ob David bleibt oder aussteigt. Schließen Sie nun von dort rückwärts. Was würden Sie tun, wenn Sie David wären, es wäre das 3. Quartal 1989, und Goliath wäre immer noch im Markt?*

Diskussion

Bei diesem Problem ist es egal, wieviel Geld Sie verdienen. Entscheidend ist, wie lange Sie es verdienen können. Wer am längsten aushält, kann seinen profitableren Rivalen aus dem Markt drängen, sobald die Duopolprofite negativ sind.

Wie unser Hinweis bereits nahelegte, hat es David geschafft, wenn er bis zum dritten Quartal 1989 durchhält. Von dort an wäre die schlechteste Möglichkeit die, daß Goliath bis zum vierten Quartal 1989 im Markt bleibt. Das würde David 2,25 Dollar an Duopolverlusten kosten. Aber wenn 1990 erreicht ist, dann muß Goliath ausscheiden, denn er macht sowohl als Duopolist wie auch als Monopolist Verluste. David kann daher damit rechnen, 2,50 Dollar an Monopolprofit im Jahr 1990 zu ma-

* Wenn Sie den Wert für das schlechteste Szenario berechnen, dann können Sie die Mathematik vereinfachen, indem Sie einen Zinssatz von 0 annehmen. Gewinne (Verluste) morgen und heute haben den gleichen Wert.

chen. Das reicht aus, um ihm über mögliche Verluste in den letzten beiden Quartalen 1989 hinwegzuhelfen.

Jetzt gewinnt die Argumentation vom Ende her an Fahrt: Da David auf jeden Fall im Markt bleibt, wenn er Juli 1989 erst einmal erreicht hat (Marktaustritt ist eine dominierte Strategie), kann Goliath damit rechnen, daß er von Juli 1989 an nur noch Verluste macht. Er wird also sofort aus dem Markt austreten, wenn er sich in der Situation eines Duopolisten zu diesem Zeitpunkt wiederfindet. Das bedeutet, daß David damit rechnen kann, die 2,50 Dollar als Monopolist im Jahre 1990 und 2,75 Dollar als Monopolist in den beiden letzten Quartalen des Jahres 1989 zu verdienen. Dieser Windfall-Profit von 5,25 Dollar deckt die maximalen Duopolverluste bis zu diesem Zeitpunkt mehr als ab (1,50 Dollar). Deshalb sollte David niemals vor Januar 1991 ausscheiden. Da David auf alle Fälle im Markt bleiben will, sollte Goliath aussteigen, sobald die Duopolprofite im Juli 1988 negativ werden.

Beachten Sie, daß Goliath sich nicht in gleicher Weise binden kann, für die gleiche Dauer im Markt zu bleiben. Eine solche Selbstbindung bricht zunächst im Januar 1990 zusammen, und der garantierte Marktaustritt zum Januar 1990 führt automatisch zum erzwungenen Austritt im Juli 1989. Die abschüssige Bahn für Goliath führt schließlich bis zum Oktober 1988 zurück, dem ersten Moment, wenn der Markt nicht groß genug für alle beide ist.

Diese einfache Geschichte des Kampfs um Marktanteile in einer schrumpfenden Branche kann dazu beitragen, die Beobachtung zu erklären, daß große Firmen oft die ersten sind, die aus dem Markt austreten. Charles Baden Fuller, ein Experte für den Niedergang britischer Märkte, berichtet zum Beispiel folgendes über die Periode 1975 bis 1981, als die Nachfrage für britische Stahlummantelungen um 42 Prozent fiel: Manager der beiden größten Firmen, F.H. Lloyd und Weir Group, »hatten den Eindruck, daß sie den Großteil der Rationalisierungskosten getragen hatten. 1975 hatte ihr Anteil an der Kapazität der Branche 41 Prozent betragen, aber zwischen 1975 und 1981 hatten sie 63 Prozent des Kapazitätsabbaus geleistet. Ihr gemeinsamer Marktanteil fiel auf 24 Prozent«.

Denken Sie daran, daß Größe nicht immer ein Vorteil ist. Beim Judo wie auch hier bei den Strategien für den Marktaustritt besteht der Trick darin, die Größe und die daraus folgende Inflexibilität Ihres Gegners gegen ihn zu wenden.

8. Noblesse oblige

Eine wichtige Eigenschaft der OPEC ist es, daß die in ihr zusammengeschlossenen Produzenten unterschiedlich groß sind. Saudi-Arabien ist ein potentiell viel größerer Produzent als jeder der anderen. Haben große und kleine Mitglieder eines Kartells unterschiedliche Anreize zu schummeln?

Wir vereinfachen die Dinge, indem wir nur ein kleines Land betrachten, sagen wir Kuwait. Nehmen wir an, daß unter kooperativen Bedingungen Kuwait 1 Million Barrel pro Tag produzieren würde, Saudi-Arabien produziere 4. Für jeden der beiden würde Schummelei bedeuten, 1 Million Extrabarrel pro Tag zu produzieren. Kuwait kann also zwischen 1 und 2 wählen; Saudi-Arabien zwischen 4 und 5. In Abhängigkeit von den jeweiligen Entscheidungen ist der gesamte Output im Markt 5, 6 oder 7. Nehmen Sie an, die entsprechenden Gewinnmargen (Preis minus Produktionskosten pro Barrel) wären 16 Dollar, 12 Dollar und 8 Dollar. Das führt zur folgenden Gewinntabelle. In jeder Zelle ist die Zahl unten links der Profit der Saudis, die Zahl oben rechts der Profit der Kuwaitis, jeweils gemessen in Millionen Dollar pro Tag.

Tagesgewinne für (Saudi Arabien, Kuweit) in Millionen Dollar

Produktion Saudi Arabien	Kuweit Produktion 1	Kuweit Produktion 2
4	16 64	24 48
5	12 60	16 40

Kuwait hat eine dominante Strategie: zu schummeln, indem es 2 produziert. Saudi-Arabien hat ebenfalls eine dominante Strategie, aber dieses ist der kooperative Output von 4. Die Saudis kooperieren also, obwohl Kuwait schummelt. Das Gefangenendilemma ist verschwunden. Warum?

Diskussion

Saudi-Arabien hat einen Anreiz, aus rein egoistischen Motiven zu kooperieren. Wenn es eine geringe Menge produziert, dann steigt der Marktpreis, und die Gewinnmarge steigt für alle Mitglieder der OPEC. Wenn die Saudis nur einen kleinen Anteil am gesamten Output der OPEC hätten, dann fänden Sie es nicht profitabel, diesen »Gemeinschaftsdienst« für das ganze Kartell zu leisten. Aber wenn Ihr Anteil groß ist, dann entfällt ein großer Teil des Vorteils einer höheren Profitmarge auf Sie selbst. Es kann die Kosten wert sein, eine bestimmte Mengenbegrenzung in Kauf zu nehmen. Bei den Beispielzahlen, die wir oben gewählt haben, passiert genau dieses.(3) Hier ist also ein weiterer Weg aus dem Gefangenendilemma: Man finde einen großen Nutznießer, der sich kooperativ verhält und das Schummeln der anderen hinnimmt.

Dasselbe passiert in vielen Allianzen. In vielen Ländern bildet eine große politische Partei mit einer oder mehreren kleinen Parteien eine Regierungskoalition. Die große Partei vertritt üblicherweise die verantwortungsvolleren Positionen und macht die Kompromisse, die die Allianz zusammenhalten. Die kleinen Parteien dagegen bestehen auf ihren Sonderinteressen und können oft extreme Vorstellungen durchsetzen. Der Einfluß kleiner religiöser Parteien in Israels Koalitionsregierungen ist ein erstklassiges Beispiel. Ein weiterer Fall ist das NATO-Bündnis. Die USA tragen einen weit überproportionalen Anteil der Verteidigungsausgaben, deren Nutzen ganz Westeuropa und Japan zufließen. Mancur Olson hat dieses Phänomen passend »die Ausbeutung der Großen durch die Kleinen« genannt.

9. Einmal volltanken

Viele amerikanische Tankstellen zeigen auf ihren Tafeln nur den Preis verbleiten Benzins an. Das Eigentümliche daran ist, daß nur sehr wenige ihrer Kunden tatsächlich verbleites Benzin kaufen. Nur Autos, die vor 1976 hergestellt wurden, können verbleites Benzin noch benutzen.

Es ist klar, wie diese Praxis einmal angefangen hat. Am Anfang gab es nur eine Sorte Benzin. Es dauerte bis 1911, als Lewis und Jacob Blaustein ein Verfahren erfanden, um die Oktanzahl von Benzin zu erhöhen, ohne Bleiadditive zu verwenden. Bleifreies Benzin wurde erst von da an überhaupt verfügbar, und es dauerte noch weitere 60 Jahre, ehe bleifreies Benzin zum Standard wurde.

Die Tankstellen zeigen weiterhin den Preis eines Produktes an, das nur noch von sehr wenigen Kunden gekauft wird. Um den vorbeifahrenden Autofahrern ins Auge zu fallen, zeigen die Tankstellen nur eine einzige Zahl, und sie verwenden dabei weiterhin diejenige Zahl, die sie schon immer benutzt haben. Die meisten Autofahrer müssen den Preis für das bleifreie Benzin, das sie eigentlich benötigen, erst aus der Preisangabe für verbleites Benzin indirekt erschließen. Warum überlebt diese Praxis so hartnäckig?

Diskussion

Was würde passieren, wenn eine Tankstelle sich entschlösse, in großen Zahlen den Preis für bleifreies Benzin auf die Tafel zu setzen? Für die Autofahrer ist es zu schwer, etwas anderes zu lesen als nur die Zahlen. Sie werden also annehmen, daß es sich um den Preis für verbleites Benzin handelt, der dort angegeben ist. Typischerweise ist bleifreies Benzin etwa 5 Cents pro Gallone teurer, und die Autofahrer würden deshalb irrtümlich ungefähr diese 5 Cents aufschlagen, um den Preis für bleifreies Benzin abzuschätzen. Die Tankstelle, die sich als Vorreiter versucht, fügt sich daher selber einen Nachteil zu, weil die Autofahrer ihren Preis überschätzen. Interessanterweise ist bleifreies Benzin im Großvertrieb sogar billiger. Das legt den Schluß nahe, daß verbleites Benzin rekordverdächtige Verluste macht.*

Die Vorreiter-Tankstelle, die den Preis des bleifreien Benzins auf die Tafel schreibt, fügt sich noch einen weiteren Nachteil zu: Sie steigt mit ihrem zentralen Produkt in den Wettbewerb ein. Es ist viel besser, Preiskriege bei Gütern anzufangen, die nur einen kleinen Teil der Gesamtverkäufe ausmachen. Ein Preiskrieg mit bleifreiem Benzin bedroht die Profitabilität der gesamten Tankstellen.

*Ökonomen können einen zweiten Grund anbieten, warum verbleites Benzin billiger ist: Es wird von anderen Kunden gekauft. Es wäre kaum verwunderlich, wenn die Preisaufschläge bei Produkten, die von Leuten mit alten Autos gekauft werden, geringer ausfallen als bei Produkten, die von Leuten mit neuen Autos gekauft werden. Der Besitzer eines nagelneuen 30.000 Dollar-BMW wird sich an einem Aufschlag von 10 Cents wohl weniger stören als jemand, der einen alten 74er Käfer fährt.

Das Fazit ist also, daß die Tankstellen auch weiterhin den Preis für verbleites Benzin auf die Tafel setzen. Dieses stabile Gleichgewicht ist in einem Punkt ganz anders als das der QWERTY-Schreibmaschinentastatur, die wir in Kapitel 9 erwähnten: Dort konnten wir keine Nutznießer des Status quo finden. Hier profitieren die Tankstellen vom fehlenden Wettbewerb beim Preis für bleifreies Benzin. Aber dafür stecken die Konsumenten in einem schlechten Gleichgewicht gefangen, und keine Tankstelle hat irgendeinen Anreiz, das zu verhindern. Wenn die Gesellschaft die Lage für die Verbraucher verbessern wollte, dann wäre es eine Möglichkeit, einen Wechsel der Konvention per Gesetz zu verordnen. Es sollte vorgeschrieben werden, daß immer dann, wenn nur ein Preis ausgeschrieben ist, dieses der Preis des bleifreien Benzins sein muß. Eine zweite Lösung besteht darin, daß die Tankstellen in großen Ziffern alle ihre Produkte auszeichnen müssen, verbleit, bleifrei und Super-bleifrei. Allerdings wird es nicht mehr lange dauern, dann wird dieses Problem ziemlich müßig sein. Der Verkauf verbleiten Benzins wird schrittweise beendet, die Tankstellen müssen also künftig den Preis ihres bleifreien Benzins anschreiben. Es ist dann das einzige, das sie verkaufen.

10. Bay Bridge, San Francisco

Der Morgenverkehr von Oakland nach San Francisco über die Bay Bridge staut sich von 7.30 Uhr bis 11.00 Uhr morgens. Bis der Stau sich um 11.00 Uhr aufgelöst hat, sorgt jedes Auto, das hinzukommt, dafür, daß alle, die schon warten, noch ein kleines bißchen länger warten müssen. Um die Kosten richtig zu messen, die das zusätzliche Auto verursacht, müßte die zusätzliche Wartezeit aller verspäteten Autofahrer aufaddiert werden. Was also ist die gesamte Wartezeit, die ein zusätzliches Auto, das die Brücke um 9.00 Uhr überqueren will, allen anderen Autofahrern auferlegt?

Sie könnten meinen, daß Sie nicht genügend Informationen haben, um das zu sagen. Eine bemerkenswerte Eigenschaft dieses Problems ist jedoch, daß die Externalität mit den wenigen Informationen, die wir Ihnen gegeben haben, berechnet werden kann. Sie müssen nicht wissen, wie lange die Autos brauchen, um die Mautstation zu passieren, auch die Verteilung der Autos, die nach 9.00 Uhr ankommen, müssen Sie nicht kennen. Die Antwort ist die gleiche, ob die Länge des Staus konstant bleibt oder bis zu seiner Auflösung stark schwankt.

Diskussion

Der Trick besteht darin zu erkennen, daß alles, was zählt, die Summe der Wartezeiten ist. Es interessiert uns nicht, wer wartet (unter anderen Umständen wollen wir vielleicht die Wartezeit mit dem Geldwert der Zeit gewichten, die im Stau verbracht wird). Der einfachste Weg, die gesamte Wartezeit zu berechnen, besteht darin, die Wartenden ein wenig hin- und herzuschieben und die gesamte Last auf eine Person zu laden. Stellen Sie sich vor, daß der zusätzliche Fahrer die Brücke um 9.00 Uhr nicht überquert, sondern sein Auto an den Rand fährt und alle anderen Fahrer vorbei läßt. Wenn er auf diese Weise auf sein Wegerecht verzichtet, dann muß niemand wegen des zusätzlichen Autos Verspätungen hinnehmen. Natürlich muß er jetzt zwei Stunden warten, ehe der Verkehr sich entspannt und die Straße frei ist. Aber diese zwei Stunden entsprechen genau der gesamten Wartezeit, die allen anderen Fahrern aufgebürdet wird, wenn er die Brücke überquert, anstatt am Rand abzuwarten. Der Grund ist einfach. Die gesamte Wartezeit ist die Zeit, die jeder braucht, um die Brücke zu überqueren. Jede Lösung, die beinhaltet, daß jeder die Brücke überquert, führt zu derselben Wartezeit. Sie ist nur anders verteilt. Die Lösung, in der das zusätzliche Auto auch die gesamte Wartezeit auf sich nimmt, ist der einfachste Weg, die zusätzlich verursachte Wartezeit aufzuaddieren.

11. Die Tragik der Allmende

In einem wichtigen und einflußreichen Artikel beschrieb der Biologe Gernold Harding von der Universität von Kalifornien vor Jahren, wie die unbeschränkten Entscheidungen von Individuen für die Gesellschaft insgesamt in eine Katastrophe führen können:

> »Stellen Sie sich eine Weide vor, die für alle offen ist, (eine Allmende). Es ist zu erwarten, daß jeder Hirte versuchen wird, soviel Vieh wie mögliche auf dieser Gemeinschaftswiese zu halten ... Hierin liegt die Tragik. Jeder einzelne ist gefangen in einem System, das ihn zwingt, seine Herde grenzenlos zu vergrößern, und zwar in einer Welt, die sehr wohl Grenzen hat. In einer Gesellschaft, die an den freien Zugang zur gemeinsamen Weide glaubt, werden die Menschen auf den Ruin zustürzen, und dabei doch alle nur ihr bestes Eigeninteresse verfolgen.«(4)

Er diskutierte nach diesem Muster die Überbevölkerung, Umweltverschmutzung, Überfischung und die Ausbeutung erschöpfbarer Ressourcen und kam zu dem Schluß, daß die Menschen weltweit die Notwendigkeit erkennen müßten, die Freiheit individueller Entscheidungen in diesen Bereichen einzuschränken und stattdessen »gemeinschaftlichen Zwang, auf den man sich gemeinschaftlich geeinigt hat« zu akzeptieren.

Wir fordern Sie in dieser Fallstudie auf, das Wesen des Problems herauszuarbeiten. Versuchen Sie, es mit einem oder mehreren der Beispiele in Verbindung zu bringen, die wir in diesem Kapitel vorgeführt haben. Sie können dann alternative Lösungsmöglichkeiten und deren Vorzüge untersuchen.

Diskussion

Je nach den Umständen kann die Tragik der Allmende ein Mehrpersonen-Gefangenendilemma (jeder schickt zuviele Kühe auf die Weide) oder ein Spillover-Problem (zu viele Leute entschließen sich, Hirte zu werden) sein.

Die Lieblingslösung des Ökonomen wäre es, Eigentumsrechte zu schaffen. Genau das ist im 15. und 16. Jahrhundert in England tatsächlich geschehen: Das gemeinschaftliche Land wurde eingezäunt und von örtlichen Adligen oder Grundbesitzern beansprucht. Wenn das Land Privateigentum ist, dann wird die unsichtbare Hand die Zugangspforte gerade im richtigen Ausmaß geschlossen halten. Der Eigentümer wird Weidegebühren erheben, um sein Einkommen zu maximieren, dadurch wird die Nutzung eingeschränkt. Die ökonomische Effizienz wird sich insgesamt verbessern, aber die Einkommensverteilung verändert sich: Die Gebühren machen den Eigentümer reicher und den Hirten ärmer.

In einigen Fällen ist dieser Ansatz nicht praktikabel. Eigentumsrechte an hoher See sind schwer zu definieren und ohne eine Weltregierung auch nur schwer durchzusetzen. Das gleiche gilt für Luft, die von einem Staat in den nächsten weht, und dabei Giftstoffe transportiert. Aus diesem Grund müssen Walfang und Saurer Regen durch direktere Eingriffe geregelt werden. Es ist allerdings auch nicht leicht, die dazu notwendigen internationalen Abkommen zu erreichen.

Überbevölkerung ist ein noch schwierigeres Problem, wie schon Harding bemerkte. Das Recht, über eine eigene Familie zu entscheiden und auch deren Größe zu bestimmen, ist in der Allgemeinen Erklärung der Menschenrechte der Vereinten Nationen ebenso festgeschrieben wie in den Verfassungen vieler Länder. Länder wie Indien und China, die bei ihren Bemühungen zur Geburtenkontrolle gelegentlich auch Zwangsmittel anwenden, haben damit Proteste der Weltgemeinschaft ausgelöst.

Wenn die Gruppe klein genug ist, dann löst manchmal freiwillige Kooperation das Problem. Wenn zwei Öl- oder Gasproduzenten Quellen haben, die das gleiche unterirdische Vorkommen anzapfen, dann hat jeder einen Anreiz, die Ausbeutung zu beschleunigen, um mehr von der Ressource zu bekommen, ehe das der andere tut. Wenn beide diese Politik betreiben, dann kann die hohe Abbaugeschwindigkeit sogar dazu führen, daß der nutzbare Anteil des Vorkommens insgesamt sinkt. In der Praxis erkennen die ölbohrenden Unternehmen das Problem und sie scheinen in der Lage zu sein, Vereinbarungen über eine Aufteilung der Produktion zu erreichen. An den verschiedenen Quellen, die ein gemeinsames Vorkommen anzapfen, wird dann immer nur eine insgesamt angemessene Menge entnommen.

12. Was kostet der Dollar?

Professor Martin Shubik aus Yale hat folgendes Spiel entwickelt, mit dem er sein Publikum aufs Kreuz legt: Ein Auktionator versteigert einen Dollar; es wird in Schritten von fünf Cents gesteigert; das beste Gebot erhält den Zuschlag, aber *beide*, der höchste und der zweithöchste Bieter, zahlen ihre Gebote an den Auktionator.(5)

Professoren haben nette Profite - genug für ein oder zwei Lunchs im Faculty Club - damit gemacht, nichtsahnende College-Studenten mit diesem Experiment im Seminarraum hereinzulegen. Nehmen Sie an, das beste Gebot steht bei 60 Cents, und Sie sind der zweithöchste Bieter mit 55 Cents. Der Gewinner wird 40 Cents gewinnen, aber Sie stehen kurz davor 45 Cents zu verlieren. Indem Sie auf 65 Cents erhöhen, können Sie dem anderen den Schuh anziehen. Die Logik ist genau dieselbe, wenn das beste Gebot bei 3,60 Dollar steht, und Sie hatten 3,55 geboten. Wenn Sie nicht erhöhen, verliert der »Gewinner« 2,60 Dollar, aber Sie verlieren 3,55 Dollar.

Wie würden Sie dieses Spiel spielen?

Diskussion

Dieses ist ein Beispiel für die abschüssige Bahn. Nachdem Sie erst einmal ins Rutschen geraten sind, gibt es kaum noch ein Halten. Es ist besser, den ersten Schritt gar nicht erst zu machen, wenn Sie nicht genau wissen, wo Sie hinwollen.

Das Spiel hat ein Gleichgewicht, bei dem das erste Gebot 1,00 Dollar beträgt, und es keine weiteren Gebote gibt. Aber was passiert, wenn der Bietprozeß bei weniger als 1 Dollar anfängt? Die Eskalation hat keine natürliche Grenze außer der Summe, die Sie in der Brieftasche haben. Der Bietprozeß muß schließlich enden, wenn Sie kein Geld mehr haben. Alles was wir also tun müssen, ist, die Regel 1 anwenden: Schauen Sie voraus und schließen Sie von dort zurück.

Nehmen Sie an, daß Eli und John die beiden Studenten in Shubiks Dollar-Auktion sind. Jeder hat 2,50 Dollar in der Tasche und jeder kennt die Kasse des anderen.(6) Um die Dinge zu vereinfachen, findet das Steigern diesmal in Schritten von 10 Cents statt.

Fangen wir mit dem Ende an: Wenn Eli 2,50 Dollar bietet, dann wird er den Dollar gewinnen (und 1,50 Dollar schlechter dastehen). Wenn er 2,40 Dollar bietet, dann muß John 2,50 Dollar bieten, um zu gewinnen. Da es sich für John nicht lohnt, einen Dollar auszugeben, um einen Dollar zu gewinnen, wird Eli sich durchsetzen, wenn er 2,40 Dollar bietet, und Johns letztes Gebot erst bei 1,50 Dollar liegt.

Dasselbe Argument funktioniert, wenn Eli 2,30 Dollar bietet. John kann nicht erwarten, daß er mit einem Gebot von 2,40 Dollar gewinnen wird, weil Eli dann kontern und 2,50 Dollar bieten würde. Um 2,30 Dollar zu schlagen, müßte John gleich bis auf 2,50 Dollar gehen. Wenn Johns bisheriges Gebot aber bei 1,50 Dollar oder darunter liegt, lohnt sich ein solcher Schritt für ihn nicht. Eli kann ihn also mit 2,30 Dollar immer schlagen. Das gleiche gilt für 2,20 Dollar und bis ganz hinunter zu 1,60 Dollar. Wenn Eli 1,60 Dollar bietet, dann sollte John erwarten, daß Eli nicht aufgeben wird bis 2,50 Dollar erreicht sind: Elis 1,60 Dollar sind schließlich bereits verloren; aber es lohnt sich für ihn, weitere 90 Cents auszugeben, um den Dollar zu bekommen.

Die erste Person die 1,60 Dollar bietet, gewinnt, weil dadurch eine glaubwürdige Selbstbindung geschaffen wird, bis auf 2,50 Dollar zu gehen. Gedanklich sollten wir 1,60 Dollar daher genauso betrachten wie 2,50 Dollar, nämlich als ein Gebot, mit dem man immer gewinnt. Um 1,50 Dollar zu schlagen, muß man nicht mehr, aber auch nicht weniger bieten als 1,60 Dollar. Ein Gebot von 1,50 Dollar schlägt nun alle Gebote von 60 Cents oder darunter. Sogar ein Gebot von 70 Cents wird alle Gebote von 60 Cents oder darunter schlagen. Warum? Sobald jemand 70 Cents geboten hat, lohnt es sich für ihn, auf 1,60 Dollar hochzugehen und den garantierten Sieg zu erreichen. Wenn diese Selbstbindung etabliert ist, dann lohnt es sich für niemanden, der 60 Cents oder weniger geboten hat, den anderen herauszufordern.

Wir erwarten, daß entweder Eli oder John 70 Cents bieten werden, und daß der Steigerungsprozeß damit endet. Obwohl die Zahlen sich verändern werden, hängt diese Schlußfolgerung nicht davon ab, daß es nur zwei Bieter gibt. Wenn die Budgets unterschiedlich groß sind, dann läßt sich die Antwort durch die Technik des Zurückschließens vom Ende her immer noch herausfinden. Aber es ist entscheidend, daß jeder das Budget der anderen kennt. Wenn die Budgets unbekannt sind, wie man es wohl erwarten würde, dann existiert ein Gleichgewicht nur für gemischte Strategien.

Natürlich gibt es eine viel einfachere und profitablere Lösung für die Studenten: eine Absprache. Wenn die Bieter sich einigen, dann wird einer von ihnen zehn Cents bieten, keiner geht mit, und die Gruppe teilt sich den Gewinn von 90 Cents.

Sie können diese Geschichte als Beleg dafür ansehen, wie verrückt die College-Studenten in Yale sind. Aber ist die Eskalation der Atomwaffenarsenale der Supermächte so viel anders? Beide wendeten Billionen von Dollar auf in der Hoffnung, den einen »Dollar« des Sieges zu gewinnen. Eine Absprache, die friedliche Koexistenz bedeutet, ist eine wesentlich profitablere Lösung.

13. Das Problem König Lears

» – Sagt mir meine Töchter,
Da wir uns jetzt entäußern der Regierung,
Des Landbesitzes und der Staatsgeschäfte,
Welche von Euch liebt uns nun wohl am meisten?
Daß wir die reichste Gabe spenden, wo
Verdienst sie und Natur heischt.«

Shakespeare, King Lear

King Lear sorgte sich darum, wie seine Kinder ihn im Alter behandeln würden. Zu seinem großen Leidwesen mußte er dabei feststellen, daß Kinder nicht immer halten, was sie versprechen.

Neben Liebe und Respekt bewegt die Kinder auch die Aussicht auf ein Erbe. Wir untersuchen hier, wie eine Erbschaft strategisch so eingesetzt werden kann, daß Kinder motiviert werden, ihre Eltern zu besuchen.

Stellen Sie sich vor, die Eltern möchten gerne, daß jedes ihrer Kinder sie einmal pro Woche besucht und zweimal pro Woche anruft. Um die richtigen Anreize zu setzen, drohen sie damit, jedes Kind zu enterben, das diese Vorgaben nicht erfüllt. Unter den Kindern, die die Vorgabe einhalten, wird der Nachlaß gleichmäßig aufgeteilt. (Der Plan motiviert also nicht nur zu Besuchen sondern hat auch den Vorteil, daß die Kinder keinen Anreiz haben, die Eltern mit permanenter Aufmerksamkeit zu ersticken.)

Die Kinder erkennen nun, daß die Eltern doch nicht bereit sind, alle ihre Kinder zu enterben. Sie treffen sich und sprechen ab, die Zahl ihrer Besuche zu reduzieren, möglicherweise sogar bis auf Null.

In dieser Lage ziehen die Eltern Sie zu Rate und wollen von Ihnen wissen, wie sie das Testament ändern können. Wo ein letzter Wille ist, ist auch ein Weg, ihn durchzusetzen. Aber wie? Sie dürfen nicht sämtliche Kinder enterben.

Diskussion

Wie schon zuvor wird jedes Kind enterbt, das die Vorgaben nicht erfüllt. Das Problem ist, was man tun soll, wenn alle unter den Vorgaben liegen. In diesem Fall sollten Sie den gesamten Nachlaß an dasjenige Kind geben, das noch die meisten Anrufe und Besuche gemacht hat. Das Kartell der Kinder zur Beschränkung der Besuche läßt sich dann nicht mehr aufrechterhalten. Wir haben die Kinder in ein Mehrpersonen-Dilemma gesteckt: Schon die kleinste Schummelei bringt eine gewaltige Belohnung. Ein Kind, das nur einen einzigen zusätzlichen Anruf macht, erhöht seine Erbschaft von einem gleichen Anteil auf 100 Prozent. Der einzige Ausweg besteht darin, den Wünschen der Eltern zu folgen. (Es ist klar, daß diese Strategie bei Einzelkindern versagt. Für Paare mit einem Einzelkind gibt es keine gute Lösung - tut uns leid.)

14. Streitsache United States gegen Alcoa

Ein Unternehmen, das in einer Branche alleine gut etabliert ist, zieht Vorteile daraus, wenn neue Wettbewerber draußen gehalten werden: Es kann dann die Preise auf Monopolniveau anheben. Weil Monopole aber für die Gesellschaft insgesamt schädlich sind, versuchen Kartellbehörden, Unternehmen aufzuspüren und zu verfolgen, die ihre Rivalen mit geschickten Strategien vom Markteintritt abschrecken.

1945 wurde die Aluminum Corporation of America (Alcoa) von den amerikanischen Antitrust-Behörden einer solchen Praxis überführt. Ein Appellationsgremium urteilte, daß Alcoa fortgesetzt mehr Raffinationskapazität aufgebaut habe, als allein durch die Nachfrageentwicklung gerechtfertigt war. In seinem Urteil sagte der Richter Learned Hand:

> »Es war nicht unvermeidlich, daß Alcoa ständig einen Nachfrageanstieg für Rohbarren erwarten und sich auf entsprechende Lieferfähigkeit einstellen mußte. Alcoa war durch nichts gezwungen, die Kapazität immer wieder zu verdoppeln und zu vervierfachen, ehe andere in das Feld eindrangen. Alcoa beharrt zwar darauf, daß man niemals Wettbewerber ausgeschlossen habe; aber wir können uns keine wirksamere Technik des Ausschlusses vorstellen als die, progressiv jede Möglichkeit zu ergreifen, die sich bietet, und jedem Neuling neue Kapazität entgegenzusetzen, die bereits in eine große Organisation eingebunden ist.«

Dieser Fall ist unter Antitrust-Juristen und -ökonomen ausführlich diskutiert worden.(7) An dieser Stelle fordern wir Sie auf, seine konzeptionelle Grundlage zu betrachten. Wie konnte der Aufbau überschüssiger Kapazität neue Konkurrenten vom Markteintritt abschrecken? Was unterscheidet diese Strategie von anderen? Warum könnte sie versagen?

Diskussion

Ein etabliertes Unternehmen möchte potentielle neue Wettbewerber davon überzeugen, daß das Geschäft für sie nicht profitabel wäre. Das bedeutet im Grunde, daß der Preis zu niedrig wäre, um ihre Kosten zu decken, sollten sie in den Markt kommen. Natürlich könnte ein etabliertes Unternehmen einfach verkünden, daß es einen gnadenlosen Preiskampf gegen jeden Neuankömmling führen wird. Aber warum sollte der Neue diese verbale Drohung glauben? Schließlich ist ein Preiskampf auch für das etablierte Unternehmen teuer.

Wenn Kapazität aufgebaut wird, die den gegenwärtigen Produktionsbedarf übersteigt, dann wird die Drohung des etablierten Unternehmens glaubwürdig. Denn wenn solche Kapazität vorhanden ist, dann kann die Produktion schneller und zu geringeren Kosten hochgefahren werden. Man muß zur vorhandenen Ausrüstung nur noch die Arbeitskräfte einstellen und die Rohstoffe besorgen; die Kapitalinvestitionen sind bereits getätigt und spielen in der aktuellen Entscheidung keine Rolle mehr. Ein Preiskampf kann leichter und billiger geführt werden und ist daher auch glaubwürdiger.

Die strategische Logik stimmt, aber wird ein solcher Trick in der Praxis funktionieren? Es gibt zumindest zwei Einschränkungen, die seine Erfolgsaussichten begrenzen. Erstens ist es möglich, daß bereits viele Unternehmen im Markt sind. Die Abschreckung von Neulingen verschafft allen höhere Gewinne. Wird dann ein einzelnes Unternehmen die Kosten der Kapazität tragen, wenn es nur einen Teil der Vorteile erhält? Dies ist ein Standardfall des Gefangenendilemmas. Wenn ein einzelnes Unternehmen groß genug ist, dann ist es vielleicht in seinem eigenen Interesse, der Branche insgesamt den Dienst zu erweisen. Andernfalls müßten die Unternehmen sich aber zum Aufbau der Kapazität absprechen. Vor den Kartellbehörden ist das womöglich nur schwer zu verstecken.

Im Fall Alcoa mag man das Dilemma, wer die Kapazität aufbaut, für nicht so schwerwiegend halten: Im Markt für primäres Rohaluminium hatte Alcoa einen Marktanteil von 90 Prozent. Aber - und das ist die zweite Einschränkung - ist das der relevante Markt? Selbst wenn es keine anderen Hersteller von primärem Rohaluminium gibt, so gibt es doch Wettbewerb in Form der Sekundärschmelze aus Aluminiumschrott. Das gleiche gilt für Alcoas eigene künftige Produktion. Viele Aluminiumprodukte sind sehr haltbar, und wenn Alcoa in Zukunft mehr Aluminium auf den Markt bringt, dann wird der Wert dieser Produkte sinken. Wenn das Unternehmen seinen Abnehmern nicht glaubwürdig garantieren kann, daß es seine eigene zukünftige Produktion begrenzen wird, dann werden diese entsprechende Wertverluste ihrer Produkte fürchten. Ihre Zahlungsbereitschaft für heutiges Aluminium wird sinken. Dies ist das gleiche Problem, das IBM mit seinen Großrechnern hatte. Die Lösung mit Hilfe eines Verleihs ist hier allerdings wesentlich schwieriger umzusetzen: Alcoa müßte seinen Geschäftsbereich auf alle möglichen Produkte ausdehnen, die auf Aluminium aufbauen.

15. Die lieben Kleinen

Eltern stehen oft vor einem schwierigen Problem, wenn sie ihre Kinder bestrafen wollen. Kinder haben einen erstaunlichen Sinn dafür, daß die Drohung der Eltern, sie zu bestrafen, nicht glaubwürdig ist. Sie merken, daß die Bestrafung die Eltern genauso schmerzen würde wie die Kinder (wenngleich aus sehr unterschiedlichen Gründen). Üblicherweise mogeln sich Eltern um den Widerspruch mit der Theorie herum, daß die Strafe nur zum Besten des Kindes sei. Wie können Eltern ihre Drohungen, schlechtes Benehmen zu bestrafen, glaubwürdiger machen?

Diskussion

Bei zwei Elternteilen und einem Kind haben wir ein Drei-Personen-Spiel. Teamwork kann den Eltern helfen, eine Strafdrohung gegenüber einem ungezogenen Kind glaubwürdig zu machen. Nehmen wir an, der Sohn ist ungezogen, und der Vater ist an der Reihe, die Bestrafung auszuführen. Wenn der Sohn nun versucht, sich zu retten, indem er darauf hinweist, daß das Verhalten des Vaters »irrational« sei, dann kann der Vater antworten, daß er in der Tat den Sohn lieber nicht strafen würde - wenn er die Wahl hätte. Würde er die Bestrafung jedoch nicht ausführen, dann wäre das ein Bruch der Vereinbarungen mit seiner Frau. Der Bruch dieser Vereinbarungen wäre für den Vater noch schlimmer als sein Kind zu bestrafen. Die Strafdrohung wird damit glaubwürdig.

Sogar Alleinerziehende können dieses Spiel spielen, aber das Argument wird komplizierter, weil die Strafvereinbarung mit dem Kind getroffen werden muß. Nehmen wir erneut an, der Sohn sei ungezogen, und der Vater sollte ihn bestrafen. Wenn der Sohn versucht, sich zu retten, indem er darauf hinweist, daß das Verhalten des Vaters »irrational« sei, kann der Vater antworten, daß er in der Tat den Sohn lieber nicht strafen würde - wenn er denn die Wahl hätte. Würde er die Strafe jedoch nicht ausführen, dann wäre das ein Vergehen seinerseits, und zwar ein Vergehen, für das er bestraft werden müßte. Er straft seinen Sohn also nur, um nicht selber bestraft zu werden. Aber wer könnte den Vater schon strafen? Es ist der Sohn! Der Sohn antwortet, daß er dem Vater schon vergeben und ihn nicht strafen werde, wenn der Vater umgekehrt auch dem Sohn vergebe und ihn nicht strafe. Darauf antwortet der Vater, daß eine solche Großzügigkeit des Sohnes schon *das zweite* strafwürdige Vergehen des Sohns am selben Tag sei! Und so weiter und so fort sorgen beide dafür, daß sie sich an die Regeln halten. Es mag ein wenig weithergeholt sein, aber es ist sicherlich nicht verkorkster als die meisten Argumente, die angeführt werden, um die Bestrafung ungezogener Kinder zu rechtfertigen.

16. Wie man ein Heimspiel gewinnt

In Kapitel 1 erzählten wir die Geschichte, wie man im America Cup die Führung behält. Weil jedes Boot das andere beobachten kann, war es recht einfach für Dennis Conner, den Kurs seines Konkurrenten John Bertrand zu verfolgen. Es wird schwieriger, vorne zu bleiben, wenn die Züge simultan erfolgen: Vorhersage statt Beobachtung ist dann gefordert.

Beim sogenannten Duplicate Bridge spielen zwei Teams, die jeweils das gleiche Blatt erhalten haben, gegen zwei unterschiedliche Gegner. Entscheidend ist, wie gut ein Team im Vergleich zu den Rivalen mit dem gleichen Blatt abschneidet. Stellen Sie sich vor, daß Sie in einem Turnier für Team A spielen. Bevor das letzte Blatt ausgeteilt wird, führen Sie vor Team B, den großen Bridge-Meistern Goren und Zeck.

So wie beim Skatspiel gereizt wird, wird beim Bridge zunächst geboten. Die bietende Partei muß sich in einem sogenannten »Kontrakt« selbst darauf festlegen, wie sie das Spiel gewinnen wird: Zum einen legt sie eine Trumpffarbe (Kreuz, Karo, Herz, Pik) fest oder spielt »ohne Trumpf«, was am meisten Punkte bringt. Zum zweiten erklärt sie, wieviele der insgesamt 13 Stiche sie machen wird. Dabei werden allerdings nur die Stiche oberhalb der Gewinnschwelle, die sogenannten »Tricks«, gezählt; eine Partei die »1« ansagt, verpflichtet sich also zum Beispiel zu 6+1 = 7 Stichen. Eine Partei die »2« ansagt, verpflichtet sich zu 6+2 = 8 Stichen und so weiter.

Ihr Blatt in der letzten Runde ist beinahe, aber nicht ganz perfekt. Ein Spiel »6 ohne Trumpf« (es gibt keine Trumpffarbe und sie verpflichten sich zu 6+6 =12 Stichen) werden Sie mit Sicherheit gewinnen. Sie schätzen, daß Sie eine 50prozentige Chance haben, auch »7 ohne Trumpf« zu gewinnen. Dasselbe gilt allerdings auch für das parallel stattfindende Spiel von Goren und Zeck.* Wenn Sie »7 ohne Trumpf« bieten und gewinnen, dann gewinnen Sie mit Sicherheit auch das Turnier. Auch wenn Sie »7 ohne Trumpf« bieten und verlieren, dann gewinnen Sie das Turnier, solange Goren und Zeck mit dem gleichen Kontrakt ebenfalls verlieren. Bieten beide Teams »6 ohne Trumpf«, dann gewinnen Sie das

* Es ist bei diesem Problem wichtig, daß Ihre Chance, »7 ohne Trumpf« zu gewinnen, unabhängig ist von den Chancen des Team B, auch wenn beide Teams das gleiche Blatt spielen.

Turnier in jedem Fall, weil Sie mit einem Vorsprung in die letzte Runde gegangen sind. Bieten Sie »6« und Goren und Zeck bieten »7 ohne Trumpf« und gewinnen dieses Spiel, dann werden Sie von Ihren beiden Gegnern überholt. Team B gewinnt das Turnier.

Was sollten Sie tun, um die Chance zu maximieren, das Turnier zu gewinnen? Was werden Goren und Zeck Ihrer Meinung nach tun? Mit welcher Wahrscheinlichkeit werden Sie gewinnen?

Diskussion

Sie versuchen, Ihre Gewinnchance zu maximieren. Die folgende Tabelle zeigt Ihre Erfolgswahrscheinlichkeit in Abhängigkeit davon, wer was tut:

Siegchancen Ihres Teams

		Goren und Zeck: »7 ohne Trumpf«	Goren und Zeck: »6 ohne Trumpf«
Ihr Team	»7 ohne Trumpf«	0,75	0,50
	»6 ohne Trumpf«	0,50	1,0

Wo kommen diese Zahlen her? Bieten beide Teams »7 ohne Trumpf«, dann verlieren Sie das Turnier nur, wenn Goren und Zeck das Spiel gewinnen, während Sie Ihres verlieren. Die Wahrscheinlichkeit dafür beträgt 1 zu 4; in drei von vier Fällen werden Sie das Turnier also gewinnen. Wenn nur Sie »7 ohne Trumpf« bieten, dann gewinnen Sie das Turnier nur dann, wenn Sie Ihr Spiel gewinnen; wenn Sie es verlieren, dann verlieren Sie auch das Turnier. Ihre Chancen stehen also 50-50. Wenn Sie »6 ohne Trumpf« bieten und Team B bietet »7 ohne Trumpf«, dann gewinnen Sie das Turnier nur dann, wenn Ihre Gegner verlieren; wieder stehen die Chancen also 50-50. Wenn keine der Parteien »7« bietet, dann gewinnen Sie das Turnier mit Sicherheit.

Nachdem die Tabelle ausgefüllt ist, wird es einfach, die Gleichgewichtsstrategie auszurechnen. Mit Hilfe der Williams Methode stellen wir fest, daß »7 ohne Trumpf« in zwei Drittel aller Fälle geboten werden sollte, »6 ohne Trumpf« in einem Drittel.* Wenn wir die Quoten spalten- statt reihenweise berechnen und berücksichtigen, daß Ihre Chance auf einen Sieg der Wahrscheinlichkeit entspricht, daß Team B verliert, dann stellen wir fest, daß Goren und Zeck mit einer Wahrscheinlichkeit von (2/3) »7 ohne Trumpf« und mit einer Wahrscheinlichkeit von (1/3) »6 ohne Trumpf« spielen sollten.

Mit welcher Wahrscheinlichkeit gewinnen Sie das Turnier? Sie können bei dieser Situation damit rechnen, in zwei von drei Fällen zu gewinnen. Wenn Sie zum Beispiel »7« bieten, dann bieten Goren und Zeck mit einer Wahrscheinlichkeit von (2/3) ebenfalls »7«. Ihre Erfolgschance beträgt dann 0,75. Mit einer Wahrscheinlichkeit von (1/3) bieten die beiden »6«, Ihre Erfolgschance beträgt dann 0,5. Der gewichtete Durchschnitt beträgt $(2/3)\times(3/4) + (1/3)\times(1/2) = (2/3)$. Sie können selber überprüfen, daß es zur selben Erfolgschance führt, wenn Sie »6 ohne Trumpf« bieten.

Unterstellen wir, Ihnen wäre die Idee des Mischens unbekannt, und Sie würden in einer solchen Situation immer »7 ohne Trumpf« bieten. Wenn die Meisterspieler Goren und Zeck dieses Verhaltensmuster herausfinden, dann würden sie niemals »7« bieten, und Ihre Erfolgschance fiele auf 0,5. Der Vorteil Ihrer Gleichgewichtsmischung besteht darin, daß Ihre Gegner Sie nie überlisten können.

17. Die Geschworenen und das Spiel mit dem Abgrund

Am 25. März 1988 stand Richter Howard E. Bell, der den Vorsitz im spektakulären »Preppy Murder«-Prozeß führte, vor einem schwierigen Problem. Nach Zeitungsberichten »stand die Jury der 12 Geschworenen vor dem Zerfall. Verzweifelte Geschworene schickten Briefe, in denen sie darum baten, von dem Fall entbunden zu werden. Ein Mann brach vor dem Richter in Tränen aus und sagte, seine psychische Gesundheit sei durch die Belastungen ruiniert worden. Um Mittag kamen zu gleicher Zeit zwei kurze Stellungnahmen heraus – eine von der Sprecherin der Geschworenen, die sagte, ihre Gruppe stecke ›in einer Sack-

* Im Gleichgewicht beträgt das Verhältnis von »7« zu »6« (1 – 0,5) zu (0,75 – 0,5), oder 2 zu 1.

gasse‹; die andere von einem einzelnen Geschworenen, der sagte, es gebe keine Sackgasse und ein Urteil sei immer noch möglich.« Bei einer unentschiedenen Jury hätte nach den Regeln des amerikanischen Rechtssystems das Verfahren neu aufgerollt werden müssen.

Nach neun Beratungstagen deutete schließlich immer mehr darauf hin, daß eine Entscheidung der Jury, wenn sie denn zustande kommen sollte, völlig unberechenbar sein würde: »Die Geschworenen sagten später, daß die Stimmen wild zwischen beiden Alternativen hin und herschwankten: Freispruch oder Schuldspruch wegen Mords«.

Der Staatsanwältin und der Familie des Opfers wäre es in dieser Situation lieber gewesen, sie hätten die Sicherheit bekommen können, daß der Angeklagte Robert Chambers irgendeine Strafe erhält - anstatt das Ergebnis in die Hände einer immer erratischeren Jury legen oder gar ohne Urteil in ein neues Verfahren gehen zu müssen.

Die Verteidigung und die Familie des Angeklagten hatten ebenfalls Grund zur Sorge: Auch für sie wäre eine völlig unberechenbare Jury-Entscheidung oder gar ein ganz neues Verfahren schlechter gewesen als ein juristischer Kompromiß, ein sogenannter Plea Bargain: Dabei hat der amerikanische Richter im Zusammenspiel mit Staatsanwaltschaft und Verteidigung die Möglichkeit, bestimmte Anklagepunkte fallen zu lassen, wenn der Angeklagte sich in anderen Punkten schuldig bekennt.

Richter Bell hat keinen Einfluß darauf, wie lange die Jury brauchen wird, bis sie sich zu einem Beschluß durchringt. Wie kann er Brinkmanship einsetzen, um den beiden Parteien zu helfen?

Diskussion

Richter Bell nutzt das Risiko, daß die Jury eine Entscheidung trifft oder in eine hoffnungslose Blockade gerät, als Drohung, um die beiden Parteien an den Verhandlungstisch zu bringen. Während Staatsanwaltschaft und Verteidigung über eine Einigung verhandeln, kann die Jury jederzeit zu einem Beschluß kommen oder das Verfahren platzen lassen.

Es gibt keine klare Linie, die besagt, daß die Geschworenen nach zehn Tagen und sechs Stunden so oder so zu einem Ende kommen werden. Es gibt nur eine abschüssige Bahn. Richter Bell hat also einen Anreiz, die Jury beisammen zu halten und damit Druck auf die Parteien auszuüben, sich zu einigen. Selbst wenn er weiß, daß die Jury in einer endgültigen Sackgasse steckt, sollte er das vor den Prozeßparteien verheimlichen. Den Geschworenen kann er ruhig nahelegen, noch ein oder zwei Tage Monopoly zu spielen.

Wenn das Ergebnis der Jury-Beratungen bekannt wäre, dann wäre das Risiko beseitigt, und die beiden Parteien hätten keinen Anreiz zum Kompromiß mehr. Nur weil beide Seiten die Belastung durch das Risiko unterschiedlich wahrnehmen, können sie zusammengebracht werden, um sich zu einigen.

Wenn ein Fall vor ein Geschworenengericht gebracht wird, dann erzeugt das amerikanische Rechtssystem ein Risiko, das nicht kontrolliert werden kann. Anfangs mag man glauben, es sei klar, wie die Jury entscheiden wird, und das Risiko sei deshalb im Griff. Aber im Verlaufe des Verfahrens wird die Unsicherheit über den Ausgang immer dominierender. Beide Prozeßparteien entwickeln ähnliche Vorstellungen von der wahrscheinlichen Entscheidung der Jury, und sie können die Unsicherheit dann dadurch beseitigen, daß sie sich auf ihren eigenen Kompromiß einigen.

Ob Richter Bell bewußt ein Spiel mit dem Abgrund betrieb oder nicht - im Ergebnis verlängerte er eine abschüssige Bahn, die alle Beteiligten Zuflucht auf dem festen Grund des Plea Bargain suchen ließ.

18. Das Recht auf Einmischung

Liberale oder libertäre Sozialphilosophen sind der Grundüberzeugung, daß jedermann das Recht hat, bestimmte Entscheidungen ohne Einmischung von außen zu treffen. Können gesellschaftliche Entscheidungen im Einklang mit diesem Prinzip getroffen werden?

Betrachten wir eine Frage, die die meisten Leute wohl sicher im Bereich persönlicher Entscheidungsfreiheit ansiedeln würden: Die Farbe der Wände im Schlafzimmer. Nehmen wir zwei Personen, Rosencrantz und Guildenstern, und zwei Farben, Rot und Grün. Wir schreiben RG für den Fall, daß Rosencrantz' Schlafzimmerwände rot und Guildensterns Wände grün sind. GR ist der umgekehrte Fall, bei RR sind beide Wände rot und bei GG sind beide grün.

Eine mögliche Interpretation des libertären Prinzips lautet nun: »Stehen Alternativen zur Auswahl, die sich nur in der Farbe der Wände einer Person unterscheiden, dann sollte die Präferenz dieser Person von der Gesellschaft akzeptiert werden.«(8) Nehmen Sie an, Rosencrantz ist ein Nonkonformist; er möchte in seiner Wohnung eine andere Farbe als

Guildenstern. Guildenstern ist aber ein Konformist. Er möchte, daß seine Wände dieselbe Farbe haben, wie die von Rosencrantz. Bei diesen Präferenzen gibt es keine Entscheidung, die mit dem libertären Prinzip in Einklang zu bringen ist - probieren Sie die verschiedenen Möglichkeiten aus.(9)

Vielleicht glauben Sie, das Problem besteht darin, daß die Präferenz jeder Person sich strenggenommen gar nicht auf die Farbe der eigenen Wände bezog, sondern auf eine Farbe, die mit der Farbe des Nachbarn identisch ist beziehungsweise genau kontrastiert. Läßt man zu, daß solche Präferenzen gesellschaftliche Entscheidungen bestimmen, dann läuft das darauf hinaus, zuviel Einmischung zuzulassen. Schaffen wir also ein zweites Szenario, in dem eine enger gefaßte libertäre Philosophie gilt: »Wenn eine Person eine bedingungslose Präferenz für die Farbe ihrer Wände hat, und zwei Alternativen unterscheiden sich nur in dieser Farbe, dann sollte die Gesellschaft die Präferenzen dieser Position akzeptieren.«

Nehmen Sie an, Rosencrantz hat eine bedingungslose Präferenz für rote Schlafzimmerwände - er bevorzugt RX gegenüber GX, ganz gleich ob X, die Farbe im Schlafzimmer von Guildenstern, R oder G ist. Gleichzeitig mischt er sich aber auch gerne ein, und es ist ihm noch viel wichtiger, daß Guildensterns Wände rot sind. In seiner Rangordnung der vier Möglichkeiten ist also RR die beste, gefolgt von GR, RG und schließlich GG. Guildenstern hat eine ähnliche Präferenz bezüglich Grün: Erst GG, dann GR, RG und schließlich RR.

Rangordnung der Ergebnisse im zweiten Szenario für (Rosencrantz, Guildenstern)

Rosencrantz' Wand \ Guildensterns Wand	Rot	Grün
Rot	1, 4	3, 3
Grün	2, 2	4, 1

Zeigen Sie, daß das libertäre Prinzip zu einem Ergebnis führen kann, das aus Sicht der beiden Beteiligten schlechter ist als ein anderes Ergebnis. Wie kann das libertäre Prinzip doch funktionieren?

Diskussion

Das libertäre Prinzip führt die Spieler in ein Gefangenendilemma. Rosencrantz' bedingunglose Präferenz für rote Schlafzimmerwände entspricht einer dominanten Strategie. Welche Farbe Guildenstern auch wählt, Rosencrantz stellt sich immer mit Rot besser. Eine libertäre Gesellschaft erlaubt ihm diese Entscheidung. In gleicher Weise sind grüne Schlafzimmerwände für Guildenstern eine dominante Strategie. Auch hier erlaubt eine liberalistische Gesellschaft diese Entscheidung.

Fügt man die Entscheidungen zusammen, erhält man RG. Sowohl Rosencrantz als auch Guildenstern präferieren jedoch GR gegenüber RG. Wie im Gefangenendilemma erhalten wir eine Situation, in der beide Spieler bei Anwendung ihrer dominanten Strategie zu einem für sie schlechteren Ergebnis kommen.

Eine Lösung könnte darin bestehen, das libertäre Prinzip noch enger zu fassen. Die gesellschaftliche Entscheidung könnte lauten, daß Rosencrantz' Präferenz für Rot gegenüber Grün nur dann akzeptiert wird, wenn sie mit noch geringerer Einmischung verbunden ist, in dem Sinne, daß er die beiden Varianten RR und RG jeweils gegenüber den Alternativen GR und GG vorzieht. Das funktioniert, aber nur in der Weise, daß das libertäre Prinzip in der vorliegenden Situation nicht anwendbar ist. Rosencrantz' Präferenzen sind ja nicht so, wie gefordert. Philosophen haben dieses Problem endlos debattiert und weitere Einschränkungen der libertären Rechte entwickelt.(10) Aber die meisten dieser Vorschläge verordnen das libertäre Prinzip für die gesellschaftlichen Entscheidungen von Menschen, die immer noch Präferenzen haben, mit denen sie sich einmischen in das, was andere tun. Eine wirklich dauerhafte und praktikable Lösung erfordert eine allgemeine Übereinkunft darüber, welche Fragen in den Bereich privater Entscheidungsfreiheit gehören, und eine Vereinbarung, in diesen Fragen unsere Präferenzen bezüglich der Entscheidungen anderer Leute aufzugeben (also indifferent zu werden). Oder anders gesagt: Das libertäre Prinzip muß in unsere Präferenzen eingeführt werden, wenn es als gesellschaftliche Norm Erfolg haben soll.

19. Eine Medaille für den Bürgermeister

1987 gelang es dem damaligen Bürgermeister von New York, Ed Koch, die Zahl der zugelassenen Taxis in Manhattan zu erhöhen. In den vorangegangenen fünfzig Jahren war die Bevölkerung Manhattans um 3 Millionen gewachsen, die Zahl der Taxis dagegen nur um 100. Die Knappheit ließ sich unter anderem daran erkennen, daß das offizielle Recht, ein Taxi zu betreiben (eine sogenannte Medaille), 1987 am offenen Markt mit 125.000 Dollar gehandelt wurde. Zur gleichen Zeit wurden Taxis täglich zweimal für zwölfstündige Schichten vermietet, der Mietpreis lag bei 60 Dollar pro Schicht oder 45.000 Dollar pro Jahr.

Wenn die Stadt die 100 neuen Medaillen einfach versteigern würde, dann brächte das 12,5 Millionen Dollar in ihre Kassen. Das Problem ist allerdings, daß alle neuen Eigentümer einer Medaille sich Sorgen machen müßten, daß die Stadt vielleicht etwas entdeckt hat, das zu schön ist, um wahr zu sein. Warum sollte sie nicht im nächsten Jahr weitere 100 Medaillen versteigern? Wenn die Stadt nicht versprechen kann, daß sie die Zahl der Medaillen nicht bis zu dem Punkt vermehren wird, wo sie wertlos werden, dann wird von Anfang an niemand viel dafür zahlen wollen.

Bürgermeister Koch möchte Ihren Rat. Er möchte wissen, wie er Geld in die Stadtkasse bekommen kann, wenn er die Zahl der Taxis erhöht. Er sucht nach einer Möglichkeit, sich selbst (und künftige Bürgermeister) darauf zu verpflichten, daß er den Wert der vorhandenen Medaillen nicht dadurch verwässern wird, daß er ständig neue in Umlauf setzt. Die zuständige Taxi-Kommission ist längst im Chaos versunken, und dem Wort eines Politikers traut niemand. Was schlagen Sie vor?

Diskussion

Der Trick besteht darin, die neuen Medaillen einfach zu verpachten statt sie zu verkaufen. Auf diese Weise zahlt niemand für einen künftigen Wert, der enteignet werden könnte. Der Bürgermeister hat einen Anreiz, die Zahl der Pachtmedaillen zu begrenzen, denn wenn er zu viele ausgibt, dann werden die Pachteinnahmen fallen, möglicherweise bis auf Null, wenn die Medaillen wertlos werden.

Sie merken, daß hier eigentlich nur eine Selbstbindung dadurch geschaffen wird, daß man schrittweise vorgeht. Die Schritte bestehen in diesem Fall nicht aus der Zahl der Medaillen sondern aus der Dauer, für die eine Medaille (aus Sicht des Pächters) gilt. Die Leute sind bereit, dem Bürgermeister für eine Woche oder ein Jahr zu trauen. Wenn neue Gesetze verabschiedet werden sollen, dann braucht das schließlich Zeit. Und auf dem Spiel steht maximal der Jahreswert einer Medaille. Anstatt die Medaille für dieses Jahr und die Medaille für das nächste Jahr und überhaupt sämtliche künftige Medaillen gebündelt als eine ewig gültige Medaille zu verkaufen, kann der Bürgermeister seine Glaubwürdigkeit wiederherstellen, indem er diese Medaillen jeweils einzeln verkauft. Das geschieht einfach dadurch, daß er sie verpachtet.

20. Die Flinte im Schrank

In den USA haben viele Hausbesitzer Schußwaffen zur Selbstverteidigung. In Großbritannien fast niemand. Kulturelle Unterschiede sind dafür eine mögliche Erklärung. Strategische Züge sind eine andere.

In beiden Ländern zieht es die Mehrheit der Hausbesitzer vor, in einer unbewaffneten Gesellschaft zu leben. Aber sie sind bereit, eine Waffe zu kaufen, wenn sie Grund zur Sorge haben, daß Kriminelle bewaffnet sein werden. Viele Kriminelle tragen Schußwaffen gern als Arbeitswerkzeug mit sich herum.

Die untenstehende Tabelle könnte eine mögliche Rangfolge der Ergebnisse aus Sicht beider Gruppen sein. Anstatt konkrete monetäre Auszahlungen anzugeben, haben wir die Ergebnisse einfach mit Rangpunkten von 1 bis 4 für jede Seite bewertet.

Rangordnung der Ergebnisse für (Hausbesitzer, Kriminelle)

Hausbesitzer \ Kriminelle	Keine Waffen	Waffen
Keine Waffen	1, 2	4, 1
Waffen	2, 4	3, 3

Wenn es keine strategischen Züge gäbe, dann könnten wir dies als ein Spiel mit simultanen Zügen analysieren und die Techniken aus Kapitel 3 anwenden. Wir suchen zunächst nach dominanten Strategien. Da aus Sicht der Kriminellen die Punktwerte in der rechten Spalte immer höher sind als diejenigen in der entsprechenden Zeile in der linken Spalte, haben die Kriminellen eine dominante Strategie: Sie tragen lieber Waffen, egal ob die Hausbesitzer bewaffnet sind oder nicht.

Die Hausbesitzer haben keine dominante Strategie; sie vergelten lieber gleiches mit gleichem. Wenn die Kriminellen unbewaffnet sind, dann braucht man keine Schußwaffe zur Selbstverteidigung.

Was ist das erwartete Ergebnis, wenn wir dieses Spiel als eines mit simultanen Zügen modellieren? Gemäß unserer Regel 2 erwarten wir, daß die Seite mit einer dominanten Strategie diese verwenden wird. Die andere Seite wählt ihre beste Antwort auf die dominante Strategie ihres Gegners. Da Schußwaffen die dominante Strategie für Kriminelle sind, ist dies ihre bevorzugte Handlungsalternative. Die Hausbesitzer wählen ihre beste Antwort und legen sich ebenfalls eine Waffe zu. Das entstehende Gleichgewicht hat die Punktzahl [3,3], das drittbeste Ergebnis für beide Parteien.

Trotz ihrer gegensätzlichen Interessen können sich beide Seiten auf eines verständigen: Beiden ist die Situation, in der keine Partei Waffen trägt [1,2] lieber als der Fall, in dem beide sich bewaffnen [3,3]. Welcher strategische Zug macht dies möglich, und wie kann er glaubwürdig gemacht werden?

Diskussion

Stellen Sie sich für einen Moment vor, daß die Kriminellen der simultanen Entscheidungsfindung zuvorkommen und einen strategischen Zug machen könnten. In diesem sequentiellen Spiel brauchen die Hausbesitzer nicht vorherzusagen, was die Kriminellen tun werden. Sie würden den Zug der Kriminellen beobachten und sehen, daß diese unbewaffnet sind. Die Hausbesitzer wählen dann ihre beste Antwort auf die Selbstbindung der Kriminellen und verzichten ebenfalls auf Waffen. Dieses Ergebnis wird mit [1,2] bewertet und stellt beide Parteien besser.

Es ist nicht überraschend, daß die Kriminellen sich besser stellen können, indem sie eine Selbstbindung eingehen.* Aber auch die Hausbesitzer stellen sich besser. Der Grund besteht darin, daß für beide Parteien

* Könnten die Kriminellen noch besser abschneiden? Nein. Ihr bestes Ergebnis ist für die Hausbesitzer das schlechteste. Da die Hausbesitzer sich Rang 3 oder einen besseren immer dadurch sichern können, daß sie Waffen besitzen, gibt es keinen strategischen Zug für die Kriminellen, der die Hausbesitzer auf ihren Rang 4 drückt. Eine Selbstbindung, unbewaffnet zur Arbeit zu gehen, ist deshalb der beste Zug für die Kriminellen. Wie steht es mit einer Selbstbindung der Kriminellen, sich Waffen zuzulegen? Das ist ihre dominante Strategie. Die Hausbesitzer erwarten das

der Zug der anderen Seite wichtiger ist als der eigene. Die Hausbesitzer können den Zug der Kriminellen umkehren, indem sie ihnen erlauben, einen bedingungslosen Zug zu machen.*

In der Realität sind weder die Hausbesitzer noch die Kriminellen ein homogener, einzelner Spieler. Obwohl die Kriminellen als Gruppe gewinnen könnten, wenn sie die Initiative übernähmen und auf Waffen verzichteten, kann jeder einzelne Verbrecher sich einen Vorteil verschaffen, wenn er schummelt und die Regel bricht. Dieses Gefangenendilemma zerstört die Glaubwürdigkeit einer Initiative der Kriminellen. Sie brauchen eine Möglichkeit, sich als Gruppe mit einer gemeinsamen Selbstbindung zusammenzuschließen.

Wenn ein Land eine Geschichte sehr strenger Waffengesetze hat, dann sind Schußwaffen nicht verfügbar. Hausbesitzer können sicher sein, daß Kriminelle unbewaffnet sind. Die strikte Kontrolle von Schußwaffen in Großbritannien erlaubt es Kriminellen, sich selber zu binden, unbewaffnet an die Arbeit zu gehen. Diese Selbstbindung ist glaubwürdig, denn sie haben keine Alternative. In den USA führt die größere Verbreitung von Schußwaffen dazu, daß Kriminelle sich nicht binden können, unbewaffnet zu arbeiten. In der Folge bewaffnen sich die Hausbesitzer. Beide Seiten stellen sich schlechter.

Natürlich vereinfacht dieses Argument die Realität zu stark. Eine seiner Implikationen ist, daß Kriminelle strenge Waffengesetze unterstützen sollten. Selbst in Großbritannien ist diese Selbstbindung schwer aufrechtzuerhalten. Der lange Konflikt in Nordirland hat indirekte Auswirkungen auf die Verfügbarkeit von Waffen im kriminellen Milieu gehabt. Die Selbstbindung der Kriminellen, keine Waffen zu tragen, beginnt in der Folge zu bröckeln.

Im Rückblick werden Sie bemerken, daß die Umstellung des Spiels von simultanen auf sequentielle Züge einen ungewöhnlichen Effekt hatte: Die Kriminellen entschieden sich, auf ihre dominante Strategie zu

ohnehin, der Schritt hat also keinen strategischen Wert. In Analogie zu Warnungen und Beteuerungen könnte man eine Selbstverpflichtung auf die dominante Strategie als eine »Erklärung« bezeichnen: Sie ist eher informativ als strategisch.

* Was passiert, wenn die Hausbesitzer dem Gegner mit einem ersten Zug zuvorkommen und die Kriminellen antworten lassen? Die Hausbesitzer können damit rechnen, daß die Kriminellen auf jeden bedingungslosen Zug so reagieren werden, daß sie sich bewaffnen. Die Hausbesitzer werden sich dann bewaffnen wollen, und das Ergebnis ist nicht besser als bei simultanen Zügen.

verzichten. Im Spiel mit simultanen Zügen war es dominant für sie, Waffen zu tragen. Im Spiel mit sequentiellen Zügen entschieden sie sich, das nicht zu tun. Der Grund besteht darin, daß ihre eigene Entscheidung bei sequentiellen Zügen die Entscheidung der Hausbesitzer beeinflußt. Aufgrund dieser Interaktion können sie nicht mehr davon ausgehen, daß die Antwort der Hausbesitzer nicht in ihrer Hand liegt. Sie machen den ersten Zug, ihr Handeln beeinflußt daher die Entscheidung der Hausbesitzer. In der sequentiellen Darstellung des Spiels ist es keine dominante Strategie mehr, Waffen zu tragen.

21. Die Grenzen der Spendenbereitschaft

Für den öffentlichen Rundfunk und das öffentliche Fernsehen werden in den USA keine Gebühren erhoben. »Public Television« erhält Zuschüsse aus Steuermitteln, aber ein großer Teil der anspruchsvollen Informations- und Bildungsprogramme wird über private Spenden finanziert. Da jedermann von diesem Angebot profitiert, entsteht ein implizites Verhandlungsproblem: Wer spendet, und wer schaut einfach umsonst mit? Eine genauere Betrachtung der Ähnlichkeiten zwischen Verhandlungen und Spendenwerbung kann dazu beitragen, eine effektivere Spendenkampagne zu planen.

Bei einem Verhandlungsproblem stehen Arbeitgeber und Gewerkschaften unter dem Druck, sich zu einigen, weil im Falle eines Streiks Gewinne verloren gehen. Dieser Anreiz zum Kompromiß ist dem Anreiz sehr ähnlich, den die öffentlichen Fernsehstationen in ihren Spendenkampagnen schaffen: Sie versuchen, den Zuschauern Kosten zu verdeutlichen, die entstehen, wenn nicht gespendet wird. Sie drohen zum Beispiel an, daß Sendungen künftig gestrichen werden; oder sie greifen zu dem unmittelbar wirksamen Instrument, das laufende Programm solange zu unterbrechen, bis ein bestimmtes Spendenziel erreicht ist. Die gewünschten Programme werden als Geiseln genommen, das Lösegeld ist das nächste Spendenziel.

So wie die Beschäftigten den besten Lohnabschluß wollen, so wollen die Fernsehstationen den größtmöglichen Geldbetrag einwerben. Aber wenn sie versuchen, die Grenzen des Machbaren zu überschreiten, dann riskieren sie Verärgerung bei ihren Zuschauern. Die Programme lassen sich nur so lange als Geiseln halten, bis der Zuschauer das Interesse daran verliert.

Der Maximalbetrag möglicher Spenden wird natürlich von der Zahl der Zuschauer und ihrer Bewertung des Programms abhängen. Wenn es N mögliche Spender gibt, und jeder das Programm mit einem Geldbetrag B bewertet, dann sollte man bestenfalls hoffen können, daß die Spendenaktion immer dann erfolgreich ist, wenn der Zielbetrag Z kleiner ist als $N \times B$. Stimmt das? Um diese Frage zu beantworten, betrachten wir den einfachen Fall, in dem es nur zwei mögliche Spender gibt. Das Spendenziel der Station ist 10.000 Dollar (danach setzt sie ihr bisheriges Programm fort), und jeder der potentiellen Spender ist bereit 7.500 Dollar zu zahlen, damit die Kampagne ein Erfolg wird. Es sollte also funktionieren, oder? Das Problem ist, daß keiner von beiden 7.500 Dollar geben will, wenn dann der andere nur 2.500 Dollar gibt und den entstehenden Überschuß allein für sich behält. Hier haben wir ein Verhandlungsproblem: Die gemeinsame Zahlungsbereitschaft beträgt 15.000 Dollar, die Kosten nur 10.000 Dollar. Wie teilen die beiden Parteien den Überschuß von 5.000 Dollar?

Wieder verwenden wir die Idee abwechselnder Angebote, um die Sache zu vereinfachen. In unserem Zusammenhang werden die beiden Spender abwechselnd aufgefordert, eine Spendenzusage zu geben. Es wird solange weiter gesammelt, bis das Ziel erreicht ist. Wir erwarten, daß beide mehr als eine Zusage abgeben werden. Sie sollten die Strategie anwenden, in kleinen Schritten vorzugehen. Damit wird sichergestellt, daß keiner dem anderen zu weit vorauseilt und am Ende einen unfair großen Anteil der Kosten trägt. Aber wenn langsam vorgegangen wird, entstehen dadurch auch Kosten, und diese müssen gegen den möglichen Umfang der Ausbeutung abgewogen werden.

Die Kosten eines langsamen Vorgehens bestehen darin, daß die Spender ungeduldig sind und das Ziel lieber eher als später erreicht sehen möchten. Ein heutiger Nutzen B ist nur noch δ B wert, wenn wir bis morgen warten müssen, ehe wir ihn bekommen, wobei $\delta < 1$. Es ist das gleiche Prinzip wie ein Zinsentgang bei Geldbeträgen; der Wertunterschied zwischen heute und morgen beträgt $B(1 - \delta)$, und wenn Sie sich die verlorenen Nutzen als entgangene Zinsen vorstellen, dann stellen Sie sich $1 - \delta$ als Zinssatz vor. Bedenken Sie schließlich auch, daß in den Kampagnen nur Spenden*zusagen* gemacht werden. Gezahlt werden muß erst, wenn das offizielle Spendenziel erreicht worden ist. Jetzt liegen alle Fakten auf dem Tisch. Wieviel Geld kann die Kampagne einwerben?

Diskussion

Dieses Problem wurde erst vor kurzem von den Ökonomen Anat Admati und Motty Perry gelöst. Eine bemerkenswerte Eigenschaft ihrer Antwort besteht darin, daß der Gesamtbetrag der Spenden nicht von der Zinsvariable δ abhängt. Noch überraschender ist es, daß es möglich ist, den Betrag einzuwerben, der der Summe der Bewertungen aller Spender entspricht. Wenn das Projekt sich also in einer Gesamtbetrachtung lohnt, dann ist es auch möglich, das erforderliche Geld einzuwerben.

Wie immer fangen wir am Ende an und arbeiten uns von dort zurück. Es gibt zwar keine natürliche Zeitperiode, in der die Kampagne endet, aber es gibt ein Spendenaufkommen, das den impliziten Verhandlungsprozeß abschließt. Wenn das Ziel der Kampagne Z Dollar beträgt, dann ist unser Problem beendet, wenn Z Dollar gespendet worden sind. Wenn der zugesagte Gesamtbetrag nahe genug an Z herangekommen ist, dann sollte die Person, die mit einer Zusage dran ist, die Sache zu ihrem Ende bringen, anstatt noch eine Runde zu warten. Wie nah ist nahe genug? Wenn man noch eine Runde wartet, dann besteht der günstigste Fall darin, daß die andere Person die Differenz zahlt. Wenn Sie den Gesamtbetrag also nicht auf Z erhöhen, dann erhalten sie maximal δ V, den vollen Wert des Projekts eine Runde später. Wenn Sie dagegen selber einen Betrag x zusagen, dann erhalten Sie (V - x), also den vollen Wert des Projekts heute abzüglich Ihrer Spende. Es lohnt sich die Spendensumme auf Z zu bringen, wenn

$$x \leqq (1 - \delta)V$$

Die Spende muß geringer sein als der entgangene Zins.

Nun können beide Parteien vorausschauen und sich folgendes überlegen: Sobald das Spendenaufkommen Z - $(1 - \delta)$V erreicht hat, wird das Ziel in der nächsten Runde erfüllt. Wenn der zugesagte Spendenbetrag schon nahe genug an dieser kritischen Grenze ist, dann lohnt es sich, ihn bis dorthin aufzustocken und damit das Ende der Kampagne zu beschleunigen. Beachten Sie allerdings, daß es keinen Anreiz gibt, über diese Schwelle hinaus zu spenden: Damit würden Sie nur die Spende der nächsten Partei vermindern, ohne selber etwas zu sparen. Sie sind auch nicht bereit, den ganzen Fehlbetrag bis Z aufzufüllen, denn das ist teurer, als noch eine Runde bis zum Ende abzuwarten. Wenn Sie also eine Zusage über y geben, dann steigt der Gesamtbetrag auf Z - $(1- \delta)$V,

Ihr persönlicher Payoff beträgt $\delta(V - y)$: Eine Periode später erhalten Sie den Payoff V und lösen ihre Zusage y ein. Alternativ können Sie eine Periode warten und die Position tauschen. Dann spendet die andere Person einen Betrag, der Sie zu $Z - (1-\delta)V$ bringt; es lohnt sich dann für Sie $x = (1-\delta)V$ zu spenden. Ihr Payoff beträgt

$$\delta^2[V - (1 - \delta)V] = \delta^3 V$$

Dies ist der Wert, den es für Sie hat, wenn die Kampagne in zwei Perioden beendet wird, abzüglich der Spenden, die Sie geben. Wenn wir den Wert einer Spende mit weiterem Abwarten vergleichen, dann sehen wir, daß es sich lohnt, zu spenden statt noch eine Periode der Verzögerung zu ertragen, wenn

$$y \leq (1 - \delta^2)V$$

Sie haben bemerkt, daß wir in unseren Berechnungen den Betrag, den eine Person bereits gespendet hatte, nicht berücksichtigt haben. Der Grund besteht darin, daß die Spender immer nach vorne schauen und sich fragen, wieviel sie noch spenden sollten. Ihre bisherigen Spendenzusagen sind nicht Teil dieses Kalküls, denn sie werden so oder so bezahlt und werden von Kosten-Nutzen-Rechnungen deshalb nicht berührt.

Bis jetzt haben wir herausgefunden, wieviel Geld in den letzten beiden Perioden gespendet wird. Mit demselben Argumentationsmuster können wir immer weiter zurückgehen und berechnen, wie lange es dauert, bis das Spendenziel erreicht ist, und zu welchen Spenden die Leute bei jeder Stufe bereit sind, um den Prozeß nicht zu verzögern. Das Gesamtpotential für Spenden ist die Summe dieser Beträge. Sie lautet

$$(1 - \delta)V + (1 - \delta^2)V + \delta(1 - \delta^2)V + \delta^2(1 - \delta^2)V + \ldots = 2V$$

Sie sehen, daß die beiden ersten Terme die Spenden der beiden letzten Perioden sind, so wie wir sie berechnet hatten. Es ist außerdem bemerkenswert, daß das Gesamtpotential für Spenden nicht vom Zinssatz abhängt. Der Gesamtbetrag entspricht der Summe der Bewertungen durch beide Spender. Es ist also möglich, Individuen dazu zu bringen, in der vollen Höhe Ihrer Zahlungsbereitschaft für das Projekt zu spenden. Das legt den Schluß nahe, daß das Ergebnis der Spendenkampagne ein gutes Bild davon gibt, wie hoch die Spender das Projekt bewerten.

22. Die Grenzen der Umverteilung

Die Forderung nach ökonomischer Gleichheit steht in den politischen Systemen vieler Länder an zentraler Stelle. Fast überall nutzt der Staat das Steuersystem in irgendeiner Form zur Umverteilung. Die USA hatten beispielsweise während der sechziger und siebziger Jahre Spitzensteuersätze von über 70 Prozent, während in Schweden die Grenzsteuersätze sogar 100 Prozent übersteigen konnten. Aber im vergangenen Jahrzehnt hat sich der Gedanke durchgesetzt, daß hohe Steuern die Arbeitsanreize zerstören. In den achtziger Jahren wurden deshalb die Spitzensteuersätze dramatisch reduziert, sowohl in den USA als auch im egalitärer ausgerichteten Schweden.

Das Hauptmotiv für die Steuersenkungen waren die schädlichen Wirkungen der Steuern auf Arbeitsanreize. Inzwischen gibt es stärkere Anreize, ein Vermögen aufzubauen, aber es gibt auch größere Ungleichheit der Einkommen. Natürlich gibt es viele Ursachen für Ungleichheit, und die Steuerpolitik ist ein stumpfes Werkzeug, das an den Symptomen kuriert, nicht an den Ursachen. Betrachten Sie die verschiedenen Ursachen für Ungleichheit und die Frage, wie sie die Gestaltung eines idealen Steuersystems beeinflussen. Welche Probleme entstehen bei der Umsetzung dieses idealen Systems? Wie schneidet es im Vergleich zum gegenwärtigen System ab?

Diskussion

Wir beginnen mit einer Betrachtung möglicher Ursachen von Ungleichheit. Zunächst einmal ist da Glück, und zwar in zwei möglichen Formen: Manche Menschen werden mit einem bestimmten angeborenen Talent oder Vorzug gegenüber anderen geboren. Doch selbst unter denen, die von Geburt an gleich sind, sind einige stärker vom Glück begünstigt als andere. Viele Leute finden, daß diese Art der Ungleichheit etwas Unfaires hat, und eine Besteuerung, die solche Vorteile ausgleicht, findet breite Unterstützung.

Dann gibt es eigene Anstrengung. Manche Menschen arbeiten einfach härter und länger als andere. Wenn es heißt, Besteuerung zerstöre die Anreize, dann ist damit meist der Anreiz gemeint, sich anzustrengen. Wer würde schon hart arbeiten, wenn der Staat sofort bereit steht, um einen großen Teil der Belohnung gleich wieder wegzunehmen? Viele Leute halten es auch für moralisch richtig, daß man die Früchte eigener

Anstrengungen behalten können sollte. Knallharte Egalitaristen halten dem entgegen, daß man bereit sein sollte, die Gewinne mit anderen zu teilen.

Nehmen wir an, der Staat möchte zumindest einen Teil der ökonomischen Früchte des Bürgerfleißes einsammeln, er will die Anreize jedoch nicht zerstören. Wenn die Steuerbeamten die Anstrengungen eines jeden Einzelnen beobachten können, dann gibt es kein Problem. Der Steuertarif kann dann unmittelbar auf die Anstrengung bezogen werden, und es kann eine massive Strafsteuer verhängt werden, falls der Umfang der Anstrengungen hinter dem Ideal zurückbleibt.

Tatsächlich ist es aber sehr schwierig, die Anstrengungen von Arbeitskräften zu beobachten. Sie müssen vielleicht täglich die Stechuhr betätigen, aber sie können es locker angehen lassen und die Qualität ihrer Arbeit verringern. Sogar den sowjetisch geprägten Volkswirtschaften, die sehr scharfe Strafen zur Verfügung hatten, gelang es nicht, die Qualität der Arbeit zu verbessern, ohne auf materielle Anreize zurückzugreifen. Sie gerieten in jenen Teufelskreis, in dem die Arbeiter schließlich über den Staat sagten: »Wir tun so, als ob wir arbeiten, und sie tun so, als ob sie uns bezahlen.«

In der Praxis müssen Einsatz und Anstrengung anhand indirekter Indikatoren beurteilt werden, in der Regel anhand des Einkommens, das aus der Anstrengung folgt. Aber dieser Indikator ist nicht perfekt. Ein hohes Einkommen mag daraus resultieren, daß besonders viel oder besonders gut gearbeitet wurde. Es kann aber auch auf eine Glückssträhne zurückzuführen sein. Das Steuersystem kann dann nicht mehr so fein eingestellt werden, daß jeder gerade zur richtigen Anstrengung motiviert wird. Anstelle einer harten Strafe für Drückebergerei müßte der Steuertarif eine harte Strafe für geringes Einkommen vorsehen, und damit die Pechvögel ebenso strafen wie die Drückeberger. Es gibt einen fundamentalen Konflikt zwischen den egalitären Zielen und den Anreizeffekten des Steuersystems, und der Tarif muß eine Balance zwischen beiden finden.

Betrachten wir als nächstes die Talentunterschiede. Der Egalitarist findet es vielleicht vollkommen legitim, die ökonomischen Gewinne wegzusteuern, die aus diesem Grund entstehen. Aber um das tun zu können, muß man die Talentierten aufspüren und dazu bringen, ihr Talent ausnutzen, obwohl sie wissen, daß das entstehende Einkommen von der Steuer weggenommen wird. Das Problem wird noch dadurch verschlimmert, daß auch bei den größten Talenten erhebliche Anstrengungen erforderlich sind, damit ihr Talent zur vollen Entfaltung kommt. Wiederum sind dem Egalitarismus dadurch Grenzen gesetzt, daß er die Gesellschaft zwingen würde, ihre vorhandenen Talente schlecht zu nutzen.

Das beste Beispiel für die Schwierigkeiten, Talente zu identifizieren und anschließend die Früchte ihrer Begabung zu besteuern, war die Behandlung der Spitzenkünstler und -sportler in der Sowjetunion und in anderen kommunistischen Ländern. Die erklärte Politik war es, daß alle Preisgelder der Sportstars und alle Gagen der Topkünstler, die im Westen verdient wurden, an den Staat fließen sollten. Die Individuen erhielten nur ein Gehalt und Spesen. Man könnte meinen, daß solche Leute trotzdem ihr Bestes geben, weil sie durch persönlichen Stolz motiviert sind, die pure Freude daran, ihr Bestes zu geben. In der Praxis lagen die Gehälter und Privilegien dieser Stars weit über dem durchschnittlichen Lebensstandard ihrer Länder. Trotzdem haben sich viele von ihnen in den Westen abgesetzt. Vor einiger Zeit begannen sowjetische Tennisspieler schließlich damit, über den Anteil an den Preisgeldern zu verhandeln, den sie behalten durften - eine ungewöhnliche Variante der Verhandlungen mit dem Finanzamt.

Selbst wenn ein Steuertarif festgelegt worden ist, der versucht, eine Balance zwischen Gleichheit und Anreizen zu finden, dann müssen sich die Finanzbehörden noch Gedanken über seine Durchsetzung machen. Die ökonomischen Endergebnisse der Anstrengungen und des Glücks, das Einkommen und das Vermögen einer Person, lassen sich durch den Staat nicht leicht beobachten. Wer Löhne, Gehälter, Zinsen und Dividenden auszahlt, der muß einen Teil davon direkt als Steuern an das Finanzamt abführen. Trotzdem muß der Staat die Bürger bitten, ihr eigenes Einkommen zu deklarieren. Diese Erklärungen können überprüft werden, aber das ist ein teurer Prozeß, und in der Praxis kann nur ein kleiner Prozentsatz kontrolliert werden. Wer sollte dafür ausgewählt werden?

In unserer Diskussion gemischter Strategien wiesen wir darauf hin, daß öffentlich bekannte Regeln, nach denen Bürger oder Unternehmen zur Steuerprüfung ausgewählt werden, einen entscheidenden Fehler haben: Wer plant, Einkommen zu verheimlichen oder überhöhte Abzüge zu beanspruchen, der wird dafür sorgen, daß er eine Prüfung gerade eben vermeidet; wer sie nicht vermeiden kann, ist ehrlich. Genau die falschen Leute werden überprüft. Eine gewisse Zufälligkeit der Prüfungspraxis ist also erforderlich. Die Wahrscheinlichkeit einer Steuerprüfung sollte von den verschiedenen Positionen in der Steuererklärung abhängen. Aber wie?

Wenn die Steuerzahler sonst völlig identisch wären, dann wären diejenigen mit geringem Einkommen einfach die Pechvögel. Aber jeder kann ein geringes Einkommen deklarieren und hoffen, für einen Pechvogel gehalten zu werden. Das legt den Schluß nahe, daß Leute mit geringem deklariertem Einkommen statistisch häufiger geprüft werden sollten.

Die Steuerzahler sind jedoch nicht vollständig identisch, und die tatsächlichen Unterschiede sind oft wesentlich größer als der Einfluß des Glücks. Eine Steuererklärung mit einem deklarierten Einkommen von 20.000 Dollar dürfte mit viel größerer Wahrscheinlichkeit von einem ehrlichen Fabrikarbeiter stammen als von einem tricksenden Rechtsanwalt. Glücklicherweise haben die Steuerbehörden unabhängige Informationen über den Beruf einer Person. Eine bessere Regel besteht deshalb darin, daß jene Steuererklärungen öfter geprüft werden sollten, bei denen das deklarierte Einkommen gering ist im Vergleich zu dem, was bei einer Person mit dem angegebenen Beruf zu erwarten wäre. Nach demselben Prinzip sollten Prüfungen sich auf solche Erklärungen konzentrieren, bei denen die abgesetzten Beträge höher sind, als man angesichts der anderen Angaben erwarten würde. Mit Hilfe computerisierter Analysen machen die amerikanischen Steuerbehörden in der Tat genau das.

23. Jackpots und Spieltheorie

Jeder Wettspiel-Experte sollte Ihnen sagen, daß Slot-Machines, die Münzspielautomaten die zu Hunderten in den Hallen von Las Vegas stehen, die schlechtesten Chancen überhaupt bieten. Ihre Gewinnaussichten sind minimal. Um diesem Eindruck zu begegnen und das Spiel an den Automaten zu ermutigen, haben einige Kasinos in Las Vegas damit begonnen, mit Rückzahlungsquoten, sogenannten Payback-Ratios, zu werben - dem Anteil je eingesetztem Dollar, der als Gewinn wieder ausgeschüttet wird. Einige Kasinos gehen sogar einen Schritt weiter und garantieren, daß ihre Automaten eine durchschnittliche Rückzahlungsquote haben, die größer ist als 1! Bei diesen Automaten stehen die Gewinnchancen also sogar zu Ihren Gunsten. Wenn Sie sie nur finden und daran spielen könnten - Sie könnten damit rechnen, im statistischen Durschschnitt Geld zu verdienen. Der Trick besteht natürlich darin, daß man Ihnen nicht verrät, um welche Automaten es sich handelt. Wenn damit geworben wird, daß die durchschnittliche Rückzahlungsquote 90 Prozent beträgt, und einige Automaten sogar 120 Prozent erreichen, dann bedeutet das, daß andere Automaten auf weniger als 90 Prozent eingestellt sein müssen. Um es noch schwieriger für Sie zu machen, gibt es keine Garantie, daß die Automaten jeden Tag gleich eingestellt sind - die großzügigen Automaten von heute können morgen die Verlierer sein. Wie sollten Sie vorgehen, um zu erraten, welcher Automat welche Eigenschaften hat?

Diskussion

Weil dies unser letzter Fall ist, können wir zugeben, daß wir die Antwort nicht wissen - und selbst wenn wir sie wüßten, würden wir sie wohl hier nicht erzählen. Strategisches Denken kann Ihnen aber trotzdem helfen, zu besser begründeten Vermutungen zu kommen. Der Trick besteht darin, sich in die Haut des Kasino-Besitzers zu versetzen. Er verdient nur Geld, wenn das Publikum an den ungünstigen Automaten mindestens ebenso oft spielt wie an den großzügigen.

Ist es möglich, daß die Kasinos die großzügigen Automaten »verstekken« können? Wenn jemand an so einem Automaten sitzt, wird er es dann nicht merken? Nicht unbedingt und vor allem nicht unbedingt rechtzeitig! Die durchschnittlichen Auszahlungen eines Automaten hängen zu einem großen Teil von der Chance eines Jackpot-Gewinns ab. Nehmen Sie einen Automaten, der 25-Cents-Münzen schluckt. Ein Jackpot von 10.000 Dollar der mit einer Wahrscheinlichkeit von 1 zu 40.000 geknackt wird, würde zu einer Rückzahlungsquote von 1 führen. Wenn das Kasino die Chance auf 1 zu 30.000 verbesserte, dann wäre die Quote mit 1.33 sogar sehr vorteilhaft. Aber wenn man die Spieler an diesem Automaten beobachtet, sieht man nur Leute, die erfolglos eine Münze nach der anderen in den Schlitz schmeißen. Der sehr naheliegende Schluß wäre, daß dies einer der ungünstigsten Automaten ist. Wenn der Automat schließlich den Jackpot ausschüttet, dann wird er umgebaut und auf ein schlechtere Quote eingestellt.

Im Gegensatz dazu könnte man die ungünstigsten Automaten so einstellen, daß sie mit großer Wahrscheinlichkeit einen großen Anteil zurückzahlen, aber dafür praktisch jede Hoffnung auf den Jackpot schwindet. Nehmen Sie einen Automaten mit einer Rückzahlungsquote von 80 Prozent. Wenn er bei ungefähr jedem fünften Spiel für die eingesetzten 25 Cents einen Dollar Gewinn auszahlt, dann würde dieser Automat ziemlich viel Lärm veranstalten, Aufmerksamkeit und womöglich auch das Geld weiterer Spieler auf sich ziehen.

Vielleicht haben die erfahrenen Spieler das alles schon herausgefunden. Aber selbst wenn: Sie können jede Wette gehen, daß die Kasinobesitzer dann genau das Gegenteil tun. Was auch immer geschieht, nach Toresschluß können die Kasinos jeden Tag feststellen, an welchen Automaten am meisten gespielt wurde. Sie können dann sicherstellen, daß die Automaten, die die meisten Spieler anziehen, tatsächlich diejenigen mit den ungünstigeren Quoten sind. Der Unterschied zwischen 1.20 und 0.80 mag zwar groß erscheinen - und es ist ja auch der Unterschied zwischen Geldverdienen und Geldverlieren -, aber es kann äußerst schwer sein, ihn anhand der vergleichsweise wenigen Experimente eines einzelnen Spielers festzustellen. Die Kasinos können die Auszahlungen so gestalten, daß derartige Rückschlüsse noch schwieriger werden und in den meisten Fällen sogar in die Irre führen.

Die strategische Einsicht besteht darin, daß Kasinos, anders als ein Wohlfahrtsverband, ihre Aufgabe nicht darin sehen, Geschenke zu verteilen. Die Mehrzahl der Spieler muß bei ihrer Suche nach den günstigsten Automaten daneben liegen; denn fände die Mehrzahl den Dreh heraus, dann würde das Kasino wohl eher das Angebot zurückziehen, anstatt Geld zu verlieren. Stellen Sie sich also nicht in eine Warteschlange. Sie können jede Wette gehen, daß die beliebtesten Automaten nicht die mit der höchsten Quote sind.

Anmerkungen

1 Zehn Geschichten über Strategie

1. Sie berichten über ihre Forschungen in: »The Hot Hand in Basketball: On the Misperception of Random Sequences«, in: Cognitive Psychology 17, (1985), Seite 295-314.
2. New York Times vom 22.9.1983, Seite B19
3. Don Cook, Charles de Gaulle. A Biography, New York 1982.
4. David Schoenbrun, The Three Lives of Charles de Gaulle, New York 1966.
5. Gary Hufbauer/Diane Berliner/Ann Elliott Kimberley, Trade Protection in the United States: 31 Case Studies, Washington DC, 1985.

2 Die Antwort Ihres Gegners vorwegnehmen

1. Robert Frost's Poems, New York 1971.
2. Es kann entweder einer von acht Bauern ein oder zwei Felder nach vorne, oder einer der beiden Springer auf eines der je zwei möglichen Felder gezogen werden.

3 Die Strategie Ihres Gegners durchschauen

1. Alfred Lord Tennyson, In Memoriam, New York 1973, S.19-20. Noch besser ist Samuel Butlers Abwandlung Tennysons: »'Tis better to have loved and lost than never to have lost at all« – Besser geliebt und verloren, als niemals verloren. Aus: The Way of All Flesh, New York 1952, Seite 385
2. Zitiert aus »Game Theory: Reagan's Move«, New York Times vom 15.4.1981, Seite D2
3. An der vordersten Front der spieltheoretischen Forschung machen sich Wissenschaftler inzwischen Gedanken über die Grenzen des Nash-Gleichgewichtkonzepts. Sie haben Spiele entwickelt, bei denen ein intuitiv offensichtliches Ergebnis kein Nash-Gleichgewicht ist und umgekehrt. Aber diese Fragen betreffen die meisten Anwendungen der Spieltheorie nicht. Leser, die auf die Grenzen des Nash-Gleichgewichts neugierig sind, finden exzellente Diskussionen bei Ken Binmore, Fun and Games, Lexington, und bei David Kreps, Game Theory and Economic Modelling, Oxford 1990.

4 Wege aus dem Gefangenendilemma

1. Bericht im Wall Street Journal vom 4.12.1986.
2. Robert Axelrod, The Evolution of Cooperation, New York 1984.
3. Dieser Fall basiert auf seinem Artikel: »Issues in the Coordination of Monetary and Fiscal Policy«, in: Monetary Issues in the 1980s, Kansas City, 1983.

5 Strategische Züge

1. Institutional Investor, Juni 1979.
2. Terminologie und ein großer Teil der Analyse gehen zurück auf: Thomas Schelling; The Strategy of Conflict, Cambridge 1960.
3. Oscar Wilde, Lady Windermere's Fan, London 1909.
4. Economic Scene, New York Times vom 10.4.1981, Seite D2 und 15.4.1981, Seite D2.
5. siehe Lionel Giles, Sun Tzu on the Art of War.
6. Siehe John Newhouse; The Sporty Game, New York 1983.
7. Wir wählen die konkreten Zahlen für Kosten und Gewinne hier so, daß unsere Punkte so einfach wie möglich illustriert werden können. Andere Zahlen führen zu anderen Ergebnissen. Zur weiteren Diskussion dieses speziellen Themas siehe: Avinash Dixit/ Albert Kyle; »The Use of Protection and Subsidies for Entry Promotion and Deterrence«, in:American Economic Review, March 1985, Seite 139 -152.

6 Glaubwürdige Selbstbindung

1. Bartlett's Familiar Quotations, Boston 1968, Seite 967.
2. Dashiell Hammett, The Maltese Falcon, San Francisco 1983, Seite 15.
3. Hobbes, Leviathan, London 1973, Seite 71.
4. John F. Kennedy am 25.7.1961; das Zitat ist entnommen aus: Fred Ikle; How Nations Negotiate, New York 1964, Seite 67.
5. Wall Street Journal vom 7.8.1986.
6. Wall Street Journal vom 2.1.1990, Seite B1.
7. Trotzdem könnte es für Mr. Russo schwierig werden, mit einer großen Anzahl von Leuten gleichzeitig neu zu verhandeln. Selbst wenn nur einer widerspricht, ist die Neuverhandlung blockiert.
8. Dieses Beispiel ist aus seiner Commencement Address an der Rand Graduate School entnommen, erschienen als: »Strategy and Self-Command«, Negotiation Journal, Oktober 1989.
9. Prescott, The History of the Conquest of Mexico, Vol. 1, London 1896, Kapitel 8.
10. ibid.
11. Diese Interpretation und weitere mathematische Analysen strategischer Selbstbindung finden sich bei Jeremy Bulow, John Geanakoplos, Paul Klemperer, »Multimarket Oligopoly: Strategic Substitutes and Complements«, in: Journal of Political Economy 93, 9185, Seite 488-511.
12. Beschreibung und Zitat aus: Michael Porter, Cases in Competitive Strategy, New York 1983.
13. Pudd'nhead Wilson's Calendar, New York 1980, Kapitel 15, Seite 73.
14. Thomas Schelling, The Strategy of Conflict, Cambridge 1960, Seite 200.
15. Eine faszinierende Beschreibung der Anreize, mit denen Soldaten für die Schlacht motiviert werden, ist das Buch von: John Keegan, The Face of Battle, New York 1976.
16. Siehe etwa den Bericht von Fisher, McGowan und Greenwood, in: Folded, Spindled and Mutilated, Cambridge 1983.

17. König Heinrich V., deutsche Übersetzung von Berthold Bieker u.a., Stuttgart 1978.
18. Ronald Coase, »Durability and Monopoly«, Journal of Law and Economics 15, April 1972.

7 Unberechenbarkeit

1. New York Times vom 12.10.1986, Seite 5.1-2.
2. David Halberstam, The Summer of'49, New York 1989.
3. The Compleat Strategist, New York 1966.
4. Eine detailliertere Darstellung der Geschichte findet sich bei: Christopher Andrews, Her Majesty's Secret Service, New York 1986.
5. Diese Geschichte ist entnommen aus: Siegmund Freud, Jokes and Their Relationship to the Unconscience, New York 1986.
6. John McDonald, Strategy in Poker, Business and War, New York 1950, Seite 30.

8 Das Spiel mit dem Abgrund - Brinkmanship

1. Zur detaillierten Darstellung der Krise siehe: Elie Abel, The Missile Crisis, New York 1966. Eine wunderbare spieltheoretische Analyse der Kuba-Krise bietet Graham Allison, The Essence of Decision: Explaining the Cuban Missile Crisis, Boston 1971. Wir werden uns in diesem Kapitel wiederholt auf seine Darstellung beziehen.
2. Zu den Indizien, die diese Vermutung stützen, siehe im einzelnen: Graham Allison, a.a.O., Seite 129-130.
3. Allison, a.a.O., Seite 131. Allisons Darstellung basiert auf Elie Abels Rekonstruktion dieser Sitzung.
4. Siehe Schelling, Arms and Influence, New Haven 1966, Seite 70.
5. Die Auszüge stammen aus der Buchvorlage des Films: Dashiel Hammett; The Maltese Falcon, San Francisco 1983, Seite 169.
6. Siehe Graham Allison, a.a.O.
7. Dieses hypothetische Szenario wurde in der britischen Comedy-Fernsehserie »Yes, Prime Minister« ausgemalt.
8. »Inadvertent Nuclear War?«, in: International Security 7 (1982), Seite 28-54.
9. Beide Zitate entnommen aus einem Artikel im New York Times Magazine vom 15.12.1985 (Seite 31-69) über den damaligen Marineminister Lehman.

9 Kooperation und Koordination

1. Diese Schätzung des Vorteils von DSK gegenüber QWERTY geht auf Arbeiten des Psychologen David Rumelhart aus Stanford zurück.
2. Die traurigen Details dieser Geschichte stammen von dem Stanford-Ökonomen W. Brian Arthur, »Competing Technologies and Economic Prediction«, in: Options, Laxenburg 1984. Zusätzliche Informationen bietet der Wirtschaftshistoriker Paul David; »Clio and the Economics of QWERTY«, in: American Economic Review, Papers and Proceedings 1985.
3. Siehe dazu den Artikel von W. Brian Arthur, Yuri Ermoliev und Yuri Kaniovski, »On Generalized Urns of the Polya Kind«. Der Aufsatz wurde ursprünglich in der

sowjetischen Zeitschrift Kibernetika veröffentlicht, es wurde übersetzt und neuveröffentlicht in Cybernetics 19 (1983), Seite 61-71. Ähnliche Resultate mit anderen mathematischen Techniken werden gezeigt von: Bruce Hill, David Lane und William Sudderth; »A Strong Law for Some Generalized Urns Processes«, in: Annals of Probability 8 (1980) Seite 214-226.

4. W. Brian Arthur; a.a.O., Seite 10-13.
5. Siehe R.Burtons Artikel aus dem Jahre 1976; »Recent Advances in Vehicular Steam Efficiency«, Society of Automotive Engineers, Preprint 760340; und der Aufsatz von W. Strack, »Condensers and Boilers for Steam-Powered Cars«, NASA Technical Note TN D-5813, Washington DC 1970. Während es unter Ingenieuren strittig sein mag, ob die Dampf-Technik insgesamt überlegen sein könnte, besteht ein großer Vorteil bei Dampf- oder Elektromotoren in der Verringerung der Umweltverschmutzung.
6. Diese Vergleiche sind aufgeführt im Arbeitspapier von: Robin Cowens, »Nuclear Power Reactors: A Study in Technological Lock-In«, New York University 1988. Zu den einschlägigen Studien, die diese Schlußfolgerung aus Ingenieurssicht stützen zählen: Hugh MacIntyre, »Natural Uranium Heavy-Water Reactors«, in: Scientific American 1975; Harold Agnew, »Gas-Cooled Nuclear Power Reactors«, in: Scientific American 1981; und Eliot Marshall, »The Gas-Cooled Reactor Makes A Comeback«, in: Science 1984.
7. Das Zitat ist entnommen aus: M. Hertsgaard, The Men and Money Behind Nuclear Energy, New York 1983.
8. Lester Lave von der Universität von Kalifornien in Irvine führt starke statistische Belege für diese These an: »Speeding, Coordination and the 55 m.p.h. Speed Limit«, in: American Economic Review, Dezember 1985.
9. Cyrus Chu, ein Ökonom an der Nationaluniversität Taiwan, entwickelt in einem Arbeitspapier diese Idee weiter zu einer mathematischen Rechtfertigung für das zyklische Auftreten von polizeilichen Großaktionen, auf die dann eine Phase laxer Überwachung folgt: »Justifying Short-Lived Enthusiasm in Law Enforcement«.
10. Siehe sein Buch Micromotives and Macrobehavior, Kapitel 4.
11. Siehe seinen Artikel: »Stability in Competition«, in: Economic Journal, März 1929.
12. Keynes Collected Works, Vol.7 (The General Theory), New York 1973, Seite 156.
13. Einige amüsante Geschichten über die Tulpenmanie berichtet Burton Malkiel, A Random Walk Down Wall Street, New York 1975, Seite 27-29. Eine höchst lehrreiche und unterhaltsame Untersuchung der Geschichte von Boom und Crash in einer Reihe von Märkten ist Charles Kindleberger, Manias, Panics and Crashes, New York 1973.

10 Die Strategie des Wählens

1. Die Geschichte von Plinius dem Jüngeren wird aus strategischer Sicht erstmals erzählt in: Robin Farquharson, The Theory of Voting, New Haven 1969. Das Buch ist die in Oxford geschriebene Doktorarbeit des Autors aus dem Jahre 1957. Unsere moderne Neuerzählung basiert auf: William Riker, The Art of Political Manipulation, New Haven 1986, der die Geschichte mit umfangreicheren Details berichtet. Rikers Buch liefert zahlreiche überzeugende historische Beispiele für raffinierte

Abstimmungsstrategien, sie reichen von der Verfassunggebenden Versammlung der USA bis hin zu den jüngeren Versuchen, die Verfassung um ein Equal Rights Amendment zu erweitern.

2. Die Argumente werden vorgestellt in: Approval Voting, Boston 1983.
3. In einem neueren Arbeitspapier befassen sich Douglas Bernheim, Princeton, und Hal Varian, Michigan, mit diesem Thema.
4. Die Geschichte des Line Item Veto und die Ergebnisse der empirischen Forschung finden sich bei: Douglas Holtz-Eakin, »The Line Item Veto and Public Sector Budgets«, in: Journal of Public Economics, 1988, Seite 269-292.

11 Verhandlungen

1. Die Verallgemeinerung zu Verhandlungen ohne Verfahrensregeln basiert auf neueren Arbeiten der beiden Ökonomen Motty Perry und Philip Reny.
2. Dieser Fall wird diskutiert bei Larry DeBrock/Alvin Roth, »Strike Two: Labor - Management Relations in Major League Baseball«, The Bell Journal of Economics, Herbst 1981.
3. Eine exzellente Quelle für Strategien in Verhandlungen über mehrere Themenkomplexe ist das Buch von Howard Raiffa, The Art and Science of Negotiation, Cambridge 1982.

13 Fallstudien

1. Wenn Sie mehr über dieses Problem und seinen historischen Hintergrund erfahren wollen, dann empfehlen wir das informative und unterhaltende Buch von: Paul Hoffman, Archimedes' Revenge, New York 1988.
2. Kathryn Harrigan, Professorin an der Columbia Business School, drückt dieses Prinzip in einer Maxime so aus: »Der letzte Eismann macht immer Geld« (Siehe Forbes, »Endgame Strategy« 13.7.1987, Seite 81-204)
3. Der Anreiz für Saudi-Arabien, sich kooperativ zu verhalten, hängt auch von der Größe des Marktes ab. Wenn der Markt wächst, wird es attraktiver zu schummeln, und auch die Saudis sind nicht darüber erhaben, heimlich einen Kartellbruch zu begehen, wenn das aus Ihrer Sicht gefahrlos möglich ist. Die Vorteile, die der Anführer daraus zieht, das Kartell zusammenzuhalten, sind bei schlechter Marktlage größer. Diese Folgerung paßt zur Geschichte der OPEC: Als der Markt in den frühen achtziger Jahren schwächer wurde, übernahmen die Saudis klar die Rolle des »Swing Producers«. Sie versprachen ihre Produktion zu reduzieren, damit die kleineren Produzenten größere Anteile erhalten konnten.
4. Garrett Harding, »The Tragedy of the Commons«, in: Science 162, 13.12.1968, Seite 1243-1248.
5. Martin Shubik, »The Dollar Auction Game. A Paradox in Non-Cooperative Behavior and Escalation«, Journal of Conflict Resolution 15, 1971, Seite 109-111.
6. Die Idee, ein fixes Budget zu verwenden und dann die Logik des Zurückschließens anzuwenden, geht auf Arbeiten des Polit-Ökonomen Barry O'Neill zurück.
7. Eine Zusammenfassung der Argumente enthält Frederic M. Scherer, Industrial Market Structure and Economic Performance, Chicago 1980.

8. Bruce Ackermans verteidigt das Prinzip in seinem Buch: Social Justice in the Liberal State, New York 1980. Mehrere alternative Definitionen des Liberalismus werden dort vorgeschlagen.
9. Beginnen wir mit RR und vergleichen mit GR. Die beiden unterscheiden sich nur in der Farbe der Rosencrantz'schen Wände, und als Nonkonformist bevorzugt Rosencrantz GR. Wir akzeptieren also GR. Jetzt führen wir GG ein. Der Unterschied zu GR besteht nur in der Farbe von Guildensterns Wänden; Guildenstern ist der Konformist und möchte lieber GG. Jetzt vergleichen wir mit RG. Hier sollte Rosencrantz Präferenz für RG respektiert werden. Zum Schluß bringen wir RR wieder ins Spiel: Es gewinnt denn es gehört zum geschützten Privatbereich von Guildenstern. Der Zirkel kann unendlich oft fortgesetzt werden.
10. Alan Gibbard, »A Pareto Consistent Libertarian Claim«, in: Journal of Economic Theory 7, 1974, Seite 388–410.